高面板堆石坝的应力变形特性

王瑞骏 编著

中国水利水电出版社
www.waterpub.com.cn
·北京·

内 容 提 要

本书是一部介绍关于高面板堆石坝应力变形特性研究成果的专著。全书共分8章，包括绪论、软岩料填筑高面板堆石坝的应力变形特性、高面板堆石坝的流变特性、深覆盖层地基高面板堆石坝的应力变形特性、施工期临时断面度汛对于高面板堆石坝应力变形的影响、坝体分期施工对于高面板堆石坝面板脱空的影响、狭窄河谷高面板堆石坝的应力变形特性、高面板堆石坝坝坡稳定的静动力有限元分析。

本书可供从事高面板堆石坝工程研究的专家学者及从事坝工设计、施工和运行管理的工程技术人员参考，也可作为有关高校和科研机构相关学科研究生的参考书。

图书在版编目（CIP）数据

高面板堆石坝的应力变形特性 / 王瑞骏编著. -- 北京 : 中国水利水电出版社, 2017.8
ISBN 978-7-5170-5903-5

Ⅰ. ①高… Ⅱ. ①王… Ⅲ. ①混凝土面板坝－堆石坝－应力－变形－特性－研究 Ⅳ. ①TV641.4

中国版本图书馆CIP数据核字(2017)第236354号

书　名	高面板堆石坝的应力变形特性 GAOMIANBAN DUISHIBA DE YINGLI BIANXING TEXING
作　者	王瑞骏　编著
出版发行	中国水利水电出版社 （北京市海淀区玉渊潭南路1号D座　100038） 网址：www.waterpub.com.cn E-mail：sales@waterpub.com.cn 电话：(010) 68367658（营销中心）
经　售	北京科水图书销售中心（零售） 电话：(010) 88383994、63202643、68545874 全国各地新华书店和相关出版物销售网点
排　版	中国水利水电出版社微机排版中心
印　刷	北京嘉恒彩色印刷有限责任公司
规　格	184mm×260mm　16开本　14.25印张　338千字
版　次	2017年8月第1版　2017年8月第1次印刷
印　数	0001—1500册
定　价	**55.00**元

QIANYAN 前言

混凝土面板堆石坝（以下简称“面板堆石坝”）是以堆石或砂砾石分层填筑成坝体，并用混凝土面板作为防渗体的坝的统称。经过数十年的发展，以薄型面板和趾板、级配垫层料、薄层碾压堆石及滑模浇筑面板混凝土等为基本特征的现代面板堆石坝筑坝技术已日趋成熟，并以其良好的安全性、经济性和对地形地质条件的适应性，而深受国内外坝工界的广泛青睐，已成为许多大中型水利水电工程的首选坝型。目前，面板堆石坝正面临着从200m级坝高进一步向300m级坝高发展的挑战，为此，深入开展高面板堆石坝应力变形特性这一关键技术问题的研究无疑具有重要的理论意义和工程实践意义。

本书是编者及研究团队长期进行高面板堆石坝应力变形特性研究所获部分研究成果的总结。本着抛砖引玉、相互交流与学习的目的，编者愿通过本书将相关的研究成果奉献给读者。

本书共分8章。第1章介绍了混凝土面板堆石坝发展概况，高面板堆石坝应力变形特性研究进展，高面板堆石坝的应力变形问题；第2章介绍了软岩料的工程特性，软岩料筑坝的工程实例，材料非线性问题分析的有限元法，堆石体湿化变形分析的有限元法，结合工程实例的软岩料填筑高面板堆石坝应力变形特性的分析成果；第3章介绍了堆石体的流变机理及其影响因素，堆石体的流变模型，面板堆石坝流变分析的有限元法，流变模型参数敏感性分析的正交试验法，结合工程实例的高面板堆石坝流变特性的分析成果；第4章介绍了深覆盖层的工程特性，应力变形静力有限元分析方法，应力变形动力有限元分析方法，结合工程实例的深覆盖层地基高面板堆石坝静动力应力变形特性的分析成果；第5章介绍了高面板堆石坝的施工度汛方式，临时断面度汛的有限元模拟，结合工程实例的临时断面挡水度汛及临时断面过水度汛对于高面板堆石坝应力变形影响的分析成果；第6章介绍了面板脱空的工程实例，面板脱空机理及其影响因素，面板脱空分析的有限元法，结合工程实例的关于堆石体与分期施工面板之间的高差及面板分期施工方案对于高面板堆石坝面板脱空变形影响的分析成果，面板脱空的处理措施；第7章介绍了狭窄河谷高面板堆石坝工程实例，狭窄河谷影响高面板堆石坝应力变形的主要途径，结合工程实例的狭窄河谷高面板堆石坝的应力变形特征、河谷宽高比对大坝应力变形的影响及堆石料填筑标准对大坝应力变形影响的分析成果；第8章介绍了堆石料的动力特性，应力变形静动力有限元分析方法，基于有限元应力结果的坝坡稳定分析方法，结合工程实例的高面板堆石坝静动力坝坡稳定性的分析成果。

本书是在编者指导研究生王刚、苏桐鳞、丁战峰、任亮、赵一新、崔自力、付国栋、薛一峰、刘伟及张葛等所完成的学位论文的基础上，由编者进一步修改、补充和完善以后编写而成的。编者研究生郭兰春、李阳、荆慧斌、牛文龙、孙阳、缑彦强、张帅、彭兆轩及贾飞等协助编者参与了部分书稿的整理和编排工作。在此，编者向上述其学位论文内容被本书所引用的研究生以及参与本书书稿整理和编排工作的研究生表示诚挚的谢意！

本书的编写得到了西安理工大学研究生院有关领导以及水利水电学院党委书记程文教授的大力支持，在此向他们表示诚挚的谢意！

本书所述研究成果主要得益于前人大量的辛勤工作，前人丰硕的相关研究成果是本书所述研究成果获得的坚实和有益的基础。因此，作者在此愿向所有其工作或研究成果被本书所引用的专家和学者一并表示诚挚的敬意和谢意！虽然本书在每章最后均列出了相应的主要参考文献，并按参考文献编号在文内做了相应夹注，但参考文献及文内夹注难免存在疏漏或不当之处，在此，恳望有关专家和学者予以谅解！

应该指出的是，高面板堆石坝的应力变形特性问题，是一个涉及面广、影响因素错综复杂的工程科学问题，其中所包含的许多理论和工程应用问题尚需作进一步的研究和探讨。虽然编者及研究团队投入大量精力在这方面开展了持续不断的研究工作，并希望通过本书较好地展示相应的研究成果，但由于水平所限，书中难免会存在一些不足或不妥之处，在此热诚欢迎各位读者批评指正！

编者

2016年11月于西安

MULU

目录

第1章　绪　　论

混凝土面板堆石坝是用堆石或砂砾石分层碾压填筑成坝体，并用混凝土面板作防渗体的坝的统称[1]。其中，主要用砂砾石填筑坝体的也称为混凝土面板砂砾石坝（concrete face rockfill dam，CFRD）。

1.1　混凝土面板堆石坝发展概况

现代混凝土面板堆石坝筑坝技术诞生于20世纪60年代中期，是现代坝工建设领域中的一项具有重大意义的技术成就。与传统堆石坝相比，现代混凝土面板堆石坝具有安全性好、工程量小、施工方便、导流简化及工期短等优点，现已成为许多大中型水利水电工程的首选坝型[2~5]。

混凝土面板堆石坝的发展历史大致可分为3个阶段[3~5]：

（1）早期抛填堆石阶段（19世纪60年代至20世纪30年代）。

（2）过渡阶段（20世纪30—60年代中期）。

（3）以堆石薄层碾压为特征的现代混凝土面板堆石坝阶段（20世纪60年代中期至今）。

最早的面板堆石坝出现在美国西部，如1869年建成的12.50m高的查托伍斯（Chatowarth）坝，1931年建成的100.00m高的盐泉（Salt Spring）坝等。这些坝的出现与当时的采矿和淘金业有关，坝体采用抛填堆石、辅以高压水冲实的简单施工工艺，最初采用木板防渗，后来逐渐被混凝土面板取代，以承受更高的水压力。

采用抛填堆石，堆石体密实性较差，沉降和水平变位较大。正是由于这一原因，采用抛填方法施工的堆石坝仅适用于坝高较低的工程。随着坝高的增高，堆石体沉降变形随之增大，混凝土面板难以承受较大的变形，将会产生严重开裂，从而导致大量漏水。由于上述问题的出现，人们对混凝土面板堆石坝的安全性产生了怀疑，以至在这之后的较长时期内，这种坝型的发展几乎一直处于停滞状态。

进入20世纪60年代，随着大型土石方施工机械，尤其是大型振动碾的出现，为堆石坝筑坝技术的发展注入了新的活力。著名土力学家太沙基在1960年提出采用碾压堆石修筑面板坝的构想，他认为碾压堆石变形很小，可以改善面板堆石坝混凝土面板的工作状况，因而可以建更高的面板坝，堆石体也可以使用较软弱的岩石。太沙基的这些论述对于混凝土面板堆石坝的再次兴起起到了重要的作用。从此，面板堆石坝堆石体的填筑施工，均采用薄层碾压的施工方法。至1965年，基本完成了由抛填堆石向碾压堆石的过渡，面板堆石坝进入以堆石薄层碾压为特征的现代混凝土面板堆石坝发展阶段。

由于具有如上所述的技术和经济上的优越性，在此后的数十年里，混凝土面板堆石坝这种新坝型在全世界范围内得到了广泛的应用，相应的设计理论和施工技术也得到了不断的发展和完善，从而使其成为一种颇具竞争力的坝型，并已成为许多大中型水利水电工程的首选坝型。

我国是于20世纪80年代初期开始从国外引进现代混凝土面板堆石坝筑坝技术的，虽然起步晚，但起点高、发展快[2,6-11]。

1985年，我国开始建设第一座混凝土面板堆石坝——湖北西北口大坝（坝高95.00m）；1988年，辽宁关门山混凝土面板堆石坝（坝高58.50m）首先建成挡水[10]。据不完全统计，截止到2011年年底，国内外已建、在建和拟建的混凝土面板坝共计约570座；我国已建、在建和拟建的混凝土面板坝共计305座，其中坝高100.00m以上的高混凝土面板堆石坝有94座；我国已建的水布垭坝（坝高233.00m）为目前世界最高混凝土面板堆石坝[2,11]。

随着混凝土面板堆石坝筑坝技术的发展，混凝土面板堆石坝越建越高、工程规模越来越大已成为现代混凝土面板堆石坝发展的基本趋势。我国西部有着丰富的水能资源，在金沙江、澜沧江、怒江、雅砻江、大渡河、黄河上游等江河上都要修建300.00m级的高坝，形成龙头水库，以提高梯级电站的补偿调节性能，提高电能质量；但这些电站都位于经济不发达、交通闭塞的高山区，受对外交通条件、地形地质条件和筑坝材料等因素的制约，使得混凝土面板堆石坝成为最具竞争力的坝型[2]。目前，混凝土面板堆石坝的发展正面临着从200.00m级坝高进一步向300.00m级坝高发展的挑战[2,11-14]。

1.2 高面板堆石坝应力变形特性研究进展

多年来，坝工界围绕高面板堆石坝的应力变形特性问题，运用计算分析及试验手段，着重开展了以下几个方面的研究，并获得了一批具有良好应用价值的研究成果[2,9]：

（1）堆石体本构模型的研究，建立了合理的筑坝材料的本构模型，其中南水双屈服面弹塑性模型、邓肯-张（Duncan - Chang）非线性弹性 $E-B$ 模型（以下简称“邓肯-张 $E-B$模型”）及 $K-G$ 模型应用较广。

（2）研究筑坝材料试验参数的缩尺效应，提出用比较试验和反馈分析方法确定缩尺效应修正系数。

（3）研究筑坝材料的流变特性，建立了流变模型，为实现面板堆石坝体的变形协调设计计算提供了基础。

（4）采用原位测试（旁压试验、荷载试验）、室内大型试验和反演分析相结合的手段确定覆盖层及筑坝材料的力学特性和计算参数。

（5）面板接缝及面板与垫层之间接触面的有限元计算模型及大坝应力变形有限元研究，提出了分离缝单元、软单元及Goodman无厚度单元等面板接缝计算模型和Goodman无厚度单元及Desai薄层单元等接触面计算模型，提出了迭代法、增量法及迭代增量法等模拟坝体非线性变形特性有限元计算方法，其中中点增量法应用较广。运用这些计算模型和计算方法所获得的计算结果能反映堆石坝体、面板和接缝的应力变形规律，为设计提供了依据。

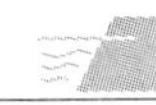

(6) 采用土工离心模拟技术研究混凝土面板堆石坝的应力变形性状，为察汗乌苏、天生桥一级、九甸峡等高面板堆石坝工程解决复杂地形地质条件下的建坝技术难题提供了基础。

(7) 研制大型土工离心机上振动台，为研究地震时面板堆石坝的动力性状、采取抗震工程措施提供了手段。

(8) 采用大型足尺模型试验研究并开发了新型止水结构及止水材料。

(9) 开展面板混凝土改性研究和掺合成纤维等研究，为提高面板混凝土的抗裂性能提供了基础。

1.3　高面板堆石坝的应力变形问题

经过数十年的发展，国内外尤其是我国在混凝土面板堆石坝筑坝的设计技术、施工和监测技术、筑坝材料和防渗结构技术、不利自然条件下建坝技术及计算和试验技术等方面均取得了长足的进步，并积累了大量成功的经验[2]。

研究表明[14]，2000 年以前建成的 200.00m 级面板坝的设计与施工，基本上沿用的是 100.00m 级面板坝的成熟经验和设计理念，如 1993 年墨西哥建成的阿瓜米尔帕（Aguamilpa）坝（坝高 187.00m）和 2000 年建成的我国天生桥一级面板坝（坝高 178.00m）。这两座坝都出现了坝体沉降量大、面板水平向结构性裂缝多、面板与垫层料脱空、压缝面板混凝土挤压破坏、渗漏量较大等问题。究其原因，是人们的认识还停留在 100.00m 级面板坝的经验阶段，没有从变形控制的角度对坝体断面分区、坝料特性、压实度等方面提出更高的要求。

为此，不少学者结合高混凝土面板堆石坝工程建设及筑坝技术研究的经验，提出为了更好更省地建设超高面板堆石坝，还有必要进行下列以应力变形特性及其控制为核心的关键问题研究[2,11-14]：

(1) 高应力与应力路径对筑坝材料特性影响的研究，建立更符合面板坝实际的可以考虑颗粒破碎、流变变形、湿化变形的筑坝材料本构模型。

(2) 缩尺效应对筑坝材料影响的研究，建立筑坝材料真实特性及计算参数的确定方法。

(3) 面板与垫层之间接触面特性的试验研究，建立更为合理的接触面本构模型。

(4) 建立正确预测堆石坝体变形性状和面板应力变形性状的方法。

(5) 静力和地震条件下高面板堆石坝面板挤压破损机理分析研究，提出避免面板挤压破坏的工程措施。

(6) 面板堆石坝抗震安全标准和极限抗震能力的计算方法研究。

(7) 超高面板堆石坝、超长距离坝体内部变形监测设施及深厚覆盖层变形与渗漏量监测设施的开发与研制。

(8) 超高面板堆石坝的坝体分区、筑坝材料和填筑标准研究。

(9) 100m 以上坝基深厚覆盖层的渗流控制方案和防渗工程措施研究。

(10) 强震区超高面板堆石坝抗震设计及抗震工程措施的作用机理研究。

(11) 深窄河谷、高陡岸坡条件下超高面板堆石坝的变形安全设计以及接缝和止水结构设计方法研究。

研究表明[14]，高面板堆石坝设计要更为重视变形控制。早期的经验设计认为“绝大部分水平荷载是通过坝轴线以上坝体传到地基中去的，而愈往下游堆石体对面板变形的影响愈小，故坝料变形模量可从上游到下游递减”的认识对150.00～200.00m级面板坝是不完全适用的。郦能惠提出[15]，“坝体分区设计应遵循4条原则：料源决定原则、水力过渡原则、开挖料利用原则和变形协调原则。重点是变形协调原则，既要做到坝体各区的变形协调，又要做到坝体变形和面板变形之间的同步协调”。

因此，深入开展高面板堆石坝应力变形特性这一关键技术问题的研究无疑具有重要的理论意义和工程实践意义。

参 考 文 献

[1] 中华人民共和国水利部．SL 228—2013 混凝土面板堆石坝设计规范 [S]．北京：中国水利水电出版社，2013.

[2] 郦能惠，杨泽艳．中国混凝土面板堆石坝的技术进步 [J]．岩土工程学报，2012，34 (8)：1361-1368.

[3] 蒋国澄，傅志安，凤家骥．混凝土面板坝工程 [M]．武汉：湖北科学技术出版社，1997：1-5，11-18，208-209，215-216.

[4] 郭城谦．论混凝土面板堆石高坝的设计 [J]．水利学报，1993 (6)：19-25.

[5] 麦家煊，孙立勋．西北口堆石坝裂缝成因的研究 [J]．水利水电技术，1999，30 (5)：32-34.

[6] 蒋国澄，曹克明．中国的混凝土面板堆石坝 [C] //国际高土石坝学术研讨会论文集．北京：中国水力发电工程学会，1993：67-82.

[7] 蒋国澄．中国的混凝土面板堆石坝 [J]．水力发电学报，1994 (3)：67-78.

[8] 蒋国澄，曹克明．中国混凝土面板堆石坝十年回顾 [C] //中国混凝土面板堆石坝十年学术研讨会论文集．北京：中国水力发电工程学会，1995：1-19.

[9] 王瑞骏．混凝土面板的温度应力与干缩应力及其渗流特性 [M]．西安：西安地图出版社，2007：1-9，85-86.

[10] 蒋国澄，赵增凯，孙役，等．中国混凝土面板堆石坝20年综合・设计・施工・运行・科研1985—2005 [M]．北京：中国水利水电出版社，2005：91-93，582-588.

[11] 贾金生．中国大坝建设60年 [M]．北京：中国水利水电出版社，2013：370-382.

[12] 徐泽平．超高混凝土面板堆石坝建设中的关键技术问题 [J]．水力发电，2010，36 (1)：51-59.

[13] 杨泽艳，周建平，苏丽群，等．300m级高面板堆石坝适应性及对策研究综述 [J]．水力发电，2012，38 (6)：25-29.

[14] 马洪琪．300m级面板堆石坝适应性及对策研究 [J]．中国工程科学，2011，13 (12)：4-8.

[15] 郦能惠．高混凝土面板堆石坝设计理念探讨 [J]．岩土工程学报，2007，29 (8)：1143-1150.

第2章　软岩料填筑高面板堆石坝的应力变形特性

软岩料指母岩单轴无侧限饱和抗压强度小于30MPa的岩石料[1]。目前在实际工程中，为提高当地材料利用率、缩短工期、减小投资，尽可能多地扩大软岩料的利用范围已成为混凝土面板堆石坝发展的一个新趋势[2-3]。但由于软岩料固有的低强度、易变形、遇水易软化等特性，其填筑的高面板堆石坝具有与硬岩料填筑的高面板堆石坝截然不同的应力变形特性。本章拟在系统分析软岩料的工程特性、软岩料筑坝工程实例的基础上，对堆石体湿化变形的有限元模拟方法、软岩料填筑高面板堆石坝应力变形及坝坡稳定的有限元分析方法等进行系统地分析和研究，然后通过工程实例分析，全面探讨软岩料填筑高面板堆石坝的应力变形特性。

2.1　软岩料的工程特性

2.1.1　级配

软岩料级配的最大特点是可变性较大，其中以填筑期变化为最大。软岩单轴饱和抗压强度低，软化系数小，当气候环境发生变化以及填筑碾压后，表现出明显的颗粒破碎及级配细化趋势。蒋涛等人[3-4]曾结合鱼跳和大坳两个工程，进行了在不同干湿循环条件下的软岩料颗粒级配变化研究，结果见表2.1。

表2.1　不同干湿循环条件下的软岩料颗粒级配变化[4]

坝名	堆石料岩性	岩石饱和抗压强度/MPa	状　态	颗粒级配/%				
				60～40mm	40～20mm	20～10mm	10～5mm	<5mm
鱼跳	泥岩	18.8	原级配	20	30	21	14	15
			干湿循环2次以后	17.8	27.7	16	17.9	20.7
			干湿循环4次以后	16	25.3	13.8	18.4	26.5
大坳	砂岩	28.3	原级配	26	23	22	10.5	18.5
			干湿循环2次以后	22.8	25.9	21.3	10.1	19.9
			干湿循环4次以后	22.6	25.4	20.6	10	21.4

不少工程实践证明，软岩料填筑碾压后的级配与原始级配也相差很大，其工程性质也随之而发生较大变化。根据国内经验，软岩料应以压实后的级配为准，进行各项设计指标的分析和确定。

2.1.2　压实性

软岩料对含水率比较敏感，近似于土的压实特性，它的压实性有2个特点[4-5]：①软岩的压实特性不同于硬岩的压实特性，硬岩在压实过程中没有孔隙水的排出，仅仅是克服颗粒之间的摩擦阻力使颗粒更加紧密，而软岩料细粒含量较多，当含水率较低时，颗粒表面形成水薄膜，从而摩阻力较大，不易压实，当含水率逐渐增高后，颗粒表面水薄膜增厚，起到了润滑作用，使颗粒表面之间摩阻力减小，从而易于压实；②软岩堆石料在振动碾压过程中颗粒破碎较为剧烈，经压实后可达到较高的密度，从而获得较好的力学性能。

2.1.3　渗透性

软岩料的渗透性取决于其干密度和细粒料含量。软岩堆石料经碾压后，部分粗颗粒破碎，细粒增多，从而堵塞了粗颗粒间的孔隙，甚至在压实表面形成板结层，故渗透系数较小。蒋涛等人[3-4]曾对鱼跳和大坳两个工程的软岩料进行渗透性试验研究，结果见表2.2。

表2.2　软岩料渗透试验结果[4]

坝名	材料	级配	干密度 ρ_d/(g/cm³)	水平渗透系数 k /(cm/s)	垂直渗透系数 k /(cm/s)
鱼跳	泥岩堆石料	平均级配	2.00	7.36×10^{-2}	2.59×10^{-2}
			2.11	2.07×10^{-2}	1.49×10^{-3}
大坳	砂岩堆石料	平均级配	2.04	6×10^{-1}	6.76×10^{-3}
			2.10	2.11×10^{-2}	4.39×10^{-3}

从表2.2可以看出，鱼跳和大坳两个工程的软岩料渗透系数为$10^{-3}\sim10^{-2}$cm/s量级，属于中等透水性。

2.1.4　压缩性

软岩堆石料的压缩性质与硬岩堆石料差异很大。硬岩堆石料基本上是单粒结构，其压缩变形的大小与颗粒之间的摩阻力有关，级配越好、密度越高，则颗粒间的摩阻力越大，压缩变形就越小；软岩堆石料的压缩性与母岩岩性、初始颗粒级配、密度和饱和情况等有关[5-7]。

根据鱼跳和大坳两个工程软岩料的压缩试验结果[8-9]，鱼跳面板坝泥岩堆石料的压缩模量为6.5～54.8MPa，大坳面板坝砂岩堆石料的压缩模量为21.0～62.0MPa。与硬岩堆石料相比，软岩料的压缩模量明显偏低，如洪家渡面板坝堆石料为坚硬的灰岩，其压缩模量为45.0～197.4MPa[4]。因此，岩性对于软岩料的压缩性具有显著影响。

2.1.5　强度特性

虽然软岩料抗压强度比硬岩料低，而且在压实过程中粗颗粒破碎剧烈、细粒含量增加较多，但细黏粒含量所占比例仍然很少。因此，软岩料的强度特性与硬岩料基本相同，即在荷载作用下只有摩擦阻力，不存在黏聚力。但软岩料又不同于硬岩料，软岩料堆石体的

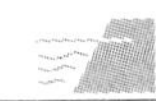

强度主要取决于其密度，而硬岩料堆石体的强度则主要取决于岩块之间的咬合程度[6]。软岩料堆石体在剪胀和颗粒破碎的双重作用下，颗粒重排、调整并向孔隙填充，导致其强度增长缓慢，强度包线往往呈现向下弯曲性态，即抗剪强度与法向应力呈明显的非线性关系。我国现行面板堆石坝设计规范规定，确定包括软岩料在内的粗粒料抗剪强度时应计及这一非线性特性[10]。国内部分工程关于软岩料与硬岩料的三轴试验结果对比表明，软岩料的非线性抗剪强度指标 φ_0 明显小于硬岩料的 φ_0，而二者的 $\Delta\varphi$ 则差别不大[4,8,11]。

2.1.6 湿化变形特性

在水的浸润作用下，软岩料堆石体不仅其强度会产生明显的降低，而且由于颗粒间受到润滑进而在自重作用下重新调整其间位置，改变原来结构，使堆石体产生压缩下沉变形，即湿化变形。蒋涛等人[3-4]曾对鱼跳和大坳两个工程的软岩料进行湿化变形试验研究，结果见表 2.3。

表 2.3　软岩料湿化变形试验结果[4]

坝名	坝料	干密度 /(g/cm³)	应力水平	湿化变形/%		
				σ_3=0.2MPa	σ_3=0.4MPa	σ_3=0.8MPa
鱼跳	泥岩堆石料（平均级配）	2.00	30		2.98	
			50	3.67	4.38	4.60
			70		6.22	
大坳	砂岩堆石料（平均级配）	2.04	30		1.71	
			50	2.24	3.27	3.67
			70		4.40	
		2.10	50		1.22	

从表 2.3 可以看出，在同一应力水平下，随着小主应力 σ_3 的增大，软岩料的湿化变形呈增大趋势；在同一小主应力 σ_3 下，随着应力水平的提高，软岩料的湿化变形也呈增大趋势。

2.2 软岩料筑坝的工程实例

从目前已有的实际工程资料来看，国内外利用软岩料修筑面板堆石坝的工程相对较少。已有工程关于软岩料利用的基本型式大致可分为 3 种情况[6-8]：①软岩料用于次堆石区上部干燥区，如国外的温尼克、萨尔瓦兴娜、红树溪等坝，我国的寺平、天生桥一级等坝；②软岩料用于坝体中间部位，如贝雷坝；③软岩料用于主堆石区和下游堆石区，如国外的袋鼠溪坝、帕拉坝及我国的茄子山、大坳等坝。与上述 3 种软岩料利用情况相应的工程实例分述如下。

2.2.1 天生桥一级面板堆石坝（软岩料用于次堆石区上部干燥区）[3-4]

天生桥一级水电站位于云南、贵州、广西三省（自治区）交界处，是红水河梯级开发的龙头电站，电站总装机容量为1200MW，水库总库容为102.60亿m^3，属Ⅰ等大(1)型工程。大坝为混凝土面板堆石坝，最大坝高为178.00m。大坝次堆石区上部(660.00m高程以上)$Ⅲ_C$区(干燥区)采用砂泥岩软岩料，下部$Ⅲ_D$区采用灰岩料。该大坝坝体填筑总量约为1800万m^3，利用建筑物地基开挖料约为1400万m^3，占总填筑量的87%，其中软岩料用量达480万m^3，占坝体总填筑量的1/4左右。2000年年底大坝竣工。在坝体中软岩料用量达480万m^3，软岩料用量及其与坝体总填筑量的比例在当时同类工程都是少有的。大坝典型横剖面(最大断面)如图2.1所示。

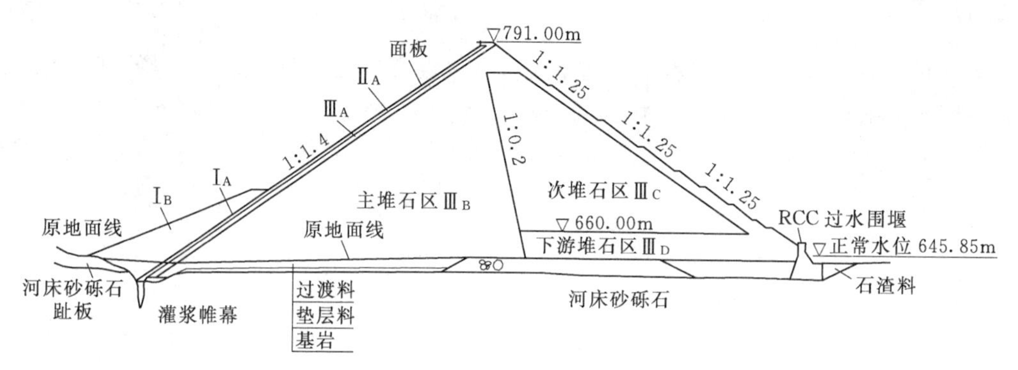

图2.1 天生桥一级坝典型横剖面[3]

$Ⅰ_A$—粉质土；$Ⅰ_B$—任意料；$Ⅱ_A$—垫层料；$Ⅲ_A$—过渡区；$Ⅲ_B$—主堆石区；

$Ⅲ_C$—下游堆石区，含大量泥岩(软岩)；$Ⅲ_D$—大块石排水区

根据2003年7月实测资料[3]，坝体最大垂直位移为347.00cm，接近于最大坝高的2%，发生在坝体最大断面附近、约3/5坝高处的坝轴线附近软岩料区内；坝体向上游的最大水平位移为42.90cm，向下游的最大水平位移为84.70cm，均位于坝体中下部；混凝土面板分3期于1997年、1998年和1999年汛期前浇筑，分别填筑至725.00m度汛断面、768.00m度汛断面和787.30m(坝顶高程)，面板挠度的最大值出现在分区浇筑的面板顶部，2000年10月库水位为779.75m时，各期面板顶部测点的挠度峰值分别为40.70cm、39.90cm、53.90cm，2003年7月库水位764.34m时，上述测点的测值分别为45.83cm、32.03cm、16.72cm。从十多年的运行情况来看，大坝运行正常，变形也在预期的范围内。

2.2.2 贝雷面板堆石坝(软岩料用于坝体中间部位)[12]

贝雷坝位于美国西弗吉尼亚的佳斯梯斯附近的戈杨多特河上，为混凝土面板堆石坝。大坝上下游坡比均为1∶2，坝顶长度为426m，最大坝高为95.00m。坝体中间部位堆石区主要采用从溢洪道开挖出来的页岩和薄层砂岩等软岩料。坝底部铺设一层厚为3.0～4.6m的坚硬砂岩作为坝的自由排水通道，压实采取振动平碾的方式，铺设层厚在碾压时不超过60cm。永久围堰和碾压堆石坝壳选用坚硬的砂岩，用来支撑软岩料填筑的中心区，同时作为渗流排水通道。垫层和过渡区均使用轧碎砂岩填筑。坝体堆石分区如图2.2所示。

贝雷坝于1980年2月开始正式蓄水，蓄水期初始阶段渗漏量较大，最大渗透流量达0.37m^3/s，经过处理后渗透流量逐渐减小至0.11m^3/s，此后一直运行正常。

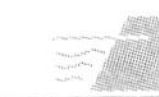

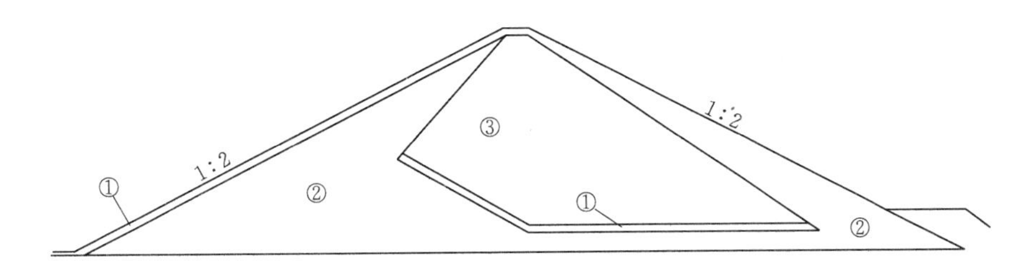

图 2.2　贝雷坝坝体分区[12]

①—透水过度区，最大粒径小于 10cm，层厚 0.3m；②—碾压坚硬砂岩区，层厚 0.3m；
③—任意料（软岩料区），页岩，层厚 0.3m

2.2.3　大坳面板堆石坝（软岩料用于主堆石区和次堆石区）[3]

大坳水利枢纽工程位于江西省信江一级支流石溪水上，水库为多年调节水库，正常蓄水位为 217.00m，总库容为 2.757 亿 m^3，电站总装机容量为 4 万 kW，属大（2）型水利枢纽工程。大坳水库于 1995 年开始兴建，1999 年下闸蓄水，2000 年正式投产发电。大坝为面板堆石坝，最大坝高为 90.20m，上游坝坡坡度为 1∶1.4，下游坝坡上设有两级马道，坝坡坡度自上至下依次为 1∶1.3、1∶1.3、1∶1.4。坝体主堆石和次堆石区均采用软岩料填筑，软岩料填筑量约占坝体总填筑量的 73.4%，软岩料利用率在目前我国同类坝中为最高。大坝典型横剖面（最大断面）如图 2.3 所示。

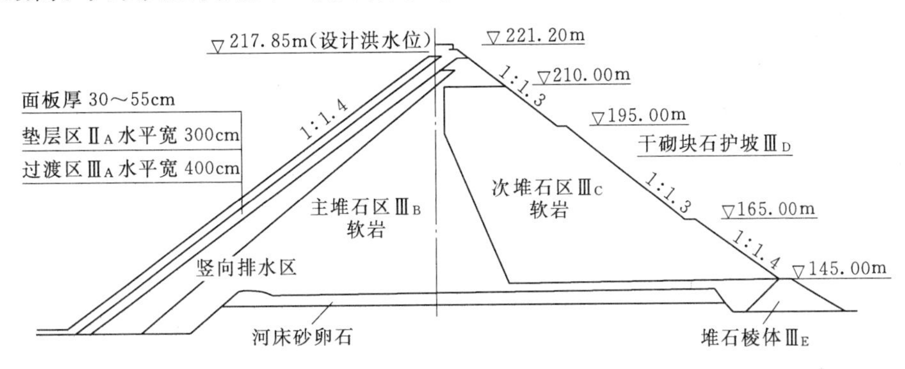

图 2.3　大坳坝典型横剖面[3]

根据实际观测结果，大坳面板堆石坝施工期和蓄水期的最大沉降分别为 0.920m 和 0.198m，总沉降为 1.118m；蓄水期面板最大挠度为 22.52cm；竣工期和蓄水期的面板顺坡向最大拉应力分别为 0.18MPa、0.16MPa。坝体和面板的应力变形均在合理范围内，目前大坝运行良好。

2.3　材料非线性问题分析的有限元法

2.3.1　材料本构模型

与硬岩料填筑面板堆石坝类似，在进行软岩料填筑高面板堆石坝应力变形有限元分析时，混凝土面板及趾板的材料本构模型可采用线弹性模型。

关于坝体堆石料及覆盖层土体的本构模型，目前具有代表性的本构模型有：邓肯-张 $E-B$ 模型及“南水”弹塑性双屈服面模型等[13]。其中，由于邓肯-张 $E-B$ 模型的参数便于确定，且使用经验较为丰富，因此该模型在目前面板堆石坝应力变形有限元计算中使用的较为广泛。

邓肯-张 $E-B$ 模型的基本原理如下[13-15]：

将应力应变关系写成下列增量型关系：

$$\{\Delta\sigma\}=[D]_t\{\Delta\varepsilon\} \tag{2.1}$$

式中：$[D]_t$ 称为切线模量矩阵，一般可写为

$$[D]_t=\begin{bmatrix} d_1 & & & & & \\ d_2 & d_1 & & & \text{对称} & \\ d_2 & d_2 & d_1 & & & \\ 0 & 0 & 0 & d_3 & & \\ 0 & 0 & 0 & 0 & d_3 & \\ 0 & 0 & 0 & 0 & 0 & d_3 \end{bmatrix} \tag{2.2}$$

各向同性材料的弹性常数只有两个。矩阵 $[D]_t$ 中参数 d_1、d_2、d_3 之间有下列关系：

$$d_3=(d_1-d_2)/2 \tag{2.3}$$

在三轴压缩试验条件下，邓肯和张建议用双曲函数拟合三轴试验的应力应变曲线，并分别定义切线弹性模量 E_t 和切线体积模量 B_t 如下：

$$E_t=\frac{\Delta\sigma_1}{\Delta\varepsilon_1} \tag{2.4}$$

$$B_t=\frac{\Delta\sigma_m}{\Delta\varepsilon_v}=\frac{\Delta\sigma_1/3}{\Delta\varepsilon_1+2\Delta\varepsilon_2} \tag{2.5}$$

将式（2.2）～式（2.5）代入式（2.1），可得 $[D]_t$ 的 2 个参数：

$$d_1=\frac{3B_t(3B_t+E_t)}{9B_t-E_t} \tag{2.6}$$

$$d_2=\frac{3B_t(3B_t-E_t)}{9B_t-E_t} \tag{2.7}$$

材料的切线弹模按式（2.8）确定：

$$E_t=E_i(1-R_fS)^2 \tag{2.8}$$

式中：S 为应力水平，定义为实际主应力差与破坏时主应力差的比值，即

$$S=\frac{\sigma_1-\sigma_3}{(\sigma_1-\sigma_3)_f}=\frac{\sigma_1-\sigma_3}{2\dfrac{c\cos\phi+\sigma_3\sin\phi}{1-\sin\phi}} \tag{2.9}$$

R_f 为破坏比，其值小于 1.0，定义为破坏时的主应力差与主应力差渐近值的比值：

$$R_f=\frac{(\sigma_1-\sigma_3)_f}{(\sigma-\sigma_3)_{ult}} \tag{2.10}$$

E_i 为初始切线模量，定义为

$$E_i=Kp_a\left(\frac{\sigma_3}{p_a}\right)^n \tag{2.11}$$

式中：K、n 为由试验确定的两个材料参数；p_a 为大气压。

材料的切线体积模量按式（2.12）确定：

$$B_t = K_b p_a \left(\frac{\sigma_3}{p_a}\right)^m \tag{2.12}$$

式中：K_b、m 为材料的试验参数。

材料的卸荷模量按式（2.13）确定：

$$E_{ur} = K_{ur} p_a \left(\frac{\sigma_3}{p_a}\right)^m \tag{2.13}$$

式中：K_{ur} 为材料的试验参数。

卸荷判定采用邓肯在 1984 年的土石坝计算程序中所提出的卸荷准则。定义应力状态函数为

$$F = S\sqrt[4]{\sigma_3 / p_a} \tag{2.14}$$

式中：S 为应力水平；p_a 为大气压。

若以 $F_{\max}$ 表示应力状态历史记录中的最大值，当计算的 $F > F_{\max}$ 时，判定为加荷情况，取用切线弹模 E_t 值。

当计算的 $F < 0.75F_{\max}$ 时，即认为处于卸荷状态，取用卸荷模量 E_{ur}。

当 $0.75F_{\max} < F < F_{\max}$ 时，认为处于过渡状态，按如下线性插值取用卸荷模量，即

$$E = E_t + 4(E_{ur} - E_t)\frac{F_{\max} - F}{F_{\max}} \tag{2.15}$$

此外，考虑到粗粒料的莫尔包线往往具有明显的非线性，因此土石料的内摩擦角统一采用式（2.16）计算：

$$\phi = \phi_0 - \Delta\phi \lg\frac{\sigma_3}{p_a} \tag{2.16}$$

只要由常规三轴试验确定了上列公式中的 8 个材料参数（c、ϕ_0、$\Delta\phi$、R_f、K、K_b、n、m），就可分别确定切线弹模 E_t 和切线体积模量 B_t，进而可计算确定切线模量矩阵 $[D]_t$ 的参数 d_1、d_2 和 d_3，最终即可确定切线模量矩阵 $[D]_t$，这样即可按式（2.1）基于应变增量进行应力增量的求解。

邓肯-张 $E-B$ 模型既可用于有效应力分析，也可用于总应力分析。所不同的是，进行有效应力分析时应采用有效围压 σ_3' 不变条件下的排水剪试验参数；进行总应力分析时应采用总围压 σ_3 不变条件下的不固结不排水剪试验参数。

2.3.2 接触面的计算模型

对于混凝土结构与土体之间（如混凝土面板与垫层料之间、坝基覆盖层土体与混凝土防渗墙之间）接触面的力学性态，通常采用接触面单元进行模拟。目前，国内较为常用的接触面单元有无厚度 Goodman 单元和 Desai 薄层单元等[13,16]。研究表明[13,16,18]，无厚度 Goodman 单元能较好地反映接触面上切向应力与切向变形之间的非线性关系，具有参数易于确定、应用经验相对较多等优点。因此，选择采用无厚度 Goodman 单元来模拟面板

与堆石料之间的接触行为是适宜的。

无厚度 Goodman 单元的基本原理如下[7,16-18]：

R. F. Goodman 提出接触面上的应力与相对位移的关系表达式为

$$[\sigma]=[K_0][w] \tag{2.17}$$

式中：$[w]=[\Delta w,\ \Delta v,\ \Delta u]^T$ 为接触面两侧的相对位移；$[\sigma]=[\tau_{xy},\ \sigma_{yy},\ \tau_{yz}]$ 为接触面上 3 个方向的应力；$[K_0]$ 为接触面的本构算子，按式（2.18）计算：

$$[K_0]=\begin{bmatrix} k_{yx} & 0 & 0 \\ 0 & k_{yy} & 0 \\ 0 & 0 & k_{yz} \end{bmatrix} \tag{2.18}$$

无厚度 Goodman 接触单元沿切向的 2 个劲度系数分别为

$$\left.\begin{aligned} k_{yx}&=K_1\rho_w\left(\frac{\sigma_{yy}}{p_a}\right)^n\left(1-\frac{R_f\tau_{yx}}{\sigma_{yy}\tan\delta}\right)^2 \\ k_{yz}&=K_1\rho_w\left(\frac{\sigma_{yy}}{p_a}\right)^n\left(1-\frac{R_f\tau_{yz}}{\sigma_{yy}\tan\delta}\right)^2 \end{aligned}\right\} \tag{2.19}$$

式中：K_1、n、R_f 为计算参数，由试验确定；δ 为接触面材料的外摩擦角；ρ_w 为水的容重；p_a 为标准大气压。

对于法向劲度系数 k_{yy}，为避免受压时接触面两侧的单元发生相互嵌入，一般在单元受拉时取较小值，而在单元受压时取大值。

2.3.3　结构接缝的计算模型

混凝土面板堆石坝根据结构受力及施工要求等条件，必须设置若干接缝，如面板与趾板或趾墙之间的周边缝、面板条块之间的垂直缝以及面板顶部与防浪墙之间的水平接缝等。这些接缝必须按防渗要求设置必要的止水结构。

目前，对接缝止水材料力学特性的数值模拟通常有以下几种模型[19-20]：分离缝模型（自由面模型）、复合板模型及薄层单元模型等。

分离缝模型由于不能反映接缝平面内的双向剪切特性，因此采用分离缝模型不能全面反映周边缝的实际变形情况。复合板模型只是对接缝特性的简单化处理，而且计算还影响到混凝土面板自身的纵向刚度，这种简单的依宽度对纵向弹模的加权平均处理，缺乏理论依据；在面板垂直缝的三向变位中，一般拉压变形较大，剪切和沉陷变形相对较小，采用这种模型可以对垂直缝变形进行近似模拟；对周边缝而言，剪切变形、沉陷变形和拉压变形基本处于同数量级，不能简单地忽视某向的相对变形，因此复合板模型对周边缝变形适用性较差。薄层单元模型采用低模量薄层单元，模拟接缝时，假定接缝单元受拉时的模量为混凝土模量的万分之一；当接缝三向变形不太大，且一般处于张拉状态时，可以采用薄层单元进行模拟。经综合分析，本章拟采用薄层单元模型来模拟周边缝和垂直缝的应力变形特性。

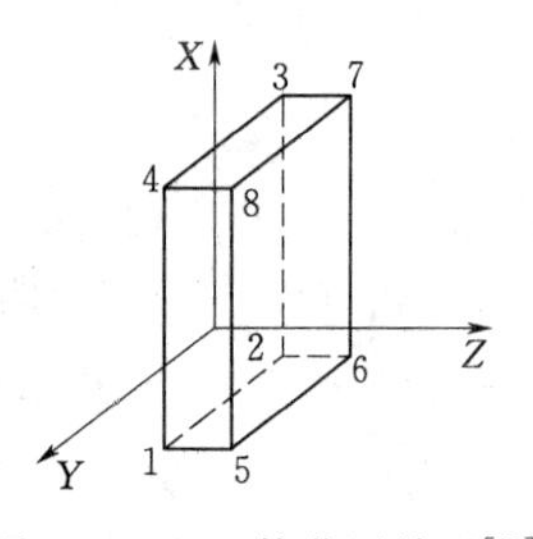

图 2.4　六面体薄层单元[13]

薄层单元模型的基本原理如下[13]：

对于图 2.4 所示的六面体薄层单元，缝左结点为 1、2、3、

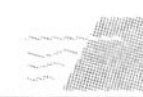

4，缝右结点为5、6、7、8。则缝左右结点的相对位移为

$$\{\delta\}=[\delta_{zx}\delta_{zz}\delta_{zy}]^T \tag{2.20}$$

式中：δ_{zx}和δ_{zy}分别为缝左右结点在顺坝坡向和垂直坝坡方向的相对剪切位移；δ_{zz}为缝左右结点相对法向位移（拉开或压紧）。

接缝在3个方向的应力和相对位移的关系为：

$$\{\sigma\}=\begin{Bmatrix}\tau_{zx}\\ \sigma_z\\ \tau_{zy}\end{Bmatrix}=[k_0]\{\delta\}=\begin{bmatrix}k_{zx} & 0 & 0\\ 0 & k_{zz} & 0\\ 0 & 0 & k_{zy}\end{bmatrix}\begin{Bmatrix}\delta_{zx}\\ \delta_{zz}\\ \delta_{zy}\end{Bmatrix} \tag{2.21}$$

式中：k_{zx}和k_{zy}为切向单位长度劲度系数；k_{zz}为法向单位长度劲度系数，当接缝受压时，按混凝土材料的力学特性确定，当接缝受拉或受剪时，则取决于接缝的结构形式及止水材料的力学特性等，可根据有关试验结果等确定。

2.3.4 坝体施工过程的模拟

由于面板堆石坝施工期堆石坝体是通过逐层碾压填筑而成的、高坝的面板往往又是通过分期浇筑而成的，而运行期作用在面板上的水荷载也是随库水位的升降而变化的，因此，在进行大坝应力变形有限元计算时，必须根据实际施工过程按照分级加载的方法来模拟坝体自重的作用过程。

在有限元程序中，可通过时间函数、时间步及单元生死的联合设置，实现对于堆石坝体及面板分期施工过程的逐级实时模拟，而分级计算时加载历史的影响可通过采用前期固结压力计算初始弹性常数的方法来予以考虑[21]。

2.3.5 水库蓄水过程的模拟

大坝运行期作用在面板上或临时断面挡水期作用在临时断面坝体上游面上的水压力荷载是随着库水位（挡水水位）的升降而变化的，因此，在进行大坝应力变形有限元计算时，必须根据实际的水库蓄水过程或临时断面挡水过程，按照分级（期）加载的方法来模拟水压力荷载的作用过程。在有限元程序中，可通过空间函数、时间函数及时间步的联合设置，实现对水压力荷载的逐级实时模拟[22]。

以有限元通用软件ADINA为例，可按式（2.22）施加真实的水压力荷载[23]：

$$\text{真实水压力值}=\text{定义水压力值}\times\text{时间函数因子}\times\text{空间函数因子} \tag{2.22}$$

式中：定义水压力值为输入的水压力值；时间函数因子指与计算当前时间对应的时间函数因子，而计算中间时刻的时间函数因子可以由时间函数按线性插值得到；空间函数因子指对应空间点的函数因子，各点的空间函数可以由空间函数插值得到。

以图2.5所示的分3期（级）蓄水情况为例[24]，假设各期蓄水位对应的蓄水高度依次为h_1、h_2、h_3，则一期蓄水时的定义水压力值为γh_1（γ为水的容重）；假设水压力是瞬时加载的，则同一期蓄水的时间函数因子相同，在ADINA建模过程中要对应设定好该期蓄水的单元生、死时间；对于水压力三角形分布的情况，空间函数为线性的，则图中面板单元①、②和③的空间函数可通过线性插值设定；二期蓄水时，对一期蓄水与二期蓄水之间的面板单元施加相应水头的水压力，而对一期蓄水位以下的面板单元则施加一期和二期蓄水位差所对应的水压力；依次类推，即可逐级模拟水库蓄水过程中作用在面板上的水压力。

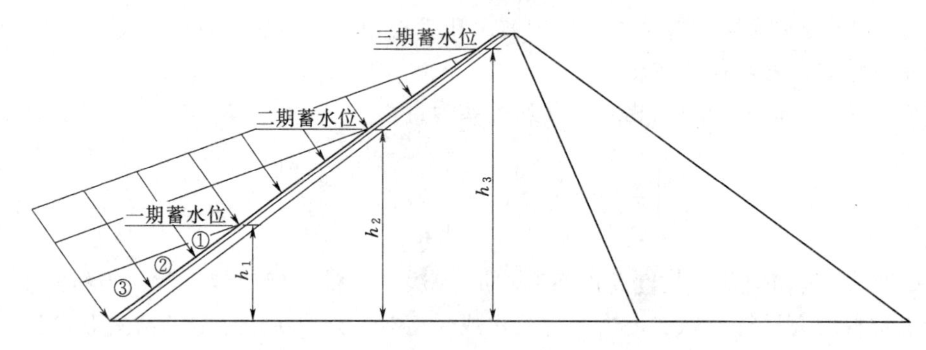

图 2.5　水压力逐级施加示意图[24]

2.3.6　非线性方程组的求解方法

当坝体堆石料及覆盖层土体的本构模型采用邓肯-张 $E-B$ 模型时，大坝的应力变形问题就成为材料非线性问题，应力变形有限元计算的结构整体平衡方程组就成为以单元结点位移为未知量的非线性方程组。同时，如前所述，在进行大坝应力变形有限元计算时，必须根据实际的施工过程和水库蓄（挡）水过程按照分级加载的方法来分别模拟坝体自重及水压力荷载。实践证明，对于上述具有分期加载要求的材料非线性问题，相比较于迭代法，增量法更为有效。按照增量计算过程中关于切线斜率求解方法的不同，增量法又分为基本增量法和中点增量法两种，两种方法针对邓肯-张 $E-B$ 模型的计算原理如图 2.6 所示。

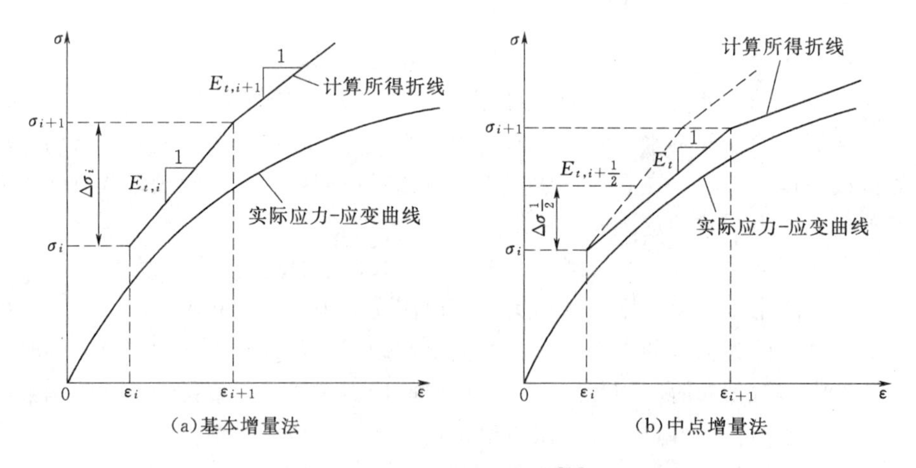

图 2.6　增量法比较图[25]

由图 2.6 可以看出，当荷载增量由第 i 级施加到第 $i+1$ 级时，相应于实际应力-应变曲线，虽然两种方法都以微段直线来近似地代替曲线，并以该时段直线的斜率作为切线模量 E_t，但是基本增量法中用以拟合曲线的直线的斜率受 $\sigma=\sigma_i$ 时曲线切线斜率的影响，所以，当变化到 $\sigma=\sigma_{i+1}$ 时的直线与此处的实际曲线间的差距比较大；而中点增量法用以拟

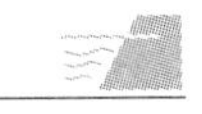

合曲线的直线的斜率受$\sigma=\sigma_{i+1/2}$时曲线的切线斜率影响，当变化到$\sigma=\sigma_{i+1}$时直线与实际曲线之间的差距相对较小，相应的计算效率和计算精度均相应较高。因此，中点增量法成为目前采用较多的一种关于材料非线性问题的求解方法[11,13,25-26]。

以各级荷载终了时的应力计算为例，中点增量法的基本计算原理如下[24-27]：

(1) 以某一荷载级为例，在从初始加载到本级加载终了的过程中，由于邓肯-张$E-B$的模量参数（切线弹性模量E及切线体积模量B）是随应力状态的变化而变化的，为此采用该级荷载开始和终了时的平均应力对应的模量参数作为该级荷载的计算模量参数。

(2) 平均应力采用试算方法确定，有两种方法：①按上一级荷载计算终了时的应力结果对应的模量参数为基础，将该级荷载全部施加，求出该级荷载终了时的应力，并与上一级荷载终了时的应力相平均，即得到中点应力；②按上级荷载计算终了时的应力结果对应的模量参数为基础，施加该级荷载的一半，所得的应力即为该级荷载作用的平均应力。

(3) 根据该级的计算模量参数，计算该级全部荷载的应力增量。

(4) 将该级荷载以前的各级荷载所得应力增量进行累加，即得本级荷载终了时的应力结果。

2.4 堆石体湿化变形分析的有限元法

2.4.1 湿化变形计算的数学模型

湿化变形是由于堆石体受到水的浸润作用，从而导致堆石颗粒间受到润滑进而在自重作用下重新调整其间位置，改变原来结构，使堆石体产生压缩下沉的一种变形现象。目前，研究湿化变形数学模型的途径，基本上都是按照“双线法”或“单线法”试验的思路，在获得试验结果的基础上，通过数学拟合，得到湿化变形的数学模型[28]。按照上述途径所获得的模型很多，但基本上均是经验或半经验的模型，都能程度不同地反映堆石体湿化变形的基本规律。在此重点介绍沈珠江基于“单线法”试验思路所提出的湿化模型。

沈珠江等人[29-32]根据黄土、砂砾料和砂土等所进行的湿化试验结果，提出用式(2.23)和式(2.24)分别计算湿化体积应变增量$\Delta\varepsilon_v$和轴向应变增量$\Delta\varepsilon_a$：

$$\Delta\varepsilon_v=C_\omega \tag{2.23}$$

$$\Delta\varepsilon_a=D_\omega S_L/(1-S_L) \tag{2.24}$$

式中：C_ω、D_ω为湿化试验拟合的计算系数；S_L为应力水平，$S_L=(\sigma_1-\sigma_3)/(\sigma_1-\sigma_3)_f$。

假定饱和样和干样的应力应变关系都服从双曲线关系，且初始切线模量相同，则强度比可表达如下：

$$R_\omega=(\sigma_1-\sigma_3)_f/(\sigma_1-\sigma_3)_{fw} \tag{2.25}$$

大主应变增量可用式(2.26)计算：

$$\Delta\varepsilon_1=\frac{\sigma_1-\sigma_3}{E_t}\left(\frac{1}{1-S_L/R}-\frac{1}{1-S_L}\right) \tag{2.26}$$

李全明等人[33]所进行的湿化研究表明，周围压力对湿化引起的体积应变有一定影响。在此基础上，彭凯等人[34]提出了沈珠江湿化模型的改进模型：

$$\left.\begin{aligned}\varepsilon_v &= \sigma_3/(a+b\sigma_3)\\ \varepsilon_a &= D_w S_L/(1-S_L)\end{aligned}\right\} \tag{2.27}$$

式中：ε_v 和 ε_a 分别表示湿化体积应变和轴向应变；σ_3 为第三主应力；S_L 为应力水平；D_w、a、b 为模型参数。

2.4.2　湿化变形分析的有限元法

湿化变形有限元分析大多采用初应变法，其基本原理如下[32]：

对于湿化模型式（2.27），首先可根据试验所得的模型参数，按式（2.27）求得湿化体积应变和轴向应变，再按式（2.28）求出湿化主应变：

$$\left.\begin{aligned}\varepsilon_1 &= \varepsilon_a\\ \varepsilon_2 &= (\varepsilon_v-\varepsilon_a)\frac{\sigma_2}{\sigma_2+\sigma_3}\\ \varepsilon_3 &= (\varepsilon_v-\varepsilon_a)\frac{\sigma_3}{\sigma_2+\sigma_3}\end{aligned}\right\} \tag{2.28}$$

则主应变向量为

$$\{\varepsilon\}_{主} = [\varepsilon_1 \quad \varepsilon_2 \quad \varepsilon_3] \tag{2.29}$$

假定应力主方向与应变主方向相同，则可以用转换矩阵［$\boldsymbol{T}$］表示湿化引起的 6 个应变增量：

$$\{\varepsilon\} = [\boldsymbol{T}]\{\varepsilon\}_{主} \tag{2.30}$$

$$\{\varepsilon\} = [\varepsilon_x \quad \varepsilon_y \quad \varepsilon_z \quad \gamma_{xy} \quad \gamma_{yz} \quad \gamma_{zx}] \tag{2.31}$$

转换矩阵［$\boldsymbol{T}$］表示为

$$[\boldsymbol{T}] = \begin{bmatrix} l_x^2 & m_x^2 & n_x^2 \\ l_y^2 & m_y^2 & n_y^2 \\ l_z^2 & m_z^2 & n_z^2 \\ 2l_x l_y & 2m_x m_y & 2n_x n_y \\ 2l_y l_z & 2m_y m_z & 2n_y n_z \\ 2l_z l_x & 2m_z m_x & 2n_z n_x \end{bmatrix} \tag{2.32}$$

在有限元分析中，初应变｛ε_0｝可用以上各式计算得到的应变增量表示，进而可求得由初应变｛ε_0｝产生的等效结点力为

$$\{F\} = -\sum \iint [B]^T [D_s][\varepsilon_0] \mathrm{d}V \tag{2.33}$$

式中：［B］为单元几何矩阵；［D_s］为堆石料处于饱和状态的单元刚度矩阵。

将式（2.33）求得的等效结点力作为荷载，就可以计算得到结点位移。单元应力可按式（2.34）计算：

$$\{\sigma\} = [D][B]\{\delta\}^e - [D]\{\varepsilon_0\} \tag{2.34}$$

浸润线以下的坝体堆石受到水的浮力作用，单元浮力可由式（2.35）计算[35]：

$$F_b^e = \gamma_0 V^e (1-n) \tag{2.35}$$

式中：γ_0 为水的容重；V^e 为单元体积；n 为孔隙率，$n=n_0-\varepsilon_v$，其中 n_0 为单元设计（初

始）孔隙率，ε_v 为竣工（未蓄水）时单元的体积应变。

堆石体湿化变形有限元计算的基本步骤如下[36]：

（1）根据前一级应力状态 $\{\sigma\}$，施加下一级的全部浮力（其刚度矩阵 $[D_s]$ 按照饱和堆石体的参数确定），然后进行有限元计算，求出各单元的应力。

（2）按中点增量法将上一步计算所得的单元应力与初始计算的应力平均，计算刚度矩阵 $[D_s]$，$[D_s]$ 根据平均应力及饱和堆石体的参数计算来确定。

（3）根据上一步求得的刚度矩阵，再次施加该级的全部浮力，计算各单元的应力。

（4）由上一步计算的各单元的应力状态，用湿化变形的数学模型求得湿化单元的等效结点力。

（5）把等效结点力视作外荷载，加上原来的水压力、重力和浮力，计算单元结点位移，并按式（2.34）计算单元应力。

基于上述计算原理，编制了湿化变形有限元计算子程序，并将此子程序嵌入已有的三维非线性应力变形有限元计算程序中。在湿化变形有限元计算子程序中，可对稳定渗流浸润线以下的坝体单元计入湿化变形，用该子程序计算确定这些坝体单元由于湿化变形而产生的等效结点力。

2.4.3 算例

某主要用软岩料填筑的已建面板堆石坝[3]，最大坝高为 90.20m，坝顶宽为 6.5m，坝顶总长为 423.75m，上游坝坡坡比为 1∶1.4，在高程 145.00～165.00m 坡比为 1∶1.4，在高程 165.00m 以上坡比为 1∶1.3。大坝最大横剖面如图 2.7 所示。

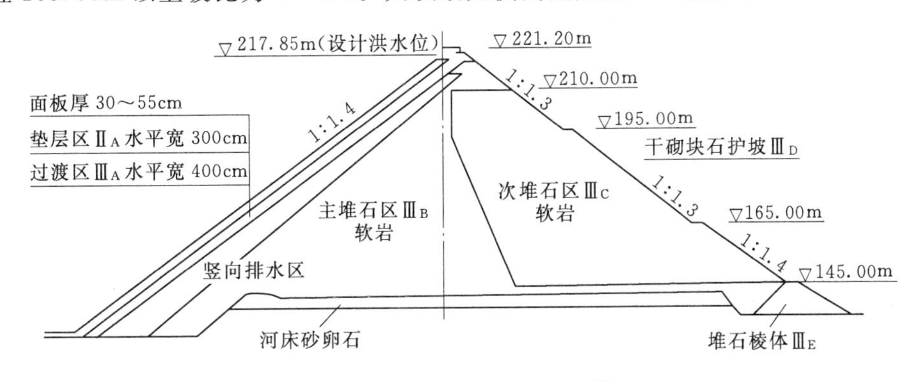

图 2.7 大坝最大横剖面图[3]

有限元模型：沿坝轴线方向选取长度为 12m 的一个坝段建立有限元模型，采用八结点六面体等参单元及五面体单元进行模型剖分，划分单元总数为 1612 个，结点总数为 2095 个。有限元网格见图 2.8。

计算工况：取水库正常蓄水期作为计算工况，坝上游水位为水库正常蓄水位 217.00m，坝下游水位为 145.00m。

荷载分级模拟：坝体填筑按 11 级模拟，水库蓄水按 2 级模拟。

计算参数：混凝土面板采用线弹性模型，容重为 2450kg/m^3，弹性模量为 2.0 万 MPa，泊松比为 0.167；坝体堆石料采用邓肯-张 $E-B$ 模型，模型参数见表 2.4；坝体堆

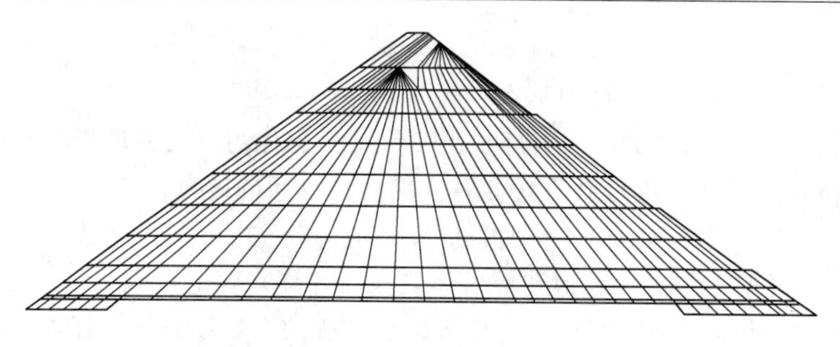

图 2.8　有限元网格图

石料湿化变形计算参数参照类似工程选取，见表 2.5。

表 2.4　坝体堆石料邓肯-张 $E-B$ 模型参数[3]

材料	ρ_d /(g/cm³)	C /kPa	φ_0 /(°)	$\Delta\varphi$ /(°)	R_f	K	K_{ur}	n	K_b	m
垫层	2.18	0	53.8	11.2	0.73	800	1000	0.46	136	0.4
过渡层	2.14	0	54.4	10.2	0.72	800	1000	0.42	136	0.3
主堆石	2.12	0	47.8	6.2	0.71	630	800	0.40	120	0.3
次堆石	2.10	0	45.0	7.6	0.72	307	368	0.39	134	0.3

表 2.5　坝体堆石料湿化变形计算参数[36]

材料	a	b	D_w
垫层	1.9	14.6	0.3
过渡层	0.8	2.4	1.7
主堆石	1.2	1.0	0.9
次堆石	1.6	4.8	0.9

坝体浸润线：通过稳定渗流有限元计算，得到正常蓄水期的坝体浸润线如图 2.9 所示。

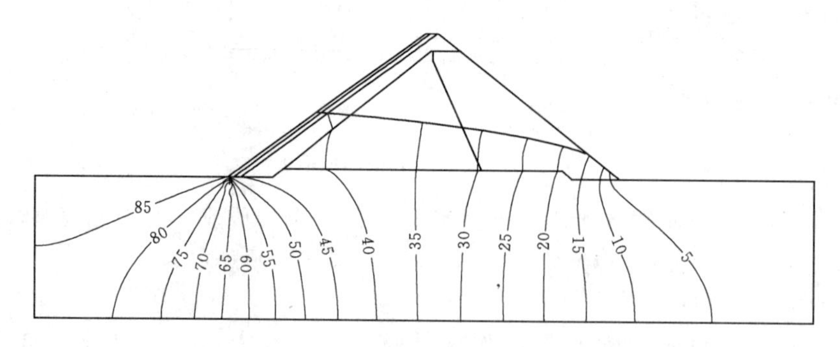

图 2.9　正常蓄水期坝体浸润线及渗流水头分布图（单位：m）

运用编制的湿化变形有限元计算子程序，进行浸润线以下坝体单元的等效结点力计算，然后将计算结果导入三维非线性应力变形有限元计算程序中实施整体计算。计算时，约定位移及应力正负号为：垂直位移铅直向上为正；水平位移向下游为正；应力以压应力

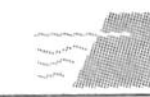

为正。

考虑浸润线以下坝体湿化变形的大坝应力变形有限元计算结果分别见表2.6、图2.10～图2.12。在表2.6中，同时给出了该大坝正常蓄水期的有关应力变形实测结果。

表2.6　坝体应力变形计算结果

工况	计算内容		单位	计算结果	实测结果[3]
正常蓄水期	坝体最大沉降		m	−0.9413	−1.118
	坝体最大水平位移	向上游	m	−0.12	−0.119
		向下游	m	0.40	0.232
	坝体大主应力		MPa	1.60	—
	坝体小主应力		MPa	0.53	—
	面板最大挠度		cm	27.12	22.52
	面板顺坡向应力	压应力	MPa	2.71	0.85
		拉应力	MPa	0.56	0.16

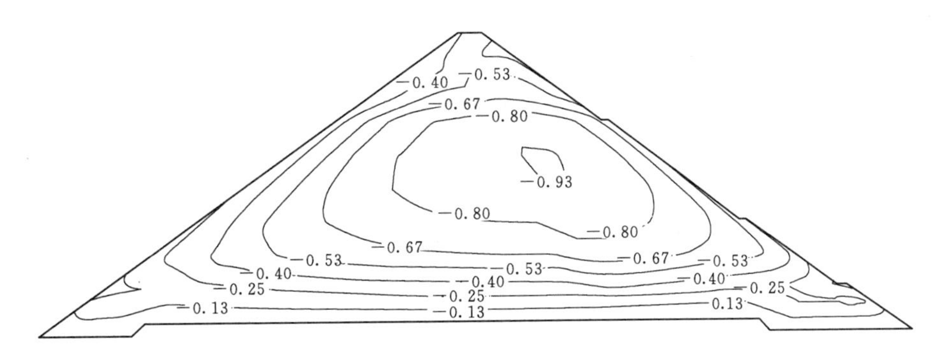

图2.10　正常蓄水期坝体垂直位移等值线图（单位：m）

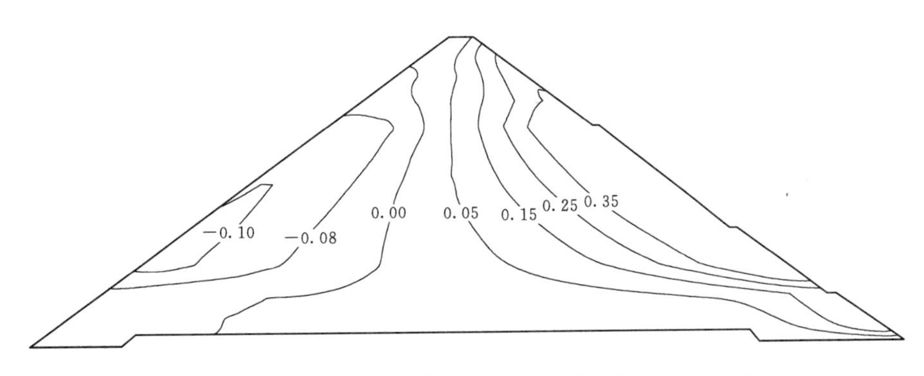

图2.11　正常蓄水期坝体水平位移等值线图（单位：m）

从表2.6及图2.10～图2.12可以看出，在正常蓄水期，坝体最大垂直位移为0.9413m，向上游最大水平位移为0.12m，向下游最大水平位移为0.40m，坝体最大大主应力为1.60MPa（压应力）。另外从表2.6可以看出，计算结果与实测结果基本一致，个别数据存在一定差异，这应与计算条件和实测条件存在差异有关。但总体而言，计算结果

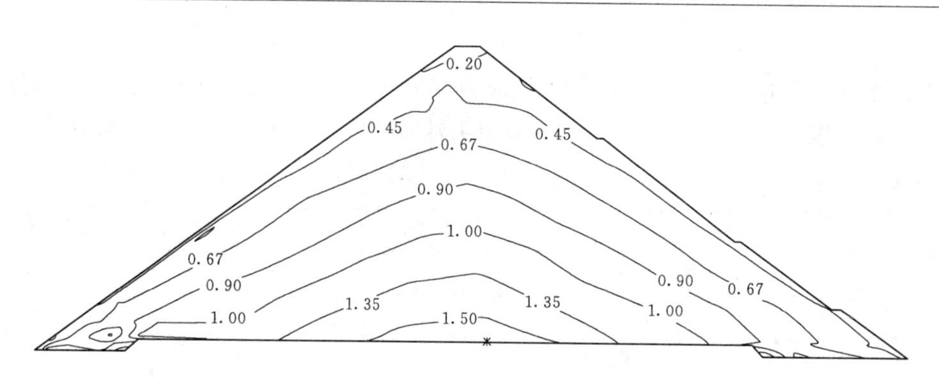

图 2.12　正常蓄水期坝体大主应力等值线图（单位：MPa）

较为合理地反映了大坝应力变形分布的一般规律，进而较为准确地反映了蓄水期湿化变形对于坝体应力变形的影响。

2.5　工程实例分析

本节拟以公伯峡水电站面板混凝土堆石坝为例，运用编制的可以考虑堆石体湿化变形的三维非线性应力变形有限元计算程序，按照不考虑与考虑湿化变形两种情况，进行不同软岩料利用方案下大坝应力变形特性的对比分析，以便了解湿化变形对于大坝应力变形的影响规律，并为综合评价软岩料利用方案提供依据。

2.5.1　工程概况[37-41]

公伯峡水电站位于黄河干流青海省循化撒拉族自治县与化隆回族自治县交界处，距循化县城 25km，距西宁市 153km。该电站水库正常蓄水位为 2005.00m，设计洪水位为 2005.00m、校核洪水位为 2008.00m，水库总库容为 6.2 亿 m^3，为日调节水库。电站装机容量 1500MW，是以发电为主，兼顾灌溉、供水的一等大（1）型工程。枢纽建筑物由大坝、引水发电系统及泄水建筑物 3 部分组成。

公伯峡水电站枢纽平面布置见图 2.13。

大坝为混凝土面板堆石坝，坝顶长 429m，坝顶宽 10m，防浪墙顶高程 2011.30m，坝顶高程 2010.00m，最大坝高 132.20m，上游坝坡为 1：1.4，下游坝坡设有 10m 宽的“之”字形上坝道路，下游综合坝坡为 1：1.79。坝址位于公伯峡峡谷出口段，该河段河道平直，河床覆盖层厚一般 5～13m，河谷形状不规则，左岸较缓右岸较陡。右岸 1980.00m 高程以下为岩质边坡，左岸除 1930.00～1950.00m 高程段为坡积碎石Ⅱ级阶地外，其他部分为岩质边坡。坝基及两岸山体主要岩性为云母石英片岩、花岗岩及片麻岩，局部为角闪片岩，岩体相对较完整。大坝标准横剖面见图 2.14。

大坝垫层料是由微、弱风化花岗岩和片麻岩加工组成，小于 5mm 颗粒含量为 35%～45%，最大粒径 100mm，设计干密度为 2.23g/cm^3，孔隙率为 16%；过渡料（3A）为微、弱风化花岗岩，小于 5mm 粒径含量为 3%～17%，小于 0.1mm 颗粒含量小于 7%，最大粒径 300mm，设计干密度为 2.17g/cm^3，孔隙率为 18%；主堆石料Ⅰ区（包括 I_1 和

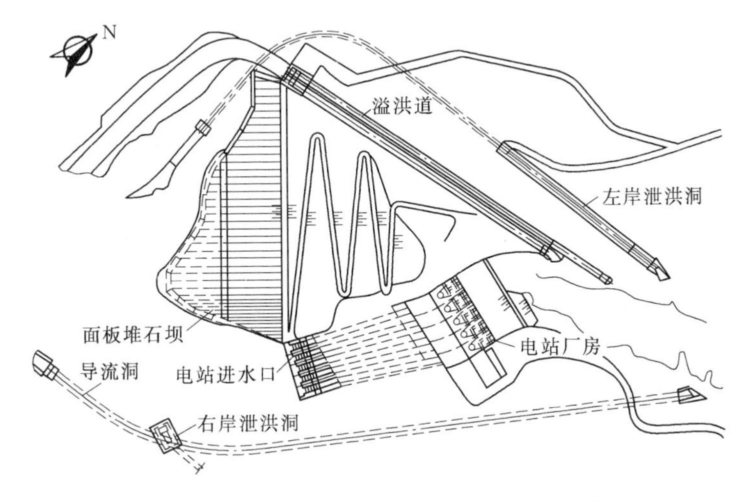

图 2.13 公伯峡水电站枢纽平面布置图[41]

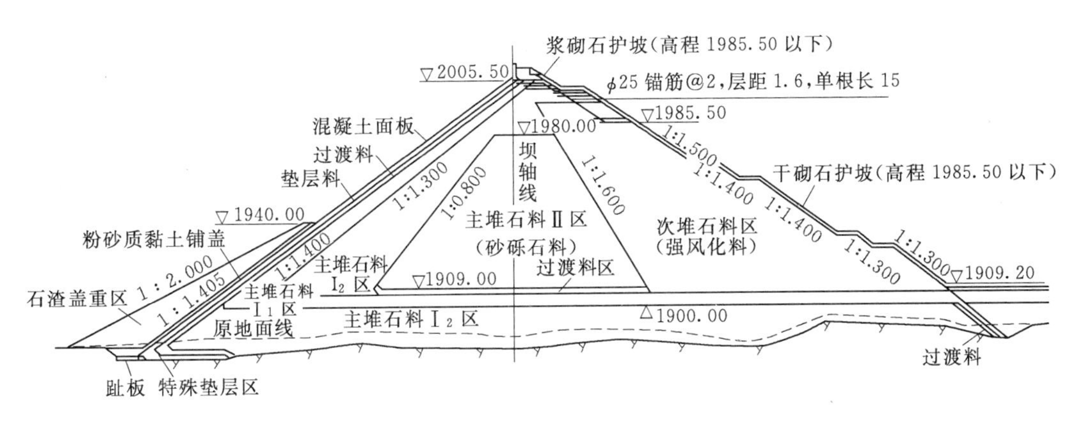

图 2.14 公伯峡大坝标准横剖面图[41]（单位：m）

Ⅰ₂两个小区）是由 70%微、弱风化花岗岩和 30%云母片岩混合而成，小于 5mm 颗粒含量小于 8%，小于 0.1mm 颗粒含量小于 5%，最大粒径 800mm，设计干密度 2.15g/cm^3，孔隙率 20%；主堆石料Ⅱ区为砂砾石料，小于 5mm 颗粒含量为 15%～40%，小于 0.1mm 颗粒含量小于 7%，最大粒径 450mm，设计干密度 2.16g/cm^3；次堆石料区是由 70%强风化花岗岩和 30%弱风化片岩组成，小于 5mm 颗粒含量小于 35%，小于 0.1mm 颗粒含量小于 8%，最大粒径 1000mm，设计干密度 2.13g/cm^3。

混凝土面板顶部厚度为 0.3m，底部最大厚度为 0.7m，面板受压区垂直缝间距为 12m，受拉区垂直缝间距为 6m，沿坝高不设水平缝。混凝土面板共分为 38 块，分缝总长度约 5000 多 m，最大单块长度约为 218m。面板混凝土标号为 C25，采用单层双向钢筋。

2.5.2 软岩料利用方案的拟定

公伯峡混凝土面板堆石坝原设计坝体次堆石区（3C）堆石材料为由强风化花岗岩和弱风化片岩等组成的软岩料区。为进行不同软岩料利用方案下大坝应力变形特性的对比分析，参照类似工程经验，拟定了如图 2.15 所示的 3 种软岩料利用方案。

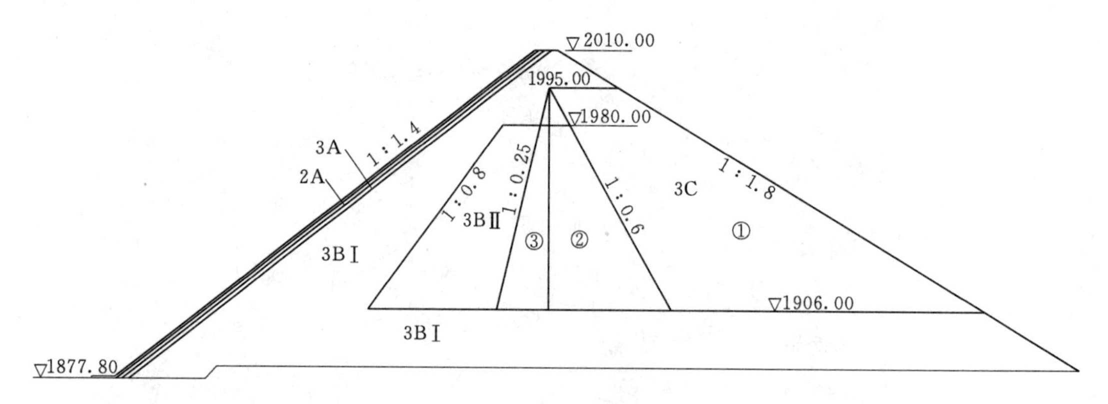

图 2.15　软岩料利用方案（单位：m）

2A—垫层区；3A—过渡区；3BⅠ—主堆石Ⅰ区；3BⅡ—主堆石Ⅱ区；3C—次堆石区

方案 1：软岩料利用范围为①区，软岩料上游边界线倾向下游，坡比为 1∶0.6。此方案也即原设计的坝体分区方案。

方案 2：软岩料利用范围为①＋②区，软岩料上游边界线铅直向下；

方案 3：软岩料利用范围为①＋②＋③区，软岩料上游边界线倾向上游，坡比为 1∶0.25。

上述三种软岩料利用方案的顶部边界、下游边界及底部边界线均重合，顶部边界线高程为 1995.00m，下游边界线坡比为 1∶1.8，底部边界线高程为 1906.00m。

2.5.3　大坝渗流有限元计算

为考虑水库初次蓄水时坝体中产生的湿化变形对于坝体应力变形的影响，需要进行水库正常蓄水期的大坝渗流计算。

2.5.3.1　计算工况

计算工况取为水库正常蓄水期，水库正常蓄水位为 2005.00m，相应的坝下游水位为 1916.00m。

2.5.3.2　计算参数

坝体及坝基材料的渗透系数根据工程试验资料选取，见表 2.7。

表 2.7　　坝体及坝基材料的渗透系数取值表[38]

材料	混凝土面板	垫层	过渡层	主堆石区
渗透系数/(cm/s)	1×10^{-7}	5.29×10^{-3}	5.14×10^{-2}	2.53×10^{-2}
材料	砂砾石料	次堆石区	防渗帷幕	基岩
渗透系数/(cm/s)	2.53×10^{-2}	1.95×10^{-2}	5×10^{-5}	1.53×10^{-5}

注　表中“次堆石区”为软岩料。

2.5.3.3　有限元模型及计算方法

取计算范围为：坝基深度方向、坝踵向上游方向及坝趾向下游方向均取 1 倍坝高。

有限元模型：模型剖分采用四边形等参单元和少数三角形单元，共划分 1459 个单元，

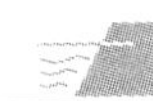

1530个结点。大坝渗流分析有限元网格如图2.16所示。

边界条件：坝基上、下游顶面均按已知水头边界处理，坝基上、下游侧及底部均按不透水边界处理。

计算方法：采用岩土工程专用有限元软件GEO－SLOPE中的Seep/W模块，进行稳定渗流有限元计算。

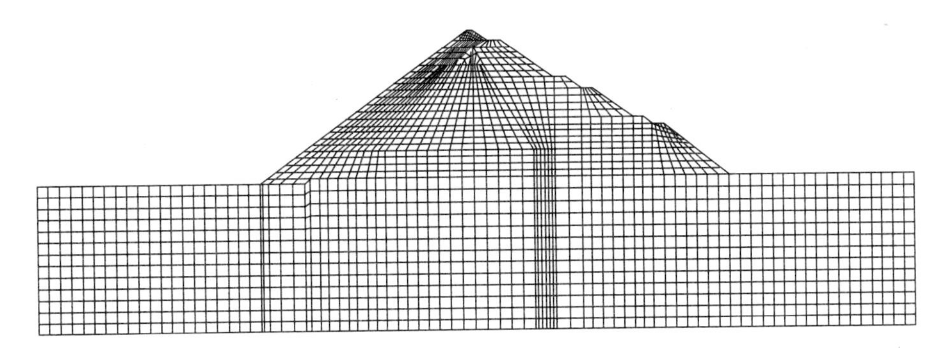

图2.16 大坝渗流分析有限元网格图

2.5.3.4 渗流计算结果

在3种软岩料利用方案下，水库正常蓄水期的坝体浸润线及渗流水头等势线分布分别如图2.17～图2.19所示。

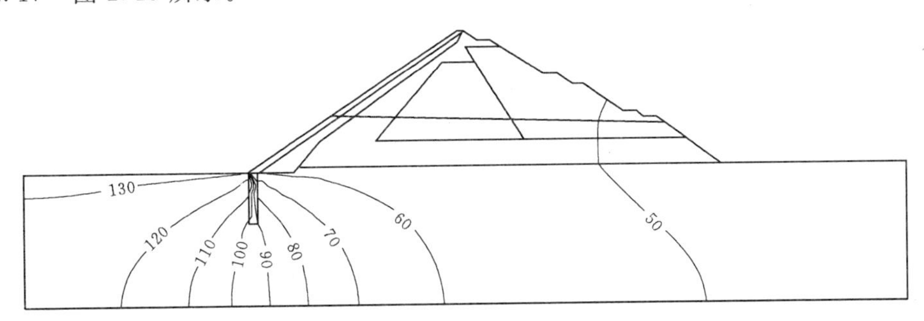

图2.17 正常蓄水期坝体浸润线及渗流水头等值线图（方案1，单位：m）

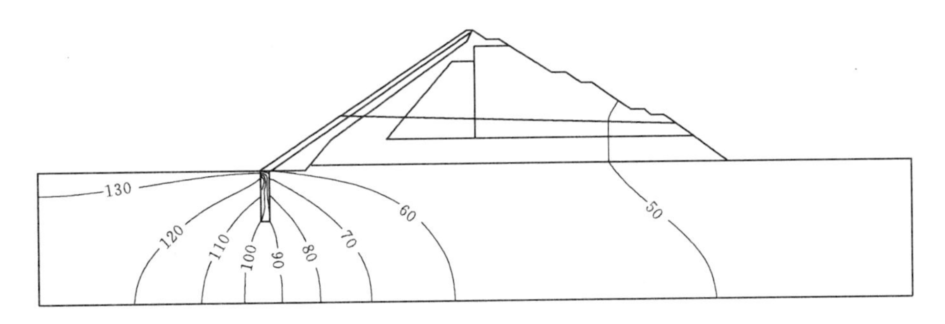

图2.18 正常蓄水期坝体浸润线及渗流水头等值线图（方案2，单位：m）

从图2.17～图2.19可以看出，虽然各方案的软岩料利用范围有所不同，但由于各方案的主、次堆石料的渗透系数均相差很小，因此，在渗透水力条件完全相同的前提下，各

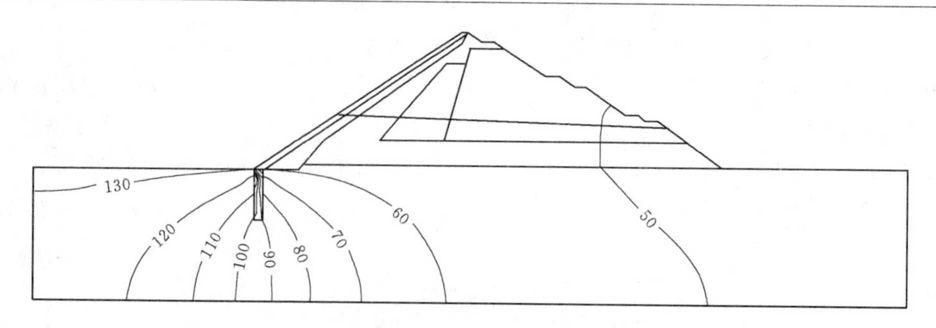

图 2.19　正常蓄水期坝体浸润线及渗流水头等值线图（方案 3，单位：m）

方案的坝体及坝基渗流场分布基本相同。

2.5.4　不考虑湿化变形的大坝应力变形三维有限元分析

2.5.4.1　有限元模型

根据公伯峡面板堆石坝工程坝址处的地形及地质条件，建立大坝三维有限元模型。在不影响计算精度的前提下对实际坝体做适当简化，不考虑坝上游下部压坡体，不计下游坝坡上坝公路，下游坝坡按平均坡比 1∶1.79 考虑。根据大坝横断面和纵断面设计图，采用 ADINA 有限元软件建立大坝三维模型。坝体共分 6 个材料区，采用 8 结点六面体实体单元划分网格，共分实体单元 3587 个，接触面单元 180 个，接缝单元 176 个，结点总数 4125 个。坝基底部取为固定铰约束，坝肩左右边界施加法向约束。大坝三维有限元网格见图 2.20，大坝标准横剖面网格见图 2.21。

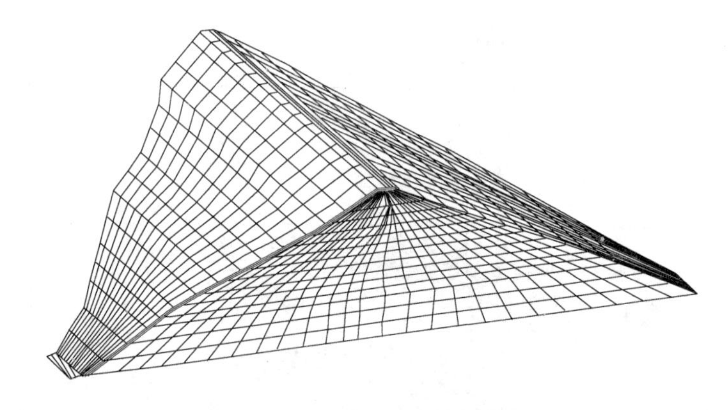

图 2.20　大坝三维有限元网格图

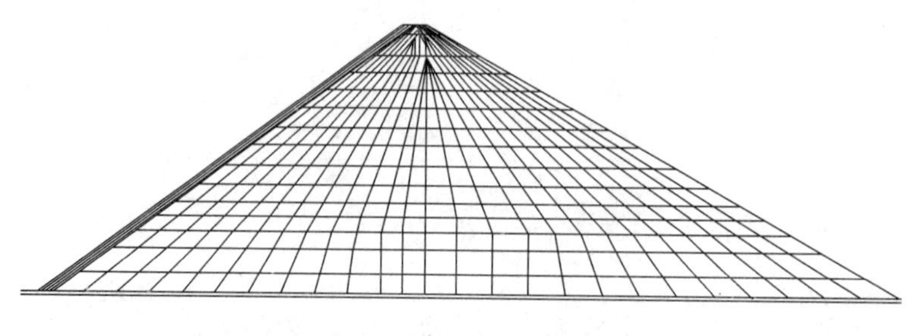

图 2.21　大坝标准横剖面网格图

将ADINA建立的有限元模型数据（结点坐标信息、单元信息、结点约束信息、材料信息、蓄水水位信息、计算控制信息和计算步信息等）按照计算程序的要求进行输出和整理，并分别保存在计算程序指定的文件夹中。

2.5.4.2 计算参数

混凝土面板按线弹性材料考虑，根据所选混凝土标号选取密度 $\rho_d=2450\text{kg/m}^3$，弹性模量 $E=2.8\times10^4\text{MPa}$，泊松比 $\mu=0.167$。堆石料（垫层料、过渡料、主堆石料和次堆石料）的本构模型采用邓肯-张 $E-B$ 模型，各种堆石料在天然和饱和状态下的邓肯-张 $E-B$ 模型参数分别见表2.8和表2.9。

表2.8　　堆石料邓肯-张 $E-B$ 模型参数（天然）[38]

材料	密度 /(kg/m³)	C /Pa	ϕ_0 /(°)	$\Delta\phi$ /(°)	K	n	R_f	K_b	m	K_{ur}	n_{ur}
垫层料	2270	0	55	12	1200	0.31	0.64	660	0.38	2100	0.32
过渡料	2270	0	55	12	1200	0.31	0.64	610	0.38	1700	0.31
主堆石Ⅰ	2210	0	54	10	1100	0.33	0.73	630	0.30	1500	0.33
主堆石Ⅱ	2270	0	53	10.7	900	0.5	0.7	500	0.40	1700	0.5
次堆石	2160	0	50	11.3	450	0.3	0.65	280	0.25	1200	0.3

表2.9　　堆石料邓肯-张 $E-B$ 模型参数（饱和）[38]

材料	密度 /(kg/m³)	C /Pa	ϕ_0 /(°)	$\Delta\phi$ /(°)	K	n	R_f	K_b	m	K_{ur}	n_{ur}
垫层料	2380	0	52	10	900	0.30	0.70	600	0.30	1890	0.30
过渡料	2350	0	52	10	900	0.30	0.70	550	0.30	1740	0.30
主堆石Ⅰ	2350	0	51	10	900	0.30	0.78	500	0.30	1500	0.30
主堆石Ⅱ	2390	0	49	9.8	800	0.50	0.82	500	0.40	1680	0.5
次堆石	2320	0	46	9	350	0.25	0.75	220	0.20	730	0.25

2.5.4.3 计算工况及加载过程

结合大坝施工及蓄水运行设计方案，拟定如下2种计算工况：

（1）竣工期：模拟堆石坝体从坝基面高程1877.80m填筑至坝顶高程2010.00m的施工填筑以及面板混凝土浇筑过程，坝上、下游均按无水考虑。计算时，堆石坝体填筑分15个荷载步，面板混凝土浇筑按1个荷载步考虑，为第16步。

（2）蓄水期：模拟大坝竣工后库水从1877.80m到正常蓄水位2005.00m的蓄水过程，坝下游按无水考虑。计算时，蓄水过程按3个荷载步考虑，第1步蓄水高程为1925.00m，第2步蓄水高程为1970.00m，第3步蓄水高程为正常蓄水位2005.00m。

2.5.4.4 计算结果分析

在不考虑湿化变形的前提下，运用所编制的计算程序进行各工况的大坝应力变形计

算，将计算结果导入 Oring 后处理软件中进行结果输出。为对比研究湿化变形对于不同软岩料利用方案下坝体应力变形的影响规律，此处只输出蓄水期末即水库蓄水高程达到正常蓄水位 2005.00m 时（简称“蓄水期”）的应力变形计算结果。计算结果正负号约定为：纵剖面上水平位移以向右岸为正，向左岸为负；横剖面上水平位移以向下游为正，向上游为负；横剖面上垂直位移以铅直向上为正，铅直向下为负；面板挠度以沿面板法向向坝内为正，向坝外为负；应力以压为正，以拉为负。

1. 各方案坝体和面板应力变形计算结果分析

计算结果表明，在上述 3 种软岩料利用方案下，蓄水期坝体和面板的应力变形分布规律基本相同。以软岩料利用方案 2 为例，蓄水期坝体和面板的应力变形分布情况见图 2.22～图 2.30。

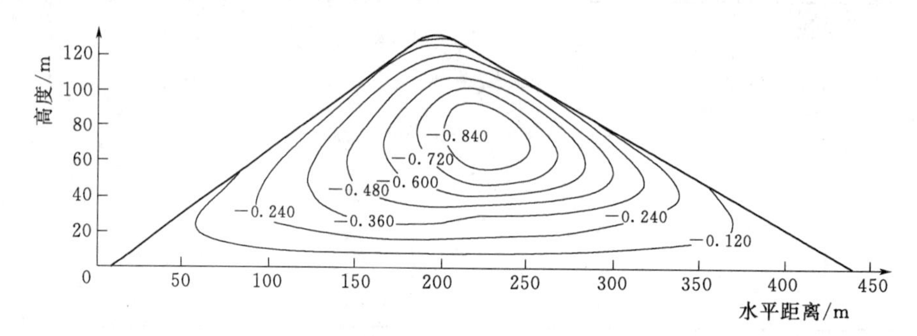

图 2.22　蓄水期大坝标准横剖面垂直位移等值线图（方案 2，单位：m）

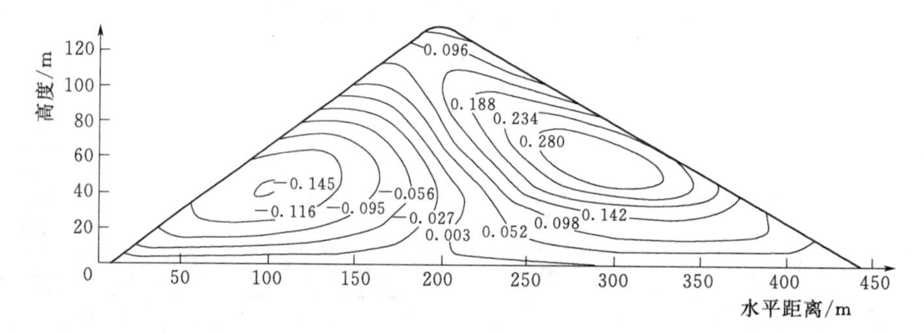

图 2.23　蓄水期大坝标准横剖面水平位移等值线图（方案 2，单位：m）

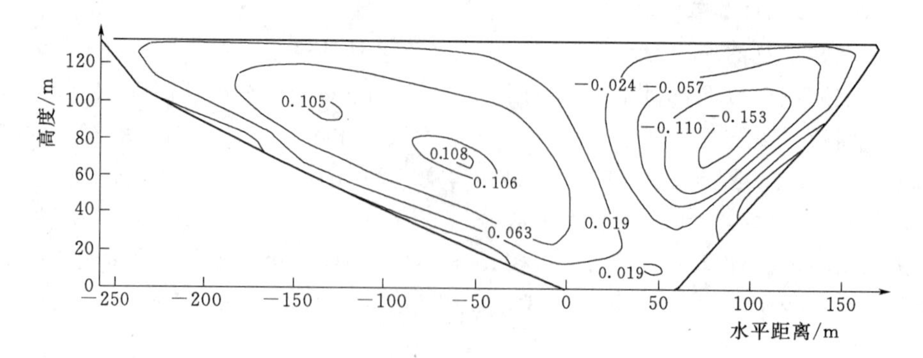

图 2.24　蓄水期坝轴线纵断面沿坝轴向水平位移等值线图（方案 2，单位：m）

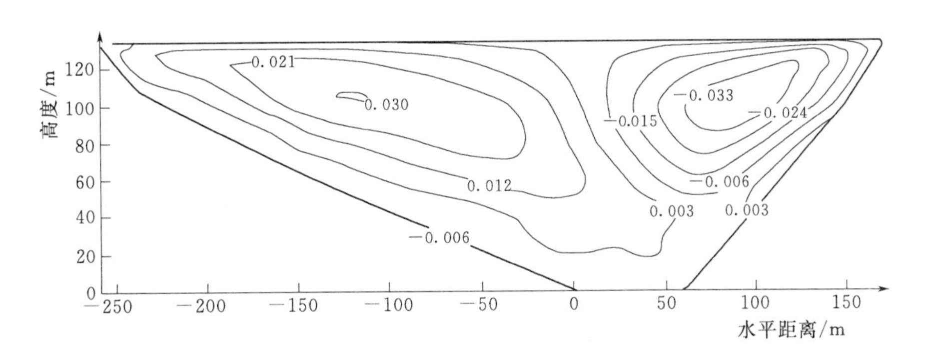

图 2.25 蓄水期面板沿坝轴向水平位移等值线图（方案 2，单位：m）

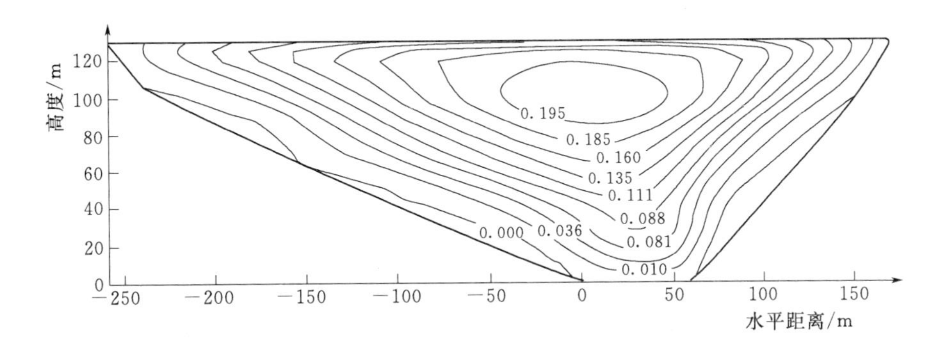

图 2.26 蓄水期面板挠度等值线图（方案 2，单位：m）

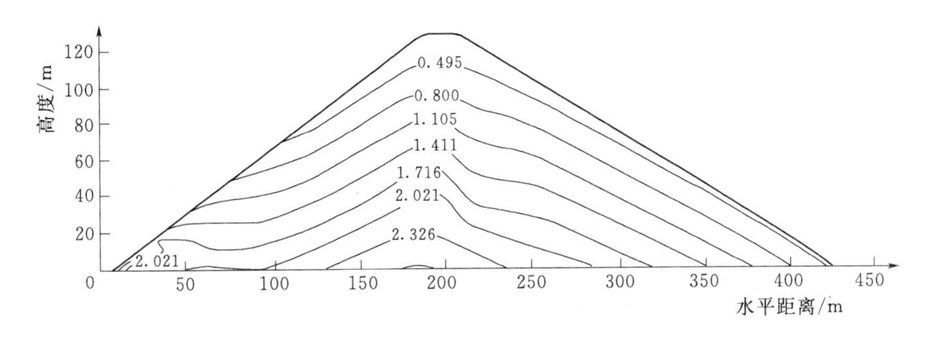

图 2.27 蓄水期大坝标准横剖面大主应力等值线图（方案 2，单位：MPa）

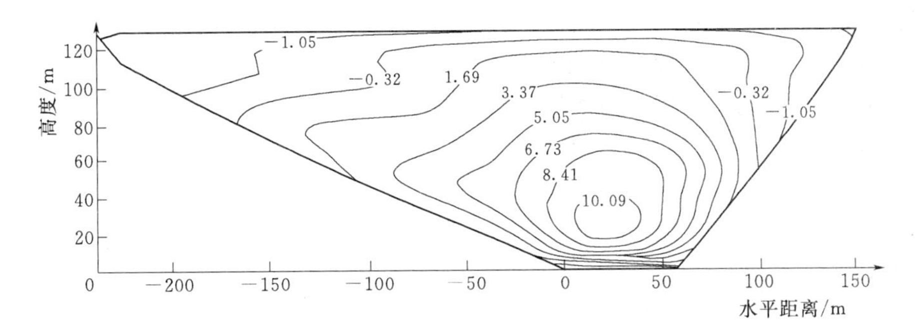

图 2.28 蓄水期面板顺坡向应力等值线图（方案 2，单位：MPa）

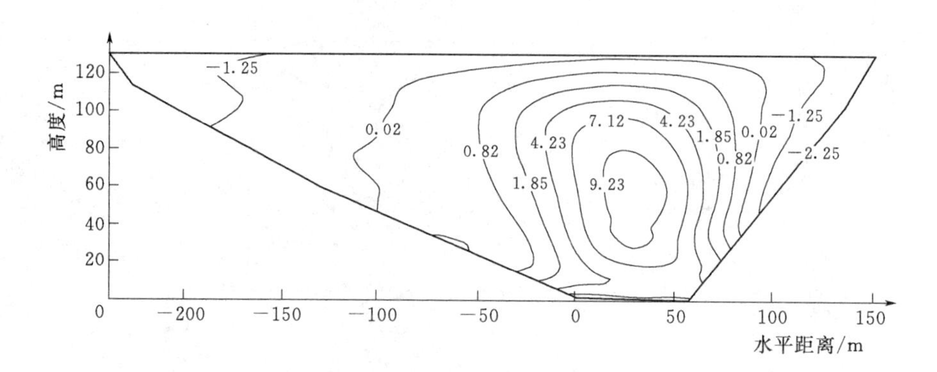

图 2.29　蓄水期面板沿坝轴向应力等值线图（方案 2，单位：MPa）

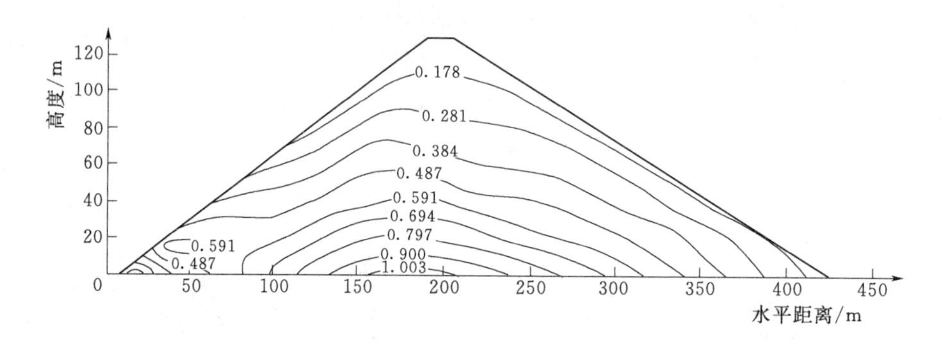

图 2.30　蓄水期大坝标准横剖面小主应力等值线图（方案 2，单位：MPa）

从图 2.22～图 2.30 可以看出，对于软岩料利用方案 2，蓄水期坝体和面板的应力变形分布规律如下（方案 1 和方案 3 与此基本相同）：

坝体最大垂直位移为 0.961m，发生在坝体中部约 1/2 坝高处的次堆石区域（即软岩料区）内，约占坝高的 0.73%；坝体向上游的水平位移最大值为 0.145m，发生在约 0.3 倍坝高的接近上游坝坡处，向下游的水平位移最大值为 0.280m，发生在约 0.5 倍坝高处的接近下游坝坡处；坝轴线纵断面沿坝轴向向左、右岸的水平位移最大值分别为 0.153m、0.108m，均发生在约 0.5 倍坝高处的大坝两岸；面板挠度最大值为 0.205m，发生在约 0.7 倍坝高处的主河床坝段；面板沿坝轴向向左、右岸的水平位移最大值分别为 0.033m、0.030m，均发生在约 0.8 倍坝高的靠近两岸面板处。

坝体最大大主应力为 2.53MPa，最大小主应力为 1.06MPa，均为压应力，最大大、小主应力均发生在坝底靠近坝轴线处；面板顺坡向应力以压应力为主，最大压应力为 10.09MPa，发生在约 0.3 倍坝高处的主河床坝段面板上，在左、右坝端附近坝段及坝顶等局部位置的面板上出现拉应力，拉应力最大值为 1.08MPa，发生在左右坝端坝段的面板顶部；面板沿坝轴向应力也以压应力为主，最大压应力为 9.23MPa，发生在约 0.5 倍坝高处的主河床坝段面板上，在左右坝端坝段出现拉应力，拉应力最大值为 2.25MPa，发生在近右坝端坝段面板底部。

2. 各方案坝体和面板应力变形计算结果的比较

关于 3 种软岩料利用方案的坝体和面板应力变形主要计算结果见表 2.10。

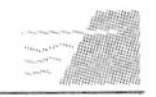

表 2.10 各方案坝体和面板应力变形主要计算结果

项目		方案 1	方案 2	方案 3
坝体最大垂直位移/m		−0.760	−0.961	−1.020
坝体最大水平位移/m	向上游	−0.144	−0.145	−0.146
	向下游	0.262	0.280	0.286
坝体沿坝轴向最大位移/m	向右岸	0.078	0.108	0.122
	向左岸	−0.110	−0.153	−0.159
坝体大主应力最大值/MPa		2.48	2.53	2.54
坝体小主应力最大值/MPa		1.06	1.06	1.07
面板最大挠度/m		0.188	0.205	0.213
面板沿坝轴向最大位移/m	向右岸	0.021	0.030	0.033
	向左岸	−0.024	−0.033	−0.034
面板顺坡向最大应力/MPa	压应力	8.67	10.09	11.37
	拉应力	−0.84	−1.08	−1.21
面板沿坝轴向最大应力/MPa	压应力	7.12	9.23	10.05
	拉应力	−1.50	−2.25	−2.52

从表 2.10 中可以看出以下几点：

在 3 种方案下，蓄水期坝体的最大垂直位移分别为 0.760m、0.961m、1.020m，向下游最大水平位移分别为 0.262m、0.280m、0.286m，向上游最大水平位移分别为 0.144m、0.145m、0.146m，由此可见，加大软岩料的利用范围，坝体垂直位移和水平位移也会随之增大；与此类似，坝体沿坝轴向的水平位移也随软岩料利用范围的增大而有所增大。由此说明，软岩料利用范围的大小对坝体变形有一定影响。

在 3 种方案下，蓄水期坝体大主应力最大值分别为 2.48MPa、2.53MPa、2.54MPa，小主应力最大值分别为 1.06MPa、1.06MPa、1.07MPa，大、小主应力最大值均发生在坝底靠近坝轴线处，显然，3 种方案坝体大、小主应力相差相对较小，这说明软岩料利用范围的大小对坝体应力影响相对较小。

受到坝体变形的影响，3 种方案下蓄水期面板的最大挠度分别为 0.188m、0.205m、0.213m；面板顺坡向压应力最大值分别为 8.67MPa、10.09MPa、11.37MPa，拉应力最大值分别为 0.84MPa、1.08MPa、1.21MPa；面板沿坝轴向压应力最大值分别为 7.12MPa、9.23MPa、10.05MPa，拉应力最大值分别为 1.50MPa、2.25MPa、2.52MPa。这说明随着软岩料利用范围的增大，面板挠度、顺坡向应力及沿坝轴向应力的数值均会随之增大，且顺坡向及沿坝轴向拉应力的范围也将有所增大。

2.5.5 考虑湿化变形的大坝应力变形三维有限元分析

2.5.5.1 有限元模型

采用与不考虑湿化变形时相同的有限元模型。

2.5.5.2　计算参数

在考虑湿化变形进行大坝应力变形计算时，混凝土面板仍按线弹性材料考虑，其计算参数与不考虑湿化变形时相同。堆石料（垫层料、过渡料、主堆石料和次堆石料）的本构模型仍采用邓肯-张 $E-B$ 模型，各种堆石料在天然和饱和状态下的邓肯-张 $E-B$ 模型参数分别见表 2.8、表 2.9。堆石料的湿化模型采用改进的沈珠江湿化模型，各种堆石料的湿化模型参数根据该工程湿化试验结果并结合工程类比进行确定，见表 2.11。

表 2.11　　堆石料湿化模型参数表[18]

材料	a	b	D_ω
垫层料	1.9	14.6	0.3①
过渡料	0.8	2.4	1.7①
主堆石	1.2	1.0	0.9①
砂砾石料	0.93①	0.59①	0.58①
次堆石	1.5①	5.2①	0.9①

①　表示通过工程类比确定。

2.5.5.3　计算工况及加载过程

采用与不考虑湿化变形时相同的计算工况及加载过程。

2.5.5.4　计算结果分析

在考虑湿化变形的前提下，运用所编制的计算程序进行各工况的大坝应力变形计算，将计算结果导入 Oring 后处理软件中进行结果输出。为对比研究湿化变形对于不同软岩料利用方案下坝体应力变形的影响规律，与不考虑湿化变形时类似，此处只给出蓄水期末即水库蓄水高程达到正常蓄水位 2005.00m 时（简称“蓄水期”）的应力变形计算结果。计算结果的正负号约定与不考虑湿化变形时相同。

1. 各方案坝体和面板应力变形计算结果分析

计算结果表明，在上述三种软岩料利用方案下，蓄水期坝体和面板的应力变形分布规律基本相同。以软岩料利用方案 2 为例，蓄水期坝体和面板的应力变形分布情况见图 2.31～图 2.39。

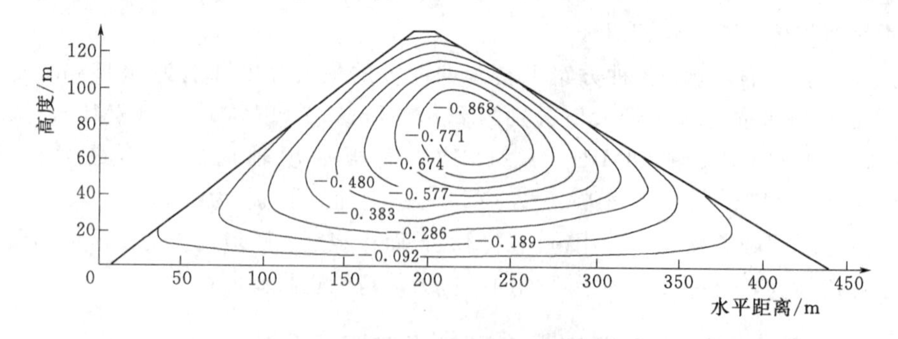

图 2.31　蓄水期大坝标准横剖面垂直位移等值线图（方案 2，单位：m）

从图 2.31～图 2.39 可以看出，对于软岩料利用方案 2，蓄水期坝体和面板的应力变形分布规律如下（方案 1 和方案 3 与此基本相同）：

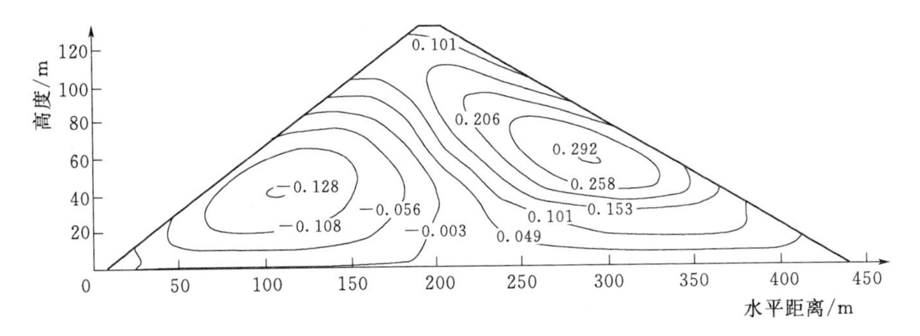

图 2.32 蓄水期大坝标准横剖面水平位移等值线图（方案 2，单位：m）

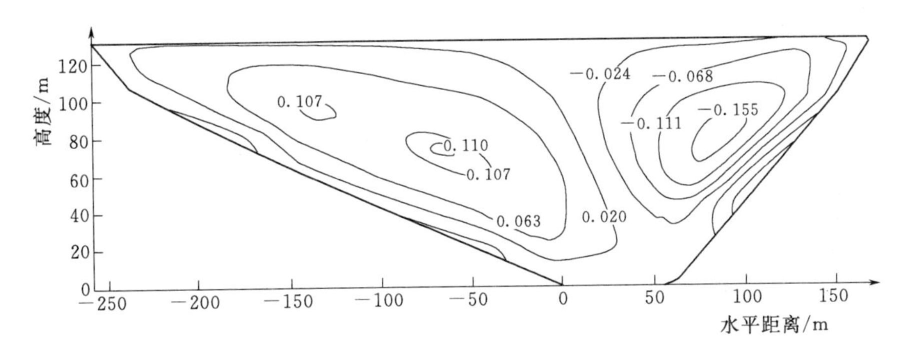

图 2.33 蓄水期坝轴线纵断面沿坝轴向水平位移等值线图（方案 2，单位：m）

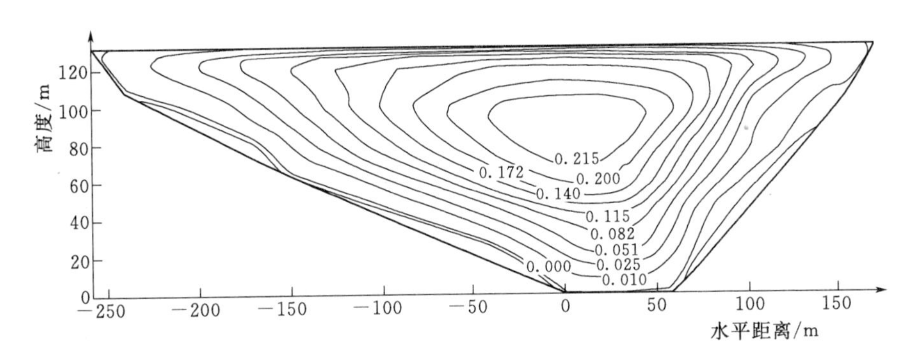

图 2.34 蓄水期面板挠度等值线图（方案 2，单位：m）

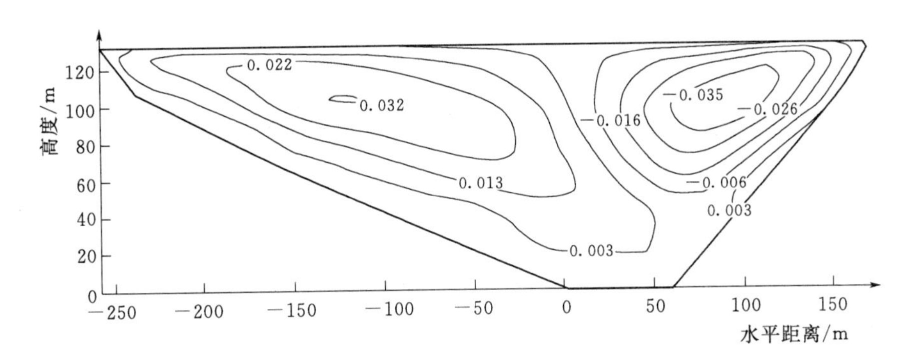

图 2.35 蓄水期面板沿坝轴向水平位移等值线图（方案 2，单位：m）

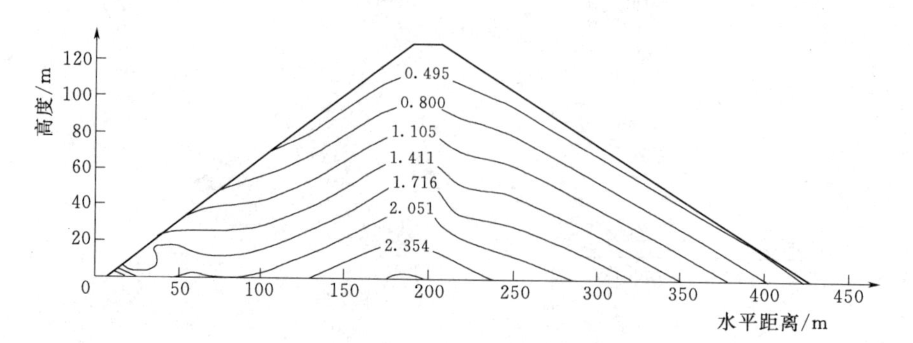

图 2.36　蓄水期大坝标准横剖面大主应力等值线图（方案 2，单位：MPa）

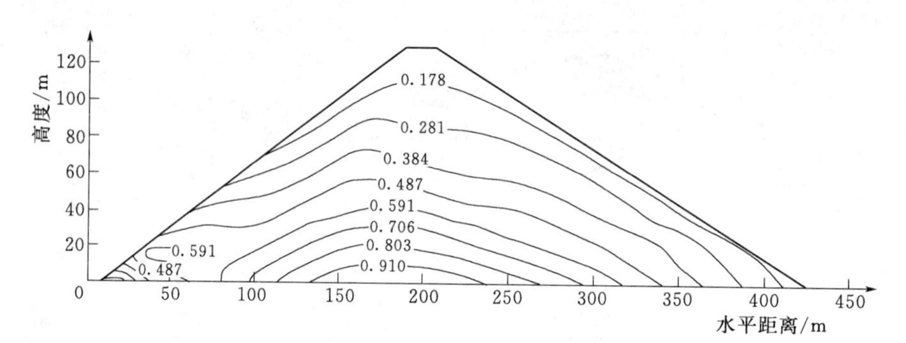

图 2.37　蓄水期大坝标准横剖面小主应力等值线图（方案 2，单位：MPa）

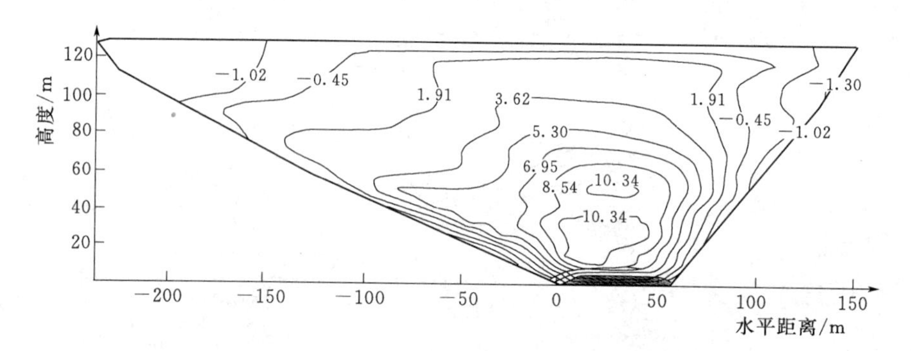

图 2.38　蓄水期面板顺坡向应力等值线图（方案 2，单位：MPa）

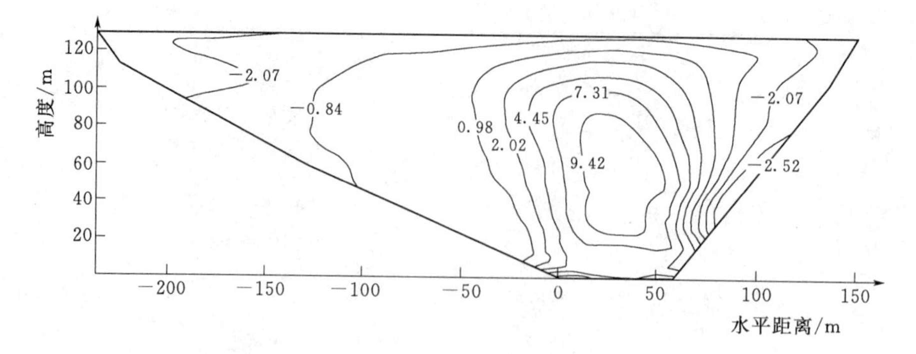

图 2.39　蓄水期面板沿坝轴向应力等值线图（方案 2，单位：MPa）

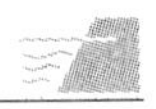

坝体最大垂直位移为1.0m，发生在坝体中部约1/2坝高处的次堆石区域（即软岩料区）内；坝体向上游的水平位移最大值为0.295m，发生在约0.3倍坝高的接近上游坝坡处，向下游的水平位移最大值为0.280m，发生在约0.5倍坝高处的接近下游坝坡处；坝轴线纵断面沿坝轴向向左、右岸的水平位移最大值分别为0.155m、0.110m，均发生在约0.5倍坝高处的大坝两岸；面板挠度最大值为0.243m，发生在约0.7倍坝高处的主河床坝段；面板沿坝轴向向左、右岸的水平位移最大值分别为0.035m、0.032m，均发生在约0.8倍坝高的靠近两岸面板处。

坝体最大大主应力为2.54MPa，最大小主应力为1.07MPa，均为压应力，最大大主应力、最大小主应力均发生在坝底靠近坝轴线处；面板顺坡向应力以压应力为主，最大压应力为10.34MPa，发生在约0.3倍坝高处的主河床坝段面板上，在左右坝端附近坝段及坝顶等局部位置的面板上出现拉应力，拉应力最大值为1.30MPa，发生在近右端坝段面板底部；面板沿坝轴向应力也以压应力为主，最大压应力为9.42MPa，发生在约0.5倍坝高处的主河床坝段面板上，在左右坝端坝段及坝顶等局部位置出现拉应力，拉应力最大值为2.52MPa，发生在右岸坡中部坝段的面板底部。

2. 各方案坝体和面板应力变形计算结果的比较

关于3种软岩料利用方案的坝体和面板应力变形主要计算结果见表2.12，从中可以看出：

表2.12　各方案坝体和面板应力变形主要计算结果

项　目		方案1	方案2	方案3
坝体最大垂直位移/m		−0.790	−1.000	−1.070
坝体最大水平位移/m	向上游	−0.134	−0.128	−0.124
	向下游	0.276	0.295	0.312
坝体沿坝轴向最大位移/m	向右岸	0.080	0.110	0.125
	向左岸	−0.113	−0.155	−0.163
坝体大主应力最大值/MPa		2.49	2.54	2.55
坝体小主应力最大值/MPa		1.07	1.07	1.07
面板最大挠度/m		0.212	0.243	0.256
面板沿坝轴向最大位移/m	向右岸	0.022	0.032	0.035
	向左岸	−0.025	−0.035	−0.035
面板顺坡向最大应力/MPa	压应力	8.87	10.34	11.76
	拉应力	−1.02	−1.30	−1.52
面板沿坝轴向最大应力/MPa	压应力	7.24	9.42	10.35
	拉应力	−1.72	−2.52	−2.85

在3种方案下，蓄水期坝体的最大垂直位移分别为0.760m、1.000m、1.070m，向下游最大水平位移分别为0.276m、0.295m、0.312m，向上游最大水平位移分别为0.134m、0.128m、0.124m，由此可见，加大软岩料的利用范围，坝体垂直位移和向下游的水平位移会随之增大，而向上游的水平位移会随之减小；与此类似，坝体沿坝轴向向

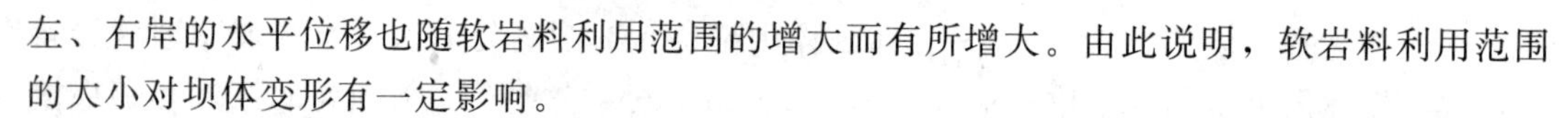

左、右岸的水平位移也随软岩料利用范围的增大而有所增大。由此说明，软岩料利用范围的大小对坝体变形有一定影响。

在 3 种方案下，蓄水期坝体大主应力最大值分别为 2.48MPa、2.54MPa、2.55MPa，小主应力最大值均为 1.07MPa，大、小主应力最大值均发生在坝底靠近坝轴线处，显然，3 种方案坝体大主应力相差较小，小主应力基本相同。这说明软岩料利用范围的大小对坝体应力影响相对较小。

受到坝体变形的影响，3 种方案下蓄水期面板的最大挠度分别为 0.022m、0.243m、0.256m；面板顺坡向压应力最大值分别为 8.87MPa、10.34MPa、11.76MPa，拉应力最大值分别为 1.02MPa、1.30MPa、1.52MPa；面板沿坝轴向压应力最大值分别为 7.24MPa、9.42MPa、10.35MPa，拉应力最大值分别为 1.72MPa、2.52MPa、2.85MPa。这说明随着软岩料利用范围的增大，面板挠度、顺坡向应力及沿坝轴向应力的数值均会随之增大，且顺坡向及沿坝轴向拉应力的范围也将有所增大。

2.5.6　湿化变形对于大坝应力变形的影响规律

计算表明，在不考虑湿化变形与考虑湿化变形 2 种情况下，与上述 3 种软岩料利用方案相应的蓄水期坝体和面板的应力变形分布规律基本相同，所不同的只是应力变形的数值大小。因此，不妨以软岩料利用方案 1 为例，通过将不考虑湿化变形与考虑湿化变形两种情况下大坝应力变形主要计算结果的逐一比较（表 2.13），来说明湿化变形对于大坝应力变形的影响规律。

表 2.13　　湿化变形对大坝应力变形的影响（方案 1）

计算内容		不考虑湿化	考虑湿化	湿化变形引起的增量
坝体最大垂直位移/m		−0.760	−0.790	0.030
坝体最大水平位移/m	向上游	−0.144	−0.131	−0.013
	向下游	0.262	0.276	0.024
坝体沿坝轴向最大位移/m	向右岸	0.078	0.080	0.002
	向左岸	−0.110	−0.113	0.003
坝体大主应力最大值/MPa		2.48	2.49	0.01
坝体小主应力最大值/MPa		1.06	1.07	0.01
面板最大挠度/m		0.188	0.212	0.024
面板沿坝轴向最大位移/m	向右岸	0.021	0.022	0.001
	向左岸	−0.024	−0.025	0.001
面板顺坡向应力/MPa	压应力	8.67	8.87	0.20
	拉应力	−0.84	−1.02	0.18
面板沿坝轴向应力/MPa	压应力	7.12	7.24	0.12
	拉应力	−1.50	−1.72	0.22

注　湿化变形引起的增量＝考虑湿化的绝对值－不考虑湿化的绝对值。

根据表 2.13 及其他有关计算结果，不难发现以下几点：

(1) 考虑坝体湿化变形后，蓄水期坝体最大垂直位移增大0.03m，向上游水平位移减小了0.013m，向下游水平位移增大了0.024m，呈现出坝体整体向下游位移增大的趋势；坝体沿坝轴向向右岸的水平位移增加了0.002m，向左岸的水平位移增加了0.003m，说明坝体沿坝轴向位移变化不大。考虑坝体湿化变形后，坝体大、小主应力最大值变化很小（均为0.01MPa），说明湿化变形对坝体应力的影响不大。

(2) 由于湿化变形对于坝体变形的影响，面板挠度有所增大，最大挠度增加了0.024m，说明湿化变形将导致面板挠度增大；但面板沿坝轴向向左、右岸水平位移的变化均很小（均为0.001m），说明湿化变形对面板沿坝轴向位移的影响很小。考虑坝体湿化变形后，面板顺坡向应力增大了0.20MPa，沿坝轴向向压应力增大了0.12MPa，拉应力增大了0.22MPa，且拉应力范围也有所扩大，说明湿化变形对面板应力具有一定影响，且呈现使各向应力增大的趋势。

2.5.7 软岩料利用方案的综合评价

将不考虑及考虑湿化变形两种情况下的3种软岩料利用方案的大坝应力变形主要计算结果进行综合比较，见表2.14。

表2.14　　3种方案大坝应力变形主要计算结果比较表

计算内容		方案1			方案2			方案3		
		不计湿化变形	计湿化变形	湿化变形引起的增量	不计湿化变形	计湿化变形	湿化变形引起的增量	不计湿化变形	计湿化变形	湿化变形引起的增量
坝体最大垂直位移/m		−0.760	−0.790	−0.030	−0.961	−1.000	−0.039	−1.020	−1.070	−0.050
坝体最大水平位移/m	向上游	−0.144	−0.134	−0.01	−0.145	−0.128	−0.017	−0.146	−0.124	−0.022
	向下游	0.262	0.276	0.014	0.280	0.295	0.015	0.286	0.312	0.026
坝体沿坝轴向最大位移/m	向右岸	0.078	0.080	0.002	0.108	0.110	0.002	0.122	0.125	0.003
	向左岸	−0.110	−0.113	−0.003	−0.153	−0.155	−0.002	−0.159	−0.163	−0.004
坝体大主应力最大值/MPa		2.48	2.49	0.01	2.53	2.54	0.01	2.54	2.55	0.01
坝体小主应力最大值/MPa		1.06	1.07	0.01	1.06	1.07	0.01	1.07	1.07	—
面板最大挠度/m		0.188	0.212	0.024	0.205	0.243	0.038	0.213	0.256	0.043
面板沿坝轴向最大位移/m	向右岸	0.021	0.022	0.001	0.030	0.032	0.002	0.033	0.035	0.002
	向左岸	−0.024	−0.025	−0.001	−0.033	−0.035	−0.002	−0.034	−0.035	0.001
面板顺坡向应力/MPa	压应力	8.67	8.87	0.20	10.09	10.34	0.25	11.37	11.76	0.39
	拉应力	−0.84	−1.02	−0.18	−1.08	−1.30	−0.22	−1.21	−1.52	−0.31
面板沿坝轴向应力/MPa	压应力	7.12	7.24	0.12	9.23	9.42	0.19	10.05	10.35	0.30
	拉应力	−1.50	−1.72	−0.20	−2.25	−2.52	−0.27	−2.52	−2.85	−0.33

注　湿化变形引起的增量=考虑湿化的绝对值−不考虑湿化的绝对值。

根据上述各部分的计算分析结果，并结合表2.14，不难发现：

(1) 由于软岩料本身低强度、易变形等物理力学特性，其更易受到湿化变形的影响。

考虑湿化变形的作用后，随着软岩料利用范围的增大，坝体和面板的应力变形将相应增大，对面板的影响尤为显著。因此，在选择软岩料的利用范围时，很有必要考虑湿化变形的影响。

（2）就本实例工程所拟定的上述3种软岩料利用方案而言，考虑湿化变形后，与类似工程实测结果相比较，3种方案的坝体及面板的应力变形均基本处于合理范围之内，但软岩料利用范围越大，面板顺坡向及沿坝轴向的拉应力均逐渐增大，方案3的面板沿坝轴向的拉应力甚至稍大于规范要求。因此，从技术经济方面综合考虑，3种方案中方案2较优，方案1次之。

参考文献

[1] 中华人民共和国国家标准．GB 50218—2014 工程岩体分级标准［S］．北京：中国计划出版社，2014.

[2] 徐泽平，邵宇，梁建辉．软岩筑面板堆石坝的坝体断面分区研究［J］．水利学报，2004.

[3] 蒋涛，付军，周小文．软岩筑面板堆石坝技术［M］．北京：中国水利水电出版社，2010.

[4] 蒋涛，付军，周小文．软岩筑面板堆石坝技术［J］．现代堆石坝技术进展，2009（10）.

[5] 张永双，曲永新．硬土-软岩的厘定及其判别分析［J］．地质科技情报，2000，19（1）.

[6] 苏桐鳞．软岩料填筑混凝土面板堆石坝的应力变形及稳定分析［D］．西安：西安理工大学硕士学位论文，2011.

[7] 王刚．湿化变形对软岩料填筑面板堆石坝应力变形的影响研究［D］．西安：西安理工大学硕士学位论文，2012.

[8] 付军，周小文．面板坝软岩料的工程特性［J］．长江科学院院报，2008，25（4）.

[9] 柏树田，周晓光，晁华怡．软岩堆石料的物理力学性质［J］．水力发电学报，2002（4）.

[10] 中华人民共和国水利部．混凝土面板堆石坝设计规范［M］．北京：中国水利水电出版社，2013.

[11] 王柏乐．中国当代土石坝工程［M］．北京：中国水利水电出版社，2004.

[12] 隋晓飞．软岩料物理力学特性及坝体断面优化分析［D］．北京：北京工业大学硕士学位论文，2002.

[13] 郦能惠．高混凝土面板堆石坝新技术［M］．北京：中国水利水电出版社，2007.

[14] Duncan J M，Chang C Y. Nonlinear Analysis of Stress and Strain［J］. Journal of Soil Mechanics and Foundation Division. 1970，96（5）.

[15] Duncan J M，Byrne P，Wong K S，et al. Strength，stress－strain and bulk modulus parameters for finite element analysis of stress and movement in soil masses［R］，Report No. UCB/GT/80－01，University of California，Berkeley，1980.

[16] 本书编委会．水布垭面板堆石坝前期关键技术研究［M］．北京：中国水利水电出版社，2005.

[17] 梁军．高面板堆石坝流变特性研究［D］．南京：河海大学博士学位论文，2003.

[18] 钱家欢，殷宗泽．土工设计原理［M］．北京：中国水利水电出版社，1996.

[19] 岑威钧，李星．面板坝数值分析中接触面模型与接缝模型述评［J］．水力发电，2007，33（2）.

[20] 潘家军，费胜．混凝土面板堆石坝三维非线性有限元应力变形分析［J］．水电能源科学，2007，25.

[21] 李炎隆．混凝土面板极端破坏情况下堆石坝渗流与应力变形特性研究［D］．西安：西安理工大学，2008，50.

[22] 岳戈，陈权．ADINA应用基础与实例详解［M］．北京：人民交通出版社，2008.

[23] 马野，袁志丹，曹金凤．ADINA有限元经典实例分析［M］．北京：机械工业出版社，2012．

[24] 刘伟．狭窄河谷高面板堆石坝应力变形特性研究［D］．西安：西安理工大学硕士学位论文，2012．

[25] 王世夏．水工设计的理论和方法［M］．北京：中国水利水电出版社，2000．

[26] 殷宗泽，等．土工原理［M］．北京：中国水利水电出版社，2007．

[27] 丁战峰．高面板堆石坝流变特性及其模型参数敏感性研究［D］．西安：西安理工大学硕士学位论文，2012．

[28] 魏松．粗粒料浸水湿化变形特性试验及其数值模拟研究［D］．南京：河海大学博士学位论文，2006．

[29] 左元明，沈珠江．坝料土的浸水变形特性研究［R］．南京：南京水利科学研究院土工研究所，1989．

[30] 沈珠江，王剑平．土质心墙坝填筑及蓄水变形的数值模拟［J］．水运科学研究，1988，Vol. 4．

[31] 沈珠江．土石料的本构模型和土质心墙坝蓄水变形数值模拟［R］．南京：南京水利科学研究院，1989．

[32] 朱百里，沈珠江．计算土力学［M］．上海：上海科学技术出版社，1990．

[33] 李全明，于玉贞，张丙印，等．黄河公伯峡面板堆石坝三维湿化变形分析［J］．水力发电学报，2005，24（3）．

[34] 彭凯，朱俊高，王观琪．堆石料湿化变形三轴试验研究［J］．中南大学学报（自然科学版），2010，41（5）．

[35] 卢廷浩，高贵全，陈剑．蓄水后土石坝应力应变有效应力算法［J］．岩土力学，2005，26（2）．

[36] 方国宝．面板堆石坝堆石体湿化变形分析方法研究［D］．南京：河海大学硕士学位论文，2007．

[37] 方维凤．混凝土面板堆石坝流变研究［D］．南京：河海大学博士学位论文，2003．

[38] 国家电力公司西北勘测设计研究院．黄河公伯峡水电站工程初步设计重编报告，第五篇 枢纽布置及建筑物［R］．西安：国家电力公司西北勘测设计研究院，1995．

[39] 国家电力公司西北勘测设计研究院．黄河公伯峡水电站工程初步设计重编报告，第七篇 施工组织设计［R］．西安：国家电公司西北勘测设计研究院，1995．

[40] 国家电力公司西北勘测设计研究院．黄河公伯峡水电站工程混凝土面板堆石坝设计说明［R］．西安：国家电力公司西北勘测设计研究院，2001．

[41] 关志诚．水工设计手册（第6卷 土石坝）［M］．北京：中国水利水电出版社，2014．

第3章　高面板堆石坝的流变特性

研究表明[1-4]，堆石料作为高混凝土面板堆石坝的主要筑坝材料，在荷载作用下，不仅具有与时间无关的弹塑性变形性质，而且具有显著的与时间相关的流变变形性质。因此，研究高面板堆石坝的流变特性，对于合理、准确地掌握高面板堆石坝的总体变形及长期变形规律具有重要意义。本章拟在系统分析堆石体的流变机理及其影响因素、堆石体流变计算的数学模型及面板堆石坝流变分析的有限元法等理论问题的基础上，通过工程实例分析，研究探讨高面板堆石坝的流变特性及其对于流变模型参数的敏感性。

3.1　堆石体的流变机理及其影响因素

3.1.1　堆石体的流变机理

混凝土面板堆石坝的堆石体是由开挖爆破岩石经加工、运输、填筑碾压等工序形成的以点-点或点-面接触为空间排列形式的颗粒堆积体。堆石料在施工碾压前基本处于自然堆积状态，以自重和颗粒间的支持来维持堆石料的平衡状态，因此其结构多呈松散的颗粒结构；施工碾压后，这种平衡状态被打破，在施工碾压的荷载作用下颗粒发生细化、分解，岩石颗粒尖锐棱角发生破碎，并使堆石结构体逐渐变密实。研究堆石的流变机理就要以堆石变形过程为对象，从微观和宏观分析流变产生的原理和过程[5-6]。

就变形机理而言，可以将堆石体的变形过程分为以下两个阶段[5-8]：

（1）外力作用变形阶段。即堆石料经过施工碾压，由于外力做功使堆石料由松散状态逐渐变密实的阶段。在此阶段中，堆石颗粒之间主要以点点脆性接触为主，并且颗粒间的孔隙较大，在外力功作用下颗粒大量破碎、相对移动充填孔隙、颗粒结构调整，随着外力功的增加，颗粒破碎量也增加。但外力做功是有限的，破碎颗粒对孔隙的充填并不能完全密实，因此，堆石料的变形在此阶段并未完成，在外力做功完成以后仍会产生变形。

（2）流变变形阶段。此阶段外力作功已经结束，堆石在自重和外荷载作用下继续发生变形，颗粒间孔隙逐步缩小，密实度逐步增加，变形随时间逐步趋于稳定，在宏观上就表现为堆石的流变特性。

为进一步分析堆石体的流变机理，可从以下两方面考虑[9,19]：

1）堆石颗粒的错动或破碎。由于堆石颗粒的形状及大小往往很不规则，因此每个颗粒与相邻颗粒之间的接触面积总是不相等的，在有些部位与相邻颗粒未接触，其间不会传递应力；在有些部位与相邻颗粒的接触面积很小，产生的接触应力很高，容易引起颗粒受压破碎、相对滑移并充填空隙。因此，堆石流变在微观上表现为由于颗粒间较高的接触应力引起的颗粒破碎、滑移、重新排列，引起高接触应力释放、调整、重新分配；在宏观上

表现出堆石体随时间增长的长期变形，即流变变形。在流变作用下，堆石体逐步趋近于较高的密实度和较小的孔隙比，其变形速率逐步变缓，并最终趋于稳定，但这个过程所需要的时间较长。

2）外界因素引起颗粒的风化。堆石体在受到日晒雨淋、大气氧化、温度循环等外界因素的物理化学作用下，会发生颗粒风化、侵蚀反应，导致颗粒间接触点面积减小，接触应力增大，促使颗粒错动或破碎，引起堆石变形的增加。一般的风化作用是十分缓慢的。另外，降雨雨水的浸润作用会减小颗粒之间的摩擦阻力，并使颗粒侵蚀、软化，从而加剧堆石体颗粒的相互错动和重新排列，相应堆石体产生的变形也会有所增加。当堆石风干后，堆石内部的重新排列过程也会趋于缓慢，直到下次降水发生，颗粒的侵蚀、错动和重新排列再次加剧。

梁军等人[8,10-11]曾从微观角度，对堆石料压碎、细化、滑移、充填空隙等流变变形过程进行了力学分析，其分析成果如下：

以堆石体中某一颗粒为例，其与相邻颗粒接触面上的接触正应力和剪应力可分别表示为

$$\sigma_i=\frac{P_i}{\delta_i}\cos\alpha_i \tag{3.1}$$

$$\tau_i=\frac{P_i}{\delta_i}\sin\alpha_i \tag{3.2}$$

式中：σ_i 为接触面上的接触正应力；τ_i 接触面上的剪应力；i 为周围填筑料与该颗粒接触的个数；P_i 为颗粒与颗粒间的相互作用力；δ_i 为颗粒间的接触面积。

使该颗粒产生累积挤压效应的总应力为

$$\sigma_j = \sum_{i=1}^{n}\frac{P_i}{\delta_i}\sin\alpha_i \tag{3.3}$$

在正常情况下，σ_j 小于填筑料的破损强度σ_s，因此大多数颗粒不会发生破碎。但是在颗粒的棱角和边缘处将会产生很高的应力，假定有 K 个薄弱面会在此高应力下发生破坏，即存在：

$$\sigma_{jm}^k \geqslant \sigma_{sm}^k,(k=1,2,3,\cdots,K) \tag{3.4}$$

式中：σ_{sm} 为高应力处颗粒的破损强度；σ_{jm} 为高应力处使该颗粒产生累积挤压效应的总应力。

高应力处的薄弱面将会发生压碎破坏，破碎应变值 ε_1 为

$$\varepsilon_1 = \sum_{k=1}^{K}\int(\sigma_{jm}^k - \sigma_{sm}^k)\mathrm{d}\zeta_k \tag{3.5}$$

以颗粒重心为中心的力矩为

$$T_k=\tau_k r_k \tag{3.6}$$

式中：τ_k 为在高应力处的切向剪应力；r_k 为力矩半径。

在颗粒重心处的剪应力力矩之和为

$$T_{m\xi} = \sum_{k=1}^{K} T_k\xi_k = \sum_{k=1}^{K}\frac{P_k}{\delta_k}\sin\alpha_k r_k\xi_k \tag{3.7}$$

$$T_{m\eta} = \sum_{i=1}^{K} T_k \eta_k = \sum_{i=1}^{K} \frac{P_k}{\delta_k} \sin\alpha_k r_k \eta_k \tag{3.8}$$

式中：ξ_k、η_k 为重心处的某局部坐标系的投影系数。

一般情况下，由式（3.7）和式（3.8）得出的力矩不为零，因而已经破碎的颗粒受到这些力矩的作用会发生指向薄弱面的滑移和充填空隙现象。滑移应变值 ε_2 可表示为

$$\varepsilon_2 = \sum_{k=1}^{K} \int T_k (\xi_k \mathrm{d}\theta_\xi^{(k)} + \eta_k \mathrm{d}\theta_\eta^{(k)}) \tag{3.9}$$

从而，堆石料在流变过程中的总塑性应变 ε 为

$$\varepsilon = \varepsilon_1 + \varepsilon_2 = \sum_{k=1}^{K} \int (\sigma_{jm}^k - \sigma_{sm}^k) \mathrm{d}\zeta_k + \sum_{k=1}^{K} \int T_k (\xi_k \mathrm{d}\theta_\xi^{(k)} + \eta_k \mathrm{d}\theta_\eta^{(k)}) \tag{3.10}$$

一般情况下，$\varepsilon_2 > \varepsilon_1$，即滑移应变大于破碎应变，因此流变变形主要由滑移变形产生。

由于高应力处的接触应力与接触表面积有关，而对于实际工程而言，堆石料颗粒组成复杂，颗粒之间的接触表面积实际上是很难测定的，从而导致高应力处的接触应力也很难确定。尽管如此，上述理论分析成果，较好地揭示了堆石体压碎、细化、滑移、充填空隙等流变变形的力学机理。

3.1.2　堆石体流变的变化规律

根据国内一些面板堆石坝沉降变形的实际观测资料，可以发现堆石体流变呈现如下变化规律[5,12-14]：首先，施工期堆石体经施工碾压并在上层堆石自重等荷载作用下，堆石体的沉降变形速率较快，基本呈指数型增加，表明堆石体所受荷载对变形影响显著；其次，运行初期在高库水位作用下，坝体变形变形量会进一步增加；再次，根据较长的观测资料分析，堆石体的后期变形呈衰减趋势，最后趋于稳定。另外，根据观测资料，堆石体由于雨水渗入，其变形量也会有所增加。图 3.1 所示为某混凝土面板堆石坝堆石坝体在一个观测点获得的沉降历时曲线。

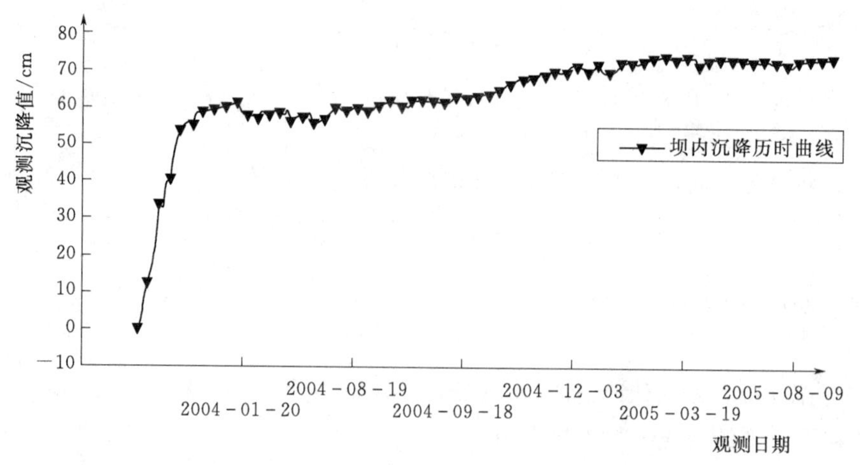

图 3.1　某混凝土面板堆石坝沉降观测历时曲线[14]

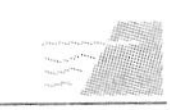

3.1.3 堆石体流变的影响因素

通过对堆石体流变机理的分析可以看出，影响堆石体流变的因素很多。归结起来，一般认为堆石体流变的影响因素主要包括以下 2 个方面[5,11]。

3.1.3.1 内部因素

影响堆石体流变的内部因素主要包括母岩岩性与岩质、颗粒形状、颗粒级配特征、填筑相对密实程度等。

根据对堆石体流变机理的分析可以看出，堆石流变产生的主要原因是由于堆石颗粒在高应力作用下发生破碎而引起的，因此堆石料的软硬程度对流变有重要的影响。面板堆石坝大多采用当地开挖料筑坝，堆石料岩性种类很多，按岩石的抗压强度可以分为硬质岩石、中硬岩石、软质岩石及软硬相兼、岩性组成复杂的混合岩石四种。Chugh（1974）曾进行了灰岩、砂岩和花岗岩在拉应力和压应力状态下的流变试验，结果表明在相同的试验条件下，不同岩性的岩石所产生的流变量不同：花岗岩抗压强度高，流变量小；灰岩和砂岩抗压强度低，流变量较大。因此，从定性角度来看，软质岩石的流变量级要比硬质岩石的流变量级大。

堆石流变中颗粒破碎几率的大小在很大程度上影响流变量的大小，堆石颗粒破碎不但与岩石性质有关，而且与颗粒的形状有关。形状浑圆的颗粒之间接触面积大，接触面处集中应力相对较小，颗粒就不容易破碎；当堆石颗粒棱角或尖角较多时，颗粒之间就以点—面或者点—点接触为主，接触点集中应力较高，颗粒就容易发生破碎、分解，从而导致较大的流变变形。因此，一般意义上说，砂砾石料的流变变形相对较小，而堆石料的流变变形相对较大。

另外，堆石料的颗粒级配对堆石体的密实度有一定影响。堆石料级配越均匀、颗粒粒径越连续，则堆石料越易压实，其孔隙率相应就越低；相反，堆石料级配不均匀则碾压后堆石体的空隙就较多，密实度就较差。

3.1.3.2 外部因素

影响堆石体流变的外部因素主要包括堆石料的饱水状态、应力状态、河谷形状、降雨浸润与湿陷等。

根据对堆石体流变机理的分析可以看出，堆石颗粒破碎后将产生滑移，当颗粒处在饱水状态下时，颗粒表面将形成含水薄膜，这样一来，破碎颗粒发生滑移时受到的摩擦阻力势必减小，使其滑移更易发生和发展，促使流变变形速率增大，并且使变形趋于稳定的时间相对缩短。相反，若堆石体处于干燥状态，则其颗粒间发生滑移时的摩擦阻力相对较大，流变变形速率较小，且变形持续时间将较长。

堆石料所处应力状态对流变变形也有影响，颗粒围压越大，颗粒的破碎率及破碎程度相对较高，最终流变变形量也较大。试验研究发现，在高围压下堆石的流变变形持续时间较低围压时明显较短，说明高围压作用可以加快堆石流变变形的发生，缩短流变变形持续的时间。

研究表明，河谷形状对流变也有一定影响。当河谷宽高比小于 1 时，河谷边坡坡率对堆石体流变变形影响较大，当边坡坡率小于 2.5 时，河谷两岸对堆石体的约束较大，堆石体的流变量较小；当河谷宽高比大于 1 时，河床坝段堆石体的流变量较大，而两岸岸坡坝段的流变量则相对较小。

3.2　堆石体的流变模型

如前所述，堆石体流变是由于许多内、外部因素影响所致的堆石体固有变形，其产生及发展过程十分复杂。尽管如此，对高面板堆石坝工程而言，为使大坝应力变形计算结果建立在科学合理的基础上，又必须通过数学方法考虑并模拟计算堆石体的流变变形。因此，研究建立堆石体流变计算的数学模型（流变模型）是十分必要的。关于堆石体的流变模型，前人已做了大量的探讨和研究，采用的研究方法包括现象学方法、经验方法、试验方法及反分析方法等，获得了不少能程度不同地反映堆石体流变特性的流变模型[15]。为便于比较，以下将目前应用较多的几种流变模型分别作一介绍。

3.2.1　三参数流变模型[16]

1994 年沈珠江院士等人提出描述堆石流变的三参数流变计算模型，该模型采用指数型衰减的 Merchant 黏弹性模型来模拟常应力下堆石体流变变形随时间的变化曲线，即 $\varepsilon - t$ 衰减曲线，曲线方程式为

$$\varepsilon=\varepsilon_i+\varepsilon_f(1-\mathrm{e}^{-\alpha t}) \tag{3.11}$$

式中：ε 为 t 时刻的流变量；ε_i 为初始流变量；ε_f 为最终流变量；α 为初始相对变形速率；t 为时间。

将式（3.11）对时间 t 求导，可得流变变形速率：

$$\dot{\varepsilon}=\alpha\varepsilon_f e^{-\alpha t} \tag{3.12}$$

由式（3.12）可知，$\alpha\varepsilon_f$ 为 $t=0$ 时堆石料的初始变形速率。设 ε_t 为 t 时刻的流变变形量，则式（3.12）可变换为

$$\dot{\varepsilon}=\alpha(\varepsilon_f-\varepsilon_t)=\alpha\varepsilon_f\left(1-\frac{\varepsilon_t}{\varepsilon_f}\right) \tag{3.13}$$

在 Prandtl - Reuss 流动法则下，应变速率张量可以表示为

$$\dot{\varepsilon}=\frac{1}{3}\dot{\varepsilon}_v+\dot{\gamma}\frac{\{s\}}{q} \tag{3.14}$$

式中：$\{s\}$ 为偏应力分量；$\dot{\varepsilon}_v$ 为体积流变变形速率；q 为广义剪应力；$\dot{\gamma}$ 为剪切流变变形速率。其中，广义剪应力 q 的计算公式为

$$q=\frac{1}{\sqrt{2}}[(\sigma_1-\sigma_2)^2+(\sigma_2-\sigma_3)^2+(\sigma_1-\sigma_3)^2]^{1/2} \tag{3.15}$$

偏应力 $\{s\}$ 由应力偏张量 σ_{ij} 和应力球张量 σ_m 构成，应力偏张量 σ_{ij} 为

$$\sigma_{ij}=\begin{bmatrix}\sigma_m & 0 & 0\\ 0 & \sigma_m & 0\\ 0 & 0 & \sigma_m\end{bmatrix}+\begin{bmatrix}\sigma_x-\sigma_m & \tau_{xy} & \tau_{xz}\\ \tau_{yx} & \sigma_y-\sigma_m & \tau_{yz}\\ \tau_{zx} & \tau_{zy} & \sigma_z-\sigma_m\end{bmatrix} \tag{3.16}$$

应力球张量 σ_m 为

$$\sigma_m=\frac{1}{3}(\sigma_1+\sigma_2+\sigma_3) \tag{3.17}$$

体积流变速率$\dot{\varepsilon}_v$和剪切流变速率$\dot{\gamma}$分别按式（3.18）和式（3.19）计算：

$$\dot{\varepsilon}_v=\alpha\varepsilon_{vf}\left(1-\frac{\varepsilon_{vt}}{\varepsilon_{vf}}\right) \tag{3.18}$$

$$\dot{\gamma}=\alpha\gamma_f\left(1-\frac{\gamma_t}{\gamma_f}\right) \tag{3.19}$$

式中：ε_{vf}为最终体积流变量；γ_f为最终剪切流变量；ε_{vt}、γ_t分别为t时刻之前已经累积的体积流变量和剪切流变量。

假设最终体积流变只是围压σ_3的函数，最终剪切流变只是应力水平S_l的函数，则最终体积流变量和最终剪切流变量可分别表示为

$$\varepsilon_{vf}=b\frac{\sigma_3}{P_a} \tag{3.20}$$

$$\gamma_f=d\frac{S_l}{1-S_l} \tag{3.21}$$

式（3.21）中应力水平S_l按下式计算：

$$S_l=\frac{(\sigma_1-\sigma_3)}{(\sigma_1-\sigma_3)_f} \tag{3.22}$$

ε_{vt}、γ_t分别按式（3.23）和式（3.24）计算：

$$\varepsilon_{vt}=\sum\dot{\varepsilon}_v\Delta t \tag{3.23}$$

$$\gamma_t=\sum\dot{\gamma}\Delta t \tag{3.24}$$

上述计算模型中共包含α、b、d三个参数，故称为三参数流变模型。

3.2.2 改进的三参数流变模型[16]

在上述三参数流变模型中，假设最终体积流变只是围压σ_3的函数，最终剪切流变只是应力水平S_l的函数。然而，试验研究结果表明，最终体积流变量ε_{vf}和最终剪切流变量γ_f均与应力水平和围压有关；在高围压下，最终体积流变与围压和应力水平呈线性关系，最终剪切流变与围压呈线性关系、与应力水平呈双曲线关系。其计算公式如下：

$$\varepsilon_{vf}=k_1\frac{\sigma_3}{p_a}+k_2S_l \tag{3.25}$$

$$\gamma_f=k_3\frac{S_l}{1-S_l}+k_4\frac{\sigma_3}{p_a} \tag{3.26}$$

其他计算公式与三参数流变模型计算公式相同。

改进的三参数流变模型包括α、k_1、k_2、k_3、k_4 5个计算参数。

3.2.3 双屈服面流变模型[17-18]

殷宗泽和钱家欢在考虑堆石体剪胀、剪缩性质的基础上，研究提出了一种双屈服面流变模型。堆石体在外力作用下除发生弹性变形外，还会由于堆石料的屈服而产生塑性变形。该模型假定堆石体产生的塑性变形由$d\varepsilon^{p1}$、$d\varepsilon^{p2}$两部分组成，其中，$d\varepsilon^{p1}$反映堆石料

的压缩性，主要表现为破碎颗粒滑移引起的体积压缩特性；$d\varepsilon^{p2}$ 反映堆石的膨胀性，主要表现为颗粒滑移引起的体积膨胀特性[18]。因此，堆石体的塑性变形可表示为

$$\{d\varepsilon^{p}\}=\{d\varepsilon^{p1}\}+\{d\varepsilon^{p2}\} \tag{3.27}$$

堆石体的总变形表示为

$$\{\varepsilon\}=\{\varepsilon^{ep}\}+\{d\varepsilon^{t}\} \tag{3.28}$$

式中：$\{\varepsilon^{ep}\}$ 为瞬时弹塑性变形，其中包括弹性变形及式（3.27）所示的塑性变形；$\{\varepsilon^{t}\}$ 代表与时间有关的黏滞性变形。

瞬时弹塑性应变的流动法则为

$$\{d\varepsilon^{ep}\}=d\lambda\left\{\frac{\partial f}{\partial\sigma}\right\} \tag{3.29}$$

因为堆石体流变变形也为塑性变形，故可以采用塑性理论方法将任一时刻的流变变形分解为两个屈服函数 f_1 和 f_2 所对应变形的叠加，即

$$\{d\varepsilon^{t}\}=\{d\varepsilon^{t1}\}+\{d\varepsilon^{t2}\}=d\lambda_1^t\left\{\frac{\partial f_1}{\partial\sigma}\right\}+d\lambda_2^t\left\{\frac{\partial f_2}{\partial\sigma}\right\} \tag{3.30}$$

式中：$d\lambda^t$ 为随时间变化的量。将由经验公式求出的 $d\lambda_1^t$ 和 $d\lambda_2^t$ 代入式（3.30）中，即可求得任一时刻 t 的总流变分量。

将堆石流变分为体积流变 ε_v^t 和剪切流变 ε_s^t，堆石料的流变试验成果表明，在常应力作用下其变形呈现衰减趋势，因此体积流变 ε_v^t 和剪切流变 ε_s^t 可分别采用双曲线方程式进行拟合，即

$$\varepsilon_v^t=\frac{t}{a_v+b_v t} \tag{3.31}$$

$$\varepsilon_s^t=\frac{1}{a_s+b_s t} \tag{3.32}$$

式中：a_v 为体积流变与时间关系曲线初始切线斜率的倒数；b_v 为最终体积流变量（$t\to\infty$ 时体积流变渐近值）的倒数；a_s 为剪切流变与时间关系曲线初始切线斜率的倒数；b_s 为最终剪切流变量（$t\to\infty$ 时剪切流变渐近值）的倒数。

3.2.4　幂函数流变模型[19]

有些学者通过试验研究，还提出了如下的幂函数形式的流变计算模型：

$$\varepsilon_s(t)=\varepsilon_{sf}(1-t^{-\lambda_s}) \tag{3.33}$$

$$\varepsilon_v(t)=\varepsilon_{vf}(1-t^{-\lambda_v}) \tag{3.34}$$

式中：$\varepsilon_s(t)$ 为 $0\sim t$ 时间段内累计的轴向流变量；ε_{sf} 表示某个应力状态下堆石料的最终轴向流变量；λ_s 为累计的轴向流变的时间幂指数；$\varepsilon_v(t)$ 为 $0\sim t$ 时间段内累计的体积流变量；ε_{vf} 表示某个应力状态下堆石料的最终体积流变量；λ_v 表示累计的体积流变的时间幂指数。

最终轴向流变量 ε_{sf} 与应力水平 S_l 和围压 σ_3 的关系式为

$$\varepsilon_{sf}=\frac{cS_l}{1-dS_l}\sigma_3 \tag{3.35}$$

λ_s 与应力水平 S_l 的关系不明显，与围压 σ_3 的关系可以用幂函数表示：

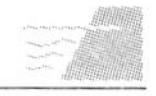

$$\lambda_s = \eta \sigma_3^{-m} \tag{3.36}$$

最终体积流变量 ε_{vf} 与应力水平 S_l 和围压 σ_3 的关系式为

$$\varepsilon_{vf} = c_\alpha S_l^{d_\alpha} + c_\beta S_l^{d_\beta} \sigma_3 \tag{3.37}$$

λ_v 与应力水平 S_l 和围压 σ_3 的关系均不明显，可假定为常数，即 $\lambda_v = const$。

上述即为幂函数流变模型，该模型中包含 c、d、η、m、c_α、c_β、d_α、d_β 和 λ_v 等九个计算参数，这些参数均可根据经验公式或试验确定。

3.2.5 七参数流变模型[15]

在上述三参数流变模型中，将最终体积流变量仅表示为围压的函数，将最终剪切流变量仅表示为应力水平的函数。实际上，通过试验研究发现，堆石料的最终体积流变量不仅与围压有关，而且广义剪应力 q 对其也有显著影响，流变量随着围压的增加呈非线性变化关系，并逐渐减小。因此，根据试验研究所揭示的流变规律对上述三参数流变模型进行改进，将三参数流变模型中的最终体积流变量 ε_{vf} 修改为

$$\varepsilon_{vf} = b\left(\frac{\sigma_3}{p_a}\right)^{m_1} + c\left(\frac{q}{p_a}\right)^{m_2} \tag{3.38}$$

相应的最终剪切流变量 γ_f 修改为

$$\gamma_f = d\left(\frac{S_l}{1-S_l}\right)^{m_3} \tag{3.39}$$

其他计算公式与上述三参数流变模型计算公式相同。

该模型中包含 a、b、c、d、m_1、m_2、m_3 七个参数，故称七参数流变模型。

3.2.6 几种流变模型的比较

对上述几种流变模型进行对比分析可以发现[5,15,19-20]：

（1）三参数流变模型采用指数衰减的曲线方程拟合流变试验结果，假定堆石流变分为体积流变和剪切流变两类，并假设体积流变量只是围压 σ_3 的函数，剪切流变只是应力水平 S_l 的函数，该模型虽能在一定程度上反映堆石体的流变变形规律，但对于应力状态极为复杂的高面板堆石坝而言，按该模型难于准确拟合其实际发生的流变规律，从而可能使得流变计算存在较大的误差。

（2）改进的三参数流变模型，考虑了应力水平对最终体积流变及围压对最终剪切流变的影响，的确改进立了三参数流变模型的不足，但该模型假定：在高围压下，最终体积流变与围压和应力水平呈线性关系，最终剪切流变与围压呈线性关系、与应力水平呈双曲线关系。这些假定与试验研究及理论推理结果不尽相符[15]，进而可能导致流变计算也存在一定误差。

（3）双屈服面流变模型，假定堆石体流变服从塑性变形规律，将流变变形分为由 2 个塑性屈服面而产生的变形的叠加，此模型能较好地拟合堆石体的流变变形规律，但该模型在理论上还不尽成熟，在应用上也较为复杂，因此其应用受到一定限制。

（4）幂函数流变模型在理论上还不够成熟，再加之该模型涉及参数较多，有些参数不便于试验确定，因此目前应用还相对较少。

(5) 相比较而言，从堆石体流变机理考虑，七参数流变模型能较好地模拟堆石体的流变规律，不仅考虑了最终体积流变量与围压之间的非线性关系，还考虑了广义剪应力的影响，同时也体现了流变量随围压增加而逐渐减小的特征，因此与堆石体的流变试验研究结果更为接近；另外，该模型在理论上相对成熟，且更便于实现有限元计算机编程，所以其应用较为广泛。故此，本章拟采用七参数流变模型作为堆石体的流变计算模型。

3.3　面板堆石坝流变分析的有限元法

3.3.1　堆石体流变计算的增量有限元法

根据前述分析，本章拟采用七参数流变模型作为面板堆石坝堆石体的流变计算模型。该模型是三参数流变模型的改进。常应力下的流变 ε 与时间 t 的关系曲线方程见式 (3.11)，体积流变速率 $\dot{\varepsilon}_v$ 和剪切流变速率 $\dot{\gamma}$ 的表达式分别见式 (3.18) 和式 (3.19)，最终体积流变量 ε_{vf} 和最终剪切流变量 γ_f 的表达式分别见式 (3.38) 和式 (3.39)。

由于面板堆石坝堆石坝体是分层填筑的，因此在计算中为模拟其施工过程，荷载施加应采用分级加载方式，即新填筑的堆石体只对下部堆石体起作用，对上部堆石体无影响。然而根据流变产生的机理，堆石体流变是在堆石体填筑完成后即开始产生的，由于坝体施工各层填筑完成时间不同，其流变产生的起始时间也不同，这就给流变分析带来困难。为解决此问题，可采用如下所述的增量分析方法来考虑堆石体的流变效应[11]：

在确定体积流变速率 $\dot{\varepsilon}_v$ 和剪切流变速率 $\dot{\gamma}$ 以后，将时间 t 划分为 n 个 Δt 时段（时间增量），则在某一时段 Δt 内的体积流变增量和剪切流变增量为

$$\begin{aligned}\Delta\varepsilon_v&=\dot{\varepsilon}_v\Delta t\\ \Delta\gamma&=\dot{\gamma}\Delta t\end{aligned}\tag{3.40}$$

在 $t=\sum\Delta t$ 时刻累积的体积流变量和剪切流变量为

$$\varepsilon_{vt}=\sum\dot{\varepsilon}_v\Delta t\tag{3.41}$$

$$\gamma_t=\sum\dot{\gamma}\Delta t\tag{3.42}$$

在 Prandtl - Reuss 流动法则下，应变速率张量见式 (3.14)，则相应的流变增量的分量表达式为

$$\begin{Bmatrix}\Delta\varepsilon_x\\ \Delta\varepsilon_y\\ \Delta\varepsilon_z\\ \Delta\gamma_{xy}\\ \Delta\gamma_{yz}\\ \Delta\gamma_{zx}\end{Bmatrix}=\frac{1}{3}\dot{\varepsilon}_v\Delta t\begin{Bmatrix}1\\1\\1\\0\\0\\0\end{Bmatrix}+\frac{\dot{\gamma}}{q}\Delta t\begin{Bmatrix}s_x\\ s_y\\ s_z\\ 2\tau_{xy}\\ 2\tau_{yz}\\ 2\tau_{zx}\end{Bmatrix}\tag{3.43}$$

式中：q 为广义剪应力，按式 (3.15) 确定；$\{s_x \quad s_y \quad s_z \quad 2\tau_{xy} \quad 2\tau_{yz} \quad 2\tau_{zx}\}^T$ 为偏应力，按式 (3.16) 确定。

在实际计算中，只用到时间增量 Δt，因此可避免若使用总时间 t 而各施工步的流变计

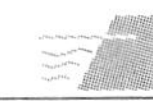

算起始时间却不相同所造成的计算困难，使得计算分析更为方便。

流变有限元分析可采用初应力法或初应变法，其中初应变法原理如下[21]：

设某单元内由流变产生的初应变为 $\{\varepsilon_v\}$，则单元应力为

$$\{\sigma\}=[\boldsymbol{D}](\{\varepsilon\}-\{\varepsilon_v\})=[\boldsymbol{D}][\boldsymbol{B}]\{\delta\}^e-[\boldsymbol{D}]\{\varepsilon_v\} \tag{3.44}$$

式中：$[\boldsymbol{D}]$ 为单元物理矩阵；$[\boldsymbol{B}]$ 为单元几何矩阵；$\{\delta\}^e$ 为单元结点位移向量。

单元等效结点荷载为

$$\begin{aligned}\{F\}^e &= \int_v [\boldsymbol{B}]^T\{\sigma\}\mathrm{d}v = \int_v [\boldsymbol{B}]^T[\boldsymbol{D}][\boldsymbol{B}]\mathrm{d}v\{\delta\}^e - \int_v [\boldsymbol{B}]^T[\boldsymbol{D}]\{\varepsilon_v\}\mathrm{d}v \\ &= [\boldsymbol{k}]^e\{\delta\}^e - \int_v [\boldsymbol{B}]^T[\boldsymbol{D}]\{\varepsilon_v\}\mathrm{d}v \end{aligned} \tag{3.45}$$

式中：$[\boldsymbol{k}]^e$ 为单元刚度矩阵。

式（3.45）中，由初应变产生的等效结点荷载为

$$\{F_v\}^e = \int_v [\boldsymbol{B}]^T[\boldsymbol{D}]\{\varepsilon_v\}\mathrm{d}v \tag{3.46}$$

于是，整体平衡方程可写为

$$[\boldsymbol{K}]\{\delta\}=\{R\}+\{F_v\} \tag{3.47}$$

式中：$[\boldsymbol{K}]$ 为整体刚度矩阵；$\{\delta\}$ 为整体单元结点位移向量；$\{R\}$ 为整体等效结点荷载向量；$\{F_v\}$ 为初应变产生的整体等效结点荷载向量。

流变增量有限元计算既可采用初应力法，也可采用初应变法。本章在流变增量有限元计算程序设计中拟采用初应力法，具体步骤如下[5]：

（1）当 $t=0$ 时。假定此时位移 $\{\delta\}^0$、流变应变 $\{\varepsilon_t\}^0$、松弛应力 $\{\sigma_t\}^0$、$\{\Delta\delta\}^0$、$\{\Delta\varepsilon_t\}^0$、$\{\Delta\sigma_t\}^0$ 均为 0，初始应力场为自重应力场。

（2）当 $t>0$ 时。设定坝体共分 N 级荷载，每级荷载各分 M 级加载，第 M_i 级加载对应的时间为 t_i，根据上文分析，应力变形计算分为瞬时弹性应变计算和流变应变计算两部分：

1）弹性应变计算：①在第 i 级荷载作用下，根据平衡方程 $[K]\{\Delta\delta\}_i=\{\Delta R\}_i$，求得弹性位移增量 $\{\Delta\delta\}_i$，再根据物理方程和几何方程求得应力增量 $\{\Delta\sigma\}_i$ 和应变增量 $\{\Delta\varepsilon\}_i$；②应力累加，得第 i 级荷载作用下的应力：$\{\sigma\}_i=\{\sigma\}_{i-1}+\{\Delta\sigma\}_i$。

2）流变应变计算：①假定 $\{\sigma\}_i$ 在时间间隔（$t_{i+1}-t_i$）内保持不变，材料特性也保持不变，根据上述流变模型，求得该时段内的流变应变增量 $\{\Delta\varepsilon_t\}_i$；②确定松弛应力增量 $\{\Delta\sigma_t\}_i=[D]\{\Delta\varepsilon_t\}_i$；③形成 $[D]_i$ 和整体刚度矩阵 $[K]_i$；④形成结点等效附加荷载增量矩阵 $\{\Delta R_t\}$；⑤求解位移增量，$\{\Delta\delta\}_i=[K]_i^{-1}(\{\Delta R\}_i+\{\Delta R_t\}_i)$；⑥计算应力增量，$\{\Delta\sigma\}_i=[D]_i([B]\{\Delta\delta\}_i)-\{\Delta\sigma_t\}_i$。

（3）位移、应力和应变进行累加：

$$\left.\begin{aligned}\{\delta\}_{i+1}&=\{\delta\}_i+\{\Delta\delta\}_i\\\{\sigma\}_{i+1}&=\{\sigma\}_i+\{\Delta\sigma\}_i\\\{\varepsilon\}_{i+1}&=\{\varepsilon\}_i+\{\Delta\varepsilon\}_i\\\{\sigma_t\}_{i+1}&=\{\sigma_t\}_i+\{\Delta\sigma_t\}_i\\\{\varepsilon_t\}_{i+1}&=\{\varepsilon_t\}_i+\{\Delta\varepsilon_t\}_i\end{aligned}\right\} \tag{3.48}$$

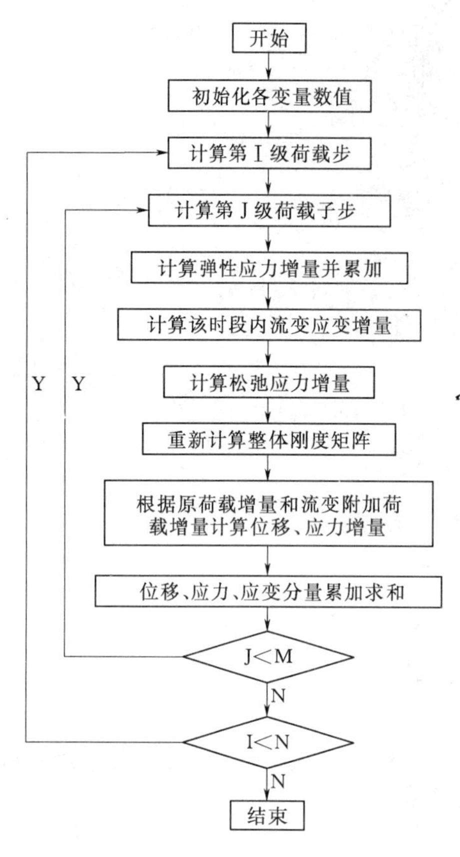

图 3.2　流变增量有限元计算程序框图[5]

（4）重复以上步骤进行计算，直到第 i 级荷载作用结束。

全部荷载作用结束后，即可获得最终的位移、应力及流变随时间变化的历时曲线。

与上述流变增量有限元计算相应的程序框图见图 3.2。

3.3.2　考虑堆石体流变的面板堆石坝有限元程序设计

有限元程序主要包括前处理程序、有限元计算程序和后处理程序三部分。

前处理程序主要是建立模型并划分网格，将整体模型离散化，得到离散模型的结点、单元、约束、荷载、单元生死控制等相关信息。为提高前处理工作效率，前处理程序可直接采用有限元通用软件的前处理模块，即借助有限元通用软件的前处理模块生成上述所有前处理信息；然后，在将这些信息导出并进行整理后，再导入所编制的有限元计算程序中实施具体计算。由于计算程序的计算结果数据量很大，为便于描述位移及应力等计算结果的分布与变化规律，采用通用数据处理软件进行计算结果的后处理，即通过把计算结果数据导入通用数据处理软件，借助其强大的数据处理功能，生成可以反映各典型断面在各工况下位移及应力分布规律的等值线图或云图等。

有限元计算程序是有限元程序的核心部分，也是程序设计的主要内容。有限元计算程序的设计要点如下[5]：

（1）单元选择。采用 8 结点六面体等参单元对实体结构进行模拟，该等参单元的形函数及其几何矩阵形式可参见文献［22］。由于实际分析模型十分复杂，在前处理时模型网格划分所形成的单元体形状往往不尽规则，因此为了方便计算分析，在程序设计中采用 2×2×2 的正方体母单元，将不规则的实体单元映射到母单元下进行分析计算，母单元中各点计算结果即为实体单元中对应点的结果。

（2）堆石料的本构模型。堆石料的应力变形特性十分复杂，如何科学合理地建立反映堆石料应力与应变关系的本构模型一直是不少学者长期致力研究的一个关键问题。不少学者采用不同的假定，已经研究建立了一系列可程度不同地反映堆石料应力变形特性的本构模型，其中有代表性且目前在国内使用较为广泛的本构模型包括：邓肯-张 $E-B$ 模型及“南水”弹塑性双屈服面模型等[23]。

研究表明[11,15]，对于面板堆石坝而言，按照邓肯-张 $E-B$ 模型和“南水”弹塑性双屈服面模型计算得到的堆石坝体的变形规律都与工程实测结果较为接近；“南水”弹塑性

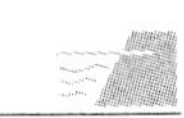

双屈服面模型计算得到的面板应力分布规律比较符合实测结果；邓肯-张 $E-B$ 模型计算得到的堆石坝体垂直位移比较符合实测结果，而水平位移偏大。由于堆石料应力变形具有非线性、塑性等特征，因此，理论上，“南水”弹塑性双屈服面模型应能更好地反映堆石料的实际变形特性。但由于邓肯-张 $E-B$ 模型的参数便于确定，且使用经验较为丰富，因此，该模型仍是目前面板堆石坝应力变形分析中较为常用的一种模型。在本程序设计中，拟采用邓肯-张 $E-B$ 模型来模拟堆石料的应力应变本构关系。邓肯-张 $E-B$ 模型的基本原理参见第 2 章。

（3）混凝土面板及趾板的计算模型。研究表明[23-24]，一般情况下，面板堆石坝混凝土面板及混凝土趾板的应力水平相对较低，采用线弹性模型与弹塑性模型的计算结果差别不大。在本程序设计中，选用线弹性模型来模拟混凝土面板和混凝土趾板的应力应变本构关系。

（4）接触面的计算模型。在混凝土面板堆石坝中，存在诸如混凝土面板与垫层料及混凝土防渗墙与地基覆盖层等混凝土结构与土体之间的非线性接触问题。由于混凝土结构与土体不论从材料性质还是结构性态上均具有很大差异，二者之间的接触面存在变形不连续问题，对此类问题通常均采用接触面单元进行模拟。目前，国内较为常用的接触面单元有无厚度 Goodman 单元和 Desai 薄层单元等[11,15]。无厚度 Goodman 单元是以相互接触的两个结构对应结点的相对位移作为分析变量，忽略接触面上剪应力和法向应力与切向相对位移和法向相对位移之间的耦合作用。无厚度 Goodman 单元能较好地反映接触面上切向应力与切向变形之间的非线性关系，有效模拟接触面上结点的错动、滑移变形。但由于单元厚度为 0，因此为避免在受压情况下接触面两侧单元发生相互嵌入，不得不在单元受压时采用较大的法向劲度系数，当单元受拉时采用较小的法向劲度系数。Desai 薄层单元克服了无厚度 Goodman 单元的上述缺点，采用弹性模量、剪切模量和泊松比三个物理量来反映接触面在外荷载作用下的应力变形特性，能较好地模拟接触面两侧单元的相互作用关系，但该单元关于接触面特性的模拟与单元厚度关系较大，如何合理选取单元厚度仍有待深入研究。考虑到无厚度 Goodman 单元具有参数易于确定、应用经验相对较多等优点，因此，在本程序设计中拟采用无厚度 Goodman 单元来模拟混凝土结构与土体之间的非线性接触行为。无厚度 Goodman 单元的基本原理参见第 2 章。

（5）混凝土结构接缝的计算模型。混凝土面板堆石坝的混凝土结构一般均设有各种接缝，如面板块之间的垂直缝、面板与趾板之间的周边缝、面板与防浪墙之间的水平结构缝、趾板与防渗墙之间接缝等，各种接缝中均设有防渗止水材料，部分接缝中还设有各种嵌缝材料。目前，关于接缝的有限元模拟常用的有分离缝单元模型、低弹模薄层单元模型及无厚度接缝单元模型等[15,23]。分离缝单元模型在接缝两侧布置对应点，允许对应点发生张开和相对错动，但不允许相互嵌入，可以模拟接缝两侧面的压紧、张开变形。低弹模薄层单元模型与混凝土材料单元的计算模型相同，并假定单元在受拉时其弹性模量为混凝土弹性模量的万分之一，而受压时其弹性模量与混凝土材料相同，这样在接缝受压时可以防止单元相互嵌入，受拉时能够模拟接缝张开变形。无厚度接缝单元模型的特点如上所述。由于低弹模薄层单元模型与实体单元模型在建模及具体计算等方面基本类似，便于建

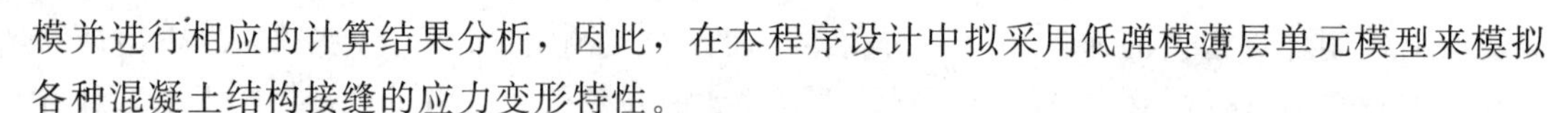

模并进行相应的计算结果分析，因此，在本程序设计中拟采用低弹模薄层单元模型来模拟各种混凝土结构接缝的应力变形特性。

（6）大坝施工过程及水库蓄水过程的模拟。在面板堆石坝应力变形有限元分析时，必须根据堆石坝体填筑的先后顺序来逐级模拟施工过程，这样才能获得符合实际情况的计算结果。由于堆石坝体的施工填筑通常是分层进行的，因此当第 i 层施工时，可假定该层的堆石料自重荷载是瞬时加载的，该层的自重荷载只作用于本层以及本层下部各层堆石体，不计其对上部堆石体的影响，为此对参与计算的网格应按照施工步骤逐级扩大，以此来模拟堆石坝体的分层施工过程[26]。为更好地反映堆石料的非线性特性，施工加载步应尽量取多一些，以便使荷载增量尽可能减小，但分层越多，前处理中的建模及网格划分就越困难，为此，可采取如下处理办法：将新填土层作为一个施工荷载步，将该层土体的网格一次性叠加到计算模型中，但将该层土体的自重荷载分成十级荷载子步逐步施加，即在每次计算中荷载增量仅为该层自重的十分之一，在十级荷载子步计算完成后，本级施工荷载步才算完成。

水库蓄水过程的模拟基于实际蓄水水位来进行。模拟方法为：将终蓄水位从低到高分成若干蓄水荷载步；在进行第一蓄水荷载步计算时，在与该蓄水荷载步相应的水库水位以下的面板单元表面施加相应水头的水压力；在进行第二蓄水荷载步计算时，对介于第一蓄水荷载步与第二蓄水荷载步之间的面板单元表面施加相应水头的水压力，而对第一蓄水荷载步相应水位以下的面板单元表面补充施加与第一蓄水荷载步和第二蓄水荷载步相应的水库水位差所对应的水压力；依次类推，即可模拟水库蓄水的全过程。

（7）材料非线性问题的求解方法。在本程序设计中，选用邓肯-张 $E-B$ 模型来模拟堆石料的应力应变本构关系。因此，形如式（3.47）所示的整体平衡方程为非线性方程组。目前，关于材料非线性问题即非线性方程组一般均采用迭代法或增量法求解，其中，对于面板堆石坝等土石坝结构大多采用中点增量法[23,27,28]。因此，在本程序设计中拟采用中点增量法来进行材料非线性问题的求解。中点增量法的基本原理参见第2章。

（8）有限元计算程序结构。基于上述分析，设计的考虑堆石体流变的面板堆石坝有限元计算程序结构见图3.3。

3.3.3 程序验证

为验证上述所编制程序计算结果的正确性，以乌鲁瓦提面板堆石坝为例，将上述程序计算结果与该大坝实际观测结果进行对比分析。

3.3.3.1 工程概况[28]

乌鲁瓦提面板堆石坝最大坝高138.00m，坝顶长度365m，上游坝坡1∶1.6，下游设“之”字形马道，平均坝坡1∶1.5，坝体主要填筑材料为河床砂砾石料，下游局部坝体填筑料采用开挖石渣料。大坝标准剖面见图3.4。

3.3.3.2 计算参数

面板和趾板混凝土按线弹性材料考虑，取材料密度 $\rho_d=2450\text{kg/m}^3$，弹性模量 $E=2.0\times10^4\text{MPa}$。坝体堆石料的本构模型采用邓肯-张 $E-B$ 模型，坝体各分区材料参数见

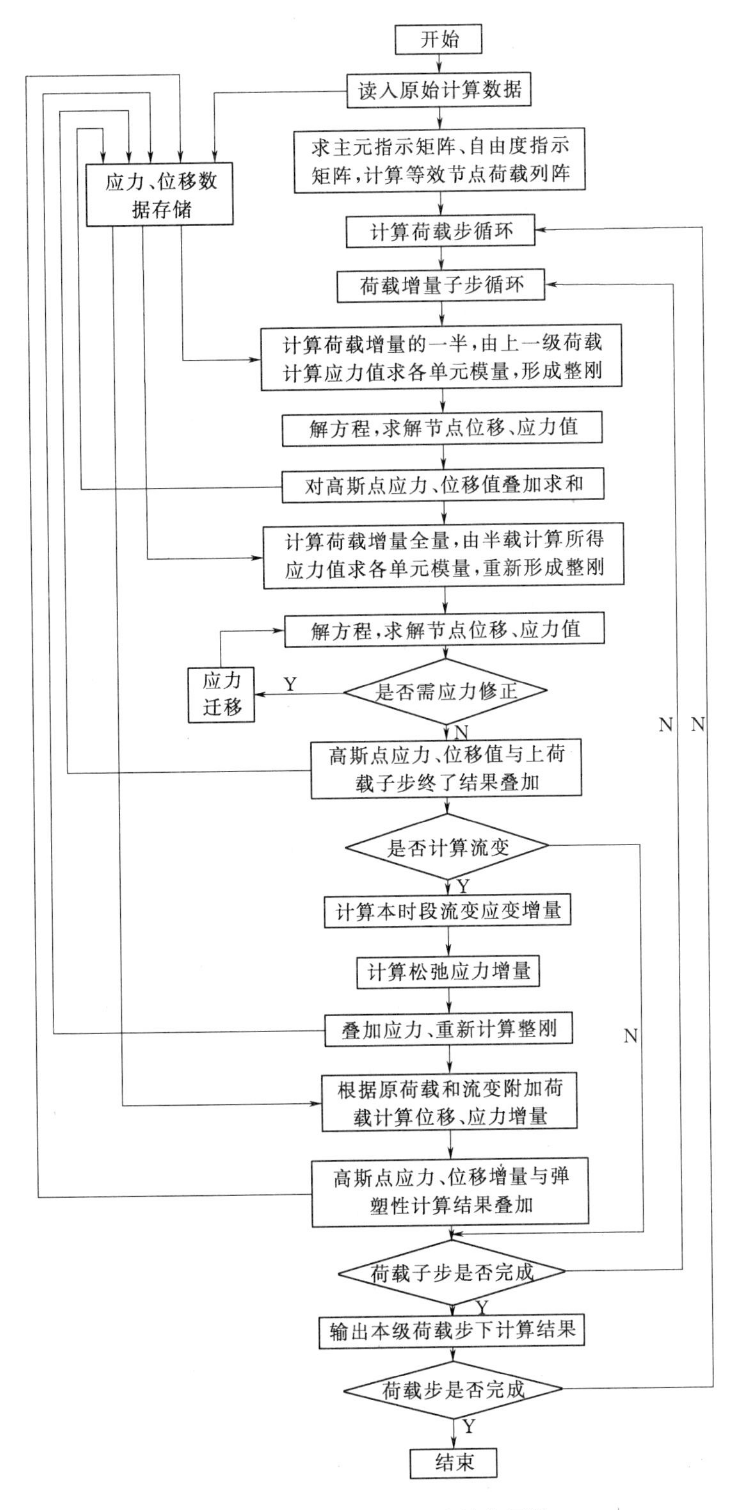

图 3.3 有限元计算程序结构图[5]

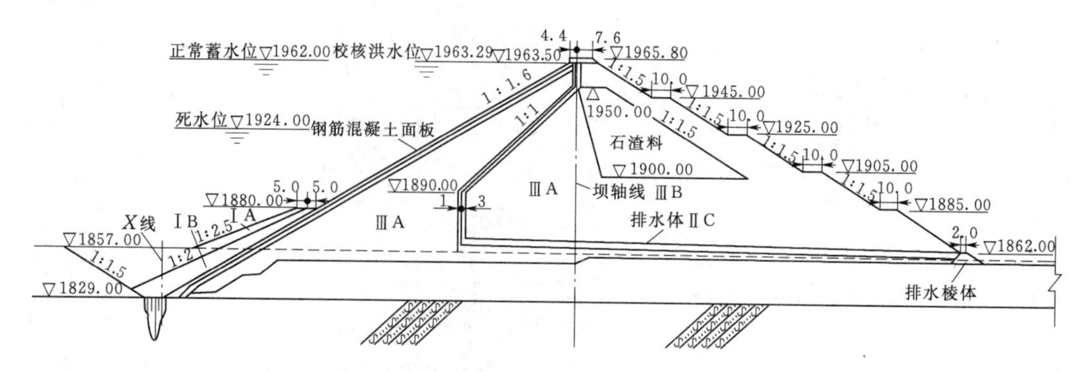

图 3.4　大坝标准剖面图[28]（单位：m）

表 3.1。表中，ρ_d 为干密度，c 为黏聚力，K 为初始切线弹模系数，n 为初始切线弹模指数，R_f 为破坏比，K_b 为切线体积模量系数，m 为切线体积模量指数，K_{ur} 为卸荷模量系数，n_{ur} 为卸荷模量指数，ϕ 为内摩擦角。

表 3.1　　坝体堆石料邓肯-张 *E*-*B* 模型参数表[29]

材料	ρ_d /(kg/m^3)	c /MPa	ϕ /(°)	K	n	R_f	K_b	m	K_{ur}	n_{ur}
垫层料	2.250	0	49	1100	0.40	0.80	1650	0.35	1350	0.40
过渡料	2.250	0	49	1100	0.30	0.75	1650	0.40	1320	0.30
主堆石	2.293	0	43	900	0.35	0.75	1350	0.44	1080	0.35
次堆石	2.254	0	46	400	0.30	0.70	400	0.45	500	0.30
坝基	2.254	0	45	1100	0.40	0.70	1500	0.35	1350	0.40

坝体堆石料主要为砂砾石，流变模型采用七参数流变模型，模型参数见表 3.2。

表 3.2　　坝体堆石料七参数流变模型参数表[1]

材料	α	m_1	m_2	m_3	b	c	d
砂砾石	0.007	0.770	0.631	0.530	0.0003	0.0001	0.0025

3.3.3.3　计算模型

坝体模型计算范围：坝基底部取至基岩面，上游取到趾板顶端，下游取到下游坝角，左右岸取到坝肩基岩。坝体采用 8 结点六面体单元剖分。程序计算中模拟坝体施工及蓄水过程，坝体分 12 步填筑，每步历时 30 天，坝体填筑到坝顶距浇筑面板的时间间隔为 180 天，面板浇筑结束后即开始蓄水，蓄水分 3 步，计算总共 40 步，计算结束时间为蓄水 2 年后。大坝标准横断面网格见图 3.5。

3.3.3.4　计算结果验证

采用有限元通用软件的前处理模块生成与模型及计算控制等有关的所有前处理信息；然后，在将这些信息导出并进行整理后，再导入所编制的有限元计算程序中，进行坝体在计入流变影响情况下竣工期、蓄水期及蓄水 2 年后各工况的应力变形计算；最后，将计算

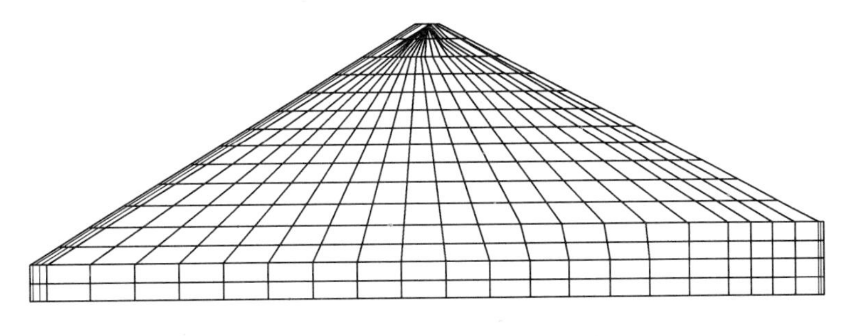

图 3.5 大坝标准横断面网格图

结果数据导入通用数据处理软件中进行计算结果的后处理，生成可以反映各典型断面在各工况下位移及应力分布规律的等值线图。其中，蓄水期坝体标准横断面水平位移和竖向位移的分布情况分别见图 3.6、图 3.7。

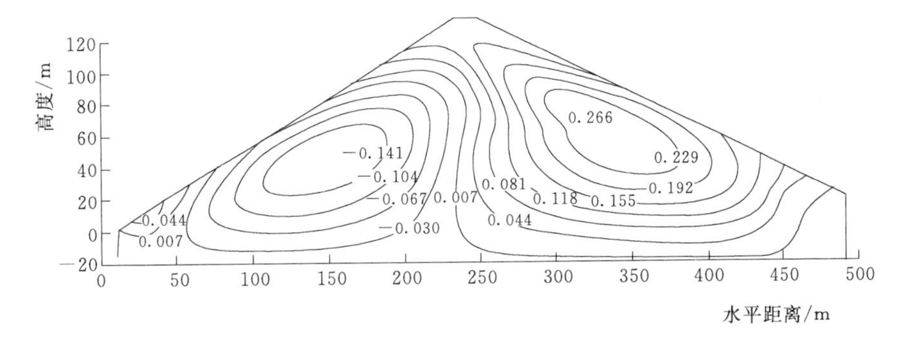

图 3.6 蓄水期坝体标准横断面水平位移分布图（单位：m）

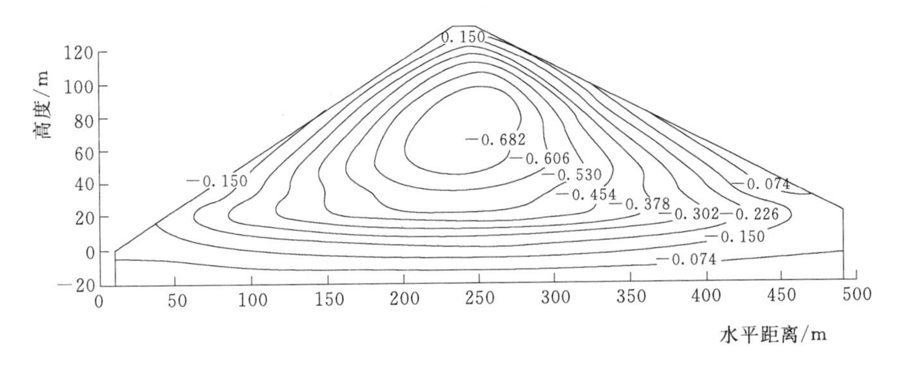

图 3.7 蓄水期坝体标准横断面竖向位移分布图（单位：m）

位移计算结果表明，蓄水期坝体水平位移呈向上、下游位移趋势，最大值分别发生在上、下游坝坡中下部，向上游水平位移最大值为 16.2cm，向下游水平位移最大值为 26.6cm；竖向位移最大值发生在坝体中上部，最大值为 68.2cm。程序计算结果的分布规律与其他通用有限元软件计算结果规律相同，符合坝体变形的一般规律，且结果数值相近。表 3.3 列出了按所编程序在竣工期、蓄水期及蓄水 2 年后的应力变形计算结果以及与该工程实测结果[29]的对比。

表 3.3　　程序计算结果与实测结果对比表

计算工况		竖向位移/cm	水平位移/cm		大主应力/MPa	小主应力/MPa
			向上游	向下游		
竣工期	计算结果	66.3	24.6	25.2	2.67	1.01
	实测结果	48.5	25.3	20.6	—	—
蓄水期	计算结果	68.2	16.2	26.6	2.78	1.05
	实测结果	49.7	—	25.8	—	—
蓄水 2 年后	计算结果	74.1	17.9	27.5	2.82	1.11
	实测结果	51.3	—	26.3	—	—

从表 3.3 可以看出，各工况除竖向位移的计算结果比实测结果偏大外，其他计算结果均与实测结果基本吻合。竖向位移计算结果产生误差的可能原因包括：在流变计算时，瞬时变形计算所采用的非线性弹性邓肯-张 $E-B$ 模型本身存在一定误差；模型计算参数均采用试验结果，其与现场实际情况难免存在差异，因此计算结果难免存在误差；坝体变形观测结果是在坝体填筑完成后开始监测的，未计入坝体填筑完成以前的变形量，因此实测结果也难免存在一定误差。考虑上述影响因素以后，可以认为，所编制的考虑流变影响的面板堆石坝应力变形有限元计算程序是基本合理的，所得计算结果是较为准确的。

3.4　流变模型参数敏感性分析的正交试验法

在面板堆石坝结构分析中，关于堆石料本构模型的理论和应用研究已经较为成熟，在本构模型参数的确定方面也已经积累了较为丰富的经验，但在堆石料流变特性研究方面，由于起步较晚，因此相关的理论研究还不尽成熟，特别是在各种流变模型的参数确定方面还存在诸多问题[30]。实践证明，不论采用什么样的流变模型，即使模型本身再合理，也必须有合理的模型参数，否则一切努力都达不到预期结果。因此，如何合理准确地选取堆石料的流变模型参数，是进行面板堆石坝流变分析时需要研究解决的一个关键问题。本章拟采用正交试验法对流变模型参数进行敏感性分析，以便为合理确定流变模型参数提供依据。

3.4.1　流变模型参数的确定方法

目前，确定流变模型参数的方法主要有以下 3 种[19,21]：

(1) 直接试验法。直接试验法是在工程现场取样，运用三轴流变试验仪进行室内试验，以试验结果为基础，通过拟合所选流变模型的应变曲线来分析确定相应的模型参数。由于堆石料试样较小，会产生“缩尺效应”，且室内试验中堆石流变变形速率快，往往几天时间就可以稳定，即存在“时间效应”问题，因此试验所得结果并不能完全反映堆石料的实际流变特性。另外，由于堆石料变形滞后时间很长，因此需要试验设备要能保持长期稳定的高荷输出，在设备上必须配备特殊装置与量测仪表才能精确测量。因此，由试验确定堆石料流变模型参数的难度一般较大，且参数的准确性存在不确定性。

（2）经验类比法。在计算分析时，如果所研究的面板堆石坝的堆石料材料组成与某已建工程相类似，且此工程有较为完善的计算分析或试验研究成果，则可经过类比分析，参考或借用此工程的流变模型参数来进行所研究工程的流变分析。采用经验类比法可以得到相对合理的流变模型参数，且使用较为广泛。但由于面板堆石坝流变研究起步较晚，进行流变分析的工程项目相对较少，而且计算所采用的流变模型也不尽相同，所以可供经验类比的资源相对有限，因此采用经验类比法确定流变模型参数仍有很大的局限性。

（3）反分析法。反分析法的基本原理为[31-32]：从已知计算域内或边界上的位移、应力来反求该问题的初始条件、边界条件和物理力学计算参数。面板堆石坝流变模型参数是根据实际观测的坝体位移资料经反演分析得到的，反演结果的精度取决于观测精度和反分析所依据物理量（位移）的计算精度。研究表明[33]，当模型参数较多时，反演分析存在所需变量较多、分析迭代过程复杂、所需时间较长等问题。因此，当模型参数较多时最好先对模型各参数进行敏感性分析，对模型中敏感性低的参数通过工程类比法确定，而对于敏感性高的参数则采用反分析方法确定，这样既可在一定程度上确保模型参数确定的合理性，又可提高参数反分析的效率。反分析法是目前采用较多的另一种确定流变模型参数的方法。

3.4.2 流变模型参数敏感性分析的正交试验法

传统的参数敏感性分析常用单因素分析法，该方法是选定一个基准指标，假定与该基准指标相关的其他参数保持不变，仅分析当其中一个参数发生变化时基准指标随该参数的变化关系曲线，以此来反映基准指标对于该参数的敏感性[7]。虽然此方法能够比较直观的反映各参数对基准指标的影响，但是在假定其中一个参数变化而其他各参数保持不变的前提下得到的，而实际上各参数是相互影响、共同变化的，因此其分析结果往往与实际情况不尽相符。为此，拟采用正交试验法，来进行流变模型参数的敏感性分析。

3.4.2.1 正交试验的设计原理[34-36]

正交试验方法是采用数理统计学方法，选择有代表性的计算点进行计算，再以正交学为基础参照“正交表”安排试验；由于正交表具有“均衡分散性”和“整齐可比性”的构造原则，因此，按照此方法设计的试验次数少，且能反映客观事物变化的基本规律。

在正交试验设计中把分析比较的对象成为指标，把要考察的参数称为试验因素，把每个因素在试验中的试验条件称为因素水平。正交表是正交试验设计的关键，正交表应具备两个基本条件：任一列因素的不同水平在试验设计中出现的次数是相同的，以保证正交表的均匀性；任意两列因素的不同因素水平组合组成的数对在试验中出现的次数是相同的，以保证试验点分布的均匀性。这两个条件体现了正交表“均衡分散，整齐可比”的优越性，因此，所设计的正交试验能够方便、全面地反映试验结果[35]。

正交表用 $L_n(t^c)$ 表示，其中，L 为正交表的代号；n 为试验总次数；t 为因素的水平数；c 为正交表列数，即可以安排的最多的因素个数。以四因素 3 水平及八因素中第一因素为 2 水平、后七个因素为 3 水平这两种情况为例，其正交结构表如图 3.8 所示。

3.4.2.2 正交试验结果的分析方法[36]

按照正交表设计的试验进行分析，可计算各试验的指标值，据此判断各因素对指标影

$L_9(3^4)$

试验号	列号			
	1	2	3	4
1	1	1	1	1
2	1	2	2	2
3	1	3	3	3
4	2	1	2	3
5	2	2	3	1
6	2	3	1	2
7	3	1	3	2
8	3	2	1	3
9	3	3	2	1

$L_{18}(2\times3^7)$

试验号	列号							
	1	2	3	4	5	6	7	8
1	1	1	1	1	1	1	1	1
2	1	1	2	2	2	2	2	2
3	1	1	3	3	3	3	3	3
4	1	2	1	1	2	2	3	3
5	1	2	2	2	3	3	1	1
6	1	2	3	3	1	1	2	2
7	1	3	1	2	1	3	2	3
8	1	3	2	3	2	1	3	1
9	1	3	3	1	3	2	1	2
10	2	1	1	3	3	2	2	1
11	2	1	2	1	1	3	3	2
12	2	1	3	2	2	1	1	3
13	2	2	1	2	3	1	3	2
14	2	2	2	3	1	2	1	3
15	2	2	3	1	2	3	2	1
16	2	3	1	3	2	3	1	2
17	2	3	2	1	3	1	2	3
18	2	3	3	2	1	2	3	1

图 3.8　$L_9(3^4)$ 及 $L_{18}(2\times3^7)$ 正交表结构图[5]

响的敏感性。正交试验结果的分析方法有极差分析和方差分析两种方法。极差分析中认为各因素对结果的影响是均衡的，因素各水平的差异是由该因素本身引起的，不能区分因素各水平间对应的试验结果差异是由于试验误差引起的还是由于因素水平不同引起的，不能估计试验误差的大小，而且不能给出各因素对试验指标影响程度的量化结果。方差分析法弥补了这个不足，该方法是将试验结果的总变差平方和划分为因素变差平方和与随机误差平方和两部分，根据各因素变差平方和与误差平方和的比较结果进行 F 检验，据此判断各因素的作用是否显著。方差分析法的基本原理如下[36]：

假设用 $L_n(r^m)$ 安排试验，第 k 次试验的试验结果记为 $Y_k(k=1, 2, \cdots, n)$，令 T_{ij} 表示第 j 列因素第 i 水平试验结果 Y_k 之和，T 表示总试验结果之和，$\overline{Y}$表示试验结果的平均值，t 表示同水平的重复次数。即

$$T_{ij}=\sum_{k=1}^{n}Y_k,\quad T=\sum_{k=1}^{n}Y_k,\quad \overline{Y}=\frac{T}{n},\quad t=\frac{n}{r} \tag{3.49}$$

试验中 n 个试验结果的总变差记为 S_T，表示全部试验结果之间的差异程度，其计算公式为

$$S_T = \sum_{k=1}^{n} (Y_i - \overline{Y})^2 \tag{3.50}$$

第 j 列变差平方和记为 S_j，表示第 j 列所排因素的不同水平之间的差异程度，其计算公式为

$$S_j = t\sum_{i=1}^{r}\left(\frac{T_{ij}}{t} - \overline{Y}\right)^2 = \frac{1}{t}\sum_{i=1}^{r} T_{ij}^2 - \frac{T^2}{n}, j = 1,2,\cdots,m \tag{3.51}$$

则总变差 S_T 又可表示为

$$S_T = \sum_{k=1}^{n} Y_k^2 - \frac{T^2}{n} = \sum_{j=1}^{m} S_j \tag{3.52}$$

设总变差 S_T 的自由度 $f_T=n-1$，第 j 列变差平方和 S_j 的自由度 $f_i=r-1$，各试验结果 Y_1，Y_2，…，Y_n 相互独立，服从同方差 σ^2 的正态分布。对于正交表 $L_n(r^m)$ 安排的试验，若某列为空列即没有安排试验因素，则将该列的变差平方和当作随机误差平方和处理，并将所有空列的误差平方和的总和记为 S_e，对应的自由度总和记为 f_e，于是可构造出 F 检验的统计量：

$$F_j = \frac{S_j/f_j}{S_e/f_e} \tag{3.53}$$

其服从 F 分布，记为 $F_j \sim F(f_j,\ f_e)$，$j=1,\ 2,\ \cdots,\ m$。

在实际计算中，可先计算各列的 S_j/f_j 和 S_e/f_e，若某个 S_j/f_j 比 S_e/f_e 还小时，则这第 j 列就可以当作误差列并入 S_e 中，将全部可以当作误差的 S_j 并入 S_e 中后得到新的误差平方和，记为 S_e^{Δ}，相应的自由度 f_j 也并入到 f_e 后记为 f_e^{Δ}，则形成新的统计量：

$$F_j^{\Delta} = \frac{S_j/f_j}{S_e^{\Delta}/f_e^{\Delta}} \sim F(f_j, f_e) \tag{3.54}$$

当 F_j^{Δ} 大于 $F_{\alpha}(f_j,\ f_e^{\Delta})$ 时，则以检验水平 α 来推断该因素作用是否显著。一般常用的显著水平为 $\alpha=0.025$ 或 $\alpha=0.050$，在 F 分布表中查得 $F_{0.025}$ 和 $F_{0.050}$ 的数值，与计算所得 F_j^{Δ} 值进行比较，来判断因素的显著水平，判断标准为：当 $F_j^{\Delta}>F_{0.025}$ 时，该因素敏感性高，影响高度显著；当 $F_{0.025}\geqslant F_j^{\Delta}>F_{0.050}$ 时，该因素敏感性中等，影响较显著；当 $F_j^{\Delta}<F_{0.050}$ 时，该因素敏感性低，影响不显著。

3.4.2.3 流变模型参数敏感性正交试验法的分析步骤

根据以上理论分析结果，拟定采用正交试验法进行堆石料流变模型参数敏感性分析的基本步骤如下：

(1) 确定试验指标。根据面板堆石坝的应力变形特性以及堆石坝体的流变特性，可选择将坝体竖向最大沉降位移、面板挠度和面板顺坡向应力作为对堆石料流变模型参数进行敏感性试验分析的指标。

(2) 确定试验因素和因素水平。拟对七参数流变模型进行参数敏感性分析，以期得到各参数对上述试验指标的敏感性，以便为反演分析或试验拟合确定模型参数提供依据。因此确定试验因素为该模型的 7 个参数。为方便计算，拟对每个参数选取 3 个因素水平，每个因素水平分别取参考值及参考值增减 20%以后的数值，参考值按流变试验结果选取。

(3) 设计正交试验。根据确定的七因素三水平试验，选择 $L_{18}(2\times3^7)$ 正交表设计试

验，设计试验中第一列数据设为空，按其后七列数据设计表格。将所选因素填入正交表后七列中，各因素水平按要求填入正交表中对应位置，最后一列为对应各试验的指标值。

（4）试验分析。根据设计的正交表安排试验，分别选用安排的模型参数进行有限元分析，求其对应的指标值，填入表中。为准确反映各参数的敏感性，拟采用方差分析法对试验结果进行分析，给出关于各个参数敏感性分析结果。

（5）绘制试验结果图。根据统计分析结果绘制图表，以便直观反映各因素的敏感性。

3.5　工程实例分析

本节拟以公伯峡水电站面板堆石坝为例，采用上述的有限元计算程序，在考虑流变与不考虑流变两种情况下，进行大坝应力变形的三维有限元计算，以研究堆石体流变对大坝应力变形的影响规律，探讨高面板堆石坝的流变特性；同时，运用上述流变模型参数敏感性分析的正交试验法，进行该大坝堆石料流变模型参数的敏感性分析，为合理确定流变模型参数提供依据。公伯峡水电站面板堆石坝的工程概况参见第2章。

3.5.1　不考虑流变的大坝应力变形三维有限元分析

3.5.1.1　有限元模型

根据公伯峡面板堆石坝工程坝址处的地形及地质条件，建立大坝三维有限元模型。在不影响计算精度的前提下对实际坝体做适当简化，不考虑坝上游下部压坡体，不计下游坝坡上坝公路，下游坝坡按平均坡比1：1.79考虑。根据大坝横断面和纵断面设计图，采用ADINA有限元软件建立大坝三维模型，坝体共分6个材料区，分别采用6个单元组按8结点六面体实体单元划分网格，实体单元3264个，接触面单元180个，接缝单元176个，结点总数3978个。坝基底部取为固定铰约束，坝肩左右边界施加法向约束。大坝三维有限元网格见图3.9，大坝标准横断面网格见图3.10。

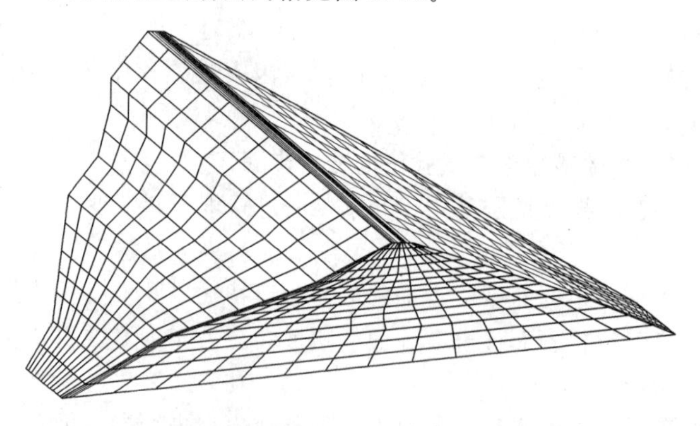

图3.9　大坝三维有限元网格图

将ADINA建立的有限元模型数据按所编制的计算程序要求进行整理，将模型数据（结点坐标信息、单元信息、结点约束信息、材料信息、蓄水水位信息、计算控制信息和计算步信息等）分别保存在计算程序指定的文件夹中。

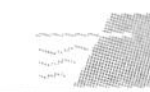

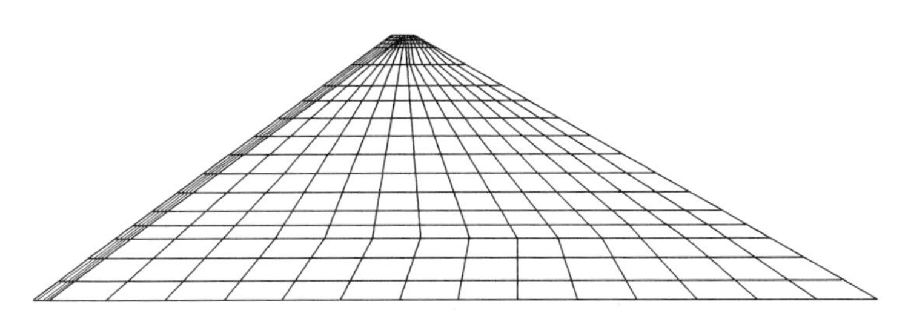

图 3.10 大坝标准横断面网格图

3.5.1.2 计算参数

计算时，面板混凝土按线弹性材料考虑，根据其标号选取计算参数见表 3.4；垫层料、过渡料、主堆石料和次堆石料的本构模型采用邓肯-张 $E-B$ 模型，模型参数取值见表 3.5。

表 3.4 线弹性材料参数[37]

材料	密度/(t/m³)	弹性模量 E/GPa	泊松比 μ
面板混凝土	2.4	28	0.167

表 3.5 邓肯-张 $E-B$ 模型参数[37]

材料	密度/(kg/m³)	C/Pa	ϕ_0/(°)	$\Delta\phi$/(°)	K	n	R_f	K_b	m	K_{ur}	n_{ur}
垫层料	2270	0	58	12.0	1200	0.31	0.64	700	0.38	1700	0.31
过渡料	2270	0	58	12.0	1200	0.31	0.64	700	0.38	1700	0.31
主堆石Ⅰ	2210	0	54	9.4	1100	0.33	0.73	630	0.20	1500	0.33
主堆石Ⅱ	2270	0	54	10.7	900	0.50	0.70	500	0.64	1700	0.50
次堆石	2160	0	50	11.0	450	0.30	0.65	160	0.20	1200	0.30

3.5.1.3 计算工况及加载过程

结合大坝施工及蓄水运行设计方案，拟定如下两种计算工况：

(1) 竣工期：模拟堆石坝体从坝基面高程 1877.80m 填筑至坝顶高程 2010.00m 的施工填筑以及面板混凝土浇筑过程，坝上下游均按无水考虑。计算时，堆石坝体填筑分 15 个荷载步，面板混凝土浇筑按 1 个荷载步考虑，为第 16 步。

(2) 蓄水期：模拟大坝竣工后库水从 1877.80m 到正常蓄水位 2005.00m 的蓄水过程，坝下游按无水考虑。计算时，蓄水过程按 3 个荷载步考虑，第 1 步蓄水高程为 1925.00m，第 2 步蓄水高程为 1970.00m，第 3 步蓄水高程为正常蓄水位 2005.00m。

3.5.1.4 计算结果分析

按所编制的计算程序进行各工况的大坝应力变形计算，将计算结果导入 Oring 后处理软件中进行结果输出。计算结果正负号约定为：应力以压为正，以拉为负；纵、横断面垂直位移铅直向上为正，铅直向下为负；横断面水平位移向下游为正，向上游为负；纵断面水平位移向右岸为正，向左岸为负。

各工况大坝应力变形主要计算结果见表 3.6。

表 3.6　　不考虑流变时坝体应力变形主要计算结果表

计算工况	垂直位移最大值/m	顺河向水平位移最大值/m		坝轴向水平位移最大值/m		大主应力最大值/MPa	小主应力最大值/MPa
		向上游	向下游	向左岸	向右岸		
竣工期	−0.723	−0.186	0.216	−0.144	0.103	2.14	0.81
蓄水期	−0.728	−0.145	0.227	−0.143	0.102	2.25	0.84

1. 坝体变形结果分析

竣工期和蓄水期两种工况下坝体变形计算结果见图 3.11～图 3.18。

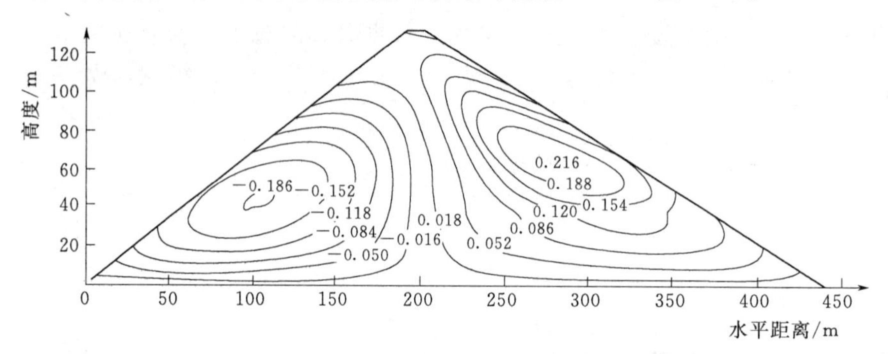

图 3.11　竣工期大坝标准横断面水平位移等值线图（单位：m）

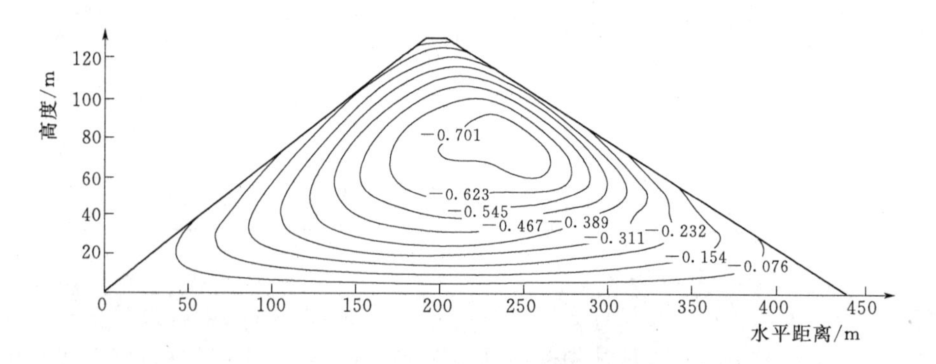

图 3.12　竣工期大坝标准横断面垂直位移等值线图（单位：m）

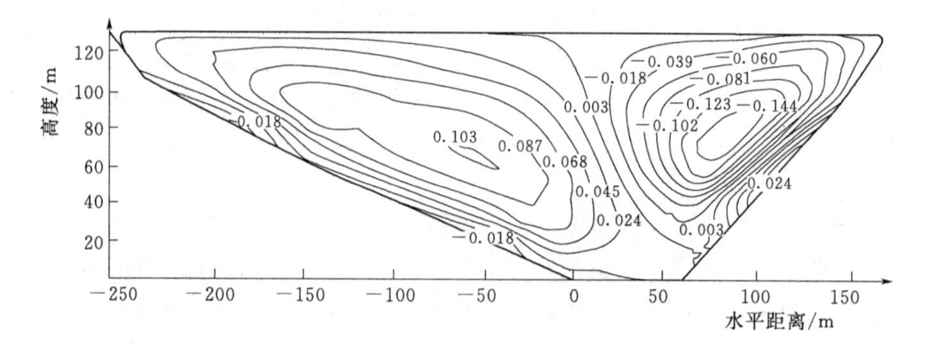

图 3.13　竣工期大坝沿坝轴线纵断面水平位移等值线图（单位：m）

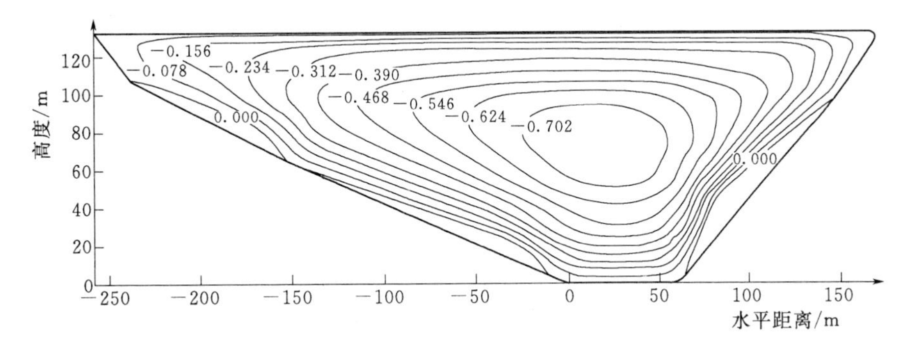

图 3.14 竣工期大坝沿坝轴线纵断面垂直位移等值线图（单位：m）

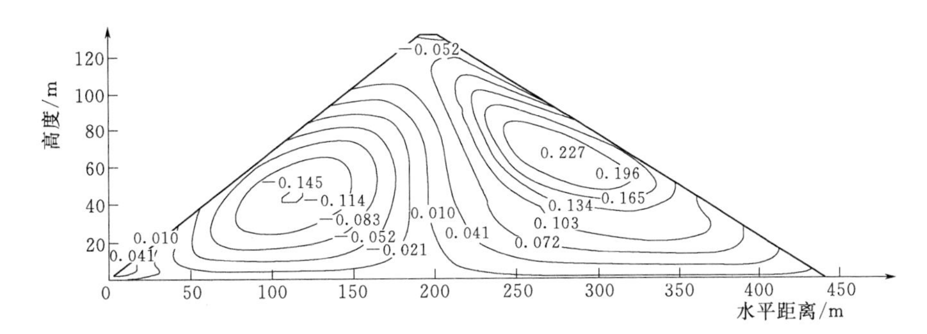

图 3.15 蓄水期大坝标准横断面水平位移等值线图（单位：m）

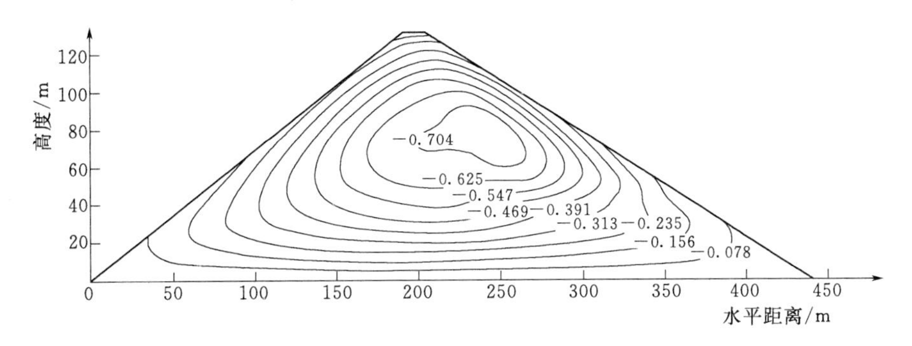

图 3.16 蓄水期大坝标准横断面垂直位移等值线图（单位：m）

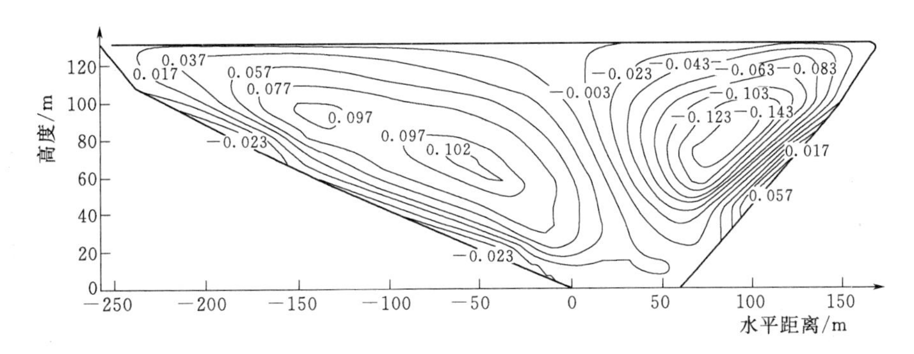

图 3.17 蓄水期大坝沿坝轴线纵断面水平位移等值线图（单位：m）

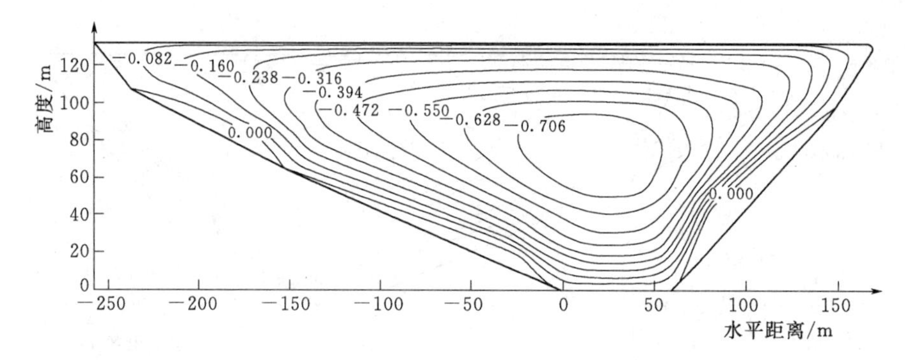

图 3.18　蓄水期大坝沿坝轴线纵断面垂直位移等值线图（单位：m）

从图 3.11～图 3.14 可以看出，在竣工期，大坝标准横断面上的水平位移向上游最大值为 0.186m，出现在上游坝坡内侧约 1/3 坝高处，向下游最大值为 0.216m，出现在下游坝坡内侧约 1/2 坝高处；大坝标准横断面垂直位移最大值为 0.723m，最大值发生在坝体偏下游侧 2/3 坝高处；沿坝轴线纵断面上左岸堆石体向河谷中心方向的水平位移最大值为 0.103m，出现在约 1/2 坝高处，右岸堆石体向河谷中心水平位移最大值为 0.144m，出现在约 1/3～1/2 坝高处；沿坝轴线纵断面垂直位移最大值为 0.723m，位于河谷中部即最大坝高处。

将图 3.15～图 3.18 与图 3.11～图 3.14 进行对应比较，可以看出，在蓄水期，坝体应力变形的分布规律及最大位移出现的位置等与竣工期基本相同，只是各项位移的最大值略有变化。蓄水期大坝标准横断面上水平位移向上游最大值为 0.145m，向下游最大值为 0.227m；大坝标准横断面垂直位移最大值为 0.728m；沿坝轴线纵断面上左岸堆石体向河谷中心方向的水平位移最大值为 0.102m，右岸堆石体向河谷中心水平位移最大值为 0.143m；沿坝轴线纵断面垂直位移最大值为 0.728m。不难看出，水库蓄水除对坝体横断面上水平位移影响相对较大外，对其他各项位移的影响均相对较小。

2. 坝体应力结果分析

竣工期和蓄水期两种工况下坝体应力计算结果见图 3.19～图 3.22。

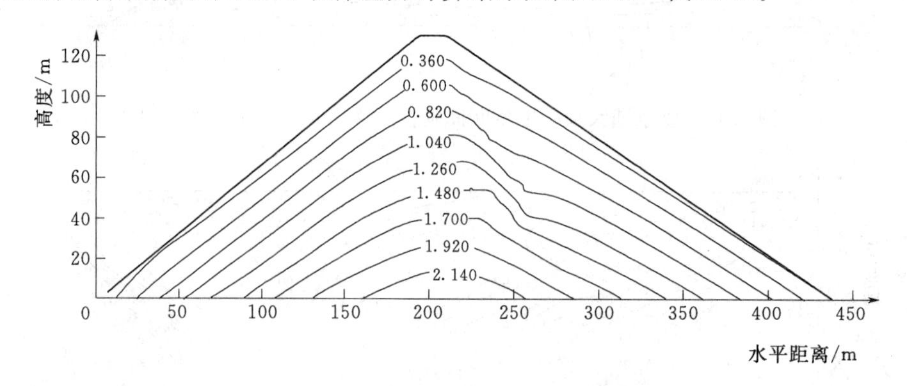

图 3.19　竣工期大坝标准横断面大主应力等值线图（单位：MPa）

从图 3.19～图 3.22 可以看出，坝体大主应力和小主应力的最大值在竣工期分别为 2.14MPa 和 0.81MPa，在蓄水期分别为 2.25MPa 和 0.84MPa；由于水荷载的作用，蓄

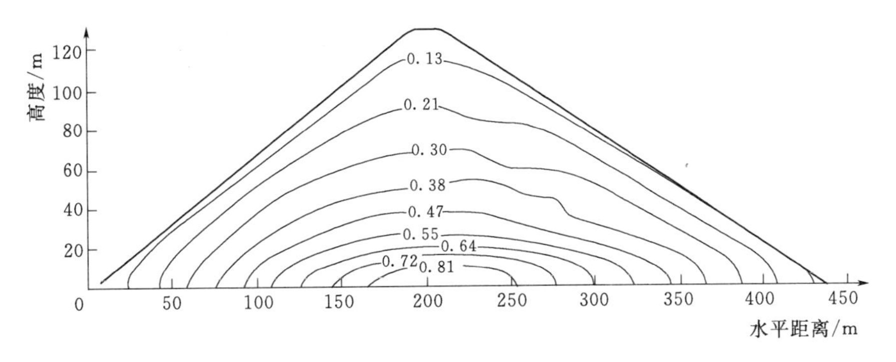

图 3.20 竣工期大坝标准横断面小主应力等值线图（单位：MPa）

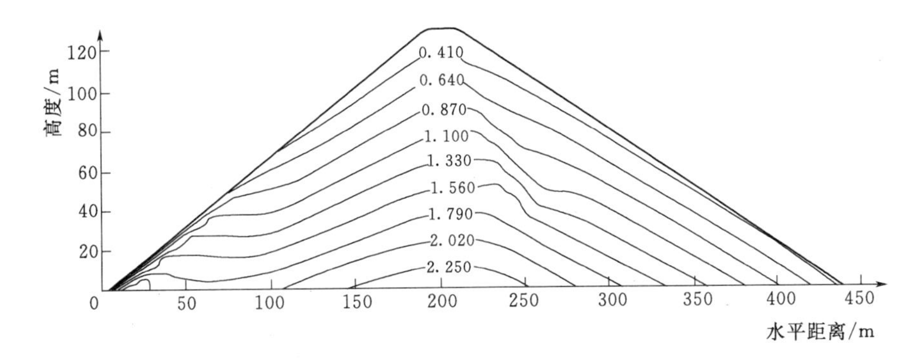

图 3.21 蓄水期大坝标准横断面大主应力等值线图（单位：MPa）

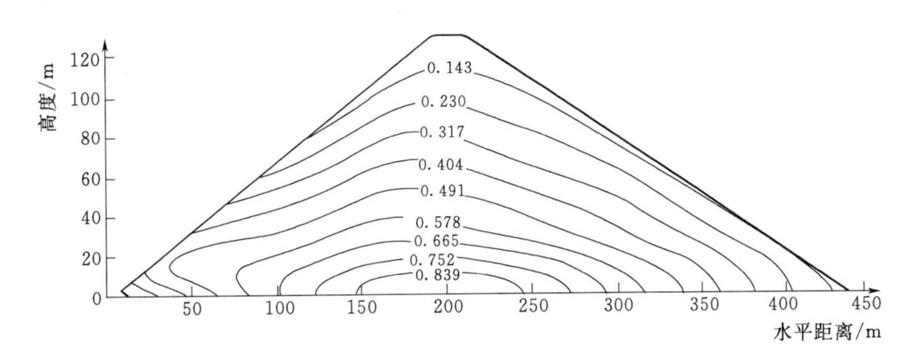

图 3.22 蓄水期大坝标准横断面小主应力等值线图（单位：MPa）

水期坝体上游坝坡附近大、小主应力值均明显增大，除此而外，蓄水期坝体其他部位的大、小主应力与竣工期呈现基本相同的分布规律。

3. 面板应力变形结果分析

蓄水期面板沿坝轴线方向水平位移、面板挠度、顺坡向应力及沿坝轴线方向应力结果见图 3.23～图 3.26。

从图 3.23 和图 3.24 可以看出，面板沿坝轴线方向水平位移呈现河谷两岸向河谷中心变形的趋势，左岸向河谷中心的最大水平位移为 0.025m，右岸向向河谷中心的最大水平位移为 0.027m，最大值出现在面板中上部偏两岸坡区域；面板向坝体内部发生挠曲变形，

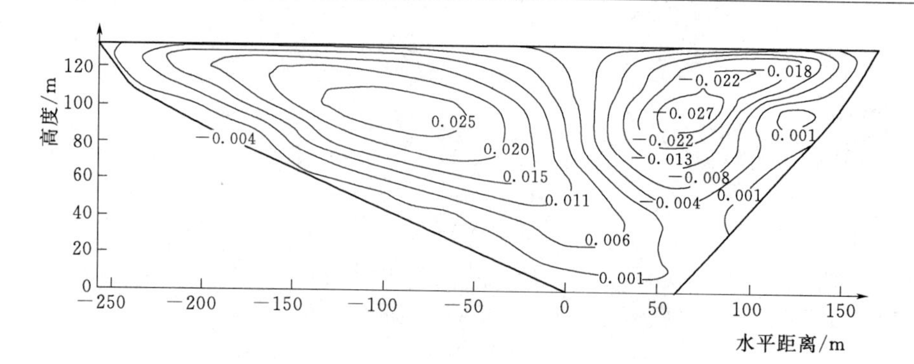

图 3.23　蓄水期面板沿坝轴线方向水平位移等值线图（单位：m）

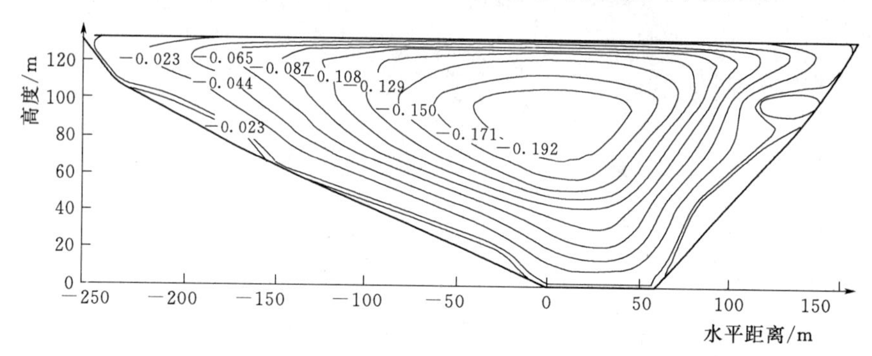

图 3.24　蓄水期面板挠度等值线图（单位：m）

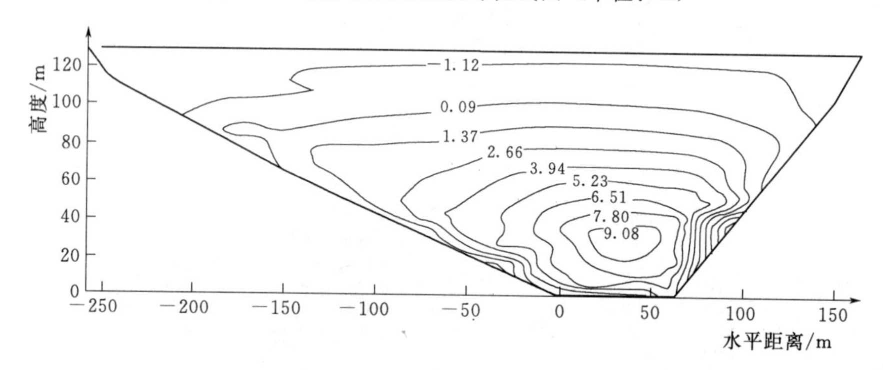

图 3.25　蓄水期面板顺坡向应力等值线图（单位：MPa）

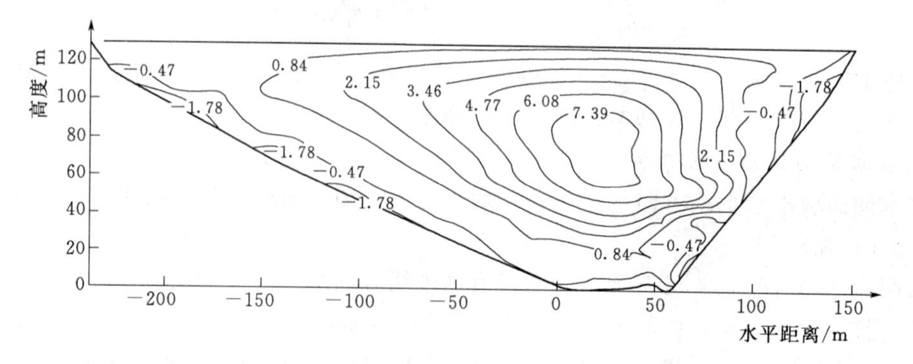

图 3.26　蓄水期面板沿坝轴线方向应力等值线（单位：MPa）

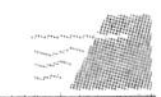

最大挠度值为0.203m，发生在约2/3坝高处。从图3.25和图3.26可以看出，面板顺坡向应力以压应力为主，最大压应力为9.08MPa，发生在面板中下部，左岸和顶部有小范围的拉应力区，最大拉应力为1.12MPa；面板沿坝轴线方向应力以压应力为主，最大压应力为7.39MPa，发生在面板中部，顶部和两岸岸坡处存在轴向拉应力，最大值为1.78MPa。

3.5.2 考虑流变的大坝应力变形三维有限元分析

3.5.2.1 有限元模型

采用与不考虑流变时相同的有限元模型。

3.5.2.2 计算参数

在考虑流变进行大坝应力变形计算时，面板混凝土仍按线弹性材料考虑，其计算参数见表3.4；垫层料、过渡料、主堆石料和次堆石料的本构模型仍采用邓肯-张 $E-B$ 模型，模型参数取值见表3.5。对坝体主要材料（主堆石3BⅠ、主堆石3BⅡ和次堆石3C）采用七参数流变模型考虑其流变效应，根据有关试验结果选取流变模型参数，见表3.7。

表3.7　坝体主要材料七参数流变模型参数表[1]

材料	a	b	c	d	m_1	m_2	m_3
主堆石3BⅠ	0.006	0.0006	0.0002	0.004	0.769	0.635	0.550
主堆石3BⅡ	0.007	0.0003	0.0001	0.0025	0.770	0.631	0.530
次堆石3C	0.005	0.0007	0.0004	0.0043	0.802	0.664	0.717

3.5.2.3 计算工况

为模拟分析堆石体流变对坝体变形的长期影响，结合大坝施工及蓄水运行设计方案，拟定如下3种计算工况：

（1）竣工期：模拟堆石坝体从坝基面高程1877.80m填筑至坝顶高程2010.00m的施工填筑以及面板混凝土浇筑过程，坝上下游均按无水考虑。计算时，堆石坝体填筑分15步，第16～21步为历时半年的坝体沉降期，第22步为面板混凝土浇筑，竣工期共22步。

（2）蓄水期：大坝竣工半年后水库开始蓄水，库水从1877.80m蓄至正常蓄水位2005.00m，坝下游按无水考虑。计算时，蓄水过程按3步考虑，第1步蓄水高程为1925.00m，第2步蓄水高程为1970.00m，第3步蓄水高程为正常蓄水位2005.00m。

（3）蓄水运行两年：假设水库维持正常蓄水位2005.00m并连续运行2年，坝下游按无水考虑。

3.5.2.4 计算结果分析

计算过程及计算结果的正负号约定与不考虑流变时相同（3.5.2节）。

各工况大坝应力变形主要计算结果见表3.8。

表 3.8　　考虑流变时坝体应力变形主要计算结果

计算工况	垂直位移最大值/m	顺河向水平位移最大值/m		坝轴向水平位移最大值/m		大主应力最大值/MPa	小主应力最大值/MPa
		向上游	向下游	向左岸	向右岸		
竣工期	−0.823	−0.246	0.258	−0.148	0.111	2.22	0.83
蓄水期	−0.886	−0.208	0.284	−0.151	0.112	2.45	0.85
蓄水运行 2 年	−0.910	−0.210	0.292	−0.152	0.113	2.57	0.88

1. 坝体变形结果分析

竣工期、蓄水期及蓄水运行 2 年 3 种工况下坝体变形计算结果见图 3.27～图 3.38。

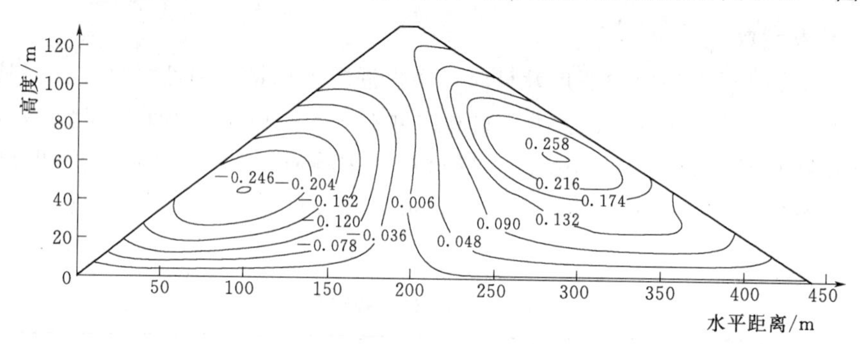

图 3.27　竣工期大坝标准横断面水平位移等值线图（单位：m）

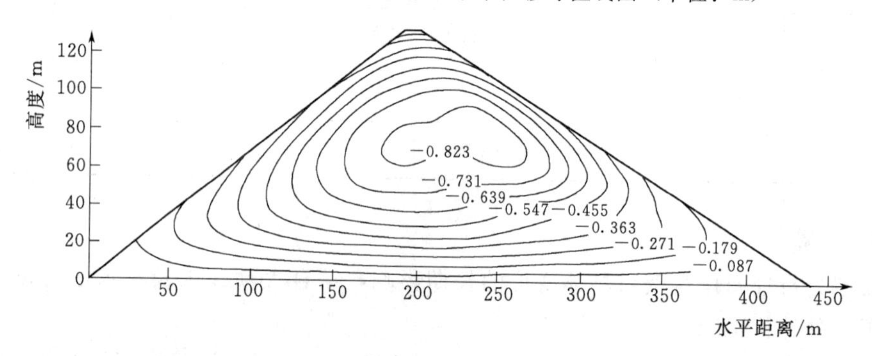

图 3.28　竣工期大坝标准横断面垂直位移等值线图（单位：m）

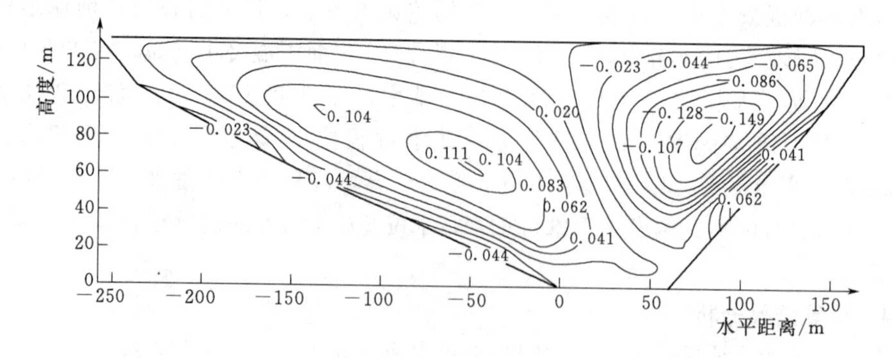

图 3.29　竣工期大坝沿坝轴线纵断面水平位移等值线图（单位：m）

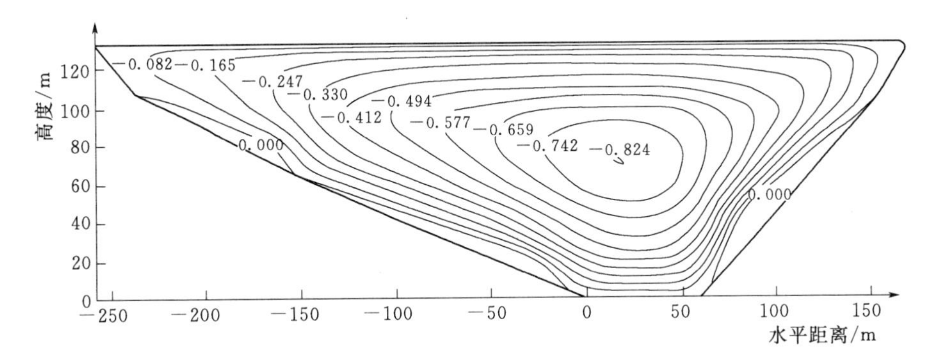

图 3.30　竣工期大坝沿坝轴线纵断面垂直位移等值线图（单位：m）

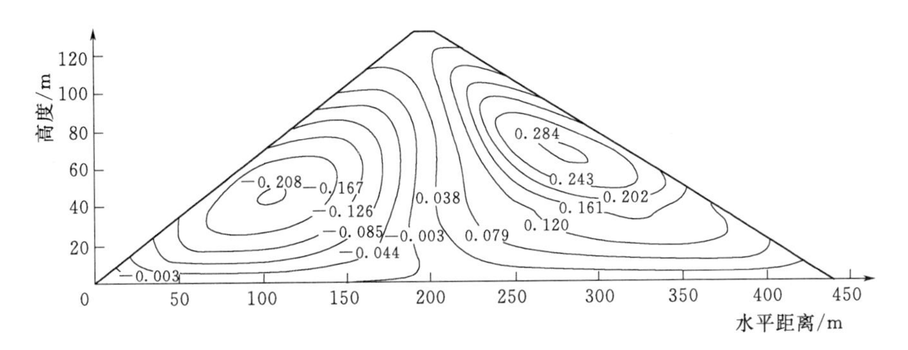

图 3.31　蓄水期大坝标准横断面水平位移等值线图（单位：m）

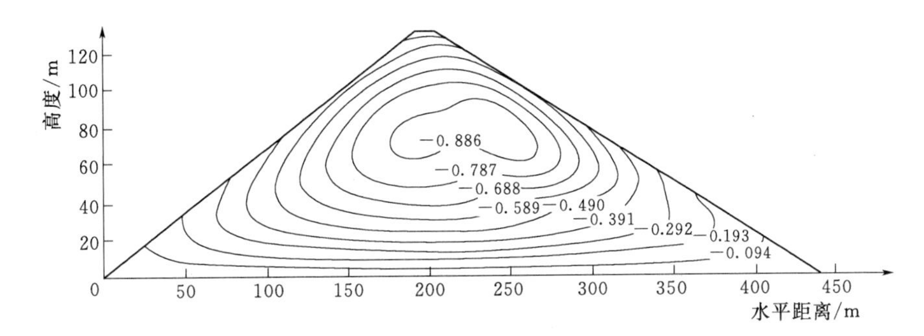

图 3.32　蓄水期大坝标准横断面垂直位移等值线图（单位：m）

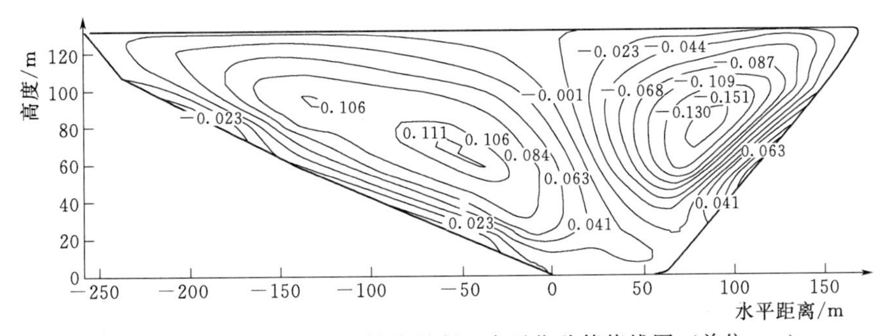

图 3.33　蓄水期大坝沿坝轴线纵断面水平位移等值线图（单位：m）

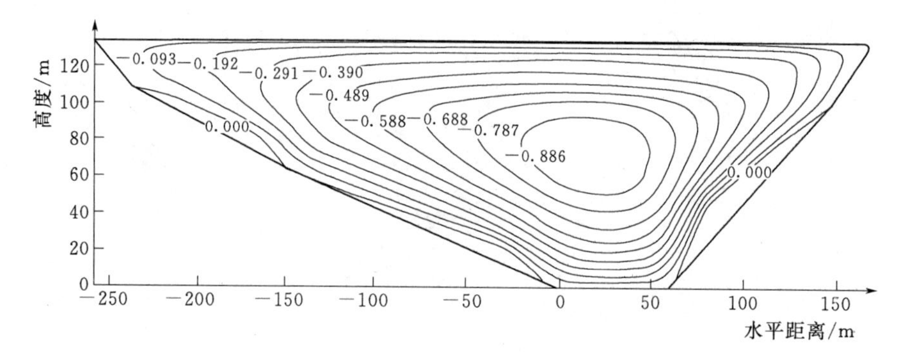

图 3.34　蓄水期大坝沿坝轴线纵断面垂直位移等值线图（单位：m）

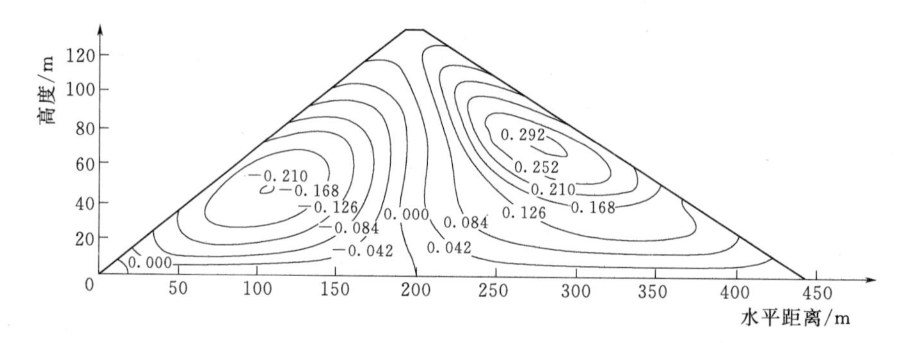

图 3.35　蓄水运行 2 年大坝标准横断面水平位移等值线图（单位：m）

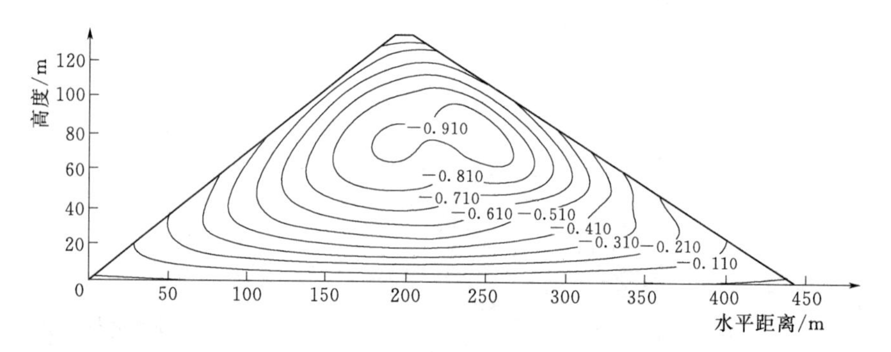

图 3.36　蓄水运行 2 年大坝标准横断面垂直位移等值线图（单位：m）

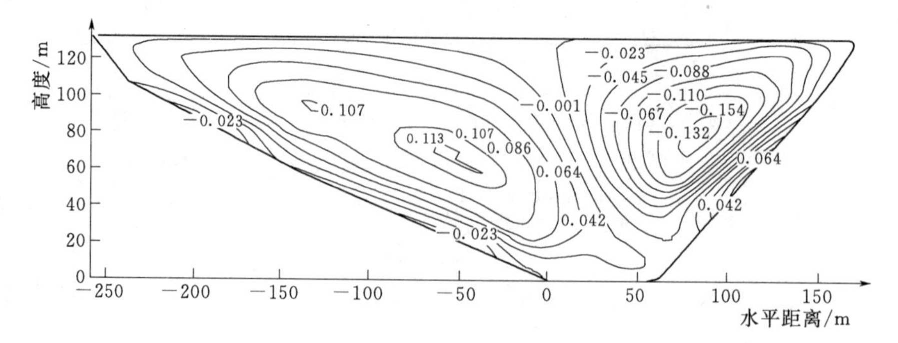

图 3.37　蓄水运行 2 年大坝沿坝轴线纵断面水平位移等值线图（单位：m）

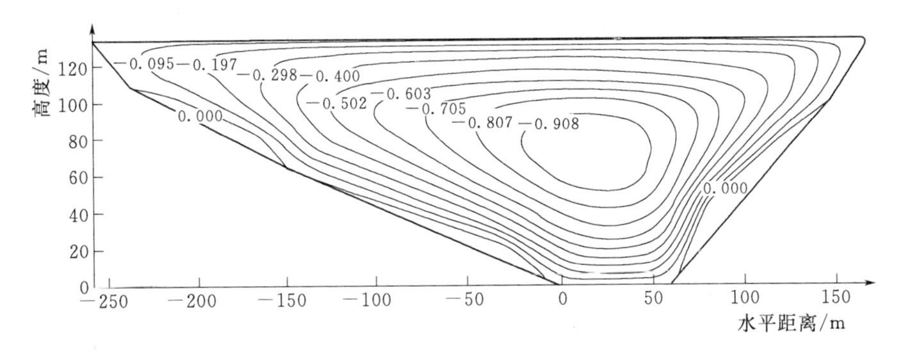

图 3.38 蓄水运行 2 年大坝沿坝轴线纵断面垂直位移等值线图（单位：m）

从图 3.27、图 3.31 和图 3.35 可以看出，竣工期坝体横断面上水平位移向上游最大值为 0.246m，向下游最大值为 0.258m；蓄水期横断面上水平位移向上游最大值为 0.208m，向下游最大值为 0.284m；运行 2 年横断面上水平位移向上游最大值为 0.210m，向下游最大值为 0.292m；各工况位移结果分布规律相似，均呈现沿坝中线上、下游对称分布，上游坝坡向上游侧变形，下游坝坡向下游侧变形，最大位移点位置均在上、下游坝坡内侧 1/3 坝高处。

从图 3.29、图 3.33 和图 3.37 可以看出，竣工期坝体纵断面上左岸堆石体向河谷中心水平位移最大值为 0.111m，右岸堆石体向河谷中心水平位移最大值为 0.148m；蓄水期纵断面上左岸堆石体向河谷中心水平位移最大值为 0.111m，右岸堆石体向河谷中心水平位移最大值为 0.151m；运行 2 年纵断面上左岸堆石体向河谷中心水平位移最大值为 0.113m，右岸堆石体向河谷中心水平位移最大值为 0.154m；各工况位移结果分布规律基本相同，由于左岸较右岸缓，左岸堆石体向右岸移动范围较大，但右岸堆石体向左岸变形量较大，最大水平位移点均在 1/3～1/2 坝高范围内。

从图 3.28、图 3.30、图 3.32、图 3.34、图 3.36 和图 3.38 可以看出，坝体竣工期坝体垂直位移最大值为 0.823m；蓄水期垂直位移最大值为 0.883m；运行 2 年垂直位移最大值为 0.910m；各工况垂直位移分布规律基本相似，最大垂直位移发生在坝体偏下游侧 2/3 坝高处。

对比竣工期、蓄水期和蓄水运行两年坝体变形计算结果可以发现：水库蓄水对坝体横断面垂直位移及坝体纵断面水平位移的影响均很小，但对坝体横断面水平位移的影响较大；从运行 2 年计算结果可以看出，虽然此阶段坝体所受外部荷载不再增加，但由于堆石料的流变效应，坝体垂直位移和水平位移相对于蓄水初期都有都有所增加。

2. 坝体应力结果分析

竣工期、蓄水期和蓄水运行 2 年三种工况下计算得坝体应力计算结果见图 3.39～图 3.44。从图 3.39～图 3.44 可以看出，坝体大主应力和小主应力的最大值在竣工期分别为 2.22MPa 和 0.83MPa；在蓄水期分别为 2.45MPa 和 0.85MPa；蓄水运行两年时分别为 2.57MPa 和 0.88MPa；各工况坝体大小主应力分布规律基本相似。对比竣工期、蓄水期和运行 2 年应力计算结果可以发，水库蓄水对坝体应力状态有影响，大、小主应力值均有小幅增加；蓄水运行两年后由于堆石流变的作用，坝体大、小主应力较蓄水初期都有所增加。

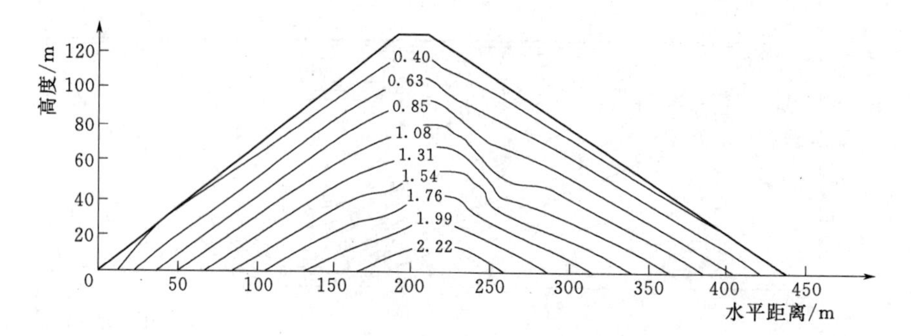

图3.39　竣工期大坝标准横断面大主应力等值线图（单位：MPa）

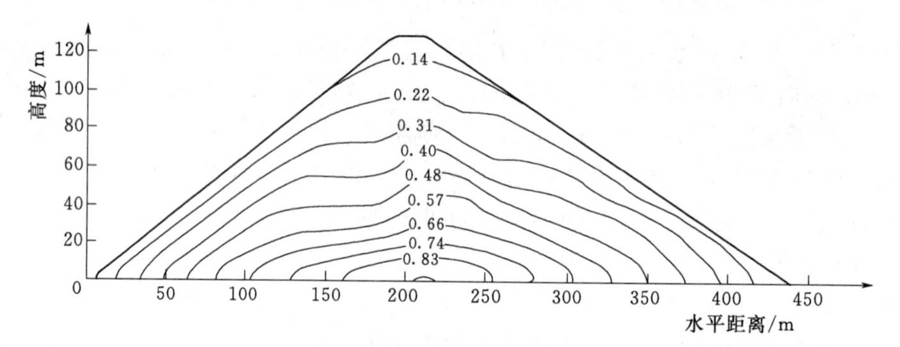

图3.40　竣工期大坝标准横断面小主应力等值线图（单位：MPa）

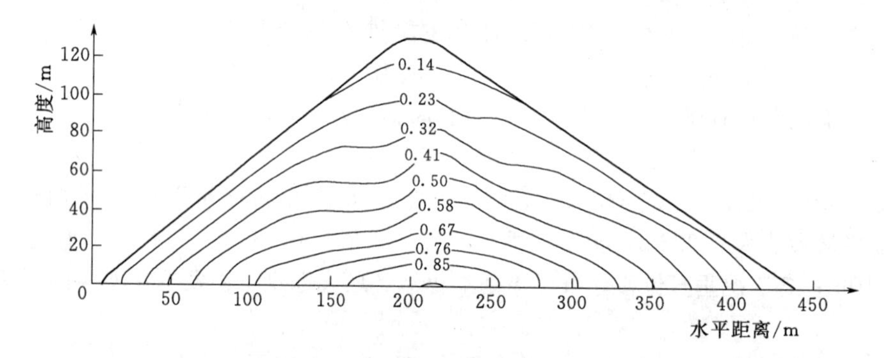

图3.41　蓄水期大坝标准横断面大主应力等值线图（单位：MPa）

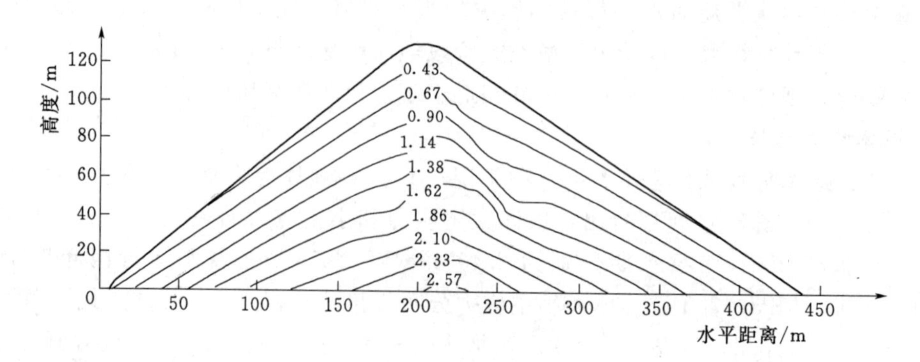

图3.42　蓄水期大坝标准横断面小主应力等值线图（单位：MPa）

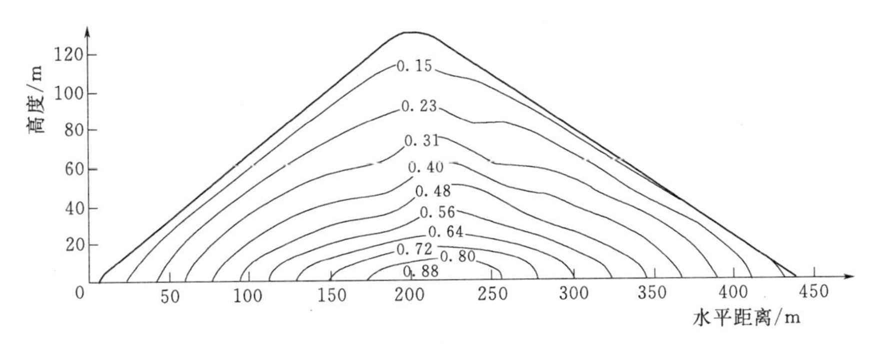

图 3.43 蓄水运行 2 年大坝标准横断面大主应力等值线图（单位：MPa）

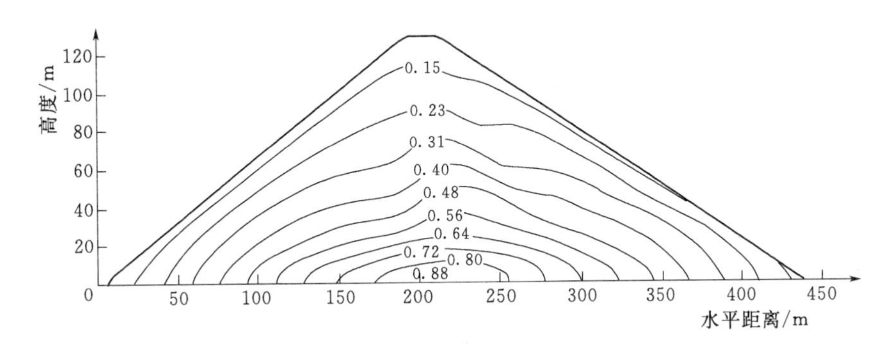

图 3.44 蓄水运行 2 年大坝标准横断面小主应力等值线图（单位：MPa）

3. 面板应力变形结果分析

蓄水期和蓄水运行 2 年面板沿坝轴线方向水平位移、面板挠度、顺坡向应力及沿坝轴线方向应力结果见图 3.45～图 3.52。

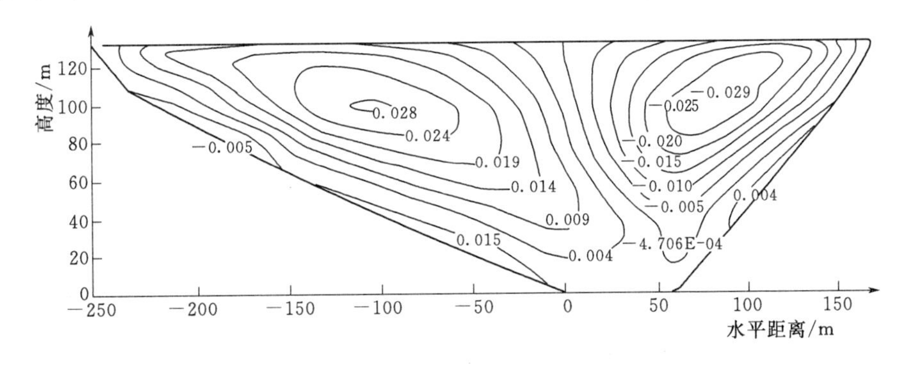

图 3.45 蓄水期面板沿坝轴线方向水平位移等值线（单位：m）

由图 3.45、图 3.49 可以看出，面板在蓄水期左、右岸轴向水平位移最大值分别为 0.028m 和 0.029m，运行期最大值分别为 0.029m 和 0.030m；由于河谷不对称，左岸部分面板水平变形范围较右岸变形范围大，变形最大值在面板顶部 1/3 坝高处。由图 3.46、图 3.50 可以看出，蓄水期面板沉陷变形最大挠度值为 0.211m，运行期最大挠度为 0.220m；最大值位置在面板上部 2/3 坝高处，面板挠度值向四周岸坡和底部逐渐减小。由图 3.47～图 3.50 可以看出，面板顺坡向应力以压应力为主，蓄水期最大压应力值为

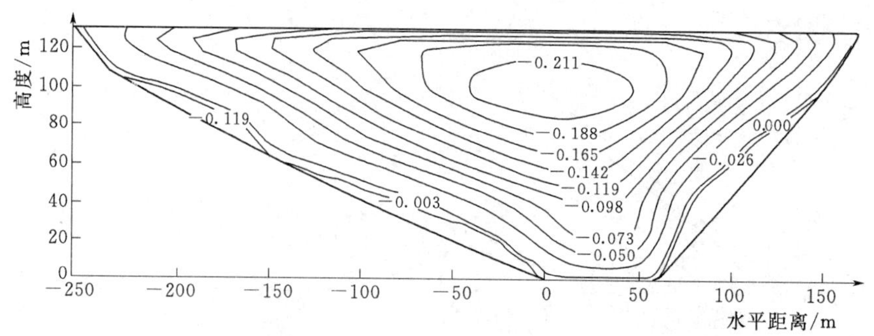

图 3.46　蓄水期面板挠度等值线（单位：m）

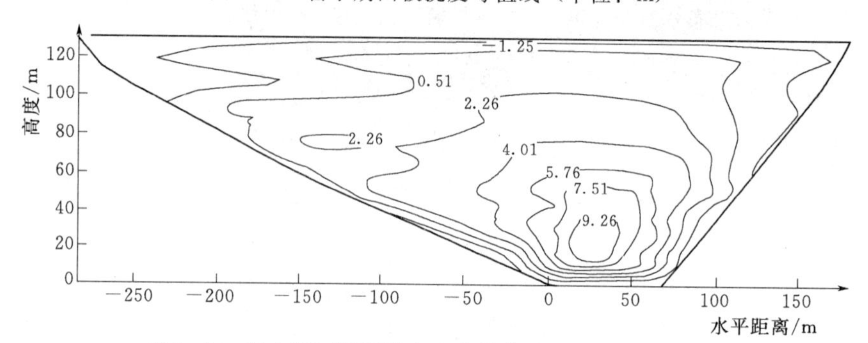

图 3.47　蓄水期面板顺坡向应力等值线图（单位：MPa）

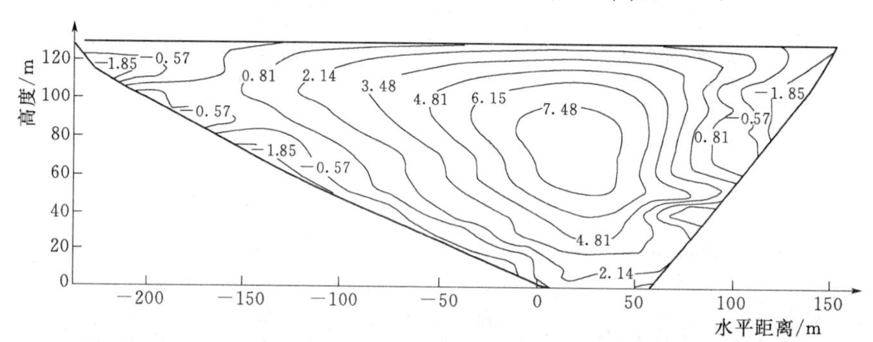

图 3.48　蓄水期面板沿坝轴线方向应力等值线（单位：MPa）

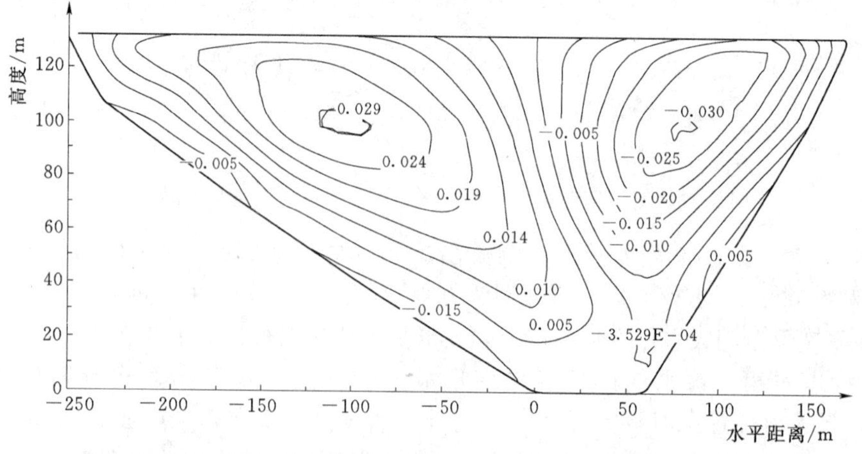

图 3.49　蓄水运行 2 年面板沿坝轴线方向水平位移等值线（单位：m）

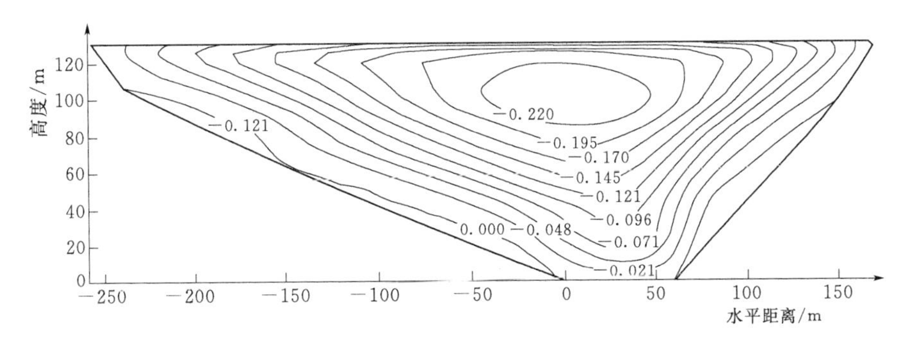

图 3.50 蓄水运行 2 年面板挠度等值线（单位：m）

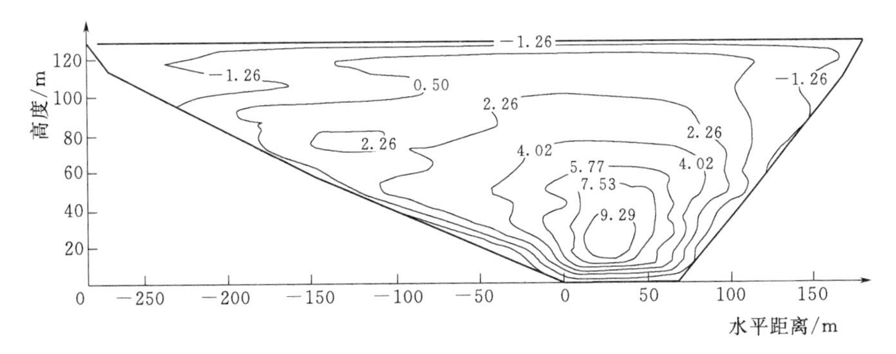

图 3.51 蓄水运行 2 年面板顺坡向应力等值线图（单位：MPa）

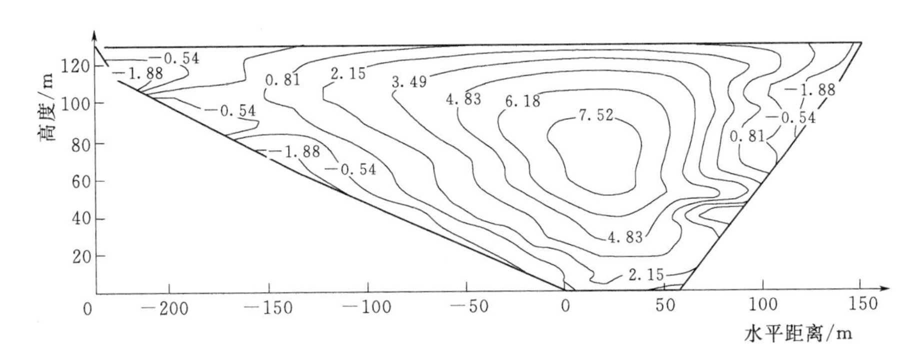

图 3.52 蓄水运行 2 年面板沿坝轴线方向应力等值线（单位：MPa）

9.26MPa，发生在面板中下部，左岸和顶部有小范围拉应力区，最大拉应力为 1.25MPa；轴向应力以压应力为主，最大压应力为 7.48MPa，也发生在面板中下部，在面板顶部和两岸岸坡处存在轴向拉应力，最大值为 1.85MPa；运行两年后顺坡向最大压应力为 9.29MPa，最大拉应力为 1.26MPa；轴向应力最大压应力为 7.52MPa，在面板顶部和两岸岸坡处最大拉应力为 1.88MPa，分布规律与蓄水期相同。

4. 坝体长期变形结果分析

根据坝体变形的实际观测结果，在蓄水后坝体变形仍在继续发展，上述考虑流变的有限元计算结果也反映了这一变形特征。

在坝体标准横断面上的 1909.00m、1943.40m 和 1977.00m 3 个高程面上选取 9 个计算点，其分布如图 3.53 所示。

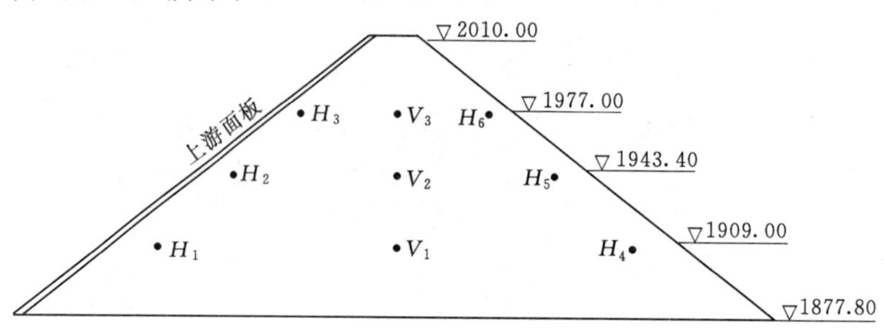

图 3.53　坝体计算点分布图（单位：m）

根据上述计算结果，可分别获得坝轴线附近计算点 V_1、V_2、V_3 的垂直位移历时曲线、上游坝坡附近计算点 H_1、H_2、H_3 和下游坝坡附近计算点 H_4、H_5、H_6 的水平位移历时曲线，见图 3.54～图 3.56。

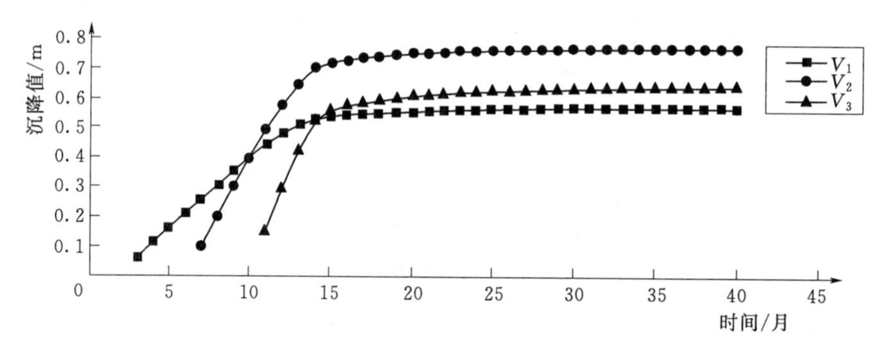

图 3.54　坝轴线附近计算点垂直位移历时曲线图

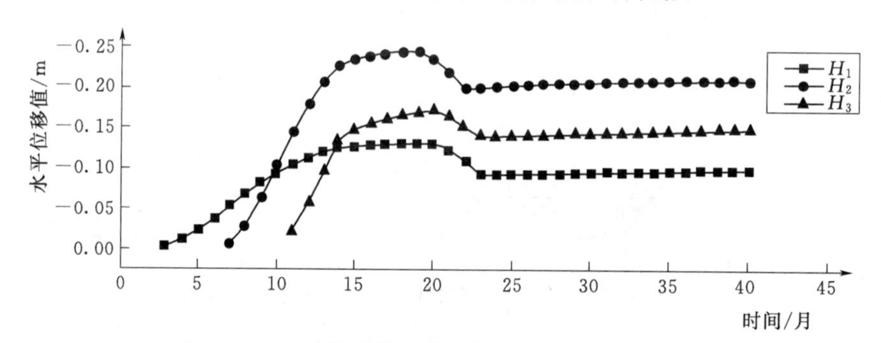

图 3.55　上游坝坡附近计算点水平位移历时曲线图

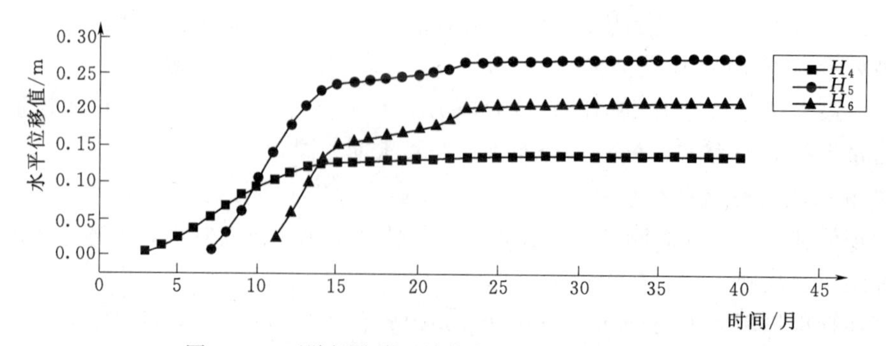

图 3.56　下游坝坡附近计算点水平位移历时曲线图

从图 3.54 可以看出，坝体沉降（垂直位移）主要在竣工期完成，蓄水后坝体沉降并未结束，而是随着时间的增长仍在继续增加，但沉降速率逐渐减小，竣工两年后变形基本趋于稳定。从图 3.55 和图 3.56 可以看出，施工期各计算点水平位移逐渐增加，当水库蓄水时，在水库水压力作用下，上游坝坡各计算点向上游位移有较大幅度的减小，而下游坝坡向下游位移则有所增加，蓄水后期其变形持续增长，但变形速率逐渐减小，最终趋于稳定。

坝轴线附近计算点 V_2 的等效结点荷载随时间的历时变化见图 3.57。从中可以看出，在施工期等效结点荷载随填筑荷载的增加而增加，在竣工后等效结点荷载主要是由流变引起的荷载，其随时间的增长而逐渐减小，呈指数型衰减，在蓄水运行两年后基本趋于稳定。因此，在宏观上坝体变形呈现出随时间增长而增长，并最终趋于稳定的变化趋势。

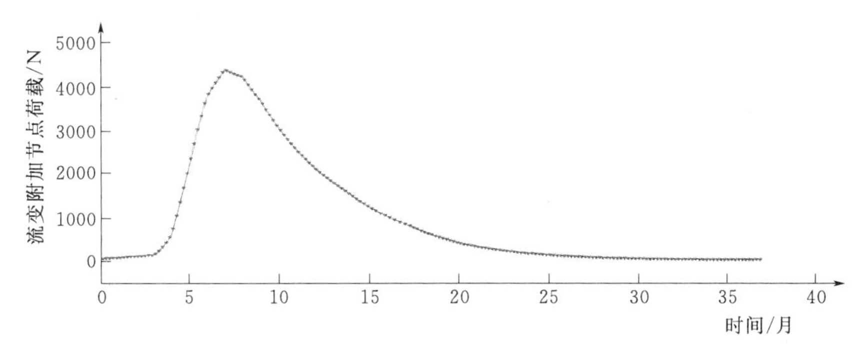

图 3.57 坝轴线附近计算点 V_2 等效结点荷载历时曲线

3.5.3 流变对大坝应力变形的影响规律

考虑流变与不考虑流变两种情况下的大坝应力变形主要计算结果比较见表 3.9。根据表 3.9，将蓄水期与竣工期坝体及面板的相应应力变形结果求差值，由此确定出蓄水期由于流变所引起的各项应力变形增量，然后与不考虑流变的计算结果相除，确定出流变对于坝体及面板应力变形结果影响的百分比，其结果见图 3.58。从表 3.9、图 3.58 及其他计算结果可以看出：

表 3.9　　两种情况的大坝应力变形主要计算结果比较表

计算工况		竣工期		蓄水期		蓄水运行 2 年	
		不考虑流变	考虑流变	不考虑流变	考虑流变	不考虑流变	考虑流变
坝体位移最大值/m	垂直位移	−0.723	−0.823	−0.728	−0.886	—	−0.910
	向上游水平位移	−0.186	−0.246	−0.145	−0.208	—	−0.210
	向下游水平位移	0.216	0.258	0.227	0.284	—	0.292
	向左岸水平位移	−0.144	−0.148	−0.143	−0.151	—	−0.154
	向右岸水平位移	0.103	0.111	0.102	0.111	—	0.113
坝体应力最大值/MPa	大主应力 σ_1	2.14	2.22	2.25	2.45	—	2.57
	小主应力 σ_3	0.81	0.83	0.84	0.85	—	0.88

续表

计算工况		竣工期		蓄水期		蓄水运行2年	
		不考虑流变	考虑流变	不考虑流变	考虑流变	不考虑流变	考虑流变
面板位移最大值/m	挠度	—	—	0.203	0.211	—	0.220
	向左岸水平位移	—	—	−0.027	−0.029	—	−0.030
	向右岸水平位移	—	—	0.025	0.028	—	0.029
面板应力最大值/MPa	沿坝轴向压应力	—	—	7.39	7.48	—	7.52
	沿坝轴向拉应力	—	—	−1.78	−1.85	—	−1.88
	顺坡方向压应力	—	—	9.08	9.26	—	9.29
	顺坡方向拉应力	—	—	−1.12	−1.25	—	−1.26

注　1. 顺河向水平位移以向下游为正，坝轴向水平位移以向右岸为正，垂直位移以向上为正，面板挠度以向面板内侧法向为正，应力以受压为正。
2. 表中"—"表示此项未计算。

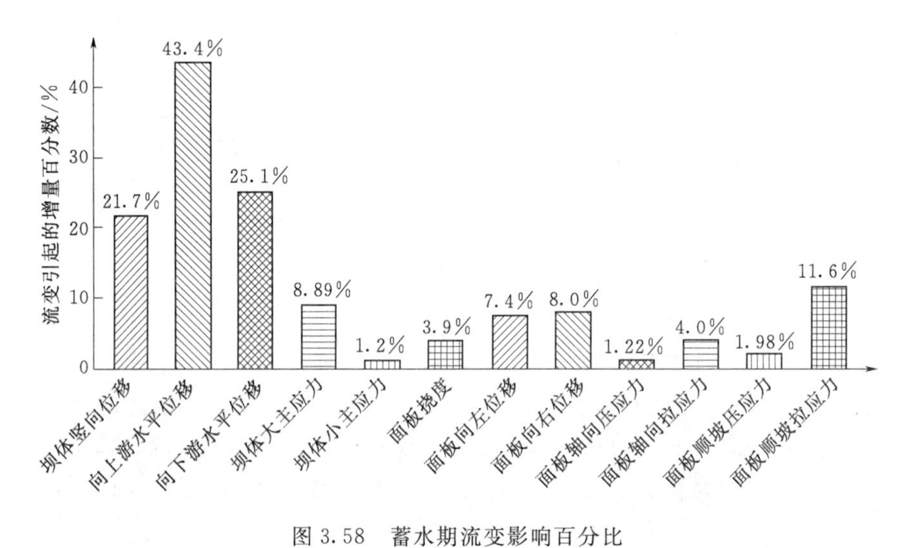

图3.58　蓄水期流变影响百分比

（1）不考虑流变效应时，坝体在竣工期和蓄水期的最大垂直位移分别为0.723m和0.728m；考虑流变效应后竣工期和蓄水期的最大垂直位移分别为0.823m和0.886m，最大垂直位移分别增加了0.100m和0.158m，增幅分别为13.8%和21.7%；运行2年后，计入流变效应的坝体最大垂直位移为0.910m。考虑流变与不考虑流变两种情况的坝体垂直位移的分布规律基本相似，说明流变效应对坝体垂直位移分布规律无明显影响，但对坝体最大垂直位移影响显著。

（2）不考虑流变效应时，坝体在竣工期和蓄水期向上游最大水平位移分别为0.186m和0.145m，向下游最大水平位移分别为0.216m和0.227m；考虑流变时，竣工期和蓄水期向上游最大水平位移分别为0.246m和0.208m，向下游最大水平位移分别为0.258m和0.284m；考虑流变效应后，在竣工期和蓄水期坝体向上游最大水平位移分别增加了0.060m和0.063m，增幅分别为32.2%和43.4%；坝体向下游最大水平位移分别增加了0.042m和

0.057m，增幅分别为19.4%和25.1%。各计算结果水平位移分布规律基本相似，说明流变效应对坝体水平向变形分布规律无明显改变，但对坝体最大水平位移有较大影响。

(3) 不考虑流变效应时，坝体竣工期和蓄水期大主应力分别为2.14MPa和2.25MPa，小主应力分别为0.81MPa和0.84MPa；考虑流变效应时，竣工期和蓄水期大主应力分别为2.22MPa和2.45MPa，小主应力为0.83MPa和0.85MPa；考虑流变效应后，竣工期和蓄水期坝体大主应力分别增加了0.08MPa和0.20MPa，增幅分别为3.74%和8.89%；小主应力分别增加了0.02MPa和0.01MPa，增幅分别为2.5%和1.2%。结果表明，流变效应对坝体各工况下大主应力有较大影响，计入流变所得大主应力较未计入流变增加明显，但对小主应力影响较小。

(4) 不考虑流变效应时，面板向左岸最大轴向位移为0.027m，向右岸最大轴向位移为0.025m，考虑流变后向左岸最大轴向位移为0.029m，向右岸最大轴向位移为0.028m，向左岸最大轴向位移增加0.002m，向右岸最大轴向位移位移增加0.003m，增幅分别为7.4%和8.0%；蓄水期面板最大挠度为0.203m，考虑流变后面板最大挠度为0.211m，最大挠度增加了0.008m，增幅为3.9%；不考虑流变时，蓄水期面板顺坡向和轴向最大压应力分别为9.08MPa和7.39MPa，考虑流变后顺坡向和轴向最大压应力分别为9.26MPa和7.48MPa，顺坡向和轴向最大压应力分别增加了0.18MPa和0.09MPa，增幅分别为1.98%和1.22%；不考虑流变时，蓄水期面板顺坡向和轴向最大拉应力分别为1.12MPa和1.78MPa，考虑流变后顺坡向和轴向最大拉应力分别为1.25MPa和1.85MPa，顺坡向和轴向最大拉应力分别增加了0.13MPa和0.07MPa，增幅分别为11.6%和4.0%。结果表明，流变效应对面板挠度影响较大，但对面板轴向位移、顺坡向应力及轴向应力影响相对较小。

(5) 考虑流变的坝体和面板应力变形计算结果总体上较为合理，可以反映坝体实际的应力变形特性。由于堆石体的流变效应，导致面板出现较大的沉降变形区，在周边缝处出现了较大的拉应力，这可能会造成周边缝止水破坏，对此应引起足够重视。

(6) 计算结果表明，坝体沉降随时间呈衰减趋势，因此，在坝体竣工后预留足够的坝体沉降变形期，然后再进行面板的施工，对于改善面板的应力变形性态是必要的。

3.5.4 流变模型参数的敏感性分析

3.5.4.1 计算模型及计算工况

以公伯峡面板堆石坝为例，采用前述的正交试验法，进行七参数流变模型的各参数对坝体应力变形的敏感性分析。计算模型仍采用前述有限元模型。由于主堆石区是面板的主要支撑结构，而主堆石3BⅡ区范围最大，因此为简化分析，在分析中假定坝体其他区材料参数保持不变，只对主堆石3BⅡ区的流变模型参数进行敏感性分析。在进行参数敏感性分析时，以初次蓄水期作为计算工况。

3.5.4.2 试验设计

考虑到坝体竖向沉降位移对面板影响较大，而面板挠度和顺坡向应力是面板开裂的主要原因，因此选取坝体最大沉降位移V、面板挠度δ和面板顺坡向应力σ作为参数敏感性分析的主要试验指标。敏感性分析对象即为堆石流变模型中所涉及的7个计算参数，即

α、b、c、d、m_1、m_2、m_3。按照前述的因素选取原则，对每个参数选取3个因素水平，每个因素水平分别取参考值及参考值增减20%以后的数值；参考值按流变试验结果选取，见表3.7。主堆石3BⅡ区材料参数的因素水平选取结果见表3.10。

表3.10　　主堆石3BⅡ区材料参数的因素水平取值表

水平号	α	b	c	d	m_1	m_2	m_3
一	0.0056	0.00024	0.00008	0.0020	0.616	0.505	0.424
二	0.0070	0.00030	0.00010	0.0025	0.770	0.631	0.530
三	0.0084	0.00036	0.00012	0.0030	0.924	0.757	0.636

假定模型中各参数之间无交互作用，根据试验条件，选择$L_{18}(2\times3^7)$正交表安排试验（第一列设为空列），将试验因素随机分配到正交表中最后七列（2～8列），将正交表中每个元素按其对应的因素和水平替换成相应的设计参数值，即得到流变模型参数敏感性分析的正交试验表，表中每一行对应因素水平组合即为1个试验方案。

按图3.8所示的$L_{18}(2\times3^7)$正交试验表和表3.10所选取的各因素水平设计试验方案，并计算每种方案下试验指标V、δ和σ，设计的正交试验方案见表3.11。将试验指标V、δ和σ分别列在正交试验表的最后3列，计算各方案下的各试验指标值，计算结果也列在表3.11中。

表3.11　　正交试验设计方案及计算结果表

方案	1	2 (α)	3 (b)	4 (c)	5 (d)	6 (m_1)	7 (m_2)	8 (m_3)	V/m	δ/m	σ/MPa
1	1	0.0056	0.00024	0.00008	0.0020	0.616	0.505	0.424	−0.900	0.3551	9.931
2	1	0.0056	0.00030	0.00010	0.0025	0.770	0.631	0.530	−0.927	0.3780	9.769
3	1	0.0056	0.00036	0.00012	0.0030	0.924	0.757	0.636	−0.966	0.4105	9.536
4	1	0.0070	0.00024	0.00008	0.0025	0.770	0.757	0.636	−0.920	0.3714	9.754
5	1	0.0070	0.00030	0.00010	0.0030	0.924	0.505	0.424	−0.931	0.3810	9.751
6	1	0.0070	0.00036	0.00012	0.0020	0.616	0.631	0.530	−0.924	0.3750	9.734
7	1	0.0084	0.00024	0.00010	0.0020	0.924	0.631	0.636	−0.925	0.3750	9.710
8	1	0.0084	0.00030	0.00012	0.0025	0.616	0.757	0.424	−0.927	0.3780	9.734
9	1	0.0084	0.00036	0.00008	0.0030	0.770	0.505	0.530	−0.922	0.3722	9.744
10	2	0.0056	0.00024	0.00012	0.0030	0.770	0.631	0.424	−0.924	0.3768	9.858
11	2	0.0056	0.00030	0.00008	0.0020	0.924	0.757	0.530	−0.938	0.3863	9.626
12	2	0.0056	0.00036	0.00010	0.0025	0.616	0.505	0.636	−0.918	0.3708	9.808
13	2	0.0070	0.00024	0.00010	0.0030	0.616	0.757	0.530	−0.919	0.3708	9.830
14	2	0.0070	0.00030	0.00012	0.0020	0.770	0.505	0.636	−0.920	0.3719	9.709
15	2	0.0070	0.00036	0.00008	0.0025	0.924	0.631	0.424	−0.941	0.3879	9.602
16	2	0.0084	0.00024	0.00012	0.0025	0.924	0.505	0.530	−0.920	0.3706	9.743
17	2	0.0084	0.00030	0.00008	0.0030	0.616	0.631	0.636	−0.910	0.3623	9.877
18	2	0.0084	0.00036	0.00010	0.0020	0.770	0.757	0.424	−0.936	0.3849	9.607

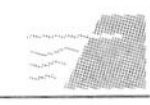

3.5.4.3 试验结果分析

对表 3.11 设计的 18 组试验方案，分别计算蓄水期考虑流变情况下各方案的坝体最大沉降位移 V、面板挠度 δ 和面板顺坡向应力 σ，采用前述的方差分析法对 3 个试验指标进行敏感性分析。

将各因素影响显著性划分为 3 个等级，取显著性水平判断指标为 $\alpha=0.025$ 和 $\alpha=0.05$，在 F 分布表中查得 $F_{0.025}$ 和 $F_{0.050}$ 值。各因素对试验指标 V、δ 及 σ 的敏感性分析结果分别见表 3.12～表 3.14。

表 3.12　各因素对指标 V 的敏感性分析结果

因素	误差	a	b	c	d	m_1	m_2	m_3
T_{1j}	−8.342	−5.573	−5.508	−5.531	−5.543	−5.498	−5.511	−5.559
T_{2j}	−8.326	−5.555	−5.553	−5.556	−5.553	−5.549	−5.551	−5.550
T_{3j}		−5.540	−5.607	−5.581	−5.572	−5.621	−5.606	−5.559
变差平方和 S_j	0.0000232	0.0000910	0.0008190	0.0002080	0.0000723	0.0012730	0.0007580	0.0000090
自由度 f_j	3	2	2	2	2	2	2	2
统计量 F_j		5.878	52.902	13.457	4.672	82.227	48.983	0.581
影响的显著性		不显著	显著	不显著	不显著	显著	显著	不显著

表 3.13　各因素对指标 δ 的敏感性分析结果

因素	误差	a	b	c	d	m_1	m_2	m_3
T_{1j}	3.3962	2.2775	2.2197	2.2352	2.2482	2.212	2.2216	2.2637
T_{2j}	3.3823	2.258	2.2575	2.2605	2.2567	2.2552	2.255	2.2529
T_{3j}		2.243	2.3013	2.2828	2.2736	2.3113	2.3019	2.2619
变差平方和 S_j	0. 0000219	0. 0000998	0.0005560	0.0001890	0. 0000557	0.0008260	0.0005420	0. 0000112
自由度 f_j	3	2	2	2	2	2	2	2
统计量 F_j		6.834	38.085	12.953	3.818	56.614	37.161	0.765
影响的显著性		不显著	显著	不显著	不显著	显著	显著	不显著

表 3.14　各因素对指标 σ 的敏感性分析结果

因素	误差	a	b	c	d	m_1	m_2	m_3
T_{1j}	87.663	58.528	58.826	58.534	58.317	58.914	58.686	58.483
T_{2j}	87.66	58.38	58.466	58.475	58.41	58.441	58.55	58.446
T_{3j}		58.415	58.031	58.314	58.596	57.968	58.087	58.394
变差平方和 S_j	0. 0000517	0.0019940	0.0528250	0.0043220	0.0067270	0.0745760	0.0328700	0.0006660
自由度 f_j	1	2	2	2	2	2	2	2
统计量 F_j		19.276	510.581	41.778	65.020	720.819	317.709	6.440
影响的显著性		不显著	显著	不显著	不显著	显著	显著	不显著

从表 3.12 可以看出，$F_{0.025}(2,3)=16.0$，$F_{0.050}(2,3)=9.55$。据此判断 m_1、b、m_2

3 个因素对指标 V 的影响显著，其他因素影响不显著。

从表 3.13 可以看出，$F_{0.025}(2,3)=16.0$，$F_{0.050}(2,3)=9.55$。据此判断 m_1、b、m_2 3 个因素对指标 δ 的影响显著，其他因素影响不显著。

从表 3.14 可以看出，$F_{0.025}(2,1)=800$，$F_{0.050}(2,1)=200$。据此判断 m_1、b、m_2 3 个因素对指标 σ 的影响显著，其他因素影响不显著。

将指标 V、δ、σ 敏感性影响因素方差分析结果进行整理，绘制其敏感性大小柱状图，如图 3.59 所示（为便于对比分析，作图时将指标 σ 的 F 值缩小了 10 倍）。从图 3.59 可以看出，对指标 V、δ、σ 来讲，因素 m_1 的影响最大，其次是 b 和 m_2，这 3 个参数的敏感性作用显著；而 α、c、d 和 m_3 对各指标的影响不显著，参数敏感性低。

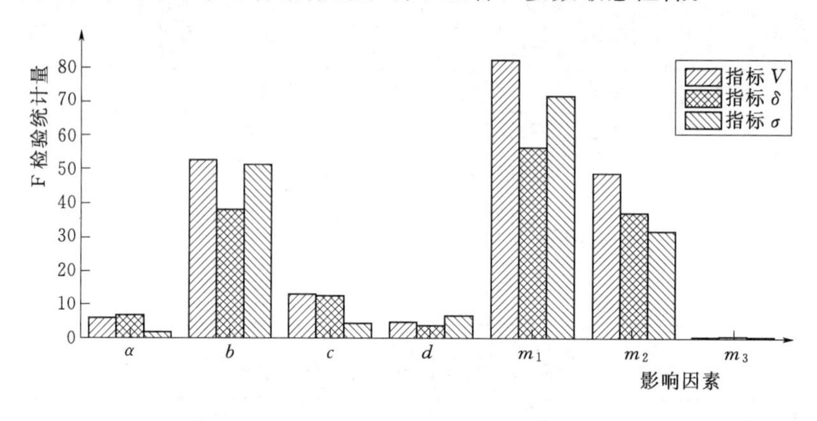

图 3.59　各参数对各指标的敏感性分析结果

因此，在基于七参数流变模型对面板堆石坝进行流变分析时，应将该模型中的 m_1、b 和 m_2 作为参数确定的重点，宜通过试验或反演分析尽可能准确地确定这 3 个参数，以便提高流变分析的合理性和计算精度；对该模型中其他 4 个参数的确定，则可适当简化，如采用工程类比法予以确定等。

参　考　文　献

［1］　李国英，米占宽，傅华，等．混凝土面板堆石坝堆石料流变特性试验研究［J］．岩土力学，2004，25（11）．

［2］　余亚鹏，王永明，卢继旺，等．200m 级面板堆石坝流变分析［J］．水电能源科学，2010，28（4）．

［3］　米占宽．高面板坝坝体流变性状研究［D］．南京：南京水利科学研究院硕士学位论文，2001.

［4］　岑威钧．堆石料亚塑性本构模型及面板堆石坝数值分析［D］．南京：河海大学博士学位论文，2005.

［5］　丁战峰．高面板堆石坝流变特性及其模型参数敏感性研究［D］．西安：西安理工大学硕士学位论文，2012.

［6］　赵维炳，施建勇．软土的固结与流变［M］．南京：河海大学出版社，1996.

［7］　周冶刚．堆石料流变模型及其在面板堆石坝中的应用研究［D］．南京：河海大学硕士学位论文，2007.

［8］　梁军．堆石坝体流变特性浅析［J］．四川水利，1998，19（2）．

[9] 王海俊，殷宗泽．堆石料长期变形的室内试验研究［J］．水利学报，2007，38（8）．

[10] 梁军，刘汉龙，高玉峰．堆石蠕变机理分析与颗粒破碎特性研究［J］．岩土力学，2003，24（3）．

[11] 梁军．高面板堆石坝流变特性研究［D］．南京：河海大学博士学位论文，2003.

[12] 司洪洋．我国混凝土面板堆石坝的检测［J］．岩土工程学报，1993，15（6）．

[13] 朱纯祥，梁林林，唐国峰．莲花混凝土面板堆石坝检测成果分析［J］．水力发电，2000（4）．

[14] 熊国文，王东生，周干武．大坳面板堆石坝原型观测系统设置及施工期观测资料分析［J］．江西水利科技，2001，2（27）．

[15] 方维凤．混凝土面板堆石坝流变研究［D］．南京：河海大学博士学位论文，2003.

[16] 沈珠江，左元明．堆石料的流变特性试验研究［A］，第 6 届土力学基础工程学术会议论文集［C］．上海：同济大学出版社，1991.

[17] 殷宗泽．一个土体的双屈服面应力-应变模型［J］．岩土工程学报，1988，10（4）．

[18] 钱家欢，殷宗泽．土工数值分析［M］．北京：中国铁道出版社，1991.

[19] 王海俊．土石坝堆石料的长期变形特性研究［D］．南京：河海大学博士学位论文，2008.

[20] 任亮．考虑流变特性的面板砂砾石坝静动力有限元分析［D］．西安：西安理工大学硕士学位论文，2013.

[21] 黄景忠．堆石蠕变对面板堆石坝变形性态影响的研究［D］．南京：河海大学博士学位论文，2005.

[22] 王勖成．有限单元法［M］．北京：清华大学出版社，2003.

[23] 郦能惠．高混凝土面板堆石坝新技术［M］．北京：中国水利水电出版社，2007.

[24] 沈凤生，陈慧远，潘家铮．混凝土面板堆石坝的蓄水变形分析［J］．岩土工程学报，1990，12（1）．

[25] 钱家欢，殷宗泽．土工设计原理［M］．北京：中国水利水电出版社，1996.

[26] 何辉．面板堆石坝应力变形特性分析与程序设计［D］．天津：天津大学硕士学位论文，2005.

[27] 殷宗泽，等．土工原理［M］．北京：中国水利水电出版社，2007.

[28] 王柏乐．中国当代土石坝工程［M］．北京：中国水利水电出版社，2004.

[29] 王昭升，王仁钟，盛金保．乌鲁瓦提大坝变形及应力应变观测资料分析［J］．中国混凝土面板堆石坝 20 年［C］．北京：中国水利水电出版社，2005.

[30] 沈珠江．面板堆石坝应力应变分析的若干问题［A］．中国水力发电工程学会，中国混凝土面板堆石坝十年学术研讨会论文集［C］．北京：中国水力发电工程学会，1995.

[31] 张际先，宓霞．神经网络及其在工程中的应用［D］．北京：机械工业出版社，1996.

[32] 陈睿．人工神经网络模型在工程反分析中的应用［D］．南京：河海大学，1999.

[33] 莫莉．高混凝土面板堆石坝蠕变参数识别及结构性态研究［D］．南京：河海大学硕士学位论文，2000.

[34] 董如何，肖必华，方永水．正交试验设计的原理分析方法及应用［J］．安徽建筑工业学院学报，2004，12（6）．

[35] 王益萍，周荣超．基于正交试验的边坡稳定性参数敏感性分析［J］．盐城工业学院学报，2007，20（4）．

[36] 付宏渊，吕东滨，刘建华．震区岩质边坡地震稳定性影响因素敏感性分析［J］．交通科学与工程，2010，26（3）．

[37] 国家电力公司西北勘测设计研究院．黄河公伯峡水电站工程混凝土面板堆石坝设计说明［R］．西安：国家电力公司西北勘测设计研究院，2001.

第4章 深覆盖层地基高面板堆石坝的应力变形特性

国内外不少工程经验证明，深覆盖层上修建高面板堆石坝是面板堆石坝的优势之一。随着水利水电工程建设的进一步发展，将会有越来越多的高面板堆石坝建基于深覆盖层。由于深覆盖层地基的工程特性明显不同于基岩地基，因此其对大坝的应力变形特性必然产生截然不同的影响。本章拟针对建基于深覆盖层地基上的高面板堆石坝，在进行深覆盖层工程特性分析的基础上，通过综合分析，提出进行深覆盖层地基高面板堆石坝静、动力应力变形分析的计算模型和有限元方法，然后通过工程实例分析，研究探讨深覆盖层地基高面板堆石坝的静、动力应力变形特性。

4.1 深覆盖层的工程特性

4.1.1 深覆盖层的材料特性

河床深厚覆盖层一般是由于强烈地内外动力地质作用（新构造运动、河流演变、岸坡崩塌、山崩、滑坡、泥石流和冰川作用）而形成的，河床深厚覆盖层具有成因复杂（冲积、洪积、崩坡积层，冰碛-冰缘堆积及河湖积等）、层次多、结构松散、透水性强、物理力学性质在水平和垂直两个方向变化较大等特点[1]。

一般而言，河谷深厚覆盖层的主体为漂卵砾石、砂卵砾石及碎石土等粗粒土。粗粒土的力学特性主要取决于其密实度、颗粒级配及颗粒成分等。适合修建水电工程的河段，大多位于高山峡谷区，从物源区搬运沉积下来的卵石、漂石、砾石大多经历了较长流程的冲刷、磨蚀，软质岩石成分的粗大颗粒绝大部分都难以堆积下来，除特殊情况外，一般漂卵砾石层都是由硬质岩石成分所组成。由于构成粗大颗粒的硬质岩石本身的变形及强度参数很高，因此影响漂卵砾石层强度及变形性能的主要因素是其密实度和颗粒级配。颗粒级配反映了粗粒、中粒及细粒的相对含量。对于粒径接近的粗粒土而言，其力学性能主要取决于其密实度，密实较高的粗粒土承载力较高，变形模量也较大；反之则承载力较低，变形模量也较小。粗粒土的密实度一般可用孔隙率或相对密度等指标来表征。

研究表明[2-3]，河床深厚覆盖层中漂卵砾石层的变形特性还与砂或砾石的含量有关，当含砂量超过20%时，变形模量较小；反之，则变形模量较大。

国内外许多工程砂卵砾石地基土的资料统计结果表明[4-5]：砂卵石、砾石土干密度在2.0～2.2g/cm^{3}间，孔隙比为0.330～0.209，其抗剪强度内摩擦角试验值为33°～46°，建议值大多接近试验值，且大部分工程的取值都在35°左右。

4.1.2 深覆盖层对坝体应力变形的影响

对于面临河床深覆盖层坝基条件的高面板堆石坝工程，若全部挖除深覆盖层并将趾板建在基岩上，往往可能导致工期和投资均明显增加，使工程的经济合理性明显变差，在此情况下，将趾板建基在深覆盖层上就可能成为较为合理可行的选择。世界上第一座将趾板建基在深覆盖层地基上的混凝土面板堆石坝是1939年建成的阿尔及利亚的布·汉尼菲亚（Bon Hanifia）坝，最大坝高54.00m，覆盖层最大厚度72.0m，为微胶结的细砂层。我国第一座将趾板建基在深覆盖层上的混凝土面板堆石坝是1982年在新疆建成的柯柯亚坝，最大坝高41.50m，覆盖层最大厚度37.5m，覆盖层材料主体为砂砾石。2009年在甘肃省境内黄河支流洮河中游峡谷河段建成的九甸峡混凝土面板堆石坝，是国内目前将趾板建基在深覆盖层上的最高混凝土面板堆石坝，最大坝高136.50m，覆盖层最大厚度56.0m，覆盖层材料主体为砂砾石。对于将趾板建基在深覆盖层上的混凝土面板堆石坝工程，为有效解决坝体及坝基的防渗问题，大坝防渗体系大多采用“基岩内帷幕灌浆-覆盖层内混凝土防渗墙-连接板-趾板-面板及其接缝止水系统”这种型式。

对于建基于基岩上的混凝土面板堆石坝，由于与坝体相比基岩的沉降变形微乎其微，因此坝体的变形主要是坝体在其自重和水荷载作用下的变形，坝体最大沉降变形区域一般位于坝体中部。研究表明[6-8]，对于建基于深覆盖层上的混凝土面板堆石坝，由于深覆盖层土体压缩性较强，因此坝体的最大沉降变形将明显偏向坝体底部，且坝基覆盖层在上部坝体荷重作用下主要呈现出压缩变形的趋势，并且以坝轴线附近为界，覆盖层分别产生向上游侧和下游侧的水平位移；覆盖层特性对防渗墙的应力变形也具有明显的影响，坝基覆盖层在坝体自重和水压力作用下产生的沉降变形远大于防渗墙的竖向变形，覆盖层土体的沉降变形对防渗墙两侧面所形成的摩擦力是影响防渗墙应力变形性状的主要荷载。覆盖层的刚度越大防渗墙的变形越小。由于覆盖层底部受到相对不变形的基岩约束，在大坝施工期，伴随着地基覆盖层以坝轴线附近为界所产生的向上游侧和下游侧的水平位移，位于趾板附近的防渗墙下游侧所承受的土压力将明显增加，这种情况在竣工期尤为明显；在水库蓄水期，防渗墙上游侧受到上游渗透水压力的作用，将产生向下游方向的位移，同时水压力将导致覆盖层的压缩变形和覆盖层土体对防渗墙侧面的摩擦力增大，进而使得防渗墙的大主应力和垂直应力都将明显增大。

4.2 应力变形静力有限元分析方法

4.2.1 静力计算模型

经过与第2章类似的分析，本章选择采用邓肯-张 $E-B$ 模型来模拟坝体堆石料及覆盖层土体的应力应变本构关系，采用线弹性模型来模拟混凝土面板、趾板及防渗墙的应力应变本构关系，采用无厚度Goodman单元来模拟混凝土结构与土体之间（面板与垫层料之间和坝基混凝土防渗墙与覆盖层土体之间）的非线性接触行为，采用薄层单元模型来模拟混凝土结构接缝（周边缝、面板垂直缝、面板与防浪墙之间接缝、趾板伸缩缝等）的应力变形特性。上述各计算模型的基本原理参见第 2 章。

4.2.2　静力有限元分析方法

当坝体堆石料及覆盖层土体的本构模型采用邓肯-张 $E-B$ 模型时，大坝的应力变形问题就成为材料非线性问题，应力变形有限元计算的结构整体平衡方程组就成为以单元结点位移为未知量的非线性方程组。同时，在进行大坝应力变形有限元计算时，必须根据实际的施工过程和水库蓄水过程按照分级加载的方法来分别模拟坝体自重及水压力荷载。经过与第 2 章类似的分析，本章仍拟采用中点增量法来进行材料非线性问题的求解。中点增量法的基本原理及坝体施工过程和水库蓄水过程的模拟方法参见第 2 章。

4.3　应力变形动力有限元分析方法

4.3.1　坝体堆石料及覆盖层土体的动力本构模型

覆盖层土体及坝体堆石料均属散粒体土。由于土体颗粒之间的连接较弱，因此土体颗粒骨架具有不稳定性。按照弹塑性理论的观点，土体在动力荷载作用下的变形通常包括弹性变形和塑性变形两部分。研究表明[9-10]，在地震作用下，土体动应变较大，地震荷载不仅会引起土体结构的改变，而且还会导致土体产生残余变形和强度的丧失；影响土体动应力应变关系的主要因素包括剪应变幅值、平均有效应力、孔隙比和周期加载次数等，另外还包括饱和度、固结比、周期加载频率、土体性质及土体结构等次要因素。

长期以来，不少学者进行了大量关于地震作用下土体动应力应变关系问题的研究，并提出了不少有价值的土体动力本构模型。按照假定条件的不同，土体动力本构模型大致分为线性动力本构模型和非线性动力本构模型两类，其中非线性动力本构模型又可分为双线性模型、Ramberg - Osgood 模型、Davidenkov 模型及 Hardin - Drnevich 模型等。Hardin - Drnevich 模型属于等价线性模型，能较合理地确定土体在地震作用下的剪应力和剪应变反应，在土体动力分析中应用很广[10]。经综合分析，本章拟选用 Hardin - Drnevich 模型来模拟覆盖层土体及坝体堆石料在地震作用下的动应力应变关系。

Hardin - Drnevich 模型的基本原理如下[9-10]：

Hardin - Drnevich 模型假定主干线（动剪应变与动剪应力的关系曲线）为双曲线，即

$$\tau=\frac{\gamma}{a+b\gamma} \tag{4.1}$$

动剪应变 γ 与动剪应力 τ 的关系曲线如图 4.1 所示。

当动剪应变 $\gamma\to\infty$ 时，双曲线以静力极限剪应力 τ_{max} 为渐近线，如图 4.1（a）所示；当 $\gamma=0$ 时，双曲线的切线斜率为最大剪切模量 G_{max}。进行坐标变换，绘成 $\gamma-\gamma/\tau$ 的关系线，如图 4.1（b）所示。此线为一直线，在纵轴上的截距 $a=1/G_{max}$，斜率 $b=1/\tau_{max}$，则有

$$\frac{\gamma}{\tau}=\frac{1}{G_{max}}+\frac{\gamma}{\tau_{max}} \tag{4.2}$$

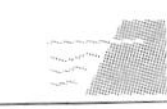

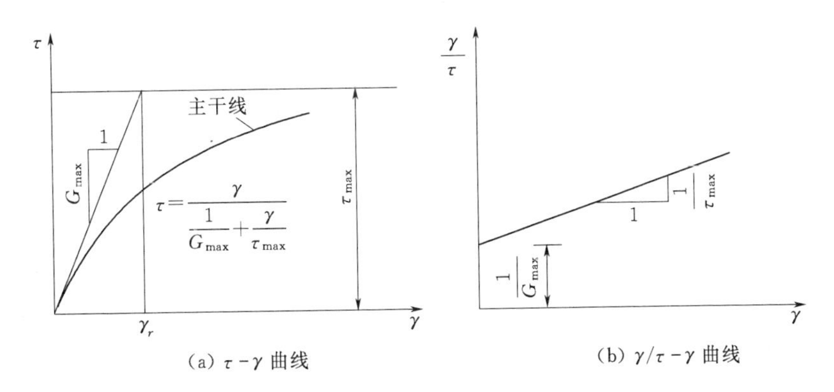

图 4.1　Hardin-Drnevich 模型[10]

等效线性动剪切模量 G_d 为

$$G_d=\frac{\tau}{\gamma}=\frac{1}{1/G_{max}+\gamma/\tau_{max}}=\frac{G_{max}}{1+\gamma/\gamma_r} \tag{4.3}$$

式中：γ_r 为参考剪应变，$\gamma_r=\tau_{max}/G_{max}$。

等效动阻尼比 λ 为

$$\lambda=\lambda_{max}\frac{\gamma/\gamma_r}{1+\gamma/\gamma_r} \tag{4.4}$$

式中：G_{max}、τ_{max}、λ_{max}均为土料参数，可通过试验或经验公式等方法确定。

其中，最大剪切模量 G_{max}可结合试验参数基于式（4.5）来确定[9,23,27]：

$$G_{max}=K_m P_a\left(\frac{\sigma_0'}{P_a}\right)^{m_1} \tag{4.5}$$

式中：σ_0' 为平均有效主应力；P_a 为大气压力；K_m 为最大剪切模量系数；m_1 为最大剪切模量指数。K_m 和 m_1 均可由试验测定。

4.3.2　动力有限元分析方法

4.3.2.1　结构体系的动力平衡方程[11-12]

结构离散化后，可根据各结点上作用力与结点荷载之间的平衡条件，依据达朗贝尔原理，建立如下的单元动力平衡方程：

$$[\boldsymbol{M}]^e\{\ddot{u}\}^e+[\boldsymbol{C}]^e\{\dot{u}\}^e+[\boldsymbol{K}]^e\{u\}^e=\{F(t)\}^e \tag{4.6}$$

式中：$[\boldsymbol{M}]^e$ 为单元质量矩阵；$[\boldsymbol{C}]^e$ 为单元阻尼矩阵；$[\boldsymbol{K}]^e$ 为单元刚度矩阵；$\{\ddot{u}\}^e$、$\{\dot{u}\}^e$、$\{u\}^e$ 分别为单元节点加速度列阵、单元节点速度列阵和单元节点位移列阵；$\{F(t)\}^e$为随时间变化的单元节点荷载列阵。

若仅考虑由基岩输入地震动，则可将单元的运动方程进行组合与叠加，最终得到整个结构体系在地震荷载作用下的整体动力平衡方程：

$$[\boldsymbol{M}]\{\ddot{u}\}+[\boldsymbol{C}]\{\dot{u}\}+[\boldsymbol{K}]\{u\}=-[\boldsymbol{M}]\{\ddot{u}_g\} \tag{4.7}$$

式中：$[\boldsymbol{M}]$ 为整体质量矩阵；$[\boldsymbol{C}]$ 为整体阻尼矩阵；$[\boldsymbol{K}]$ 为整体刚度矩阵；$\{\dot{u}\}$、$\{\ddot{u}\}$、$\{\dot{u}\}$ 分别为整个体系的节点加速度列阵、节点速度列阵和节点位移列阵；$\{\ddot{u}_g\}$ 为输入基岩的加速度列阵。

式（4.6）中各个系数矩阵及节点位移列阵可分别按下列方法确定：

（1）质量矩阵。考虑到集中质量矩阵无法真实反映体系的质量分布，为提高计算精度，本章采用协调质量矩阵。协调质量矩阵又称为一致质量矩阵。单元的协调质量矩阵可以写成如下形式：

$$[\boldsymbol{M}]^e = \int_V [\boldsymbol{N}]^T \rho [\boldsymbol{N}] \mathrm{d}V \tag{4.8}$$

式中：ρ 为材料的质量密度；$[\boldsymbol{N}]$ 为形函数矩阵。

求出单元质量矩阵 $[\boldsymbol{M}]^e$ 后，按一定规则组合后即可得到结构的整体质量矩阵 $[\boldsymbol{M}]$。

（2）阻尼矩阵。在黏滞阻尼理论中，如果假定阻尼力正比于质点运动速度，则可推得单元阻尼矩阵 $[\boldsymbol{C}]^e$ 正比于单元质量矩阵 $[\boldsymbol{M}]^e$，即

$$[\boldsymbol{C}]^e = \alpha \int_V [\boldsymbol{N}]^T \rho [\boldsymbol{N}] \mathrm{d}V = \alpha [\boldsymbol{M}]^e \tag{4.9}$$

式中：α 为比例常数。

如果假定阻尼力正比于应变速度，则可推得单元阻尼矩阵 $[\boldsymbol{C}]^e$ 正比于单元刚度矩阵 $[\boldsymbol{K}]^e$，即

$$[\boldsymbol{C}]^e = \beta \int_V [\boldsymbol{B}]^T [\boldsymbol{D}][\boldsymbol{B}] \mathrm{d}V = \beta [\boldsymbol{K}]^e \tag{4.10}$$

式中：β 为比例常数。

结构的整体阻尼矩阵 $[\boldsymbol{C}]$ 一般常采用如下的近似线性关系计算得到，并将其称为瑞利（Rayleigh）阻尼：

$$[\boldsymbol{C}] = \alpha [\boldsymbol{M}] + \beta [\boldsymbol{K}] \tag{4.11}$$

式中：α 和 β 称为阻尼系数。

α 和 β 与利用模态分析得到的结构体系的圆频率和阻尼比的关系如下：

$$\left.\begin{array}{l} \alpha + \beta \omega_i^2 = 2\omega_i \delta_i \\ \alpha + \beta \omega_j^2 = 2\omega_j \delta_j \end{array}\right\} \tag{4.12}$$

根据式（4.12），即得

$$\left.\begin{array}{l} \alpha = \dfrac{2\omega_i \omega_j (\delta_j \omega_i - \delta_i \omega_j)}{\omega_i^2 - \omega_j^2} \\ \beta = \dfrac{2(\delta_i \omega_i - \delta_j \omega_j)}{\omega_i^2 - \omega_j^2} \end{array}\right\} \tag{4.13}$$

式中：ω_i 和 ω_j 分别为第 i 阶和第 j 阶的自振圆频率；δ_i 和 δ_j 分别为第 i 阶和第 j 阶振型的阻尼比。实际工程应用中，一般可取阻尼比为 0.05。

（3）单元节点位移列阵。单元内任一点的位移可由各节点位移内插得到，即

$$\{f\} = \begin{Bmatrix} \mu \\ \gamma \\ \omega \end{Bmatrix} = [N]\{u\}^e \tag{4.14}$$

单元内任一点的应变为

$$\{\varepsilon\}=\begin{Bmatrix}\varepsilon_x\\ \varepsilon_y\\ \varepsilon_z\\ \gamma_{xy}\\ \gamma_{yz}\\ \gamma_{zx}\end{Bmatrix}=\begin{Bmatrix}\dfrac{\partial u}{\partial x}\\ \dfrac{\partial v}{\partial y}\\ \dfrac{\partial w}{\partial z}\\ \dfrac{\partial u}{\partial y}+\dfrac{\partial v}{\partial x}\\ \dfrac{\partial v}{\partial z}+\dfrac{\partial w}{\partial y}\\ \dfrac{\partial u}{\partial z}+\dfrac{\partial w}{\partial x}\end{Bmatrix}=[\boldsymbol{B}]\{u\}^e \tag{4.15}$$

式中：$[\boldsymbol{B}]$ 为单元应变矩阵，不考虑大位移时为定值，考虑大位移时单元应变矩阵是节点位移 $\{u\}$ 的函数。

（4）单元刚度矩阵。在线性材料中，单元刚度矩阵为

$$[\boldsymbol{K}]^e=\iiint[\boldsymbol{B}]^T[\boldsymbol{D}][\boldsymbol{B}]\mathrm{d}V \tag{4.16}$$

在非线性材料中，单元刚度矩阵为

$$[\boldsymbol{K}]^e\{\varepsilon\}^e=\iiint[\boldsymbol{B}]^T\mathrm{d}V \tag{4.17}$$

4.3.2.2 动力平衡方程的求解方法[13-15]

一般情况下，连续的结构体都可通过有限元离散而转化为有限自由度系统问题，并列出相应的动力平衡方程。动力平衡方程实质上是二阶常微分方程组，它的求解方法通常分为2类：①振型叠加法；②时程分析法。时程分析法可用于一般阻尼情况，并且可按增量法逐段线性化求解，因此其应用相对较广。

时程分析法是根据输入的地震波和结构恢复力特性曲线，采用逐步积分的方法对动力平衡方程进行直接积分，从而求得结构在地震过程中每一瞬时的位移、速度和加速度反应，以便观察结构在地震作用下从弹性到非弹性阶段的内力变化以及构件开裂、损坏直至结构倒塌的破坏全过程。时程分析法可以不通过坐标变换，直接进行动力平衡方程的数值积分求解。时程分析法的基本原理参见文献［13］～［15］。

4.3.2.3 地震波的选取

采用时程分析法对结构进行地震反应分析时，需要输入地震波加速度时程曲线，地震波的选择及其加速度时程曲线的输入是影响时程分析法计算结果可靠性的一个关键问题。实践证明，只要正确选择地震动的主要参数，且所选择的地震波基本符合这些主要参数，那么时程分析法的计算结果就可以较为真实地反映地震作用下的结构动力反应，且能基本满足工程所需要的精度要求。在选用地震波时，应全面考虑地震动三要素（地震动强度、地震动频谱特征及地震动持续时间），并应根据场地等情况加以必要的调整。

（1）地震动强度。地震动强度包括加速度峰值、速度峰值及位移峰值。在震源、震中距、场地土等因素均相同的情况下，加速度峰值越高，则建筑物遭受的破坏程度越大。所以，加速度峰值一般应采用地震过程中可能出现的加速度最大值。实际计算时，可将选用

的原记录地震加速度峰值调整至加速度最大值，其他任意时刻 t 的地震加速度则可按比例进行相应调整，调整办法如下：

$$a'(t)=\frac{a'_{max}}{a_{max}}a(t) \tag{4.18}$$

式中：$a'(t)$、a'_{max}分别为调整后的 t 时刻地震加速度及地震加速度峰值；$a(t)$、a_{max}为原地震记录的 t 时刻地震加速度及地震加速度峰值。

（2）地震动频谱特征及地震动持续时间。地震动频谱特征的选择，应使所选的实际地震波的傅立叶谱或功率谱的卓越周期乃至谱形状，尽量与场地土的谱特征相一致。地震动持续时间的选择，应保证所选择的持续时间内包含地震记录的最强部分；同时，所选择的地震动持续时间一般应不小于10倍的结构基本周期。

4.3.2.4　等价线性化法及其实现

如前所述，本章拟选用Hardin－Drnevich模型来模拟覆盖层土体及坝体堆石料在地震作用下的动应力应变关系。Hardin－Drnevich模型属于等价线性模型，针对此类模型的动力分析常采用等价线性化法。

等价线性化法是在土石坝地震反应分析中应用较广的一种简化方法。该方法是运用迭代的方法使计算最终所采用的土石料的剪切模量和阻尼比值能够适应试验所获得的模量和阻尼比随应变幅而变化的曲线。等价线性化法的基本原理参见有关文献。在通用有限元软件ADINA中，为了实现对于面板堆石坝的动力有限元等价线性化法分析，需要开发外部控制子程序。在将整个地震时程视为一个时段、不考虑孔隙水压力、不计地震永久变形的条件下，实现等价线性化法分析的外部控制子程序框图如图4.2所示。

4.3.2.5　动水压力的施加

动水压力较为理想的施加方法是将水体与坝体一起划分有限单元，并在水体和固体接触面上设置相应的接触面单元来进行计算，但这种处理方法所需计算机内存大，计算时间长，而且接触面单元的刚度系数难于选取。目前，较常采用的是附加质量法，即把动水压力对坝体地震反应的影响用等效的附加质量来考虑，与坝体质量相叠加来进行动力分析[16-18]。

附加质量法的基本计算假定为：①水是可压缩的；②地面运动为水平简谐运动；③大坝迎水面铅直，库底水平。基于以上假定，大坝迎水面上动水压力的大小与加速度成正比、方向与加速度方向相反，其性质与惯性力相似，可用附着于坝面的一定质量的水体的惯性力来代替动水压力的作用。本章按照有关规范[32]的要求，在计算时将地震动水压力转化为相应的坝面附加质量进行分析。

4.3.2.6　无限远边界问题的解决方法

当结构在地震激励下振动时，若用有限截取模型模拟无限介质，则会在人工截取边界上发生波的反射，从而引起波的振荡，导致模拟失真。目前，解决这个问题的方法有如下2种：

（1）将地基范围取得很大，让人工边界远离结构体。这时当波动能量传到人工截取边界以前已因地基内部的阻尼作用而使波动能量能够大部分予以消除，但是地基范围如果取得过大，则需要较大的计算机存储容量和较长的计算时间。

（2）在边界上施加特殊的边界条件即人工边界条件，用人工边界条件来解决有限截取模型边界上波的反射问题。目前，有代表性的人工边界条件有截断边界、黏性边界、透射边界和黏弹性等。

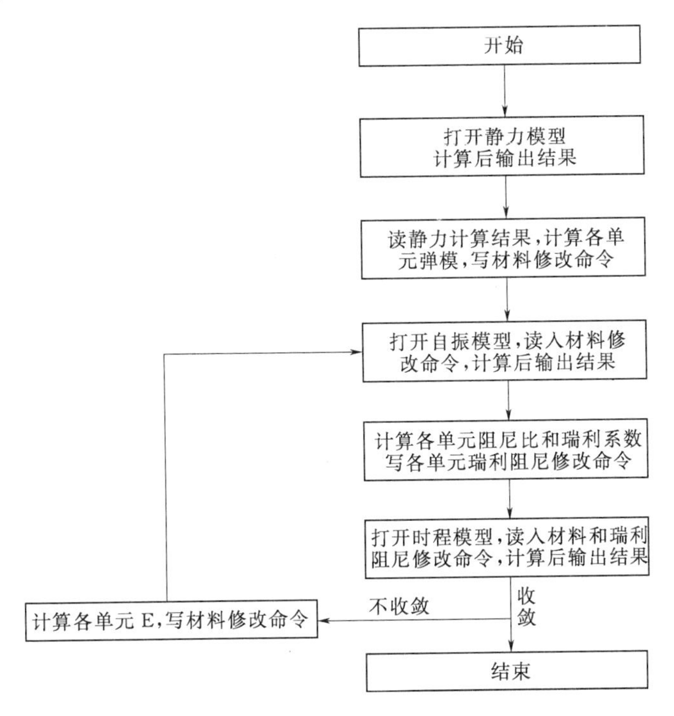

图 4.2 等价线性化法分析的外部控制子程序框图[27]

相比较而言，黏弹性边界不仅可以约束动力问题中的零频分量，而且能够模拟人工边界外半无限介质的弹性恢复性能，同时还具有良好的稳定性和较高的计算精度[19-22]。本章经分析拟采用目前使用较为广泛的黏弹性人工边界条件。黏弹性人工边界条件的基本原理参见有关文献。在通用有限元软件 ADINA 中，黏弹性动力人工边界条件可通过在有限元模型的人工边界节点的法向和切向分别设置并联的弹簧阻尼单元来实现。

4.4 工程实例分析

本节拟以建于深覆盖层上的九甸峡水利枢纽混凝土面板堆石坝为例，运用上述静动力有限元分析的基本原理和方法，通过在通用有限元软件 ADINA 中进行各典型工况的大坝三维静动力应力变形有限元计算，以分析和揭示深覆盖层地基高面板堆石坝的静动力应力变形特性。

4.4.1 工程概况[23-27]

九甸峡水利枢纽工程是甘肃省引洮供水工程的龙头项目。该枢纽水库正常蓄水位为2202.00m，校核洪水位为 2205.11m，水库总库容为 9.43 亿 m^3，电站总装机容量为300MW，工程规模为大（2）型工程。枢纽建筑物主要包括大坝、左岸 1 号和 2 号溢洪洞、右岸泄洪洞、右岸引洮进水口、引水发电系统及地面式厂房等。

大坝坝型为混凝土面板堆石坝，最大坝高为136.50m，坝顶高程为2205.30m，坝顶长度为232m。坝顶设“L”形防浪墙，墙高4.0m，墙顶高程为2206.50m。坝上游坡比为1：1.4，下游综合坡比为1：1.45，下游坝坡布置有“之”字形上坝道路。大坝平面布置见图4.3，大坝标准横剖面见图4.4。

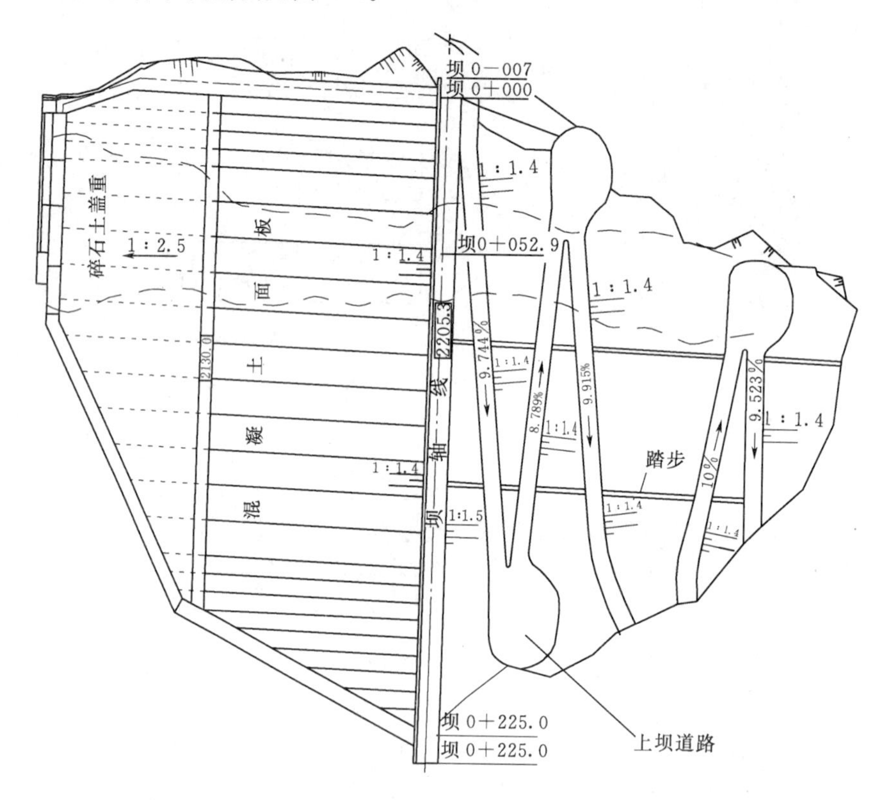

图4.3　大坝平面布置图[23]

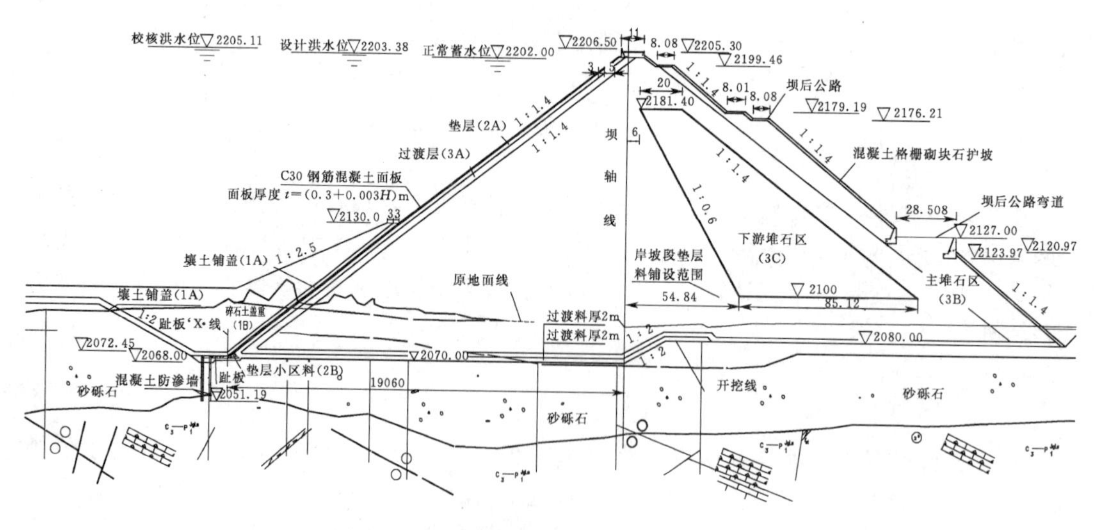

图4.4　大坝标准横剖面图[23]（单位：m）

坝址位置河谷两岸不对称。左岸 2145.00m 高程以下自然边坡为 85°左右，局部为负坡，2145.00m 高程以上自然边坡为 30°～40°；右岸地形坡度为 30°～45°，2145.00m 高程发育有Ⅲ级侵蚀堆积阶地，阶地后缘形成 80°以上的岩石高边坡。坝基及坝肩岩性为上石炭～下二叠系厚层灰岩和角砾状灰岩，岩石坚硬，耐风化。河床宽度 40~42m，靠近左岸分布有一河床深槽（深 54～56m），靠近深槽的岩体边坡近于直立。

坝址区 50 年基准期超越概率 10%（地震基本烈度）的地震烈度为Ⅶ度，相应的基岩水平向峰值加速度为 0.1448g；50 年基准期超越概率 2%的地震烈度为Ⅷ度，相应的基岩水平向峰值加速度为 0.284g，特征周期为 0.4s。大坝及主要泄洪建筑物的地震设防烈度为Ⅷ度。

坝址区覆盖层为冲积砂砾卵石层，并有一深槽贯穿整个坝址，深槽部位一般厚为 45～50m，最大厚度为 54～56m。根据钻孔揭示，河床覆盖层从上至下按其组成物特性大致可分为如下 2 层：

（1）冲积块石砂砾卵石层。该层组成物上部以块石碎石为主，向下卵砾石增多，并有中粗砂分布。块石碎石成分均为灰岩，系坝址两岸崩塌物和开挖引洮平台之弃碴，棱角状，块径一般为 0.5～3.0m，大者 5.0～8.0m，最大达 10 余 m；卵砾石成分主要为砂岩、灰岩、石英岩等，磨圆度较差，多呈棱角状；砂为中粗砂，其成分主要为长石、石英，次为岩屑和云母及泥质物。该层整体结构松散，无胶结，厚度为 8～18m。

（2）冲积砂砾卵石层。该层组成物主要为卵石和砾石，成分为砂岩、灰岩、石英岩等，磨圆度较好，多呈浑圆和次圆状；砂以中粗砂为主，成分为长石、石英及少量云母和岩屑，局部有 2～3m 的孤块石分布。该层的厚度为 35～45m，呈中等密实状态，无胶结。

针对上述深覆盖层地质条件，经综合分析论证，设计选用的坝基处理方案为：将河床坝段平趾板直接建基于河床覆盖层上，趾板建基面高程为 2073.50m，趾板上游采用混凝土防渗墙截渗，趾板与防渗墙之间由一块连接板连接，采用柔性连接方式；平趾板下游 100m 范围内的堆石坝体建基面，经振动碾压以后又进行了强夯处理，强夯后的覆盖层表面依次设置 2m 厚的垫层料及 2m 厚的过渡料，以保证河床砂砾石的渗透稳定；河床坝段平趾板上游侧采用混凝土防渗墙截渗，墙厚 0.8m，墙底最低高程为 2047.00m，墙顶高程为 2074.30m，墙顶长度为 47m。

4.4.2 有限元模型

4.4.2.1 计算范围及坐标系

计算范围依据大坝布置及其地质条件等来进行选取，坝基取至基岩面，坝上游取至防渗墙上游 15m 处，坝下游取至排水棱体下游。在不影响计算精度的前提下，建立几何模型时对坝体进行了如下简化：不考虑面板上游低部位的压坡体；下游坝坡不考虑上坝公路，其坡比取为综合坡比 1∶1.4。

在 ADINA 中建模时选取计算坐标系如下：X 轴为坝轴线方向（横河向），以指向右岸为正，X 坐标零点位于坝 0+000 断面处；Z 轴为顺河向，以指向下游为正，Z 坐标零点位于坝 0+085 断面的上游坡脚处；Y 轴为铅直向，以铅直向上为正，Y 坐标零点位于高程零处。

4.4.2.2 有限元模型

计算范围内堆石坝体及覆盖层地基主要采用八结点六面体等参元来模拟，在边界不规则处采用三棱柱六结点等参单元和四面体四结点单元来填充。用薄层单元模拟面板的垂直缝与周边缝，用无厚度Goodman单元模拟面板混凝土与垫层之间的接触面。

根据大坝布置及其地质条件等情况来进行几何模型的网格剖分。在靠近面板附近区域，网格适当加密。混凝土面板厚度方向设置一层单元，在进行单元剖分时，尽可能使单元6个表面相互正交。整个模型共划分单元3576个，节点4149个。大坝三维有限元剖分结果见图4.5，其中坝0+085横断面的剖分网格见图4.6。

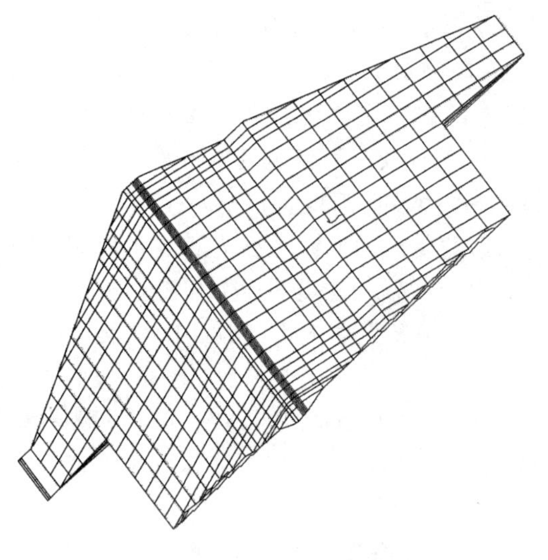

图4.5 大坝三维有限元网格图

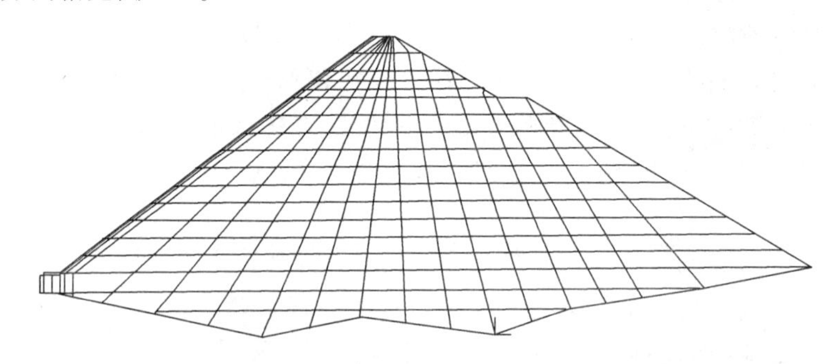

图4.6 坝0+085横断面的剖分网格图

4.4.2.3 边界条件

静力分析中，在坝基底部施加固定约束，坝基上下游边界面和左右坝肩边界面均施加相应的法向铰约束。动力分析中，在上述所有边界面上均采用前述的黏弹性人工边界条件。

4.4.3 计算参数及计算工况

4.4.3.1 计算参数

面板、趾板及防渗墙混凝土采用线弹性模型。坝体堆石料及坝基覆盖层材料静力计算中采用邓肯-张 $E-B$ 本构模型，动力计算中采用非线性 Hardin - Drnevich 本构模型。本次计算时，坝体堆石料的计算参数取自室内大型三轴压缩试验成果，覆盖层材料的计算参数取自现场旁压试验成果，其他材料的计算参数主要根据工程类比等方法确定。各种材料的计算参数选用结果见表4.1～表4.4。

表 4.1　坝体堆石料及坝基覆盖层材料的邓肯-张 $E-B$ 模型参数表[28]

材料	γ /(t/m³)	K	K_{ur}	n	R_f	K_b	m	φ /(°)	$\Delta\varphi$ /(°)
主堆石料	2.20	1400	2800	0.53	0.798	1000	0.00	50.9	8.5
次堆石料	2.16	1120	2240	0.53	0.798	800	0.00	50.9	8.5
过渡料	2.25	1500	3000	0.55	0.907	1250	0.00	54.1	10.5
垫层料	2.28	1750	3500	0.43	0.768	1200	0.41	58.1	14.5
覆盖层	2.09	700	1400	0.31	0.798	210	0.28	46.4	5.8

表 4.2　混凝土结构材料线弹性模型参数表[28]

混凝土结构	密度/(t/m³)	弹性模量 E/GPa	泊松比 μ
面板	3.0	20.00	0.35
防渗墙	2.0	0.35	0.20
趾板、连接板	2.4	18.00	0.29

表 4.3　Goodman 接触面单元参数表[28]

接触面	δ_s/(°)	C_s/MPa	R_{fs}	K_s	n_s
面板与垫层之间接触面	36.0	0	0.75	4800	0.56

表 4.4　坝体堆石料最大动剪切模量系数 K_m 和指数 m_1[26,28]

材料	K_m	m_1
垫层料	3533	0.571
过渡料	3338	0.627
主堆石料	2902	0.568
砂卵砾石料	2348	0.607

九甸峡枢纽坝址区 50 年基准期超越概率 2%的地震烈度为Ⅷ度，相应的基岩水平向峰值加速度为 0.284g，特征周期为 0.4s；大坝的地震设防烈度为Ⅷ度[24]。参考有关资料[26]，本次选用的输入基岩地震加速度时程曲线如图 4.7 所示。

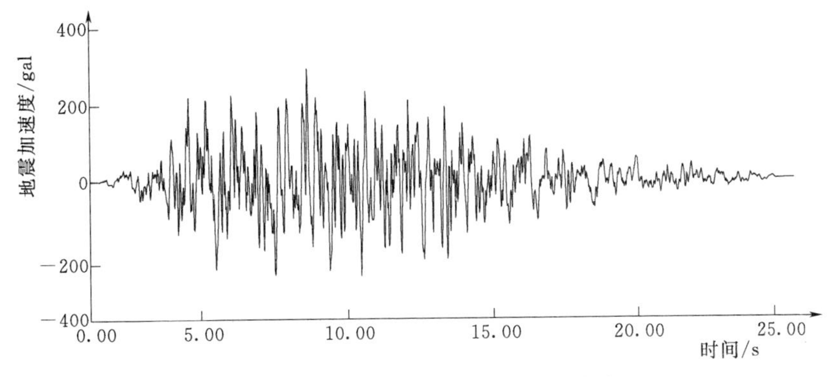

图 4.7　输入基岩地震加速度时程曲线

计算的时间步长取为 0.02s，计算时同时输入水平顺河向及竖向地震，其中竖向地震的加速度峰值取为水平向的 2/3。

4.4.3.2　计算工况

根据大坝实际施工及运行条件，拟定计算工况如下：

（1）大坝竣工期（以下简称“竣工期”）：模拟大坝从坝基面填筑至坝顶高程 2205.30m 的施工过程，坝体上、下游按无水考虑。按照大坝实际施工方案，大坝施工过程按 16 级荷载模拟。其中，1～14 级模拟地基防渗墙施工及堆石坝体从建基面填筑至坝顶高程 2205.30m；第 15 级模拟一期面板浇筑，一期面板顶部高程为 2140.00m；第 16 级模拟二期面板浇筑，二期面板顶部高程为 2203.80m。

（2）水库正常蓄水期（以下简称“蓄水期”）：模拟大坝竣工后库水从库底蓄水至正常蓄水位 2202.00m 的蓄水过程，坝下游按无水考虑。水库蓄水过程中作用于面板的水压力按 14 级荷载模拟。

（3）水库正常蓄水期＋地震（以下简称“蓄水期遇地震”）：模拟大坝遭遇地震的动力反应过程。坝上游水位为正常蓄水位 2202.00m，坝下游按无水考虑，同时大坝遭遇Ⅷ度地震。

4.4.4　大坝应力变形静力三维有限元分析

针对上述有限元模型，按照逐级加载方法，进行了上述竣工期和蓄水期两种工况的大坝应力变形静力三维非线性有限元仿真计算，获得了 2 种工况的大坝应力变形计算结果。

应力变形的正负号约定如下：应力以拉为正，以压为负；沿坝轴线方向位移以沿 X 坐标方向为正；垂直位移以沿 Y 坐标方向为正；水平位移以沿 Z 坐标方向为正。

大坝应力变形静力三维有限元主要计算结果见表 4.5。

表 4.5　大坝应力变形静力三维有限元主要计算结果

部位	项目		计算工况	
			竣工期	蓄水期
坝体	最大垂直位移/cm		58.8	60.1
	最大水平位移/cm	向上游	5.4	3.8
		向下游	4.3	14.3
	主应力/MPa	σ_1	－1.7	－2.7
		σ_3	－0.3	－0.3
面板	最大挠度/cm		—	34
	顺坡向应力/MPa	最大压应力	—	－3.5
		最大拉应力	—	1.6
	坝轴向应力/MPa	最大压应力	—	－6.3
		最大拉应力	—	1.6
防渗墙	位移/cm	向上游	1.1	—
		向下游	—	1.2
	最大竖向应力/MPa		－1.34	－15.00
垂直缝	最大张拉/mm		—	6.3

续表

部位	项　目	计算工况	
		竣工期	蓄水期
周边缝	最大张拉/mm	—	13.5
	最大沉降/mm	—	31.2
	最大剪切/mm	—	9.1

注　应力以拉为正，以压为负。

根据大坝体型特征，选取进行计算结果分析的典型大坝断面为：①对应坝体桩号为坝 0+085 的坝体横断面；②对应坝体桩号为坝 0+145 的坝体横断面；③沿坝轴线方向的大坝纵剖面。其中，两个典型横断面在沿坝轴线坝体纵剖面上的相应位置如图 4.8 所示。

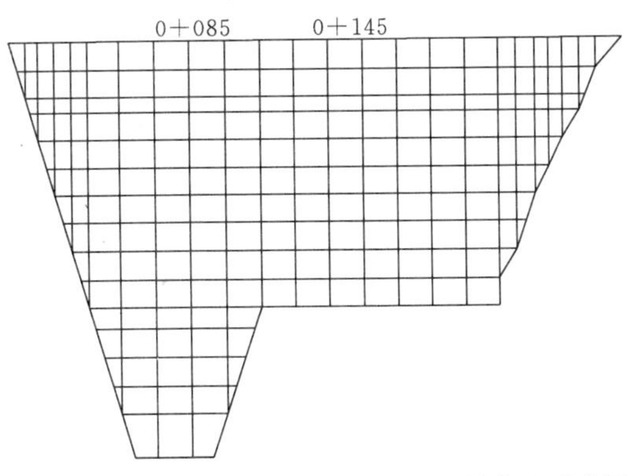

图 4.8　典型横断面在坝体纵剖面上的位置示意图

4.4.4.1　坝体应力变形计算结果分析

竣工期和蓄水期的坝体应力变形三维有限元计算结果见图 4.9～图 4.22。

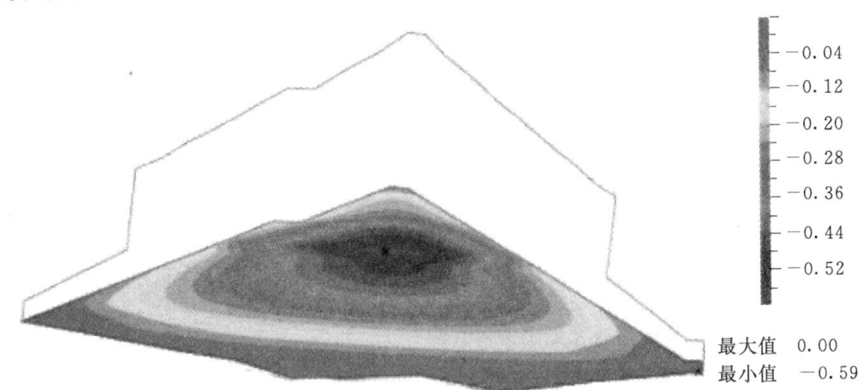

图 4.9　竣工期坝体 0+085 断面垂直位移分布图（单位：m）

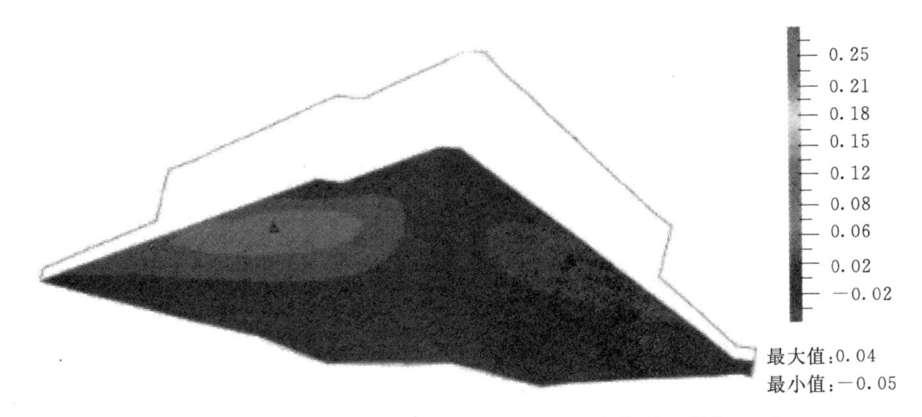

图 4.10　竣工期坝体 0+085 断面水平位移分布图（单位：m）

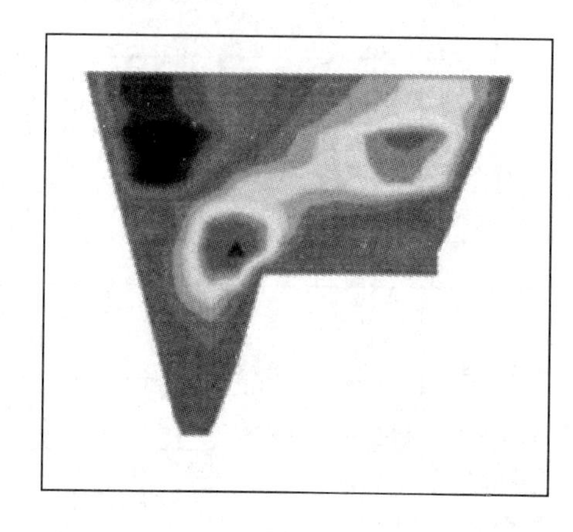

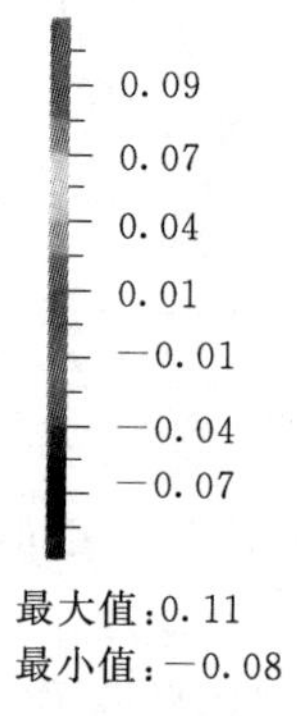

图 4.11　竣工期坝体沿坝轴线方向位移分布图（单位：m）

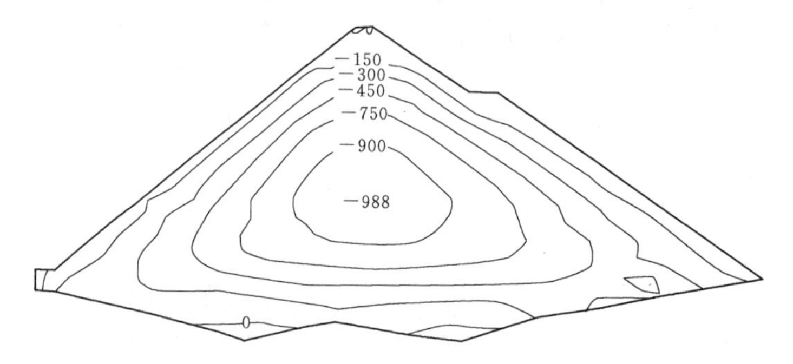

图 4.12　竣工期坝体 0+085 断面大主应力分布图（单位：kPa）

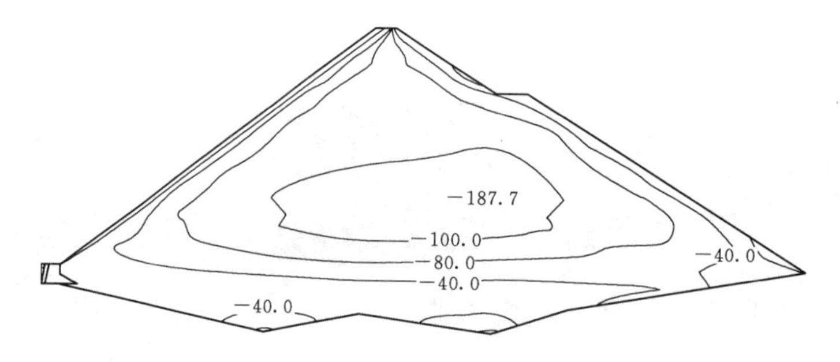

图 4.13　竣工期坝体 0+085 断面小主应力分布图（单位：kPa）

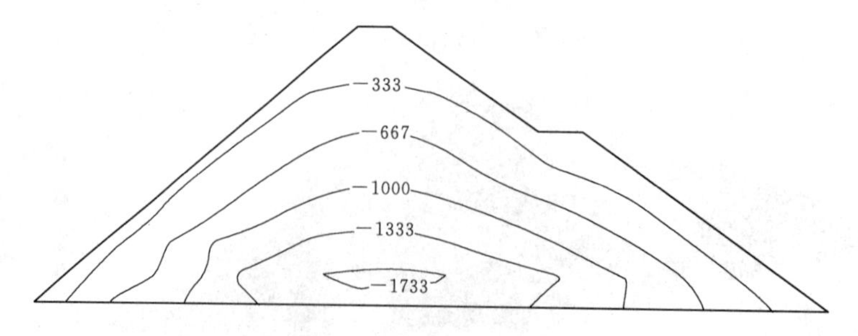

图 4.14　竣工期坝体 0+145 断面大主应力分布图（单位：kPa）

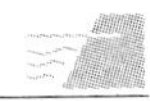

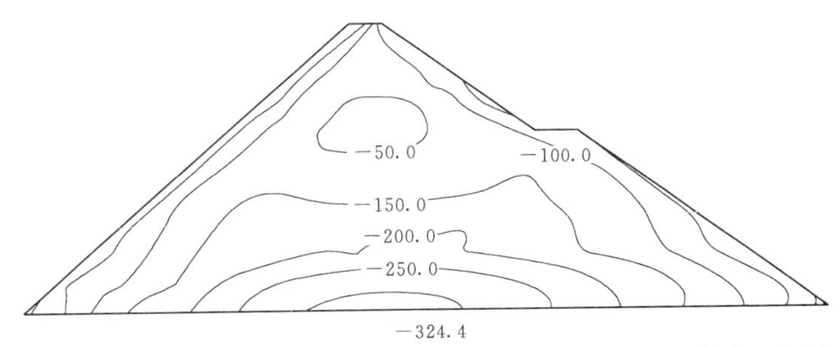

图 4.15　竣工期坝体 0+145 断面小主应力分布图线图（单位：kPa）

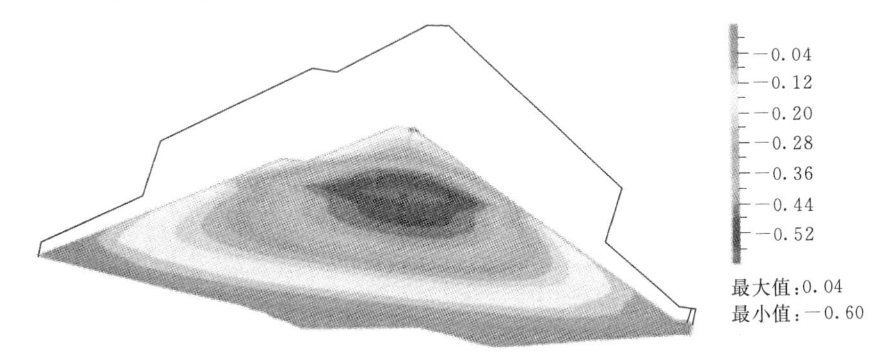

图 4.16　蓄水期坝体 0+085 断面垂直位移分布图（单位：m）

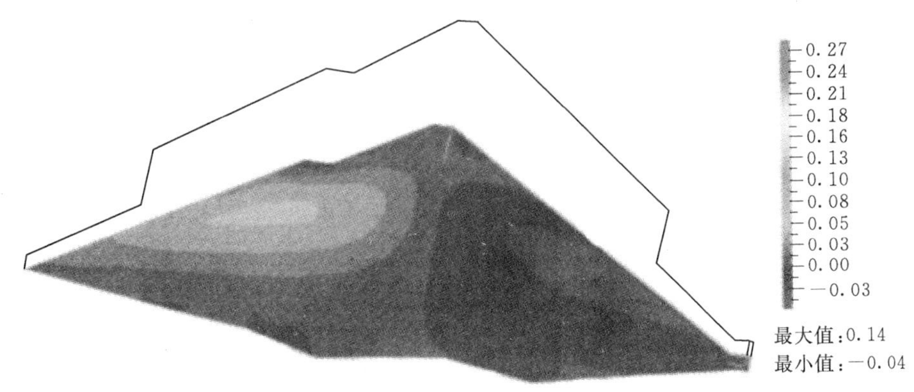

图 4.17　蓄水期坝体 0+085 断面水平位移分布图（单位：m）

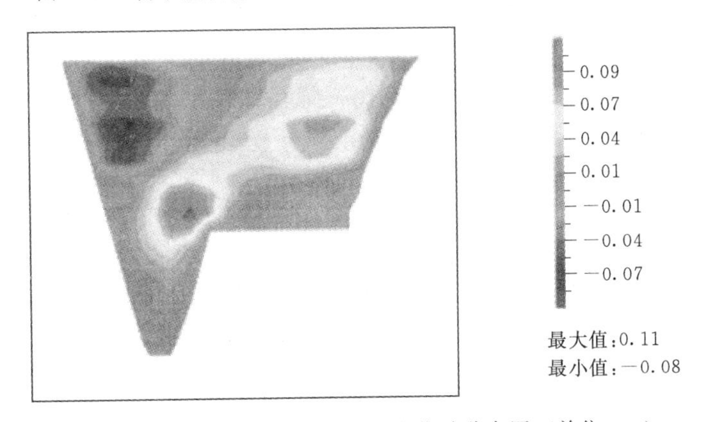

图 4.18　蓄水期坝体沿坝轴线方向位移分布图（单位：m）

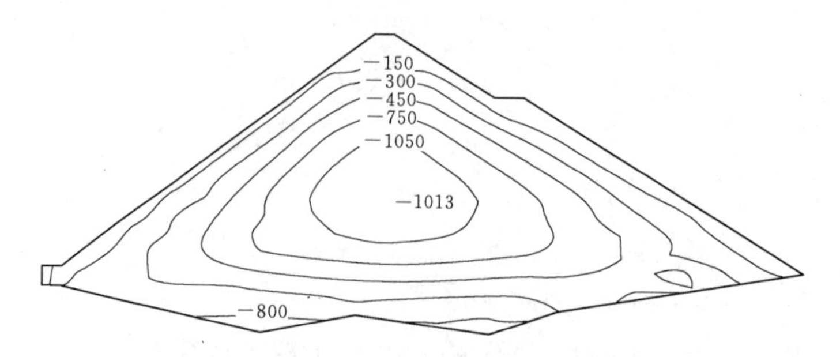

图 4.19　蓄水期坝体 0＋085 断面大主应力分布图（单位：kPa）

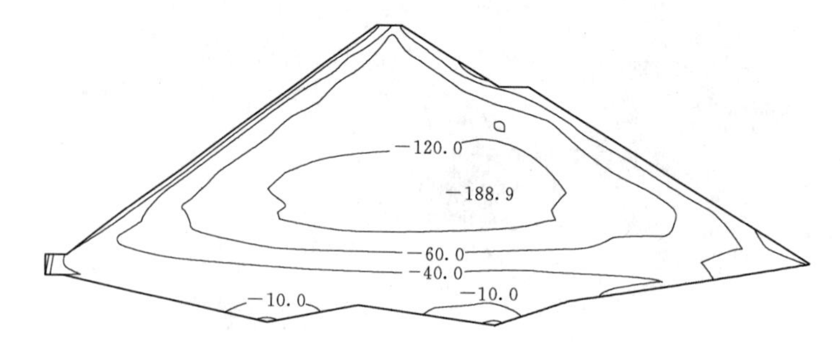

图 4.20　蓄水期坝体 0＋085 断面小主应力分布图（单位：kPa）

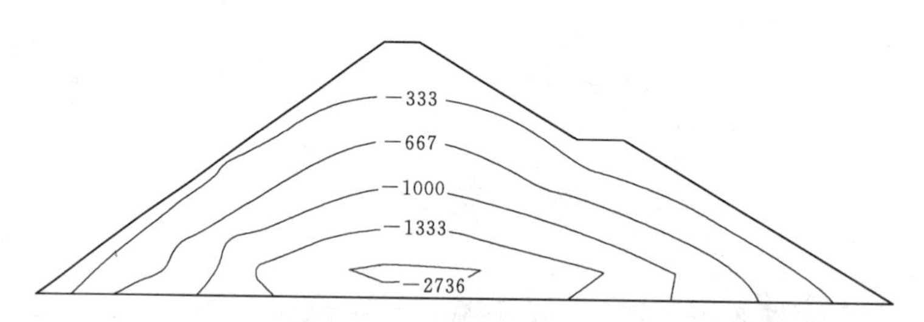

图 4.21　蓄水期坝体 0＋145 断面大主应力分布图（单位：kPa）

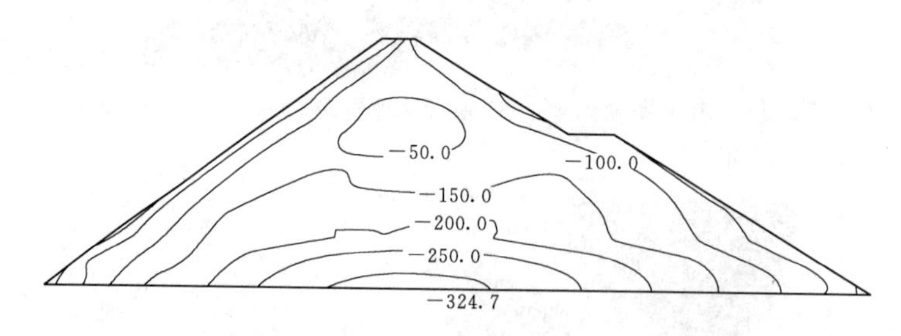

图 4.22　蓄水期坝体 0＋145 断面小主应力分布图（单位：kPa）

根据三维有限元计算结果，可以看出：

（1）在竣工期，由于坝基中存在深覆盖层，因此使得坝体的最大沉降变形呈现向坝体底部移动的趋势，由于地形条件的影响，左岸部分坝体的沉降变形梯度较大，右岸部分坝体的沉降变形梯度相对较小，坝体最大垂直（沉降）位移为 0.59m，约占坝高的 0.75%，位于接近 1/2 坝高处；坝体水平位移分布受到地形条件和覆盖层的影响较大，各断面上水

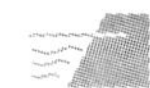

平位移基本呈对称分布，即上游区水平位移指向上游，下游区水平位移指向下游，指向上游的最大水平位移约为5.4cm，指向下游的最大水平位移约为4.3cm；沿坝轴线方向，由于左右岸坡明显不对称（左岸很陡，右岸相对较缓），因此使得沿坝轴线方向的位移分布呈现出不对称分布的特点，整个坝体呈现右岸部分向左岸部分“侵入”的变形趋势；坝体和坝基的大、小主应力最大值均位于坝轴线附近的覆盖层底部，坝基底部的大主应力最大值约为1.7MPa（压应力），小主应力最大值约为0.3MPa（压应力）。

（2）在蓄水期，坝体位移及应力的分布规律与竣工期基本相同。与竣工期相比较，坝体的沉降变形略有增加；蓄水期坝体水平位移变化较为明显，坝体上游区指向上游的最大水平位移减小为1.6cm，指向下游的最大水平位移增大为14.3cm；蓄水期沿坝轴线方向位移变化相对较小；水库蓄水对坝体小主应力影响相对较小，对大主应力影响相对较大，大主应力最大值约为2.7MPa（压应力），在蓄水作用下，坝体垫层区、过渡区以及部分上游主堆石区处于剪应力卸荷状态。

4.4.4.2 面板应力变形计算结果分析

根据已有工程经验，面板堆石坝混凝土面板最不利的应力变形往往发生在蓄水期，因此，在此重点整理分析蓄水期的面板应力变形计算结果。蓄水期的面板应力变形三维有限元计算结果见图4.23～图4.25。

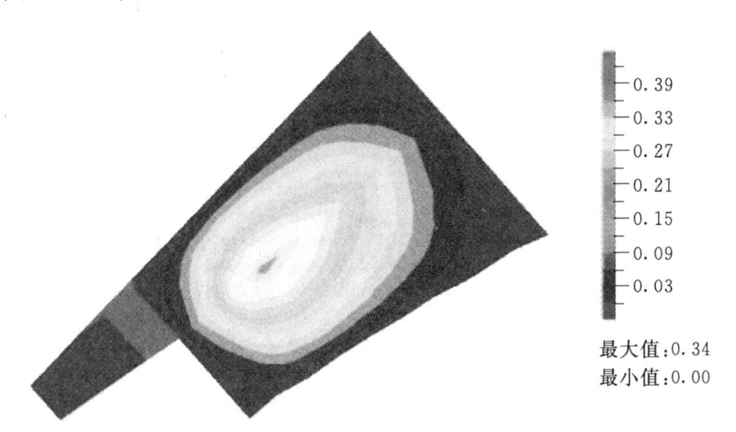

图4.23 蓄水期面板挠度分布图（单位：m）

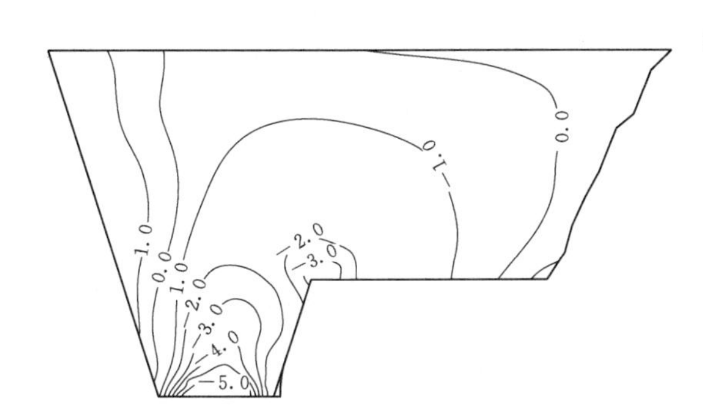

图4.24 蓄水期面板轴向应力分布图（单位：MPa）

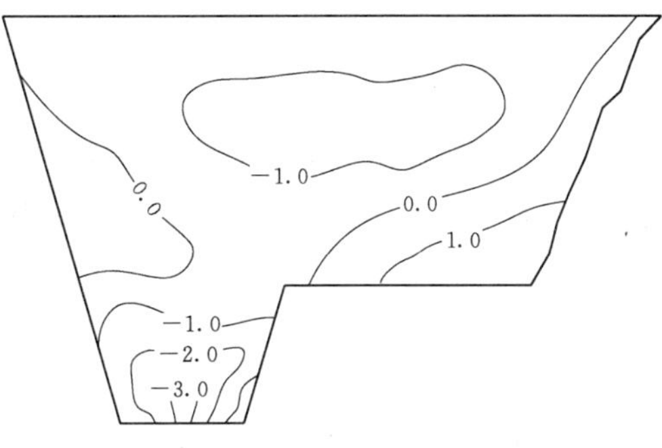

图4.25 蓄水期面板顺坡向应力分布图（单位：MPa）

根据三维有限元计算结果，可以看出：蓄水期面板挠度（垂直于面板平面方向，以指向坝内为正）的最大值在发生在 1/2 坝高处，其值为 34cm，其余部位的面板挠度逐渐减小；面板在水荷载作用下主要呈双向受压状态，河床段面板沿坝轴线方向主要承受压应力，压应力最大值为 6.3MPa，两岸坝坡处的面板则基本处于受拉状态，其中右岸坡的面板拉应力区相对较大；在顺坝坡方向，受到覆盖层较大变形的影响，面板底部拉应力较大，拉应力最大值约为 1.6MPa，两岸坝坡处的面板也出现了一定的拉应力。

4.4.4.3　防渗墙应力变形计算结果分析

竣工期和蓄水期的防渗墙变形计算结果见图 4.26 和图 4.27，蓄水期防渗墙、连接板和趾板的变形计算结果见图 4.28。

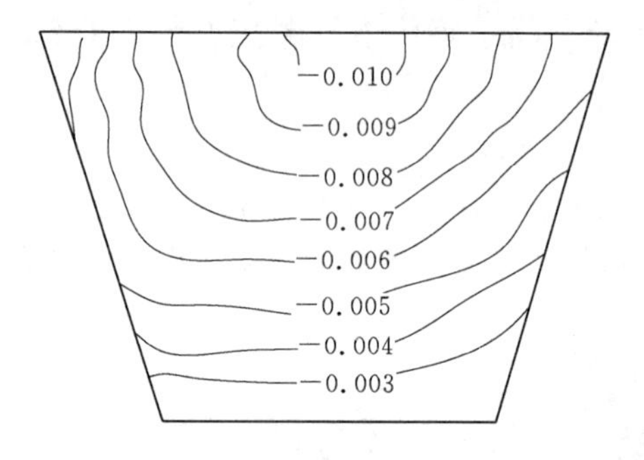

图 4.26　竣工期防渗墙水平向位移分布图（单位：m）

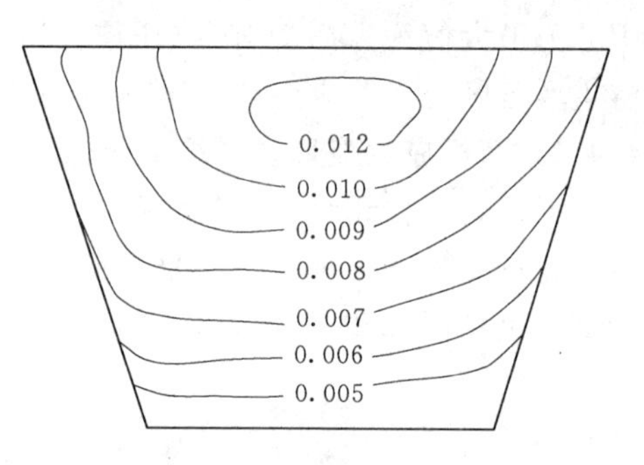

图 4.27　蓄水期防渗墙水平向位移分布图（单位：m）

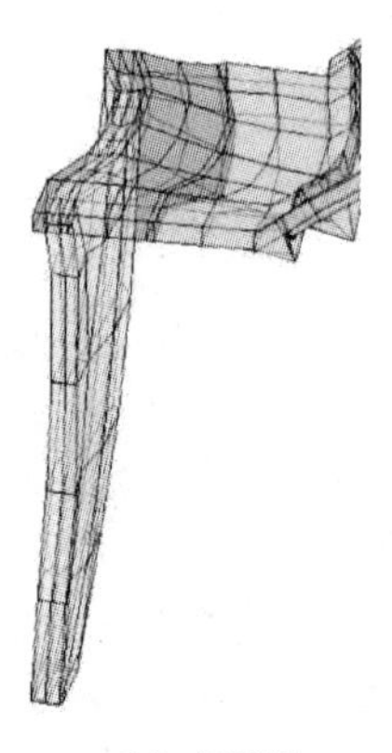

(a) 变形图

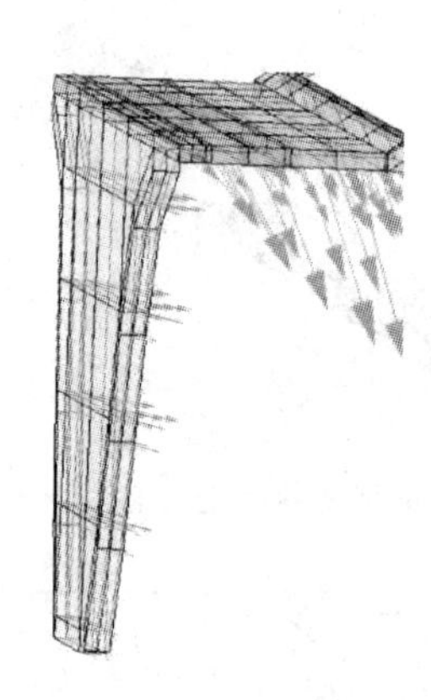

(b) 位移矢量图

图 4.28　蓄水期防渗墙、连接板和趾板的变形图及位移矢量图

根据计算结果，可以看出：竣工期防渗墙水平位移总体指向上游，从墙底至墙顶逐渐增大，其中顶部水平位移最大值约为 1.1cm；蓄水期墙上游渗透压力作用下，防渗墙水平位移总体指向下游，从墙底至墙顶也逐渐增大，其中顶部水平位移最大值约为 1.2cm；防渗墙竣工期竖向压应力最大值为 1.34MPa，蓄水期竖向压应力最大值为 15.00MPa。

4.4.5　大坝应力变形动力三维有限元分析

针对上述有限元模型，在上述蓄水期静力分析的基础上，进行了蓄水期遇地震工况的大坝应力变形动力三维有限元计算，获得了蓄水期遇地震工况大坝应力变形的动力有限元计算结果。

大坝应力变形动力三维有限元主要计算结果见表 4.6。

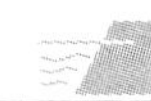

表 4.6　　大坝应力变形动力三维有限元主要计算结果表

项　　目		计算分量	数　　值
最大加速度反应/(m/s^2)		坝体顺河向	7.32(放大倍数 2.58)
		面板顺河向	7.16(放大倍数 2.34)
		坝体坝轴向	3.57
		坝体竖向	4.01(放大倍数 2.19)
堆石体最大动剪应力/kPa			309.3
面板最大动应力/MPa	坡向	最大动压应力	−3.11
		最大动拉应力	2.96
	轴向	最大动压应力	−2.52
		最大动拉应力	2.27
地震产生的周边缝位移/mm		张开	13.3
		沉降	11.7
		剪切	10.3
地震产生的垂直缝位移/mm		张开	8.4
		沉降	5.6
		剪切	4.9
防渗墙最大动应力/MPa	竖向	最大动压应力	−1.75
		最大动拉应力	1.69
	轴向	最大动压应力	−1.70
		最大动拉应力	1.63

注　应力以拉为正，以压为负。

根据大坝体型特征，在大坝标准横剖面（0+085）上选取用于进行坝体计算结果分析的典型结点和单元如图 4.29 所示。图中，*A*、*B* 为典型结点；*a*、*b*、*c* 为典型单元。

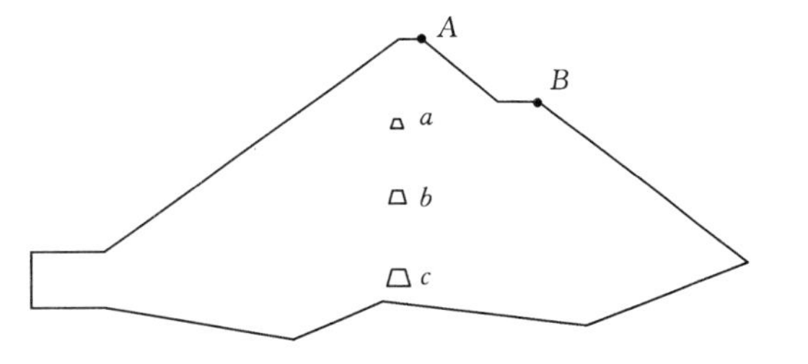

图 4.29　典型结点和单元位置示意图

4.4.5.1　坝体加速度反应计算结果分析

计算得到的坝体典型结点 *A* 和结点 *B* 的水平顺河向及竖向的加速度反应时程曲线分别见图 4.30 和图 4.31。

计算得到的坝体 0+085 断面水平顺河向和竖向最大加速度反应分布分别见图 4.32 和图 4.33，坝体 0+145 断面水平顺河向和竖向最大加速度反应分布分别见图 4.34 和图 4.35。

从图 4.32～图 4.35 可以看出，坝体加速度反应在顺河向最为强烈，其中主河床部位（坝体 0+085 断面）的顺河向加速度反应大于竖向最大加速度反应；坝体顺河向最大加速度为 7.32m/s^2，最大加速度放大倍数为 2.58，发生在坝顶下游，下游坡的加速度反应大于上

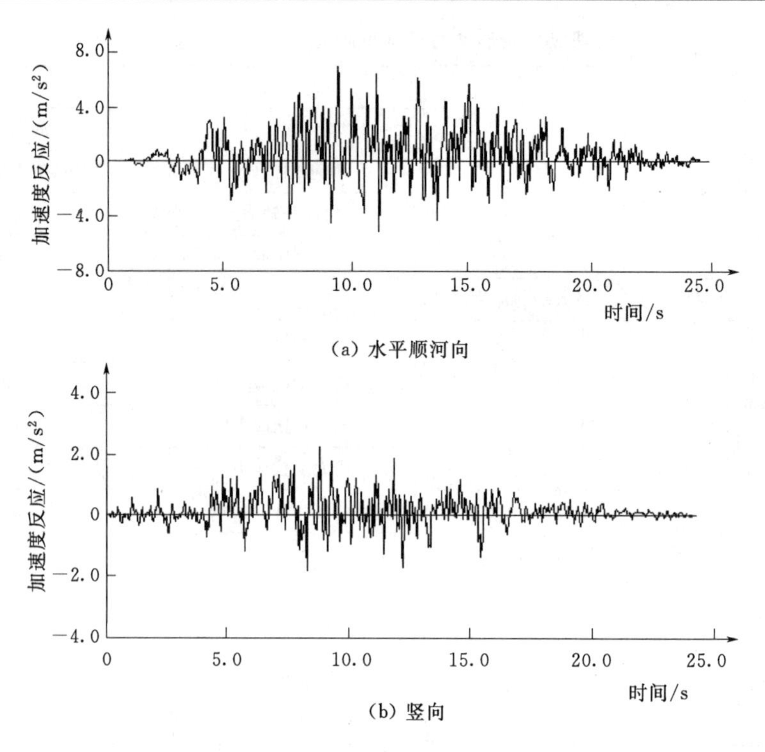

(a) 水平顺河向

(b) 竖向

图 4.30　结点 A 的加速度反应时程曲线

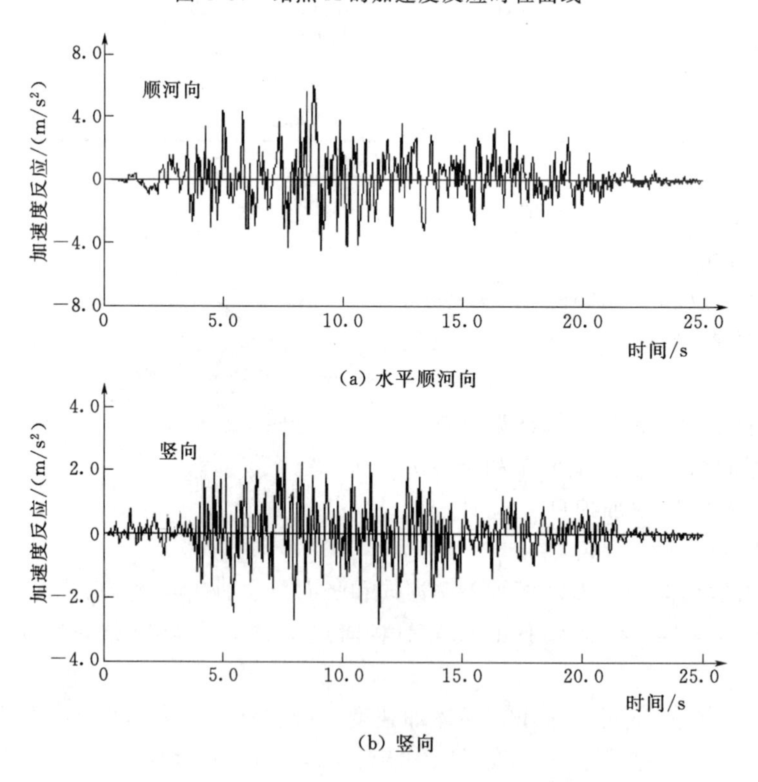

(a) 水平顺河向

(b) 竖向

图 4.31　结点 B 的加速度反应时程曲线

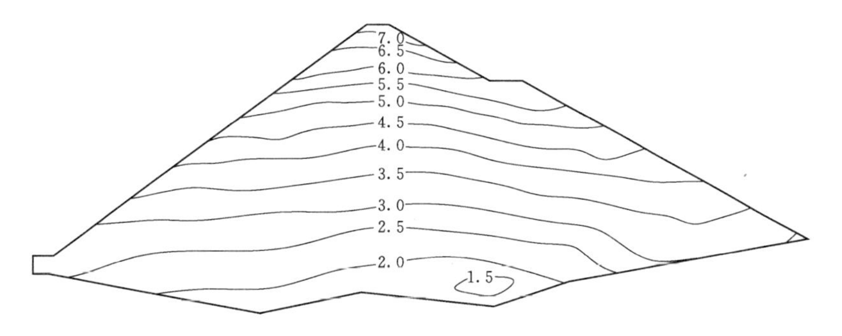

图 4.32 坝体 0+085 断面顺河向最大反应加速度分布图（单位：m/s²）

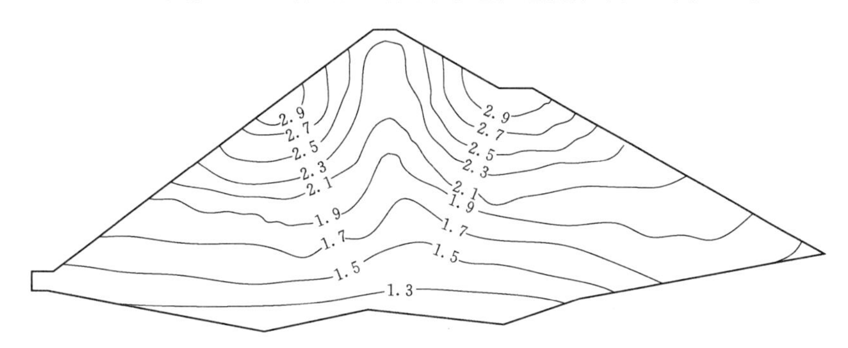

图 4.33 坝体 0+085 断面最大竖向反应加速度分布图（单位：m/s²）

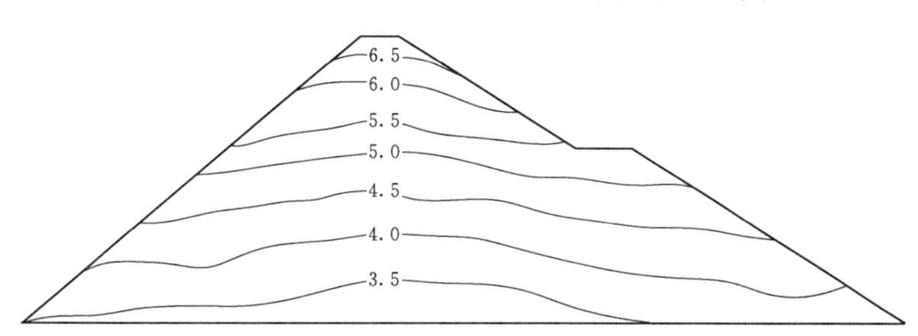

图 4.34 坝体 0+145 断面顺河向最大反应加速度分布图（单位：m/s²）

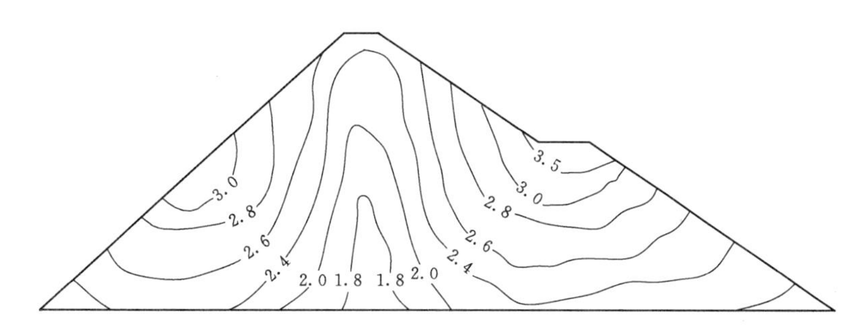

图 4.35 坝体 0+145 断面竖向最大反应加速度分布图（单位：m/s²）

游坡的加速度反应；坝体沿坝轴向最大加速度为 3.57m/s²；坝体最大竖向加速度为 4.01m/s²，最大加速度放大倍数为 2.19，发生在下游坡上部靠近坝顶处；面板顺河向最大加速度为 7.16m/s²，最大加速度放大倍数为 2.34。从计算结果来看，坝顶及下游坝坡靠近坝顶部位的加速度反应较大，在地震作用下这些部位存在局部堆石松动甚至滑落的可能性，因此应在上述部位采取适当的抗震加固措施，如加强下游护坡，或采用浆砌石护坡等。

4.4.5.2　坝体动应力计算结果分析

计算得到的坝体典型单元 a、b 和 c 的最大动剪应力时程曲线分别见图 4.36～图 4.38，坝体 0+085 断面和 0+145 断面的最大动剪应力分布分别见图 4.39 和图 4.40。计算得到坝体最大动剪应力为 309.3kPa。

4.4.5.3　面板动应力变形计算结果分析

根据三维动力计算结果，面板地震动应力中，顺坝坡向和沿坝轴向的动应力相对较大，沿面板法向的动应力相对较小。

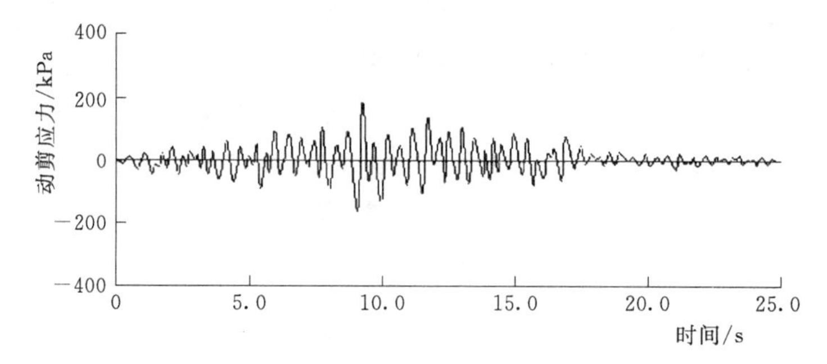

图 4.36　典型单元 a 的最大动剪应力时程曲线图

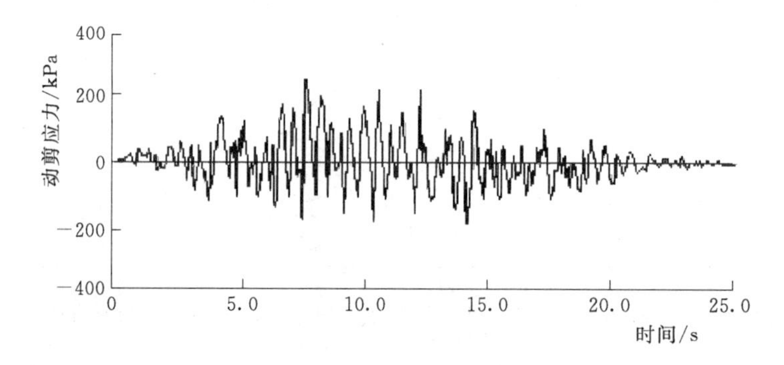

图 4.37　典型单元 b 的最大动剪应力时程曲线图

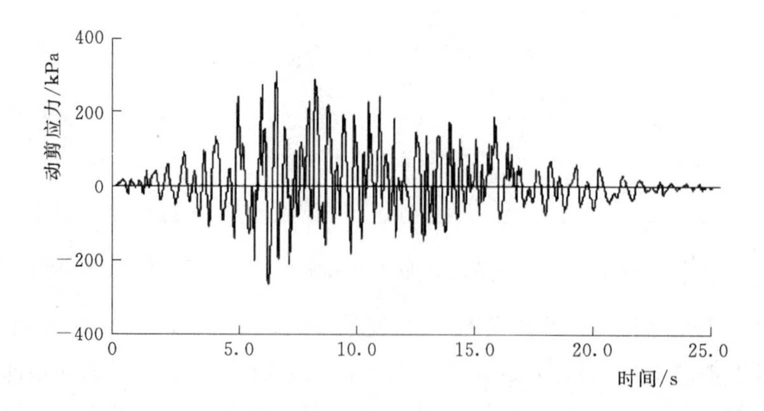

图 4.38　典型单元 c 的最大动剪应力时程曲线图

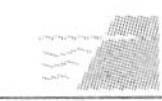

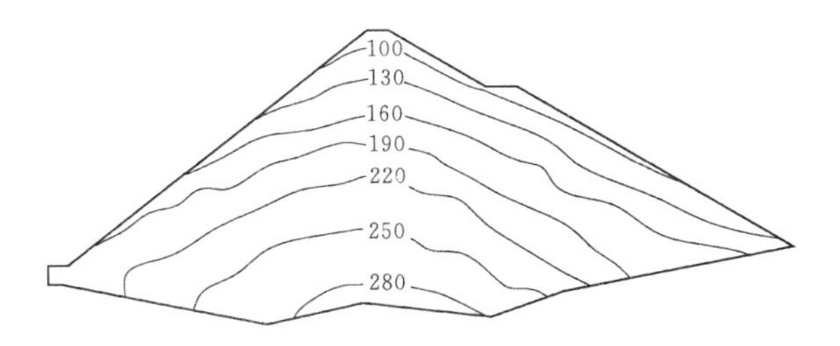

图 4.39 0+085 断面最大动剪应力分布图
（单位：kPa）

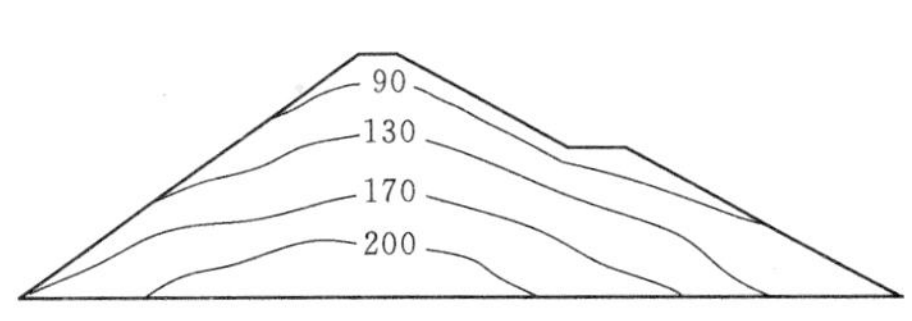

图 4.40 0+145 断面最大动剪应力分布图
（单位：kPa）

计算得到的面板顺坝坡向和沿坝轴向的最大动压和动拉应力分布见图 4.41～图 4.44。从中可以看出，面板顺坝坡向最大动应力出现在面板中上部，最大动压应力为 3.11MPa，最大动拉应力为 2.96MPa；沿坝轴向最大动压应力为 2.52MPa，坝轴向最大动拉应力为 2.27MPa。由于河床深槽的影响，面板底部存在应力集中现象。

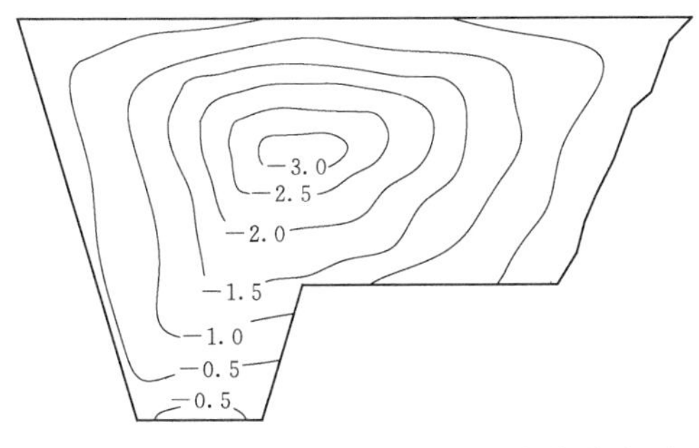

图 4.41 面板顺坝坡向最大动压应力分布图
（单位：MPa）

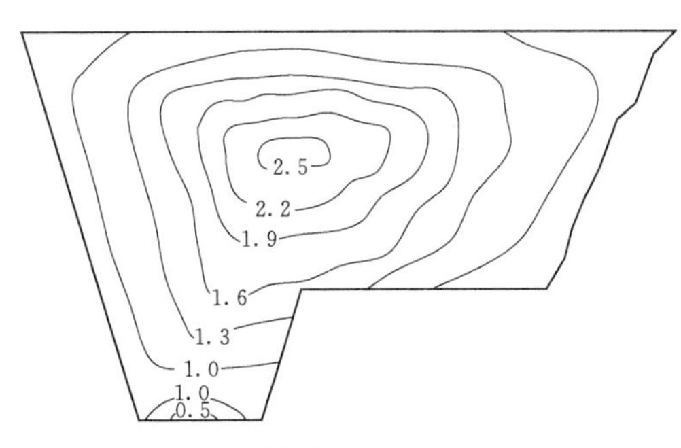

图 4.42 面板顺坝坡向最大拉应力分布图
（单位：MPa）

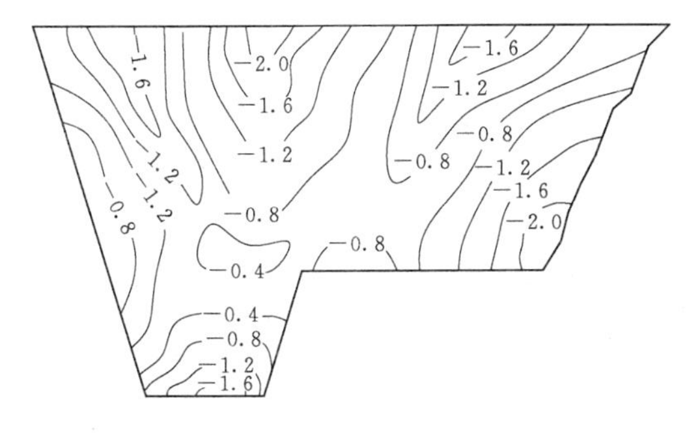

图 4.43 面板沿坝轴向最大动压应力分布图
（单位：MPa）

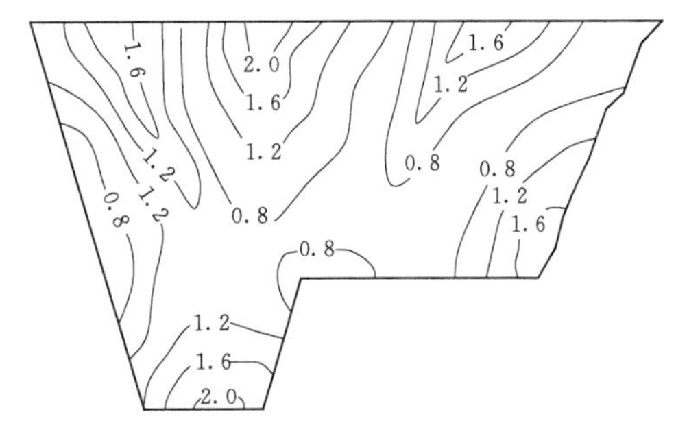

图 4.44 面板沿坝轴向最大动拉应力分布图
（单位：MPa）

计算得到的面板顶部水平顺河向动反应位移时程线见图 4.45（不含地震过程中的残余变形）；地震结束后 0+085 断面面板的地震残余挠度分布见图 4.46，最大残余挠度为 29.8cm，发生在面板顶部。

4.4.5.4 防渗墙动应力计算结果分析

计算得到的防渗墙竖向动压应力及动拉应力分布分别见图 4.47 和图 4.48，沿坝轴向动压应力及动拉应力分布分别见图 4.49 和图 4.50。

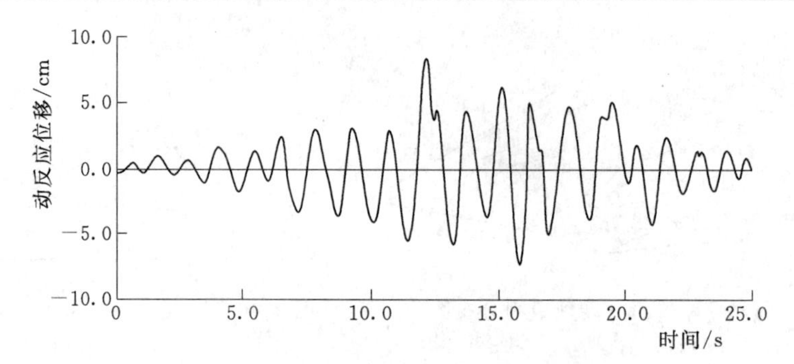

图 4.45　面板顶部水平顺河向动反应位移时程线

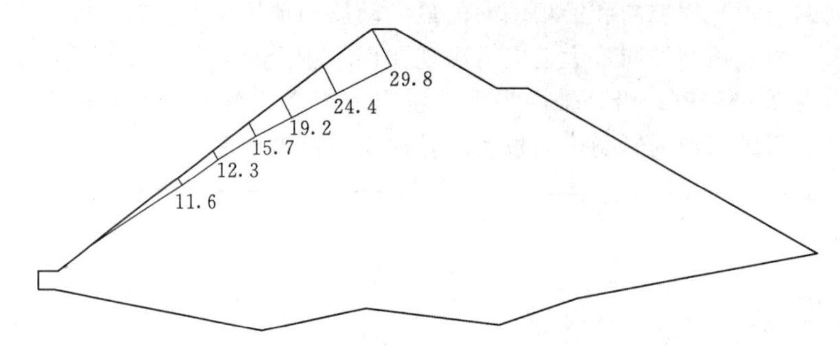

图 4.46　地震结束后 0＋085 断面面板的地震残余挠度分布图（单位：cm）

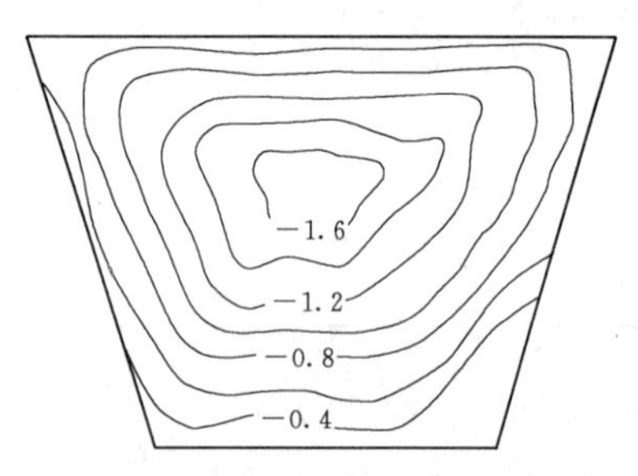

图 4.47　防渗墙竖向动压应力分布图（单位：MPa）

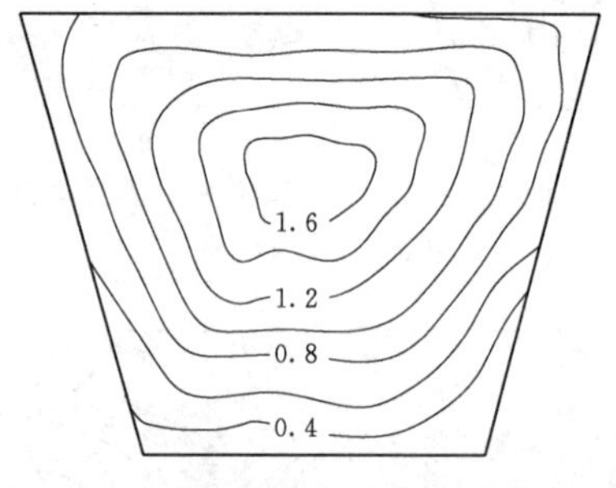

图 4.48　防渗墙竖向动拉应力分布图（单位：MPa）

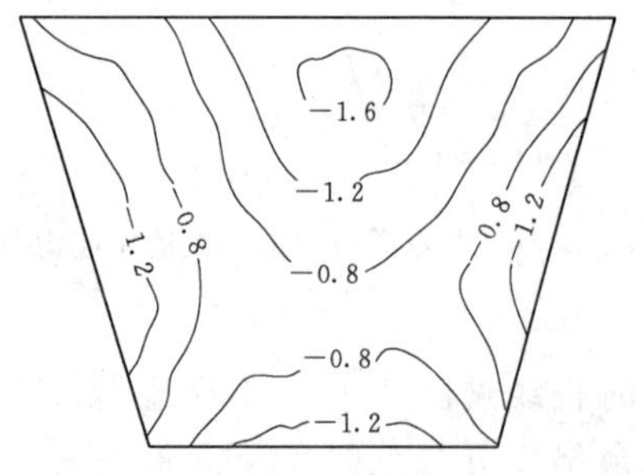

图 4.49　防渗墙沿坝轴向动压应力分布图（单位：MPa）

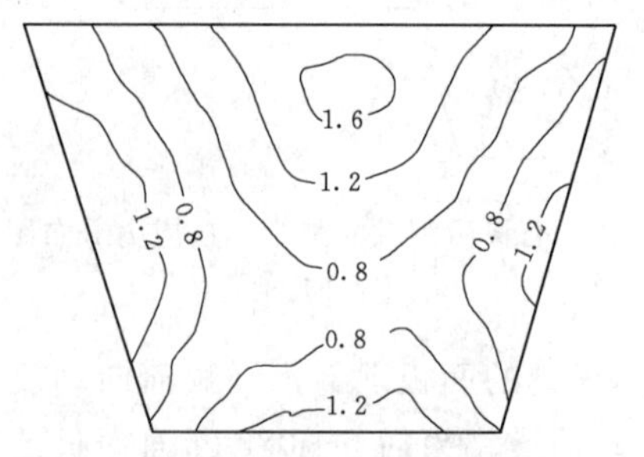

图 4.50　防渗墙沿坝轴向动拉应力分布图（单位：MPa）

由图 4.47～图 4.48 可以看出，防渗墙竖向最大动压应力和最大动拉应力均发生在河床坝段的防渗墙中上部，最大动压应力 1.75MPa，最大动拉应力为 1.69MPa。由图 4.49

～图 4.50 可以看出，防渗墙竖向最大动压应力和最大动拉应力均发生在略偏右岸的河床坝段的防渗墙上部，最大动压应力 1.70MPa，最大动拉应力为 1.63MPa。

参 考 文 献

[1] 罗守成．对深覆盖层地质问题的认识 [J]. 水力发电，1995.

[2] 陈海军．河谷深覆盖层工程地质特性及评价方法 [J]. 地质灾害与环境保护，1996，7（4）.

[3] 金辉．西南地区河谷深覆盖层基本特征及成因机理研究 [D]. 四川：成都理工大学，2008.

[4] 钟诚昌．深厚覆盖层地区工程物探方法技术 [J]. 水力发电，1996.

[5] 孟永旭．下坂地水库坝址深厚覆盖层工程特性及主要地质问题初步评价 [J]. 陕西水利水电技术，2000.

[6] 徐泽平．混凝土面板堆石坝应力变形特性研究 [M]. 郑州：黄河水利出版社，2005.

[7] 郦能惠．高混凝土面板堆石坝新技术 [M]. 北京：中国水利水电出版社，2007.

[8] 水电水利规划设计总院．深覆盖层地基上混凝土面板堆石坝关键技术研究 [R]. 北京：水电水利规划设计总院，2004.

[9] 赵剑明，汪闻韶．混凝土面板堆石坝面板地震反应分析 [J]. 岩石力学与工程学报，2001，20（s2）.

[10] 顾淦臣，沈长松，岑威钧．土石坝地震工程学 [M]. 北京：中国水利水电出版社，2009.

[11] 徐植信，胡再龙．结构地震反应分析 [M]. 北京：高等教育出版社，1993.

[12] 李桂青．抗震结构计算理论和方法 [M]. 北京：地震出版社，1985.

[13] 史良．黄土隧道抗震设计研究 [D]. 西安：长安大学，2005，30.

[14] 朱伯芳．有限单元法原理与应用 [M]. 北京：中国水利水电出版社，1998.

[15] Clough R W，Penzien J. Dynamics of structures [M]. McGraw Inc. 1975.

[16] Birbraer. ANSeismic analysis of structure [M]. Nauka：Sanket-petersburg，1998.

[17] 徐汉忠，吴旭光，马贞信．计算动水压力附加质量的韦氏公式的扩充．河海大学学报，1997，25（5）.

[18] 中华人民共和国行业标准．SL 228—2013 混凝土面板堆石坝设计规范 [S]. 北京：中国水利水电出版社，2013.

[19] Lysmer. Response to buried Structures to Travelling Waves [J]. Geotech. Eng. IJiv. ASCE，1981，20（5）.

[20] 张燎军，张慧星，王大胜，等．黏弹性人工边界在 ADINA 中的应用 [J]. 世界地震工程，2008.

[21] Deeks A J，Randolph M F. Axisymmetric time-domain transmitting Boundaries [J]. Journal of Engineering Mechanics，1994，120（1）.

[22] 刘晶波，李彬．三维黏弹性静-动力统一人工边界 [J]. 中国科学 E 辑工程科学材料科学 2005，35（9）.

[23] 董红健．甘肃洮河九甸峡水利枢纽工程设计 [J]. 水利规划与设计，2006（5）.

[24] 董红健，彭维，刘国俊．甘肃洮河九甸峡水利枢纽工程特点 [J]. 水力发电，2010，36（11）.

[25] 姚天禄，柳发桐，许尔明．九甸峡水利枢纽工程坝址河床深厚覆盖层勘察研究 [J]. 水力发电，2010，36（11）.

[26] 吕生玺，沈振中，温续余．九甸峡混凝土面板堆石坝地震反应特性研究 [J]. 中国农村水利水电，2008（2）.

[27] 赵一新．深覆盖层地基高面板堆石坝应力变形动力有限元分析 [D]. 西安理工大学，2009.

[28] 蒋国澄．中国混凝土面板堆石坝 20 年 [M]. 北京：中国水利水电出版社，2005.

第5章 施工期临时断面度汛对于高面板堆石坝应力变形的影响

随着面板堆石坝筑坝技术的发展，面板堆石坝越建越高，坝体填筑方量越来越大，相应的大坝施工工期也越来越长。为了加快施工进度，减小围堰及导流隧洞等临时工程的投资，目前不少高面板堆石坝工程采用或尝试采用堆石坝体临时断面挡水度汛或过水度汛的施工方案。在此情况下，由于坝体临时断面在施工期曾经受水荷载的作用，因此将对临时断面坝体及竣工期坝体的应力变形性态产生某种形式的影响。本章拟针对高面板堆石坝施工期临时断面挡水度汛及过水度汛两种情况，分析提出施工期临时断面挡水度汛及过水度汛的有限元模拟方法，然后通过工程实例分析，探讨施工期临时断面挡水度汛及过水度汛对于高面板堆石坝应力变形的影响规律。

5.1 高面板堆石坝的施工度汛方式

对于高面板堆石坝工程而言，施工度汛方案是工程选址、枢纽建筑物布置、施工进度及工程投资等的重要影响因素。早期坝高相对较小的面板堆石坝，由于施工工期相对较短、施工导流流量相对较小等，因此大多采用传统的一次截流、隧洞导流的施工度汛方式，这种度汛方式一般可使施工工期及临时工程投资等均大致处于较为合理的范围内。在现代混凝土面板堆石坝阶段，由于坝越建越高，坝体工程量越来越大，相应的大坝施工工期也越来越长，这种传统的施工度汛方式显然无法满足加快施工进度、节约临时工程投资等现实需要。实际上，面板堆石坝与土质防渗体堆石坝不同，其在施工度汛措施上具有以下十分有利的条件[1]：①堆石坝体的垫层、过渡层具有反滤作用，未浇面板的堆石坝体在垫层坡面稍加固坡处理后仍可挡水度汛；②堆石体具有一定的抗冲能力，在对堆石坝体临时断面的坝面进行适当保护后可以考虑坝面过水，宣泄较小流量的施工期洪水。部分已建和在建高面板堆石坝工程的施工经验证明，高面板堆石坝可以利用未完成的堆石坝体临时断面，在临时断面上游面尚未浇筑混凝土面板的情况下，通过采取适当的保护措施，来直接挡水或过水度汛，且能保证大坝安全。高面板堆石坝的这一特点不仅极大地方便了施工度汛，而且充分体现出加快施工进度、减小临时工程投资等多重优点。

不少专家学者结合高面板堆石坝工程实际，进行了施工度汛方式的探讨和实践，提出了不少可行合理的施工度汛方式。概括起来，目前高面板堆石坝工程常用的施工度汛方式有以下3种[1-6]：

(1) 临时断面挡水度汛。临时断面挡水度汛是指采用度汛洪水标准相对较低的导流隧洞和上游围堰，较大施工洪水时可冲毁围堰而用坝体临时断面挡水度汛。

对坝址位于峡谷河段的混凝土面板堆石坝，一般可采用一次断流、隧洞导流的方式，可以用低围堰截流、高强度填筑坝体临时断面挡水的方式度过第一个汛期。由于基坑中趾板（含其下部基岩中的固结和帷幕灌浆）、面板、堆石坝体三部位施工互不干扰，截流前可以做许多工作以减少截流后的基坑工作量，可以合理安排各分部工程的施工程序以争取更多枯水期的有效工作日。堆石坝体断面单一，便于高强度填筑，基坑可以被水淹没，从而使得堆石体挡水度汛具有现实可行性及经济合理性。这种度汛方式的关键在于施工程序的合理安排上，为争取填筑工期，临时断面处的地基开挖应与围堰施工、趾板浇筑以及灌浆同步进行。趾板工程量不大，应超前一步集中力量抢筑，力争在最短时间内完成。在临时断面填筑开始时，甚至可以考虑用良好的级配石料进行水下抛填，这种处在底部的抛填堆石体，在施工过程中可以完成沉降，不会对整体堆石体产生明显影响，但对抢筑临时断面却十分有利。

坝体临时断面挡水度汛时，应满足抗滑稳定和渗透稳定要求；垫层区的上游坡面应予保护。保护措施根据过流面体型和水流流速、被保护材料性质等条件综合确定，必要时应进行水力学模型试验。在利用坝体临时断面挡水时，上游垫层坡面应予保护，以免风浪或暴雨冲刷，也可作为施工期防止人为破坏的防护。固坡措施可视具体情况选用碾压砂浆、喷乳化沥青、喷混凝土或砂浆、混凝土挤压边墙等。

（2）临时断面过水度汛。临时断面过水度汛是指采用度汛洪水标准相对较低的导流隧洞和上游围堰，较大施工洪水时可冲毁围堰而用坝体临时断面过水度汛。

对坝址位于宽阔河谷的混凝土面板堆石坝，当截流后一个枯水期将堆石坝体抢筑到一定拦洪高程确有困难时，可以在第一个汛期以堆石坝体临时断面上宣泄部分洪水的方式导流。这种度汛方式的主要特点有：①可采用较低标准的上游围堰，容许汛期淹没基坑；②第一个汛期，允许洪水浸没和漫过堆石坝体临时断面顶部，对临时断面上游垫层料的坡面进行适当保护，对堆石体的顶部和下游坡用钢筋石笼等方式加固。

施工期堆石坝体表面过水度汛时，应满足抗滑稳定及渗透稳定要求；坝体过流表面、下游坡面和坡脚应进行保护；保护措施应根据过流面体型和水流流速、被保护材料性质等条件综合确定，必要时应进行水力学模型试验。坝面过水度汛时，对过流表面及下游坡面和坡脚应做好防护。防护材料一般可采用填块石的钢筋笼或钢筋网用锚筋固定在堆石体上，也有在下游坡面用碾压混凝土保护的工程实例，如水布垭面板堆石坝。重要工程应通过水力学模型试验，为选择和完善坝面过水的防护措施提供依据。

（3）传统度汛方式。即采用设计度汛洪水标准的导流隧洞和上游围堰，大坝施工期一直采用隧洞导流、围堰挡水度汛。对于一般高面板堆石坝工程，这种度汛方式往往需要布置较大断面的导流隧洞，坝上游围堰也相对较高，与上述两种方式相比，存在工期较长、临时工程投资较高等缺点。

在上述 3 种施工度汛方式中，临时断面挡水度汛方式尤为常见。

临时断面挡水度汛方式与临时断面过水度汛方式相比较，有以下特点[1]：①采用临时断面挡水度汛方式，在汛期不影响坝体其他部位的填筑施工，而采用临时断面过水度汛方式时坝体其他部位则只能在汛期过后才能继续填筑；②采用临时断面挡水度汛方式，需在汛期来临前将坝体抢填到度汛高程，而采用临时断面过水度汛方式时，则需在汛期来临之前做好堆石体过水面的防护，以免发生冲刷破坏。

对于实际高面板堆石坝工程而言，应结合坝址区地形地质、水文、建筑物布置、工程规模及工程施工等条件，在保证施工度汛安全的前提下，通过技术经济综合比较，择优选定施工度汛方案。

5.2　临时断面度汛的有限元模拟

通过前述分析可以发现，对高面板堆石坝而言，施工期临时断面挡水度汛或过水度汛只是施工前期一个较为特殊的施工工序安排而已，不难发现，施工期临时断面挡水度汛或过水度汛对高面板堆石坝应力变形的影响应主要是在坝体施工期，这种影响可在坝体竣工期予以集中反映。为此，本章拟采用三维非线性有限元法，结合典型工程实例，通过针对是否采用临时断面度汛两种情况的施工期全过程应力变形有限元计算，进而通过对比分析两种情况下的应力变形有限元计算结果的差异，来揭示施工期临时断面度汛对于高面板堆石坝应力变形的影响规律。按照上述研究思路，并考虑到施工期临时断面挡水度汛及过水度汛的特殊性，需要分析提出计算模型及度汛过程模拟等关键问题的解决办法。

5.2.1　有限元计算模型及计算方法

有限元几何模型的建模方法与常规三维有限元模型相同，坝基计算范围应足够大；但鉴于临时断面是一个研究重点，因此临时断面处的网格宜适当加密，以确保在临时断面范围内能有一个较高的计算精度。

在进行临时断面度汛的高面板堆石坝应力变形有限元分析时，坝体堆石料的本构模型采用邓肯-张 $E-B$ 模型，混凝土面板、趾板及防渗墙采用线弹性模型，面板与垫层之间接触面的模拟采用无厚度 Goodman 单元，面板接缝的模拟采用薄层单元模型。上述各计算模型的基本原理参见第 2 章。

由于坝体堆石料采用邓肯-张 $E-B$ 模型，因此，有限元计算的结构整体平衡方程组为以单元结点位移为未知量的非线性方程组。由于堆石坝体是通过逐层碾压填筑而成的，同时临时断面度汛要经历一定的随时间变化的过程，因此，在进行有限元计算时，必须根据实际施工和度汛过程按照分期（分级）加载的方法来模拟坝体自重和水荷载的作用过程。实践证明，对于上述具有分期加载要求的材料非线性问题，增量有限元法是最为有效的一种计算方法。经过与第 2 章类似的分析，本章拟采用中点增量法来进行材料非线性问题的求解。中点增量法的基本原理参见第 2 章。

在有限元程序中，可通过时间函数、时间步及单元生死的联合设置，实现对于堆石坝体及面板分期施工过程的逐级实时模拟，而分级计算时加载历史的影响可通过采用前期固结压力计算初始弹性常数的方法来予以考虑[7]。

5.2.2　临时断面挡水度汛过程的模拟

在利用坝体临时断面挡水度汛时，临时断面上游面尚未浇筑混凝土面板，度汛前通常采用碾压砂浆、喷乳化沥青、喷混凝土或砂浆、混凝土挤压边墙等固坡措施来进行垫层上游坡面的保护。不难发现，这些固坡材料相对于临时断面堆石料而言是具有一定防渗效果的，因此在临时断面挡水度汛期间，其上游面将受到水压力作用，同时在临时断面的坝体和坝基中将产生一定形式的渗流。临时断面挡水水位是随洪水过程而变化的，且处在设计挡水水位的历时往往较短，严格意义上来说，挡水度汛期间在临时断面坝体和坝基中将产生非稳定渗流。但鉴于上述固坡措施的实际防渗效果具有一定的不确定性，因此从最不利情况考虑，本次计算时假定在设计挡水位下临时断面挡水度汛期可以形成稳定渗流，近似按稳定渗流情况计算确定在设计挡水位下的临时断面坝体和坝基中的渗流场。对于挡水度汛期间作用在临时断面上游面上的水压力，应根据挡水水位的实际变化过程分级进行模拟。以挡水水位升高时按三级施加水压力为例，假设每级水压力作用的坝高依次为 h_1、h_2、h_3，分级施加水压力的方法如图5.1所示。

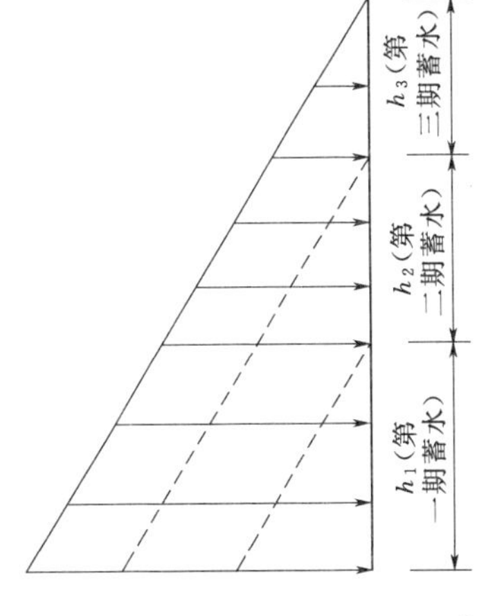

图 5.1 水荷载逐级施加示意图[8]

水压力的作用范围是随着挡水水位的升高而升高的。作用在任一坝高为 h 的上游坝面上的静水压力 P_h 可按式（5.1）确定：

$$P_h=\gamma(h_1+h_2+h_3-h) \tag{5.1}$$

式中：γ 为水的重度；h_1、h_2、h_3 为每级水压力作用的坝高。

依据式（5.1），在有限元程序中可通过空间函数、时间函数及时间步的联合设置，实现对临时断面挡水度汛过程中上游坝面上水压力的逐级实时模拟[9]。

5.2.3 临时断面过水度汛过程的模拟

在利用坝体临时断面过水度汛时，临时断面上游面尚未浇筑混凝土面板，度汛前通常采用碾压砂浆、喷乳化沥青、喷混凝土或砂浆、混凝土挤压边墙等固坡措施来进行垫层上游坡面的保护，同时对临时断面顶面及下游坡面和坡脚采取诸如钢筋笼或钢筋网等保护措施。因此，在临时断面坝面过水前的挡水期，临时断面上游坡面将受到水压力作用，且临时断面坝体和坝基中存在渗流作用；在临时断面坝面过水期，坝面上将受到时均动水压力、脉动动水压力以及拖曳力等的作用[10]。为简化计算，且从最不利情况考虑，本次计算时，临时断面挡水期的上游坡面水压力按式（5.1）进行计算，相应的临时断面坝体和坝基中的渗流场按5.2.2节的方法进行计算；临时断面坝面过水期上述动水压力的作用按拟静力法进行近似计算，并按坝面过水的实际水力条件计算确定临时断面坝体和坝基中相应的渗流场分布。

计算中，按照实际过水度汛过程分级模拟上述荷载。先按照5.2.2节所述方法分级模拟坝面临过水前的挡水期荷载，再分级模拟坝面过水期间的各种荷载。在有限元程序中可通过空间函数、时间函数及时间步的联合设置，实现对临时断面过水度汛过程中各种荷载的逐级实时模拟[9]。

5.3 临时断面挡水度汛工程实例分析

5.3.1 工程概况[11-14,18]

洪家渡水电站位于贵州省黔西县与织金县交界的乌江干流北源六冲河下游，是乌江干流11个梯级电站中唯一具有多年调节水库的龙头电站。坝址以上流域面积9900km²，多年平均径流量48.9亿m³，水库正常蓄水位1140.00m，水库总库容为49.47亿m³，电站总装机容量为600MW，工程规模为Ⅰ等大（1）型。电站枢纽建筑物由混凝土面板堆石坝、洞式溢洪道、泄洪洞、引水发电系统及坝后厂房等组成。大坝及泄洪建筑物为1级建筑物，按500年一遇洪水设计，可能最大洪水（PMF）校核；大坝抗震设计烈度为Ⅶ度。

洪家渡水电站枢纽平面布置见图5.2。

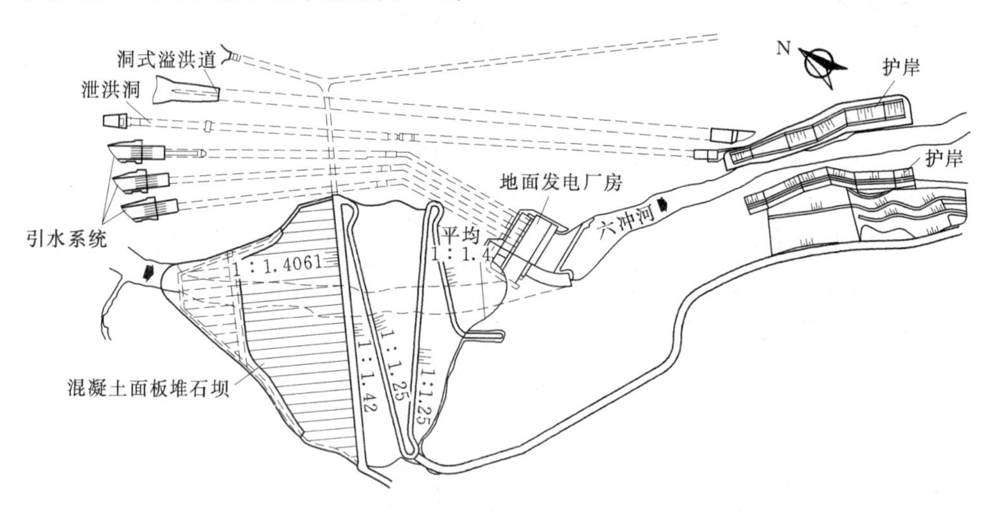

图5.2 洪家渡水电站枢纽平面布置图[18]

混凝土面板堆石坝坝顶高程为1147.50m，最大坝高为179.50m，坝顶宽10.95m，坝顶长度为427.79m，上、下游坝坡坡比为1：1.4。坝体堆石料填筑方量为920万m³。面板分三期施工，一期面板为1031.00m高程，相应堆石坝体高程为1033.00m；二期面板为1100.00m高程，相应堆石坝体高程为1102.00m高程；三期面板到1142.70m高程。大坝标准横剖面及分期施工布置见图5.3。图5.3中，虚线为坝料分区线，实线为坝体填筑分期线。

通过施工导流度汛方案论证，洪家渡水电站采用的导流度汛方案为：根据坝址自然条件，采用低围堰截流、高强度填筑坝体临时断面挡水方式度过第一个汛期。坝体施工分期模式为“一枯度汛抢拦洪、后期度汛抢发电”，即截流后第一个枯期将坝体填筑到安全度汛水位，汛期坝体不过流，靠坝体临时断面挡水；在施工后期，将坝体填筑到导流洞封堵后的度汛水位，同时满足首台机发电水位要求。临时断面挡水度汛措施如下：

（1）度汛坝体即为第Ⅰ期填筑的临时断面坝体，要求在汛前填筑完成，其上游侧堆石体的顶部高程达到度汛所要求的1025.00m，具备拦挡100年一遇洪水（$Q=5210\text{m}^3/\text{s}$）

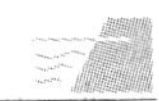

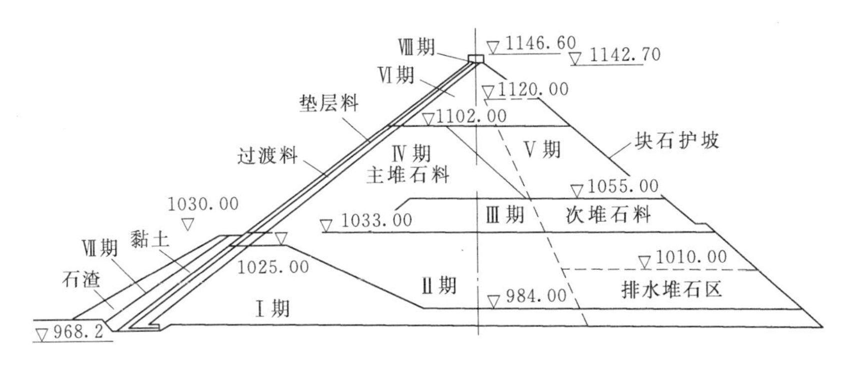

图 5.3 洪家渡大坝标准横剖面及分期施工布置图[12]

的条件，临时断面坝体设计挡水位为 995.00m。

(2) 临时断面上游垫层区坡面保护：喷 10cm 厚聚丙烯化学纤维混凝土保护。坡面保护的目的一是作为混凝土面板浇筑之前坝体汛期挡水的临时措施，二是防止面板施工过程中对垫层料坡面的人为损坏。

5.3.2 临时断面坝体渗流有限元分析

基于前述分析结果，从最不利情况考虑，本次近似按稳定渗流情况进行设计挡水位下临时断面坝体和坝基的三维渗流有限元计算。

5.3.2.1 有限元模型

选取计算坐标系为：X 轴为顺河流方向，指向下游为正；Y 轴为沿坝轴线方向，指向左岸为正，取临时断面坝体上游坡脚为 Y 轴零点；Z 轴为竖直方向，与高程一致。

选取三维渗流计算范围为：坝踵向上游、坝趾向下游、河床面向下及左右坝肩分别取 1 倍的临时断面坝高。

主要采用 8 节点等参单元进行计算域的剖分，共剖分单元 40380 个，节点 44770 个。

渗流计算的边界条件为：坝基和坝肩四周及底部边界均为不透水边界，坝基上游顶面及下游顶面、上游水位以下的上游坝面及下游水位以下的下游坝面均为已知水头边界。

5.3.2.2 计算工况及计算参数

根据研究目的，结合临时断面坝体挡水度汛方案，拟定临时断面渗流有限元分析的计算工况为：临时断面挡水期，上游水位为 995.00m，下游无水。

根据有关资料，选取坝体材料及基岩的渗透系数见表 5.1。

表 5.1　坝体材料及基岩的渗透系数取值表[11]

材料	基岩	防渗帷幕	混凝土喷护	面板	垫层	过渡层	主、次堆石
渗透系数/(cm/s)	2.2×10^{-4}	5.5×10^{-5}	2.5×10^{-5}	1×10^{-8}	1.5×10^{-3}	3×10^{-2}	4×10^{-1}

5.3.2.3 计算结果分析

根据三维渗流有限元计算结果，临时断面挡水期的渗流水头等值线分布见图 5.4。

从图 5.4 可以看出，在临时断面挡水期，临时断面坝体内浸润线在穿过上游坝面混凝土喷护层后迅速下降，逸出点在下游坡脚附近；坝体内浸润线位置相对较低，说明上游坝

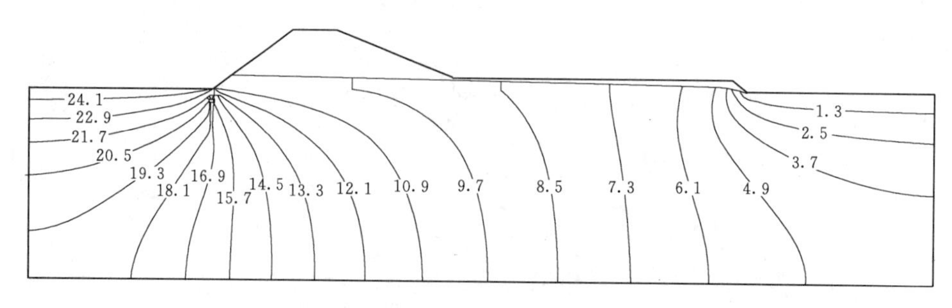

图 5.4　临时断面挡水期渗流水头等值线图（单位：m）

面混凝土喷护层的防渗效果较为明显；坝体内最大渗透坡降为 93，位于趾板下方的防渗帷幕底部。

5.3.3　施工期大坝应力变形有限元分析

根据研究需要，本次重点进行施工期的大坝应力变形有限元计算，以分析施工期临时断面挡水度汛对于大坝施工期应力变形的影响规律。基于前述关于临时断面挡水度汛模拟方法的分析结果，采用有限元软件具体实施施工期各种工况的大坝应力变形三维有限元计算。

5.3.3.1　有限元模型

选取计算坐标系为：以坝基上游右岸端点为坐标系原点，顺水流方向为 X 轴正向，沿坝轴线指向左岸为 Y 轴正向，从建基面竖直向上为 Z 轴正向。

选取计算范围如下：分别临时断面坝体和竣工期坝体为研究对象，由于趾板地基已开挖至基岩，坝体堆石体下部仍保留一定厚度的覆盖层，因此坝基上游取至上游坝坡坡脚处，坝基下游取至沿下游坝坡延长至基岩面处，左右坝肩均取至岸坡基岩面。

边界条件为：坝基底部取为固定铰约束，左右坝肩侧面取为法向约束。

主要采用 8 节点等参元分别对临时断面和竣工期坝体进行单元剖分。临时断面坝体共剖分单元 1640 个，节点 2255 个。竣工期坝体共剖分单元 7038 个，节点 7974 个。临时断面坝体的三维有限元网格见图 5.5，竣工期坝体的三维有限元网格见图 5.6。主要采用 8 节点等参元进行坝体单元剖分。

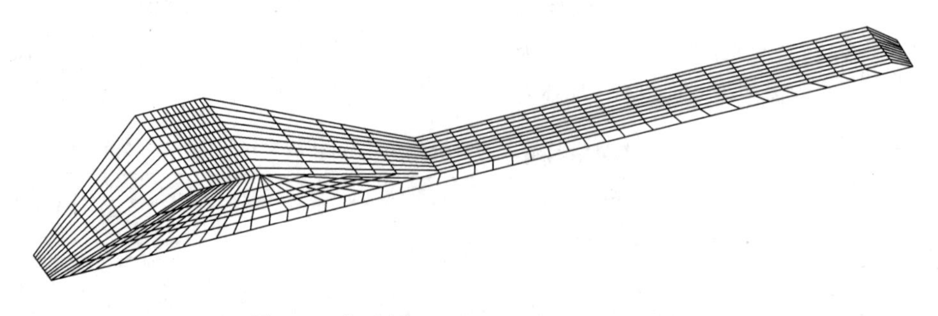

图 5.5　临时断面坝体的三维有限元网格图

5.3.3.2　计算工况及荷载分级

结合临时断面坝体挡水度汛方案，并根据研究需要，拟定施工期大坝应力变形有限元

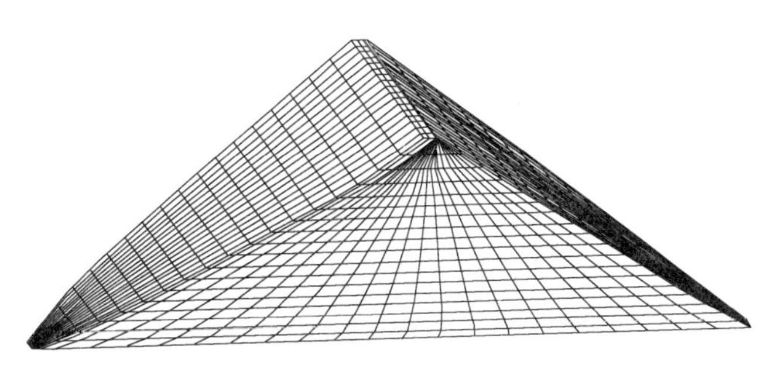

图 5.6 竣工期坝体的三维有限元网格图

分析的计算工况如下：

工况 1：临时断面完建期。临时断面顶部已填筑至挡水度汛高程 1025.00m，坝体上、下游均无水；

工况 2：临时断面挡水度汛期。临时断面坝体上游水位为 995.00m，下游无水；

工况 3：大坝竣工期（不考虑施工期临时断面挡水度汛）。坝体上、下游无水；

工况 4：大坝竣工期（考虑施工期临时断面挡水度汛）。坝体上、下游无水。

大坝堆石体分层分区填筑共按 21 级荷载模拟，其中临时断面填筑及汛前上游坡面保护施工按 7 级荷载模拟，度汛后至坝顶的填筑施工按 14 级荷载模拟；混凝土面板浇筑按 3 级荷载模拟；挡水度汛过程按 5 级荷载模拟，其中水位上升期按 3 级荷载模拟，水位降落期按 2 级荷载模拟。

在针对工况 2 计算时，考虑临时断面坝体上游坡面水压力的作用。

5.3.3.3 计算参数

根据有关资料，选取坝体堆石料的邓肯-张 $E-B$ 模型计算参数见表 5.2。其中，在针对工况 2 和工况 4 计算时，考虑临时断面坝体内渗流浸润线上下坝体堆石料计算参数的差异，浸润线以上采用干样参数，浸润线以下采用饱和样参数。混凝土材料、接触面和接缝单元等的计算参数选用情况参见第 4 章。

表 5.2 坝体堆石料邓肯-张 $E-B$ 模型计算参数表[11]

材料	状态	密度 /(kg/m³)	C /Pa	φ /(°)	K	n	R_f	K_b	m	K_{ur}	n_{ur}
垫层	干样	2205	0	52	1100	0.40	0.87	680	0.21	2250	0.40
	饱和	2366	0	47	927	0.39	0.82	680	0.21	1895	0.39
过渡层	干样	2190	0	53	1050	0.43	0.87	620	0.24	2150	0.43
	饱和	2355	0	46	731	0.38	0.80	620	0.24	1497	0.38
主堆石区	干样	2181	0	53	1000	0.47	0.87	600	0.40	2050	0.47
	饱和	2348	0	51	445	0.90	0.88	600	0.40	913	0.90
次堆石区	干样	2120	0	52	850	0.36	0.29	580	0.30	1750	0.36
	饱和	2302	0	45	419	0.41	0.29	580	0.30	862	0.41

5.3.3.4 计算结果分析

针对上述有限元模型，按照逐级加载方法，进行了上述各工况的大坝应力变形三维非线性有限元仿真计算。为探讨临时断面挡水度汛对大坝应力变形的影响规律，以下将工况 1 与工况 2 及工况 3 与工况 4 的计算结果分别进行对比分析。

应力变形的正负号约定如下：应力以拉为正，以压为负；水平位移以向下游为正，向上游为负；垂直位移以铅直向上为正，向下为负。

1. 工况 1 与工况 2 的计算结果对比分析

临时断面坝体在工况 1 及工况 2 下的应力变形主要计算结果见表 5.3。

表 5.3　临时断面坝体在工况 1 及工况 2 下的应力变形主要计算结果

工况	计算内容	最大值	发生部位
工况 1	垂直位移/cm	−15.07	上游侧堆石体的中上部靠近中轴线处
	水平位移/cm	向上游−3.88	上游侧堆石体的中上部靠近上游面处
		向下游 2.35	上游侧堆石体的中上部靠近下游面处
	大主应力/MPa	−1.01	上游侧堆石体的底部靠近中轴线处
	小主应力/MPa	−0.32	上游侧堆石体的底部靠近中轴线处
工况 2	垂直位移/cm	−15.08	上游侧堆石体的中上部靠近中轴线处
	水平位移/cm	向上游−3.46	上游侧堆石体的中上部靠近上游面处
		向下游 2.44	上游侧堆石体的中上部靠近下游面处
	大主应力/MPa	−1.01	上游侧堆石体的底部靠近中轴线处
	小主应力/MPa	−0.32	上游侧堆石体的底部靠近中轴线处

工况 1 临时断面坝体的应力变形计算结果见图 5.7～图 5.10，工况 2 临时断面坝体的应力变形计算结果见图 5.11～图 5.14。在这两种工况下，由于临时断面坝体的应力变形主要发生在上游侧的头部，而下游侧尾部的应力变形一般均很小，因此为表达清楚起见，在图 5.7～图 5.14 中将临时断面坝体下游侧的尾部统一略去。

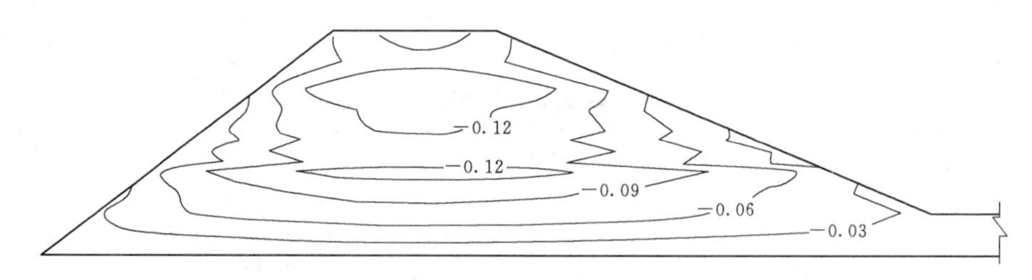

图 5.7　工况 1 临时断面坝体垂直位移等值线图（单位：m）

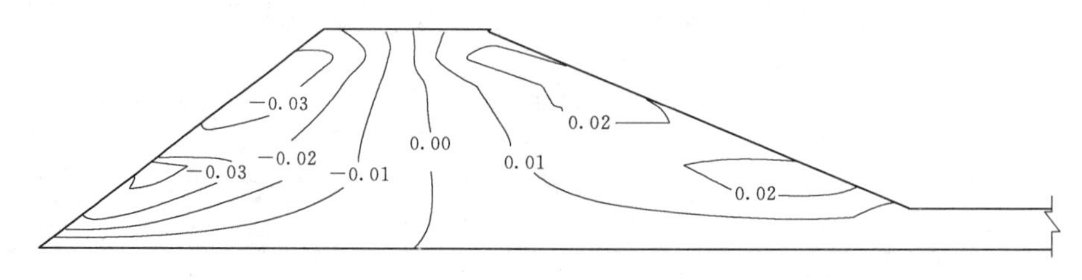

图 5.8　工况 1 临时断面坝体水平位移等值线图（单位：m）

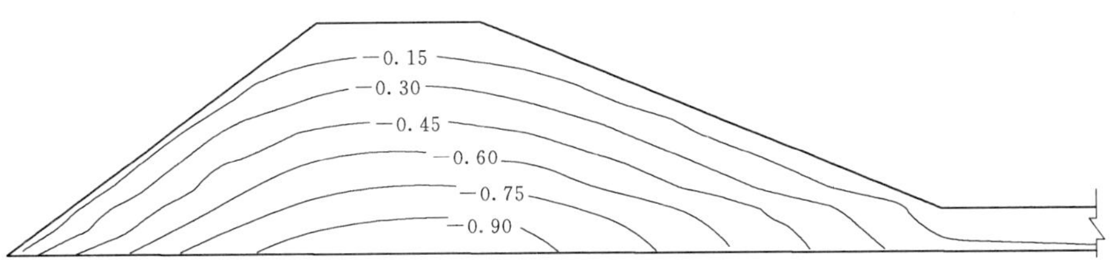

图 5.9　工况 1 临时断面坝体大主应力等值线图（单位：MPa）

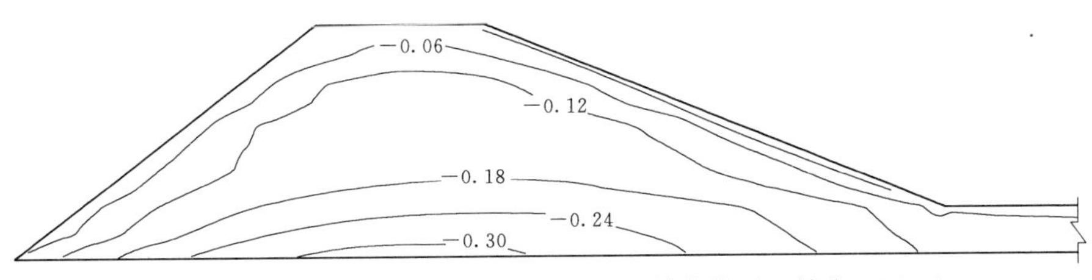

图 5.10　工况 1 临时断面坝体小主应力等值线图（单位：MPa）

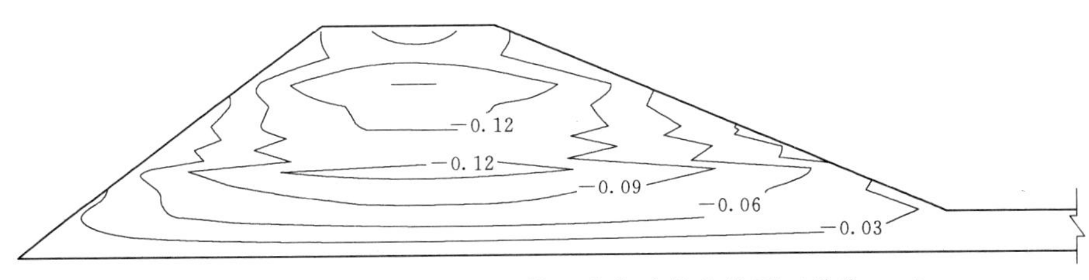

图 5.11　工况 2 临时断面坝体垂直位移等值线图（单位：m）

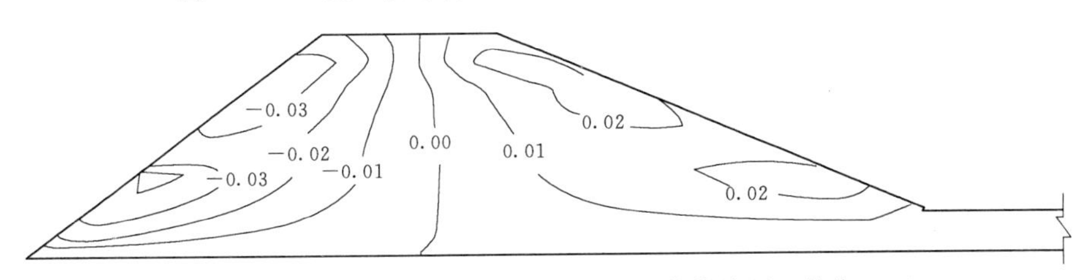

图 5.12　工况 2 临时断面坝体水平位移等值线图（单位：m）

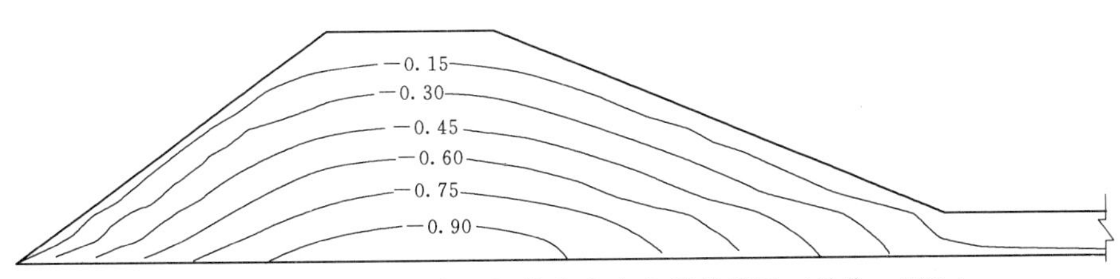

图 5.13　工况 2 临时断面坝体大主应力等值线图（单位：MPa）

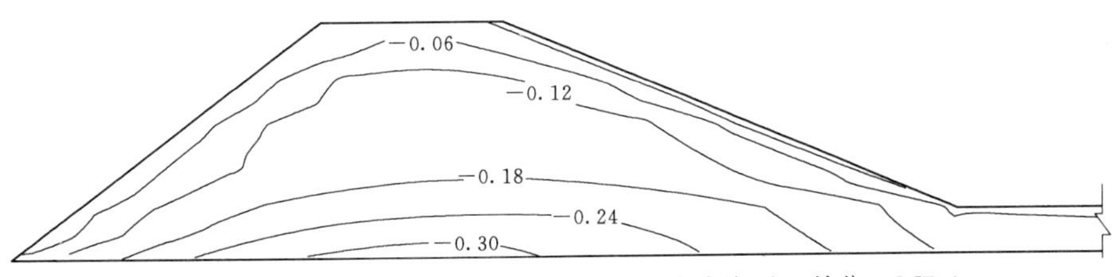

图 5.14　工况 2 临时断面坝体小主应力等值线图（单位：MPa）

从图 5.7～图 5.14 可以看出，总体而言，临时断面坝体在工况 1 及工况 2 下的应力变形主要发生在上游侧堆石体中，下游侧水平段堆石体中的位移和应力均相对较小。工况 1 与工况 2 相比较而言，各项位移和应力的变化特点如下：

对比图 5.7 和图 5.11 可以看出，工况 1 与工况 2 的临时断面坝体垂直位移分布规律基本相同，最大垂直位移均发生在临时断面上游侧堆石体的中上部靠近中轴线处；工况 1 的最大竖直位移为 15.07cm，工况 2 的最大竖直位移为 15.08cm，两者相差很小，说明临时断面挡水度汛对其垂直位移即沉降变形的影响很小。

对比图 5.8 和图 5.12 可以看出，工况 1 与工况 2 的临时断面坝体水平位移分布规律基本相同，即均以上游侧堆石体中轴线为界呈现上下游大致对称分布的特点，指向上游的最大水平位移位于上游侧堆石体的中上部靠近上游面处，指向下游的最大水平位移位于上游侧堆石体的中上部靠近下游面处；工况 1 指向上游的水平位移最大值为 3.88cm，指向下游的水平位移最大值为 2.35cm，工况 2 指向上游的水平位移最大值为 3.46cm，指向下游的水平位移最大值为 2.44cm，说明临时断面挡水度汛使得指向上游的水平位移略有减小，而指向下游的水平位移则略有增大。

对比图 5.9 和图 5.13 以及图 5.10 和图 5.14 可以看出，工况 1 与工况 2 的临时断面坝体应力分布规律基本相同，临时断面大、小主应力均为压应力，大、小主应力最大值均发生在临时断面上游侧堆石体的底部靠近中轴线处，且大、小主应力最大值基本相同（工况 2 比工况 1 略有增大），说明临时断面的应力主要是由堆石体自重引起的，挡水度汛所引起的附加应力相对很小。

2. 工况 3 与工况 4 的计算结果对比分析

竣工期坝体在工况 3 及工况 4 下的应力变形主要计算结果见表 5.4。

表 5.4　　竣工期坝体在工况 3 及工况 4 下的应力变形主要计算结果

工况	计算内容	最大值	发生部位
工况 3	垂直位移/cm	−60.79	坝体中上部的坝轴线附近
	水平位移/cm	向上游−8.82	坝体中下部靠近上游坝面处
		向下游 9.29	坝体中下部靠近下游坝面处
	大主应力/MPa	−3.02	坝底靠近坝轴线处
	小主应力/MPa	−0.72	坝底靠近坝轴线处
工况 4	垂直位移/cm	−61.96	坝体中部的坝轴线附近
	水平位移/cm	向上游−8.36	坝体中下部靠近上游坝面处
		向下游 9.78	坝体中下部靠近下游坝面处
	大主应力/MPa	−3.11	坝底靠近坝轴线处
	小主应力/MPa	−0.85	坝底靠近坝轴线处

工况 3 竣工期坝体的应力变形计算结果见图 5.15～图 5.18，工况 4 竣工期坝体的应力变形计算结果见图 5.19～图 5.22。

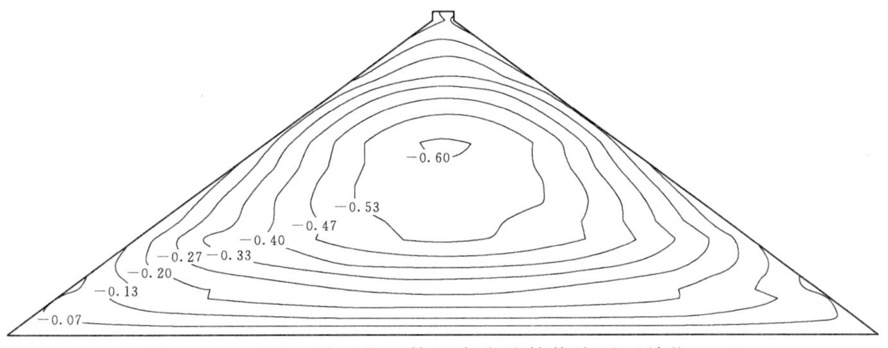

图 5.15　工况 3 竣工期坝体垂直位移等值线图（单位：m）

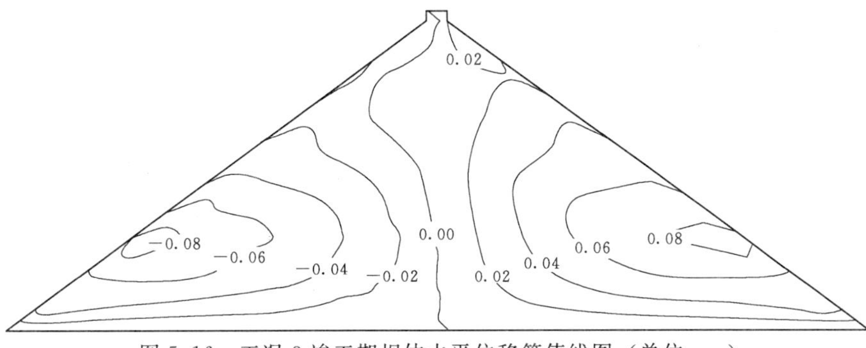

图 5.16　工况 3 竣工期坝体水平位移等值线图（单位：m）

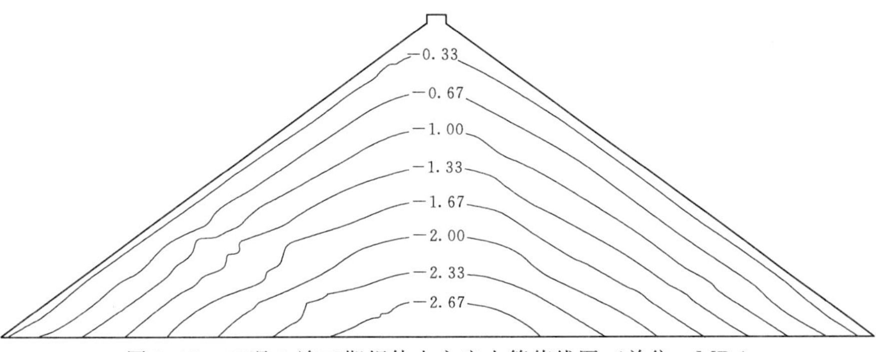

图 5.17　工况 3 竣工期坝体大主应力等值线图（单位：MPa）

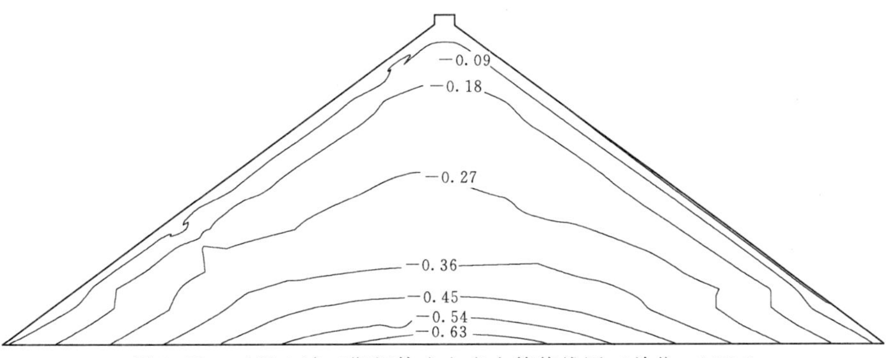

图 5.18　工况 3 竣工期坝体小主应力等值线图（单位：MPa）

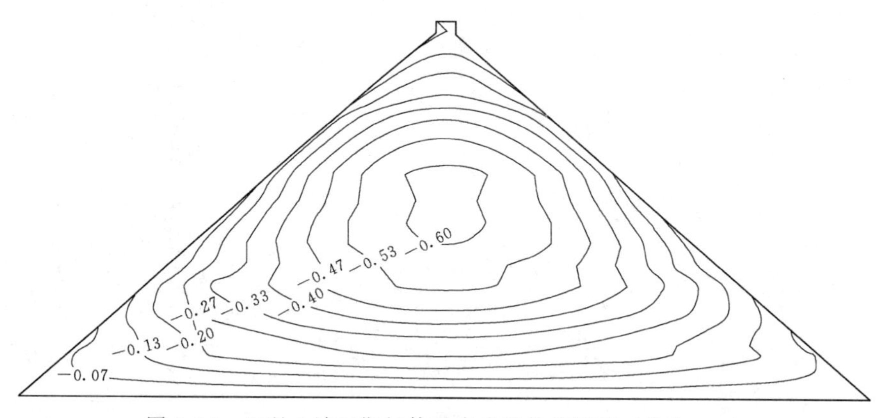

图5.19　工况4竣工期坝体垂直位移等值线图（单位：m）

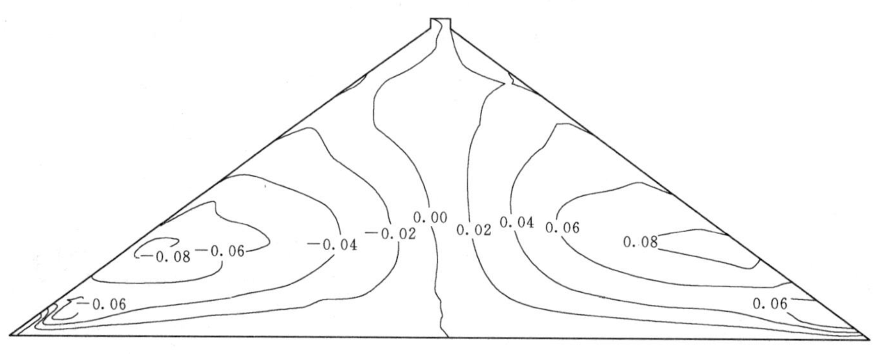

图5.20　工况4竣工期坝体水平位移等值线图（单位：m）

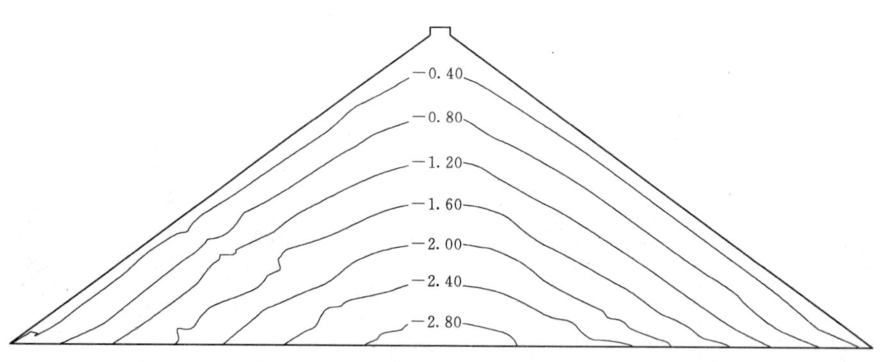

图5.21　工况4竣工期坝体大主应力等值线图（单位：MPa）

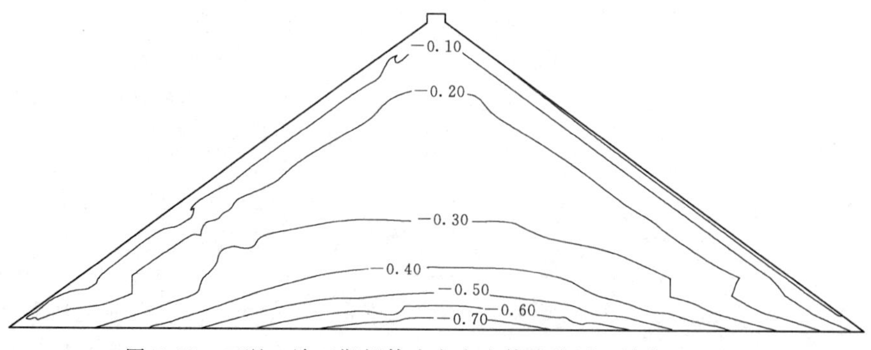

图5.22　工况4竣工期坝体小主应力等值线图（单位：MPa）

工况3与工况4相比较而言，各项位移和应力的变化特点如下：

对比图5.15和图5.19可以看出，工况3与工况3的竣工期坝体垂直位移分布规律基本相同，最大垂直位移均发生在坝体中上部的坝轴线附近；工况3的最大垂直位移为60.79cm，工况4的最大垂直位移为61.96cm，工况4比工况3略有增加，但增加量不大，说明坝体沉降变形主要是由自重引起的，临时断面挡水度汛对坝体竣工期沉降变形影响较小。

对比图5.16和图5.20可以看出，工况3与工况4的竣工期坝体水平位移分布规律基本相同，即均以坝轴线为界呈现上下游大致对称分布的特点，指向上游的最大水平位移位于坝体中下部靠近上游坝面处，指向下游的最大水平位移位于坝体中下部靠近下游坝面处；工况3指向上游的水平位移最大值为8.82cm，指向下游的水平位移最大值为9.29cm，工况4指向上游的水平位移最大值为8.36cm，指向下游的水平位移最大值为9.78cm，说明临时断面挡水度汛使得竣工期坝体指向上游的水平位移略有减小，而指向下游的水平位移则略有增大。

对比图5.17和图5.21以及图5.18和图5.22可以看出，工况3与工况4的竣工期坝体应力分布规律基本相同，竣工期坝体大、小主应力均为压应力，大、小主应力最大值均发生在坝底靠近坝轴线处；工况3的大主应力最大值为3.02MPa，小主应力最大值为0.72MPa；工况4的大主应力最大值为3.11MPa，小主应力最大值为0.85MPa；工况4比工况3的大主应力增大0.09MPa，小主应力增大0.13MPa。由此说明，由于临时断面挡水度汛，使得竣工期坝体产生了一定程度的应力重分布，大、小主应力均有一定增加，但增加幅度较小，因此，临时断面挡水度汛对于竣工期坝体应力的影响相对较小。

5.3.3.5 结论

根据上述计算分析结果不难发现，对于高面板堆石坝而言，与未采用临时断面挡水度汛施工方案情况相比较，采用临时断面挡水度汛施工方案时的临时断面坝体的应力变形变化很小，且临时断面挡水度汛对竣工期坝体的应力变形也不会产生显著影响。

5.4 临时断面过水度汛工程实例分析

5.4.1 工程概况[14-17]

黄石滩水库工程是一座以灌溉为主，兼顾防洪、养殖的中型水利工程。水库设计洪水标准为100年一遇，相应洪峰流量为1150m^3/s，校核洪水标准为2000年一遇，相应洪峰流量为1910m^3/s。施工导流设计洪水标准为10年一遇，相应洪峰流量枯水期为75m^3/s，汛期为579m^3/s。

水库枢纽建筑物由混凝土面板堆石坝、岸边溢洪道、输水洞及导流排砂泄洪洞等组成。混凝土面板堆石坝坝顶高程为423.60m，最大坝高为75.60m，坝顶宽度为8m，坝顶长度为210m，上游坝坡坡比为1∶1.4，下游坝坡坡比为1∶1.25～1∶1.40。坝体总填筑方量为68.5万m^3。大坝平面布置见图5.23，大坝标准横剖面见图5.24。

黄石滩大坝施工的导流度汛方案为：2001年10月底河道截流，导流洞投入运行，同时进行趾板基础开挖工作；2002年5月底完成373.00m高程以下趾板基础的处理、趾板

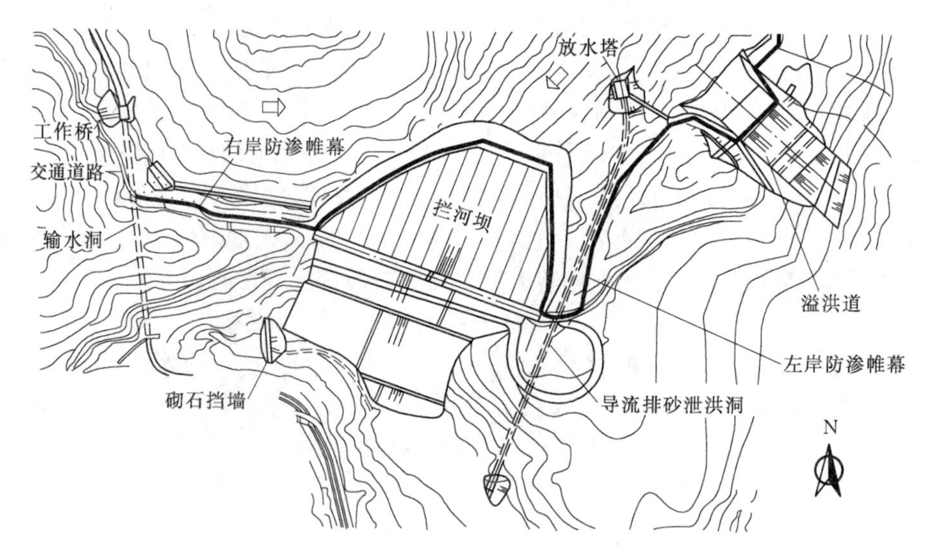

图 5.23 黄石滩大坝平面布置图[15]

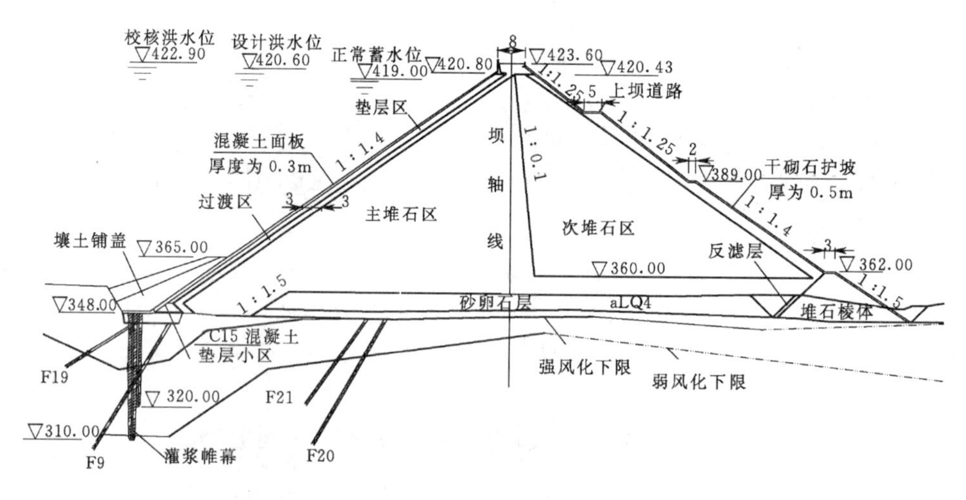

图 5.24 黄石滩大坝标准横剖面图[15]（单位：m）

浇筑和坝体填筑工作，并做好坝面防护，迎接2002年汛期的坝面过水；5月底前围堰挡水，导流洞过水，设计最大泄量为75m³/s；汛期坝面过水度汛，洪水由导流洞和坝面联合下泄；汛期过后，清理坝面和基坑，开始第三年的枯水期施工，在2003年汛期到来之前，坝面施工上升到395.00m高程以上，具备拦挡50年一遇洪水条件（$Q=934\text{m}^3/\text{s}$）；2003年汛期坝面填筑工作不间断，直至达到设计坝顶高程；汛期坝面挡水，洪水全部由导流洞下泄，设计最大泄量为446m³/s。过水度汛临时断面如图5.25所示。

过水度汛临时断面坝面的主要保护措施为：临时断面上游坡面采用混凝土喷护；坝顶过水面设置内填块石的钢筋铅丝笼，纵横向每隔2m设加强钢筋，加强钢筋与预埋的锚筋连接；下游坡面底部，按垂直河流方向摆放宽1.5m、高1m的钢筋铅丝笼，每隔3m摆放1排，每排石笼底顺水流方向按间距2m加焊钢筋连接；下游两岸边坡按每上升1.6m、水平间距1.6m预埋带弯钩的锚筋，坡面摆放1.6m×1.6m的钢筋骨架，钢筋骨架网格内

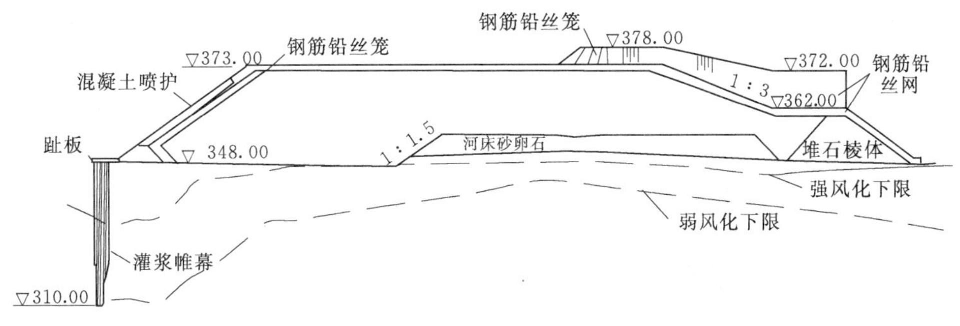

图 5.25 黄石滩面板坝施工期过水度汛临时断面图[15]（单位：m）

干砌块石，在表面罩铅丝网，钢筋骨架网格用铅丝与铅丝网牢固绑扎。

5.4.2 临时断面坝体渗流有限元分析

基于前述分析结果，为简化计算，且从最不利情况考虑，本次选择典型坝段，近似按稳定渗流情况进行临时断面挡水期及坝面过水期的临时断面坝体和坝基的三维渗流有限元计算。

5.4.2.1 有限元模型

选取计算坐标系为：X 轴为顺河流方向，指向下游为正；Y 轴为竖直方向，与高程一致；Z 轴为沿坝轴线方向，指向左岸为正。

选取三维渗流计算范围为：典型坝段长度取为 15m，坝基深度方向取 3 倍坝高，坝基上游取 1 倍坝高，坝基下游取 2 倍坝高。

主要采用 8 节点等参单元进行计算域的剖分，在垫层小区及防渗帷幕及其附近将网格适当加密。共剖分单元 1861 个，节点 3902 个。渗流计算的三维有限元模型见图 5.26。

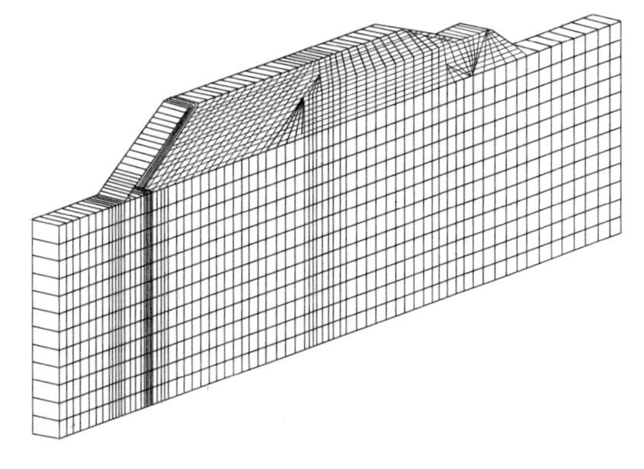

图 5.26 渗流计算的三维有限元模型图

渗流计算的边界条件为：坝基四周侧面及底部边界均为不透水边界，坝基上游顶面及下游顶面、上游水位以下的上游坝面及下游水位以下的下游坝面及过水坝面均为已知水头边界。

5.4.2.2 计算工况及计算参数

根据研究目的，结合临时断面坝面过水度汛方案，拟定临时断面渗流有限元分析的计算工况如下：

工况 1：临时断面挡水期。临时断面顶部已填筑至设计高程 373.00m，上游水位为 373.00m，下游水位为 352.30m。

工况 2：临时断面坝面过水期。临时断面上游水位为 376.00m，坝面过水水深为 3m，下游水位为 357.27m。

根据有关资料并结合工程类比，选取坝体材料及基岩的渗透系数见表 5.5。

表 5.5　坝体材料及坝基的渗透系数取值表

材　料	垫层	垫层小区	过渡层	主、次堆石
渗透系数/(cm/s)	4.13×10^{-3}	1.59×10^{-3}	8.94×10^{-2}	5.58×10^{-1}
材　料	基岩	趾板混凝土	防渗帷幕	混凝土喷护
渗透系数/(cm/s)	2.0×10^{-4}	1.0×10^{-7}	5.0×10^{-5}	2.0×10^{-5}

5.4.2.3　计算结果分析

根据三维渗流有限元计算结果，临时断面挡水期及坝面过水期的渗流水头等值线分布分别见图 5.27 和图 5.28。

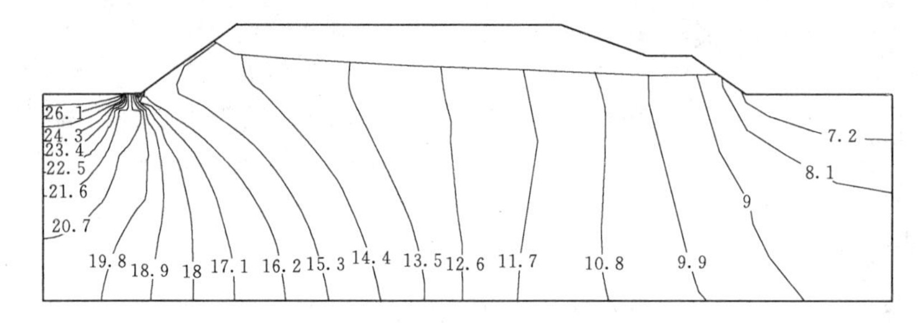

图 5.27　临时断面挡水期渗流水头等值线图（单位：m）

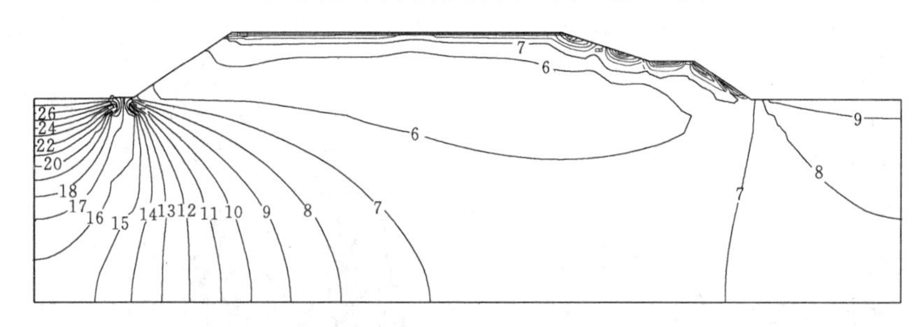

图 5.28　临时断面坝面过水期渗流水头等值线图（单位：m）

从图 5.27 可以看出，在临时断面挡水期，临时断面坝体内浸润线在穿过上游坝面混凝土喷护层后明显下降，逸出点在下游坡脚附近；坝体内浸润线位置相对较低，说明上游坝面混凝土喷护层的防渗效果较为明显；坝体内最大渗透坡降为 87，位于趾板下方的基岩中。从图 5.28 可以看出，在临时断面坝面过水期，坝体内不存在浸润线；坝体内最大渗透坡降为 102，位于过水坝顶面的上游侧，但鉴于全部过水坝面均采取了设置钢筋铅丝笼等加固保护措施，因此可认为坝面过水期临时断面坝体的渗透稳定能够满足要求。

5.4.3　施工期大坝应力变形有限元分析

根据研究需要，本次重点进行施工期的大坝应力变形有限元计算，以分析施工期临时断面过水度汛对于大坝施工期应力变形的影响规律。基于前述关于临时断面过水度汛模拟方法的分析结果，采用有限元软件 ADINA 具体实施施工期各种工况的大坝应力变形三维有限元计算。

5.4.3.1 有限元模型

选取计算坐标系为：以垫层上游坡脚中点为坐标系原点，顺水流方向为 X 轴正向，从建基面竖直向上为 Y 轴正向，沿坝轴线指向右岸为 Z 轴正向。

选取计算范围为：分别临时断面坝体和竣工期坝体为研究对象，坝基上游取至上游坝坡坡脚处，坝基下游取至沿下游坝坡延长至基岩面处，左右坝肩均取至岸坡基岩面。

边界条件为：坝基底部为固定铰约束，左右坝肩侧面取为法向约束。

主要采用 8 节点等参元分别对临时断面坝体和竣工期坝体进行剖分。临时断面坝体的三维有限元网格见图 5.29，竣工期坝体的三维有限元网格见图 5.30，竣工期大坝标准剖面的有限元网格见图 5.31。

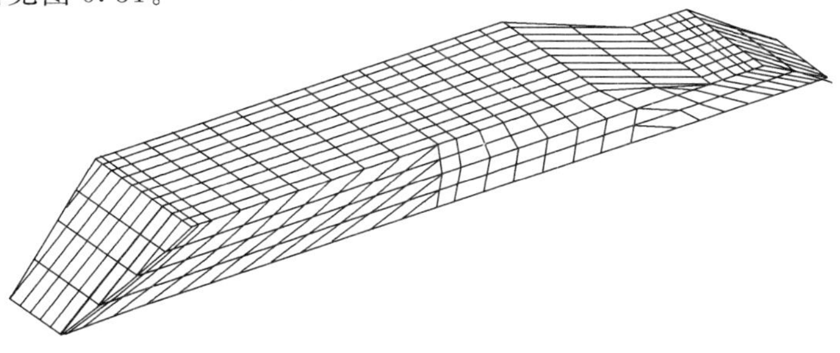

图 5.29 临时断面坝体三维有限元网格图

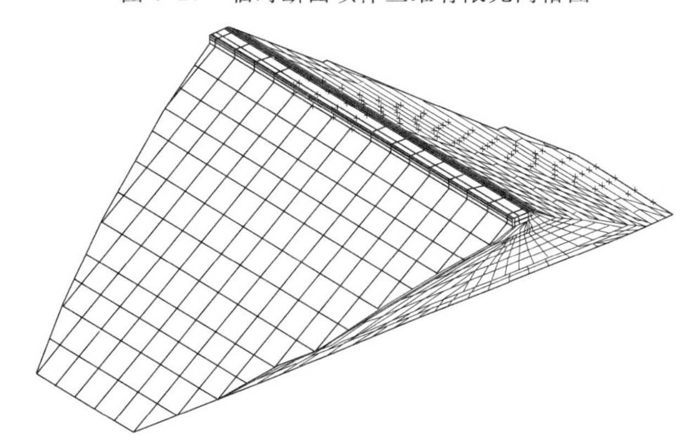

图 5.30 竣工期坝体三维有限元网格图

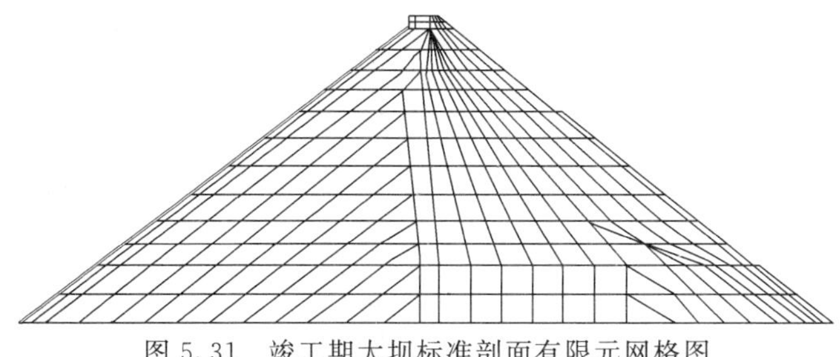

图 5.31 竣工期大坝标准剖面有限元网格图

5.4.3.2 计算工况

根据研究需要，结合临时断面坝体过水度汛方案，拟定施工期大坝应力变形有限元分析的计算工况如下：

工况 1：临时断面完建期。临时断面顶部已填筑至设计高程 373.00m，坝体上、下游均无水。

工况 2：临时断面过水度汛期。临时断面坝体上游水位为 376.00m，下游水位为 357.27m。

工况 3：大坝竣工期（不考虑施工期临时断面过水度汛）。坝体上、下游无水。

工况 4：大坝竣工期（考虑施工期临时断面过水度汛）。坝体上、下游无水。

大坝堆石体分层分区填筑共按 15 级荷载模拟，其中临时断面填筑及汛前过水面保护施工按 4 级荷载模拟，度汛后至坝顶的填筑施工按 11 级荷载模拟；混凝土面板浇筑按 1 级荷载模拟；过水度汛过程按 4 级荷载模拟。

在针对工况 2 计算时，考虑临时断面过水面上的水压力及渗透压力作用，其中动水压力按拟静力法进行近似计算。

5.4.3.3　计算参数

根据有关资料，选取坝体堆石料的邓肯-张 $E-B$ 模型计算参数见表 5.6。混凝土材料、接触面和接缝单元等的计算参数选用情况参见第 4 章。

表 5.6　坝体堆石料的邓肯-张 $E-B$ 模型计算参数表[15]

材料	密度 /(kg/m³)	C /Pa	ϕ_0 /(°)	K	n	R_f	K_b	m	K_{ur}	n_{ur}
垫层	2130	0	53.75	591	0.53	0.73	304	0.46	880	0.35
过渡层	2130	0	53.75	591	0.53	0.73	304	0.46	880	0.35
主堆石	2000	0	52.05	622	0.34	0.85	153	0.30	933	0.36
次堆石	2030	0	49.23	622	0.21	0.83	110	0.36	933	0.37

5.4.3.4　计算结果分析

针对上述有限元模型，按照逐级加载方法，进行了上述各工况的大坝应力变形三维非线性有限元仿真计算。为探讨临时断面过水度汛对大坝应力变形的影响规律，以下将工况 1 与工况 2 及工况 3 与工况 4 的计算结果分别进行对比分析。

应力变形的正负号约定如下：应力以拉为正，以压为负；水平位移以向下游为正，向上游为负；垂直位移以铅直向上为正，向下为负。

1. 工况 1 与工况 2 的计算结果对比分析

临时断面坝体在工况 1 及工况 2 下的应力变形主要计算结果见表 5.7。

表 5.7　临时断面坝体在工况 1 及工况 2 下的应力变形主要计算结果

工况	项目	计算内容	最大值	发生部位
工况 1	坝体位移	垂直位移/cm	−15	上游侧堆石体中部靠近上游面处
		水平位移/cm	向上游−3.0	上游侧堆石体中部靠近上游面处
			向下游 1.4	下游坝面上
	坝体应力	大主应力/MPa	−0.54	上游侧堆石体底部
		小主应力/MPa	−0.17	上游侧堆石体底部
工况 2	坝体位移	垂直位移/cm	−16	上游侧堆石体中部靠近上游面处
		水平位移/cm	向上游−1.8	上游侧堆石体中部靠近坝轴线处
			向下游 1.5	下游坝面上
	坝体应力	大主应力/MPa	−0.57	上游侧堆石体底部
		小主应力/MPa	−0.19	上游侧堆石体底部

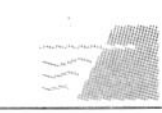

工况 1 临时断面坝体的应力变形计算结果见图 5.32～图 5.35，工况 2 临时断面坝体的应力变形计算结果见图 5.36～图 5.39。

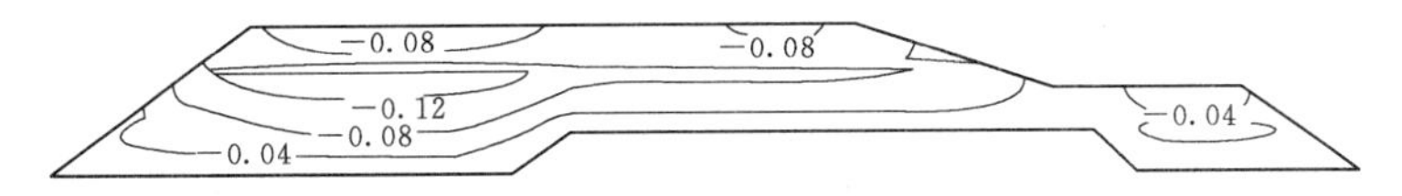

图 5.32　工况 1 临时断面坝体垂直位移等值线图（单位：m）

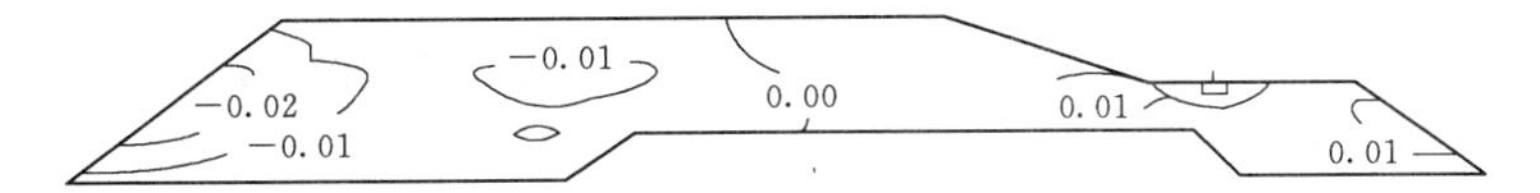

图 5.33　工况 1 临时断面坝体水平位移等值线图（单位：m）

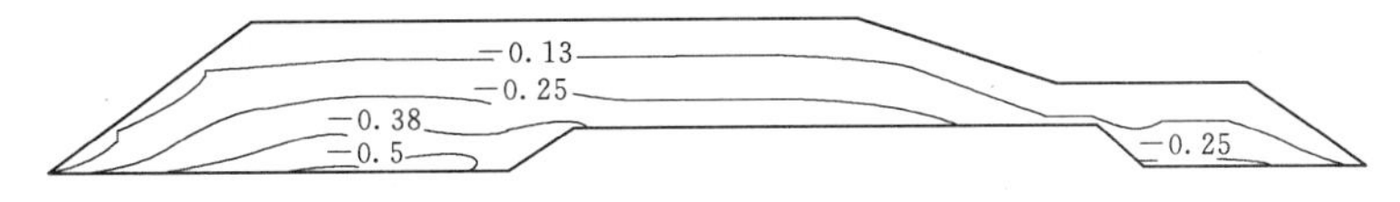

图 5.34　工况 1 临时断面坝体大主应力等值线图（单位：MPa）

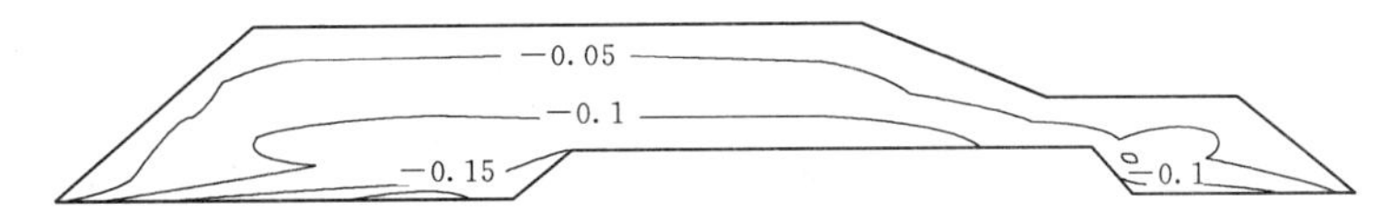

图 5.35　工况 1 临时断面坝体小主应力等值线图（单位：MPa）

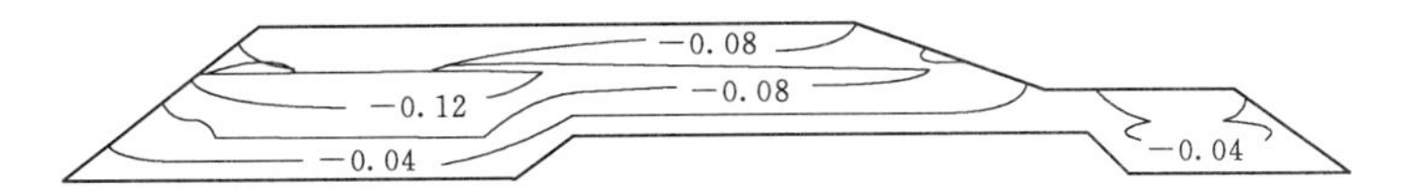

图 5.36　工况 2 临时断面坝体垂直位移等值线图（单位：m）

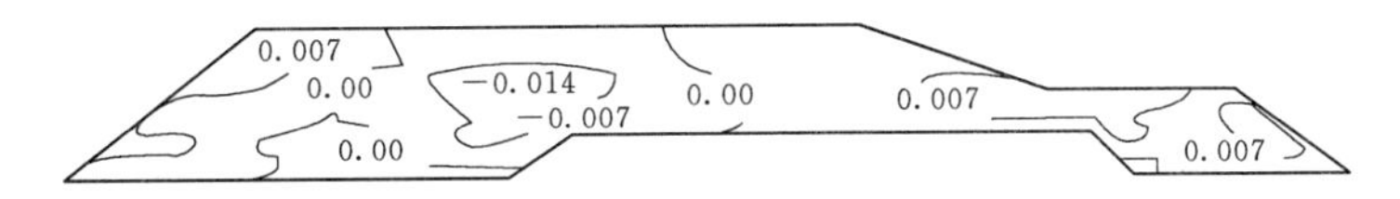

图 5.37　工况 2 临时断面坝体水平位移等值线图（单位：m）

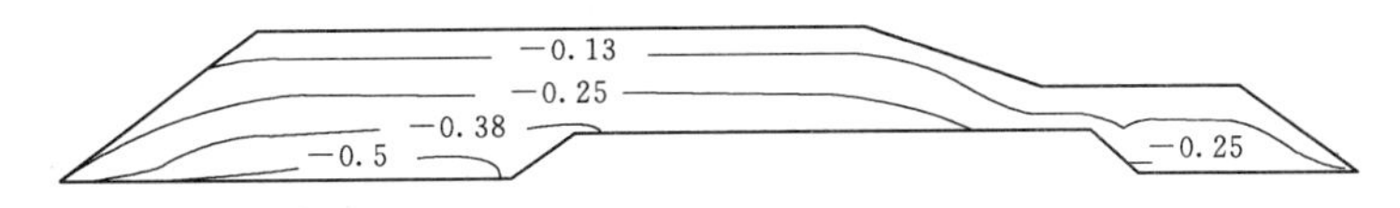

图 5.38　工况 2 临时断面坝体大主应力等值线图（单位：MPa）

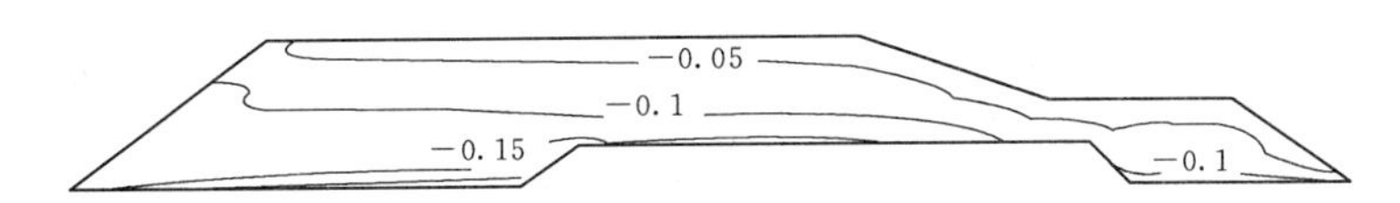

图 5.39　工况 2 临时断面坝体小主应力等值线图（单位：MPa）

从图 5.32～图 5.39 可以看出，总体而言，临时断面坝体在工况 1 及工况 2 下的应力变形主要发生在上游侧堆石体中，下游侧堆石体中的位移和应力均相对较小。工况 1 与工况 2 相比较而言，各项位移和应力的变化特点如下：

对比图 5.32 和图 5.36 可以看出，工况 1 与工况 2 的临时断面坝体垂直位移分布规律基本相同，最大垂直位移均发生在临时断面上游侧堆石体中部靠近上游面处；工况 1 的最大竖直位移为 15cm，工况 2 的最大竖直位移为 16cm，二者相差很小，说明临时断面过水度汛对其垂直位移即沉降变形的影响很小。

对比图 5.33 和图 5.37 可以看出，工况 1 与工况 2 的临时断面坝体水平位移分布规律变化较大，工况 1 向上游的最大水平位移发生在上游侧堆石体中部靠近上游面处，最大值为 3.0cm；工况 2 向上游的最大水平位移发生在上游侧堆石体中部靠近坝轴线处，最大值为 1.8cm；工况 1 和工况 1 向下游的最大水平位移发生位置基本相同，均在下游坝面上，工况 1 最大值为 1.4cm，工况 2 最大值为 1.5cm，说明临时断面过水度汛使得指向上游的水平位移略有减小，且最大值偏移至坝轴线处，而指向下游的水平位移则略有增大。

对比图 5.34 和图 5.38 以及图 5.35 和图 5.39 可以看出，工况 1 与工况 2 的临时断面坝体应力分布规律基本相同，临时断面大、小主应力均为压应力，大、小主应力最大值均发生在临时断面上游侧堆石体底部，工况 1 的大、小主应力最大值分别为 0.54 MPa 和 0.17MPa，工况 2 的大、小主应力最大值分别为 0.57 MPa 和 0.19MPa，说明临时断面的应力主要是由堆石体自重引起的，过水度汛所引起的附加应力相对较小。

2. 工况 3 与工况 4 的计算结果对比分析

竣工期坝体在工况 3 及工况 4 下的应力变形主要计算结果见表 5.8。

表 5.8　　竣工期坝体在工况 3 及工况 4 下的应力变形主要计算结果

<table>
<tr><th>工况</th><th>项目</th><th>计算内容</th><th>最大值</th><th>发生部位</th></tr>
<tr><td rowspan="5">工况 3</td><td rowspan="3">坝体位移</td><td>垂直位移/cm</td><td>39.78</td><td>坝体中部靠近坝轴线处</td></tr>
<tr><td rowspan="2">水平位移/cm</td><td>向上游 9.23</td><td>坝体中下部靠近上游坝面处</td></tr>
<tr><td>向下游 9.91</td><td>坝体中下部靠近下游坝面处</td></tr>
<tr><td rowspan="2">坝体应力</td><td>大主应力/MPa</td><td>1.217</td><td>坝底靠近坝轴线处</td></tr>
<tr><td>小主应力/MPa</td><td>0.780</td><td>坝底靠近坝轴线处</td></tr>
<tr><td rowspan="5">工况 4</td><td rowspan="3">坝体位移</td><td>垂直位移/cm</td><td>39.75</td><td>坝体中部靠近坝轴线处</td></tr>
<tr><td rowspan="2">水平位移/cm</td><td>向上游 9.22</td><td>坝体中下部靠近上游坝面处</td></tr>
<tr><td>向下游 9.91</td><td>坝体中下部靠近下游坝面处</td></tr>
<tr><td rowspan="2">坝体应力</td><td>大主应力/MPa</td><td>1.217</td><td>坝底靠近坝轴线处</td></tr>
<tr><td>小主应力/MPa</td><td>0.780</td><td>坝底靠近坝轴线处</td></tr>
</table>

工况 3 竣工期坝体的应力变形计算结果见图 5.40～图 5.43，工况 4 竣工期坝体的应力变形计算结果见图 5.44～图 5.47。

工况 3 与工况 4 相比较而言，各项位移和应力的变化特点如下：

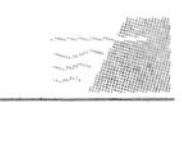

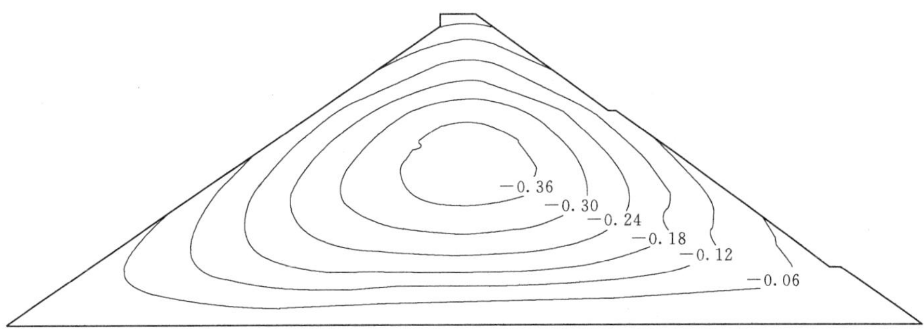

图 5.40 工况 3 竣工期坝体垂直位移等值线图（单位：m）

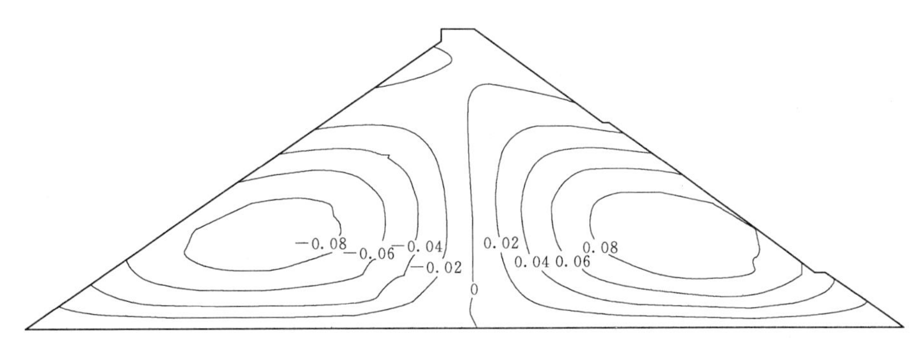

图 5.41 工况 3 竣工期坝体水平位移等值线图（单位：m）

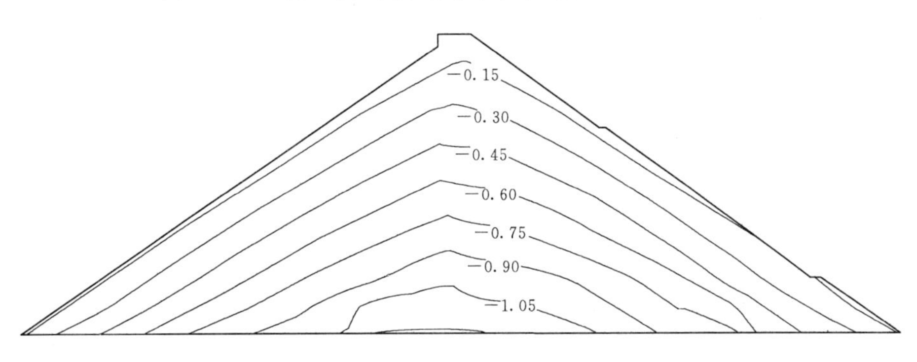

图 5.42 工况 3 竣工期坝体大主应力等值线图（单位：MPa）

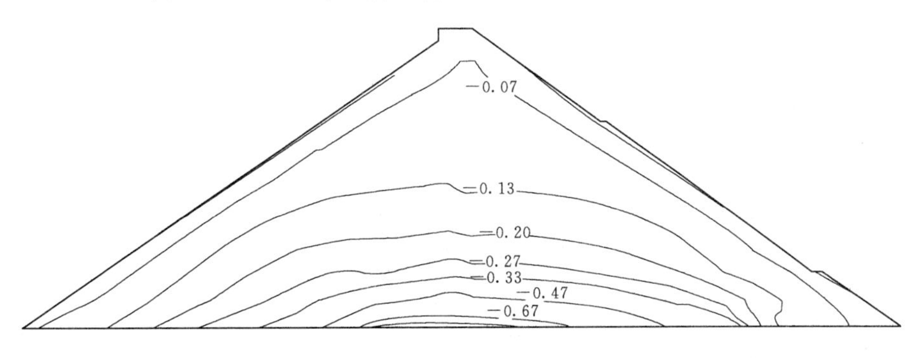

图 5.43 工况 3 竣工期坝体小主应力等值线图（单位：MPa）

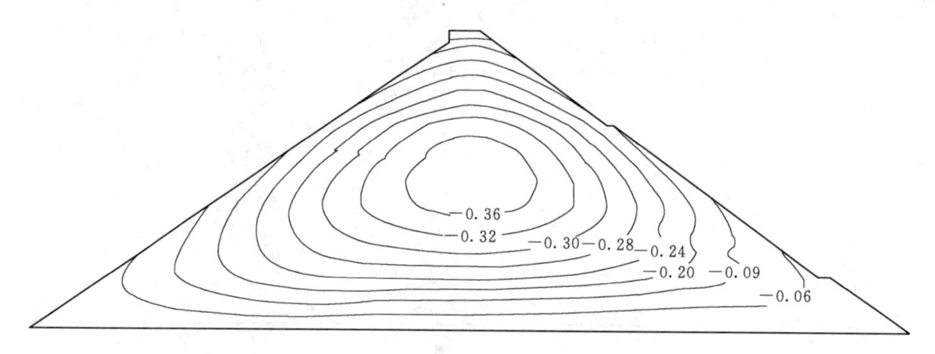

图5.44　工况4竣工期坝体垂直位移等值线图（单位：m）

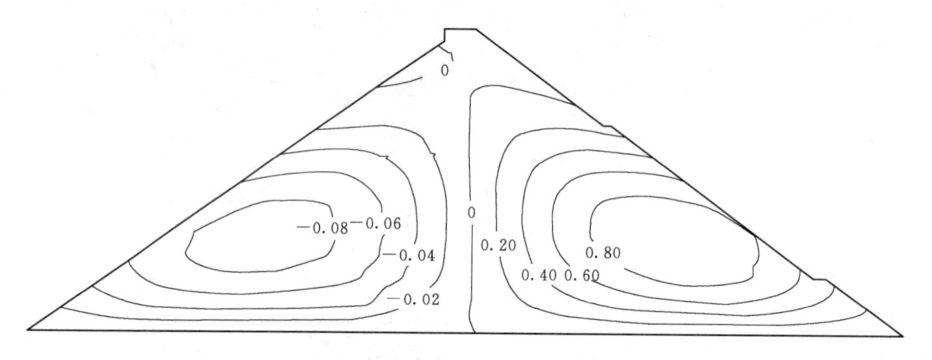

图5.45　工况4竣工期坝体水平位移等值线图（单位：m）

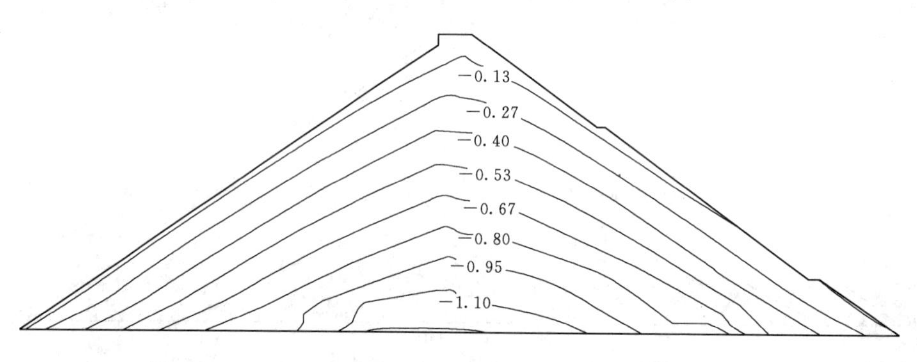

图5.46　工况4竣工期坝体大主应力等值线图（单位：MPa）

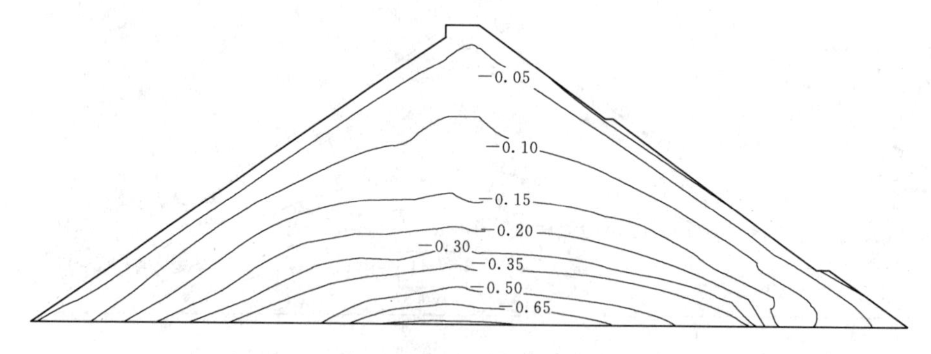

图5.47　工况4竣工期坝体小主应力等值线图（单位：MPa）

对比图5.40和图5.44可以看出，工况3与工况3的竣工期坝体垂直位移分布规律基本相同，最大垂直位移均发生在坝体中部靠近坝轴线处；工况3的最大竖直位移为39.78cm，工况4的最大竖直位移为39.75cm，工况4比工况3略有减小，说明坝体沉降变形主要是由自重引起的，临时断面过水度汛对坝体竣工期沉降变形影响较小。

对比图5.41和图5.45可以看出，工况3与工况4的竣工期坝体水平位移分布规律基本相同，即均以坝轴线为界呈现上下游大致对称分布的特点，指向上游的最大水平位移位于坝体中下部靠近上游坝面处，指向下游的最大水平位移位于坝体中下部靠近下游坝面处；工况3指向上游的水平位移最大值为9.23cm，指向下游的水平位移最大值为9.91cm，工况4指向上游的水平位移最大值为9.22cm，指向下游的水平位移最大值为9.91cm，说明临时断面过水度汛使得竣工期坝体指向上游的水平位移略有减小，而指向下游的水平位移则基本不变。

对比图5.42和图5.46以及图5.43和图5.47可以看出，工况3与工况4的竣工期坝体应力分布规律基本相同，竣工期坝体大、小主应力均为压应力，大、小主应力最大值均发生在坝底靠近坝轴线处，且工况3与工况4的大、小主应力均基本对应相同。由此说明，临时断面过水度汛对于竣工期坝体应力基本无影响。

5.4.3.5 结论

根据上述计算分析结果不难发现，对于高面板堆石坝而言，与未采用临时断面过水度汛施工方案情况相比较，采用临时断面过水度汛施工方案时的临时断面坝体的应力变形变化很小，且临时断面挡水度汛对竣工期坝体的应力变形也不会产生显著影响。

参 考 文 献

[1] 傅志安，凤家骥. 混凝土面板堆石坝 [M]. 武汉：华中理工大学出版社，1993.

[2] 徐泽平. 混凝土面板堆石坝应力变形特性研究 [M]. 郑州：黄河水利出版社，2005.

[3] 蒋国澄等. 中国混凝土面板堆石坝20年 [M]. 北京：中国水利水电出版社，2005.

[4] 黄俊. 混凝土面板堆石坝施工导流标准及施工期度汛措施研究 [D]：硕士学位论文. 大连：大连理工大学，2001.

[5] 张文倬. 面板堆石坝的施工导流问题 [J]. 红水河，13 (4).

[6] 中华人民共和国水利部. SL 228—2013 混凝土面板堆石坝设计规范 [S]. 北京：中国水利水电出版社，2013.

[7] 李炎隆. 混凝土面板极端破坏情况下堆石坝渗流与应力变形特性研究 [D]. 西安：西安理工大学，2008.

[8] 崔自力. 临时断面挡水度汛对面板堆石坝稳定及应力变形的影响分析 [D]. 西安：西安理工大学，2011.

[9] 岳戈，陈权. ADINA应用基础与实例详解 [M]. 北京：人民交通出版社，2008.

[10] 本书编审组. 过水土石坝建设经验汇编 [M]. 北京：水利电力出版社，1988.

[11] 王柏乐. 中国当代土石坝工程 [M]. 北京：中国水利水电出版社，2004.

[12] 潘先文，张建，李祖艳. 洪家渡水电站面板堆石坝度汛坝体填筑施工 [J]. 贵州水力发电，2003，17 (2).

[13] 杨泽艳，湛正刚，文亚豪，等. 洪家渡水电站工程设计创新技术与应用 [M]. 北京：中国水利水

电出版社，2008.
[14] 王瑞骏．高等水工结构［M］．北京：中国水利水电出版社，2016.
[15] 钟家驹．土石坝工程［M］．西安：陕西科学技术出版社，2008.
[16] 陕西省水利电力勘测设计研究院．黄石滩2002年导流度汛方案［R］．2001.
[17] 付国栋．施工期坝面过水面板堆石坝渗流场与应力场的耦合分析［D］．西安：西安理工大学，2010.
[18] 关志诚．水工设计手册（第6卷 土石坝）［M］．北京：中国水利水电出版社，2014.

第6章　坝体分期施工对于高面板堆石坝面板脱空的影响

随着面板堆石坝越建越高，坝体的填筑方量将越来越大，相应的大坝施工工期也将越来越长。为此，不少高面板堆石坝工程为实现提前发电等目标而不得不采用分期填筑堆石坝体、分期浇筑面板混凝土的大坝分期施工方案。研究表明[1-4]，大坝采用分期施工方案以后，面板的应力变形性状将更趋复杂；面板脱空是分期施工大坝所常遇到的一个突出问题。由此可见，高面板堆石坝的分期施工与面板脱空之间必然存在某种形式的内在联系。本章拟在对面板脱空机理及其影响因素进行分析的基础上，分析提出关于面板脱空问题的有限元分析方法，然后通过工程实例分析，探讨坝体分期施工对于高面板堆石坝面板脱空的影响规律。

6.1　面板脱空的工程实例

6.1.1　天生桥一级混凝土面板堆石坝

6.1.1.1　工程概况[5-6]

天生桥一级水电站混凝土面板堆石坝坝顶高程为791.00m，最大坝高为178.00m，坝顶宽12m，坝顶长度为1104m，上游坝坡坡比为1：1.4，下游坝坡综合坡比为1：1.4。坝体堆石料填筑方量为1800万m^3。面板共分69块，厚度为0.3～0.9m，分块宽度为16m，最大斜长为292.46m。坝址河谷为比较开阔的不对称V形河谷，两岸岸坡上部缓、下部陡。大坝标准横剖面见图6.1。

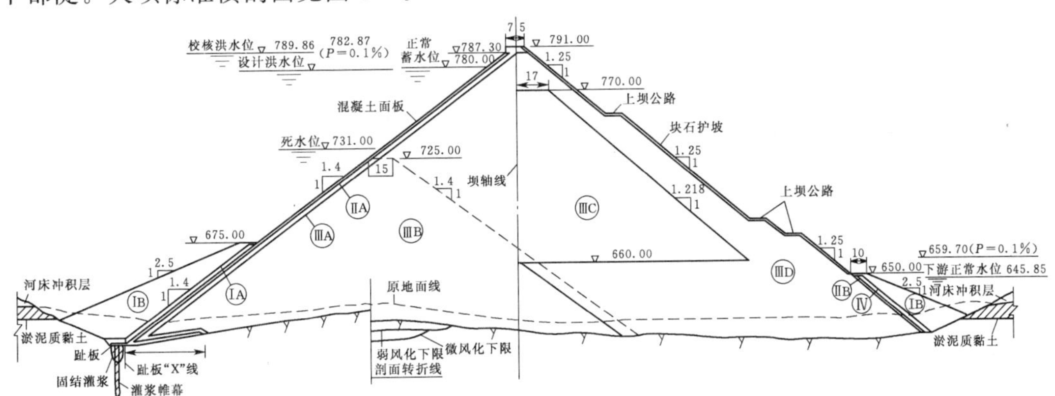

图6.1　天生桥一级面板坝标准横剖面图[5]（单位：m）

ⅠA—黏土；ⅠB—任意料；ⅢA—过渡料；ⅢC—软岩料区；Ⅳ—黏土料；

ⅡB—过渡垫层；ⅡA—垫层料；ⅢB—主堆石区；ⅢD—次堆石区

天生桥一级面板坝在施工过程中由于准备工作不足以及导流隧洞施工遇到很大困难等原因，导致未能按照原计划完成施工面貌，损失了近一年工期。在此情况下，为了能按期完工，不得不重新调整坝体施工程序安排和进度计划，从而使得坝体填筑分块过多，且各块间高差过大。混凝土面板在高程680.00m和高程746.00m处分缝，分三期于1997年3—5月、1998年春和1998—1999年枯水期浇筑。天生桥一级面板坝实际的坝体分期施工程序见图6.2及表6.1。

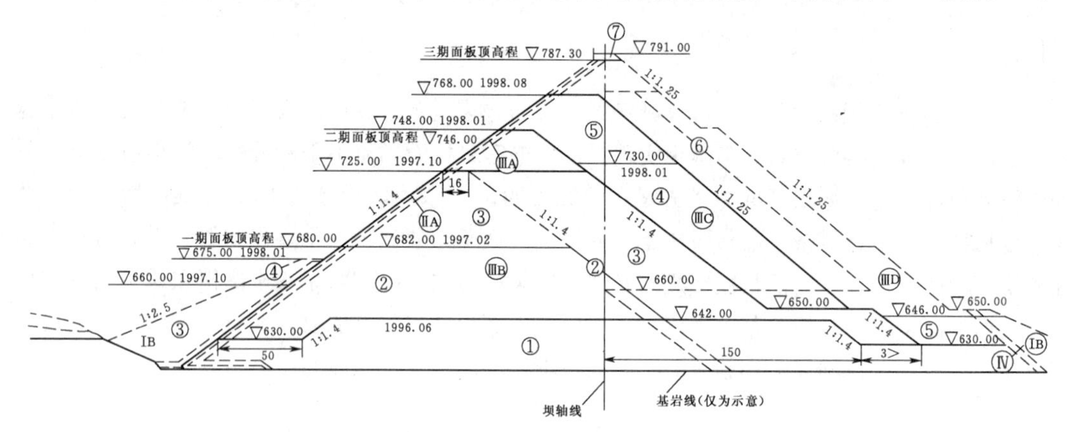

图6.2　天生桥一级面板坝坝体分期施工程序图[5]

填筑顺序：①→②→③→④→⑤→⑥→⑦；材料分区：－－－；填筑方式：——

表6.1　天生桥一级面板坝坝体分期施工程序表[5-6]

分期	分期高程/m		施工时段	施工程序
	上游	下游		
①	642.00	642.00	1996年1—6月	河床部位填筑至642.00m高程，两岸填筑至660.00m高程，河床中央预留120m宽泄水槽，同时完成河床部位660.00m高程以下趾板浇筑和坝面过水保护
②	682.00	642.00	1996年6月—1997年2月	坝面过水，最大入库流量3790m³/s，坝面过流量为1290m³/s，右岸坝体填筑至725.00m高程，左岸坝体填筑至682.00m高程
③	725.00	650.00	1997年2—10月	680.00m高程以下一期面板混凝土浇筑完成，上游660.00m高程以下铺盖填筑完成
④	748.00	650.00	1997年10月—1998年1月	上游铺盖填筑至设计675.00m高程
⑤	768.00	650.00	1998年1—8月	746.00m高程以下二期面板混凝土浇筑完成
⑥	787.30	787.30	1998年8月—1999年2月	1999年汛前完成787.30m高程以下三期面板混凝土浇筑
⑦	791.00	791.00	2000年5—7月	防浪墙后大坝高程787.30m以上坝顶填筑完成

6.1.1.2　坝体变形实测结果[7-10]

坝体变形监测结果表明：大坝竣工期最大沉降值为306cm，发生在桩号0+730、高程为725.00m的坝轴线处，最大沉降约占坝高的1.72%；面板在施工期已产生脱空和裂缝，进入蓄水期及运行期后，原有的部分裂缝进一步延伸和扩展，且同时又产生了许多新的裂缝。

关于1997—2000年年初监测发现的面板脱空及裂缝情况的统计结果如下：

(1) 1997年12月，准备浇筑二期面板时发现一期面板顶部发生脱空，最大脱空宽度

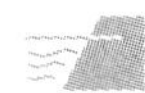

为 15cm，脱空深度为 7.2m。

(2) 1998 年 12 月，准备浇筑三期面板时发现二期面板顶部发生脱空，最大脱空宽度为 10cm，脱空深度为 5m。

(3) 2000 年初的脱空检查发现，三期面板在高程 787.3m 处共有 37 块（R12～L25）面板存在不同程度的脱空，最大脱空宽度为 4.7cm。

(4) 至 2000 年 1 月，经检查发现面板裂缝共计 1581 条，其中缝宽大于 0.3mm 的有 376 条，最大缝宽为 4mm，深度达 34cm。

6.1.2 洪家渡混凝土面板堆石坝

6.1.2.1 工程概况[11-12]

洪家渡水电站混凝土面板堆石坝坝顶高程为 1147.50m，最大坝高为 179.50m，坝顶长度为 427.79m，坝顶宽度为 10.95m，上游坝坡坡比为 1∶1.4，下游局部坝坡坡比 1∶1.25、平均坡比 1∶1.4。洪家渡面板坝标准横剖面见图 6.3。

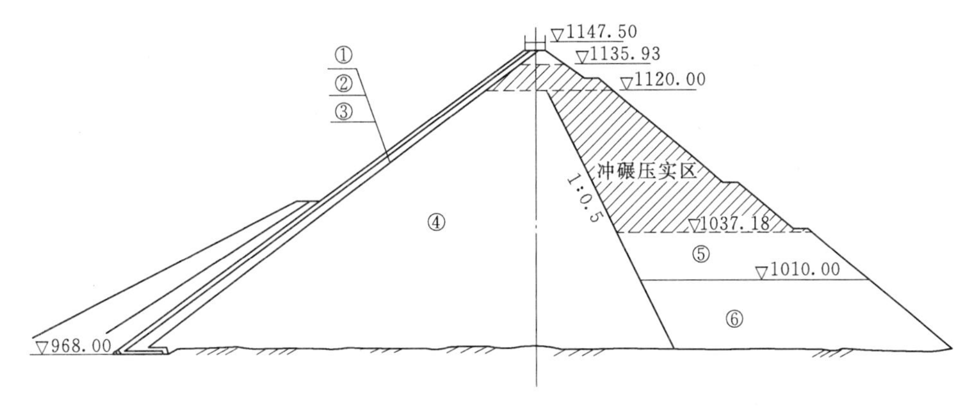

图 6.3 洪家渡面板坝标准横剖面图[11]（单位：m）

①—面板；②—垫层区；③—过渡区；④—主堆石区；⑤—次堆石区；⑥—水下堆石区

洪家渡面板坝施工方案设计汲取了天生桥一级工程的经验教训，将施工填筑分期与坝体变形控制紧密结合。堆石坝体填筑分为 7 期，面板浇筑施工分为 3 期。坝体变形控制措施包括：严格控制填筑各期分块间的高差，坝体施工尽可能做到全断面平起填筑上升，条件允许时可使下游略有超高，沿坝轴线方向的坝体填筑也尽量保持平行上升，并在面板浇筑前预留一定的堆石体沉降时间。洪家渡面板坝坝体分期施工程序见图 6.4 及表 6.2。

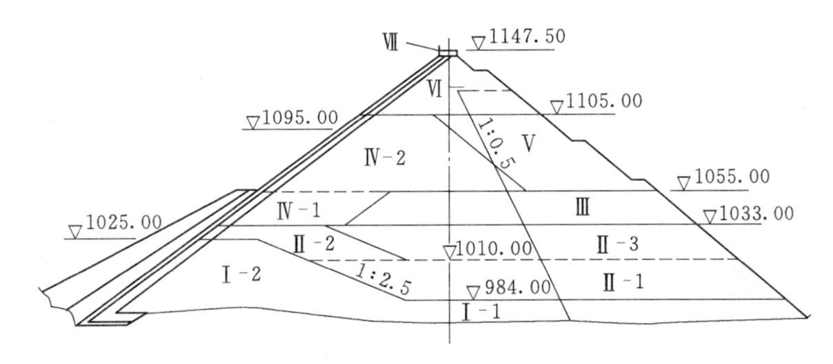

图 6.4 洪家渡面板坝坝体分期施工程序图[11]（单位：m）

表 6.2　　洪家渡面板坝坝体分期施工程序表[11-12]

分期	分期高程/m		施工时段	施工程序
	上游	下游		
Ⅰ	1025.00	984.00	2002 年 1—5 月	完成Ⅰ-1、Ⅰ-2 区坝体填筑
Ⅱ	1033.00	1033.00	2002 年 6—12 月	完成Ⅱ-1、Ⅱ-2、Ⅱ-3 区坝体填筑
Ⅲ	1033.00	1055.00	2003 年 1—4 月	2003 年 1—3 月完成 1025.00m 高程以下一期面板混凝土浇筑
Ⅳ	1105.00	1055.00	2003 年 5—11 月	完成Ⅳ-1、Ⅳ-2 区坝体填筑
Ⅴ	1105.00	1105.00	2003 年 11 月—2004 年 3 月	2004 年 1—3 月完成 1095.00m 高程以下二期面板混凝土浇筑
Ⅵ	1144.70	1144.70	2004 年 4—10 月	坝体全断面填筑至防浪墙底高程
Ⅶ	1147.50	1147.50	2005 年 5 月	防浪墙后大坝高程 1144.70m 以上坝顶填筑完成，2005 年 2—4 月完成 1142.70m 高程以下三期面板混凝土浇筑

6.1.2.2　坝体变形实测结果[11]

关于坝体变形的主要监测结果如下：

（1）大坝竣工期最大沉降量为 127cm，施工期面板最大脱空宽度为 11.9mm。

（2）在 2004 年 3 月浇筑三期面板过程中，发现二期面板的顶部以及三期面板大部分区域内的垫层坡面上均产生与岸坡大致平行的张拉裂缝，且左岸的裂缝长度和裂缝宽度均比右岸大，裂缝最大宽度近 20cm。

（3）通过采取一系列坝体变形控制措施，至 2006 年 3 月，坝体最大沉降量为 132.2cm，约占坝高的 0.74%。

（4）面板未发现结构性裂缝，而随机分布温度裂缝仅有 33 条。

（5）坝下游左岸截水沟内的最大渗流量约为 13L/s，降雨期最大渗流量约为 59L/s，日常渗漏量约为 7～20L/s。

（6）至 2007 年 3 月，坝体最大沉降量为 133.6cm；面板周边缝最大张开量为 6mm，最大剪切量为 8mm，最大沉降量为 13mm，远低于设计值。

（7）沿坝轴线各高程处坝料的压缩模量为 124.7～172.4MPa，平均压缩率为 1.24%。

6.2　面板脱空机理及其影响因素

6.2.1　面板脱空机理

对于采用分期施工方案的高面板堆石坝工程而言，在前期面板混凝土浇筑完成后，随着后期堆石体填筑高度的继续上升，前期面板所依托的前期堆石体将在后期填筑堆石体的自重荷载及其本身流变变形等因素作用下产生较大的压缩变形，其中前期面板下游的垫层料的顺河向水平位移一般表现为中下部向坡面外凸、上部向内凹陷的特征，此时，前期面板将随着垫层料的这种变位产生相应的转动及挠曲变形，当其难以完全适应垫层料的这种

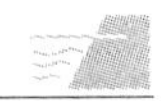

变位时，就促使前期面板与前期填筑垫层料之间在其顶部一定范围内产生分离现象，此即面板脱空现象。由此可见，面板脱空问题的实质是面板与其下游垫层料之间的变形不协调问题。这种变形不协调问题往往是采用分期施工方案的高面板堆石坝难以避免的一个突出问题。

面板脱空使得面板失去垫层料的紧贴支撑进而使其局部呈现悬臂梁工作状态，导致面板中产生弯曲拉应力，这种拉应力与其他荷载所产生的拉应力叠加以后使得面板极易产生裂缝。因此，面板脱空对于采用分期施工方案的高面板堆石坝安全性的影响是不容忽视的。

6.2.2 面板脱空的影响因素

从上述关于面板脱空机理的分析结果不难看出，影响面板脱空的因素是十分复杂的。根据不少工程的实践经验和部分学者的研究成果，面板脱空的主要影响因素有以下6个[2,7,13-16]：

（1）堆石料及其填筑标准。面板的变形与其下游堆石料尤其是垫层料的变形性能关系密切。以压缩变形为例，堆石料的压缩性越大，即压缩模量越小，在相同应力水平下其压缩变形就相应越大，此时由于面板刚度较大，因此导致面板与垫层料之间发生不协调变形的几率就越高。为避免面板产生脱空现象，应确保堆石料具有良好的变形性能。由于堆石料的变形性能与筑坝材料及其填筑标准密不可分，根据大坝整体布置条件选择适宜的堆石料，并通过坝料试验及计算分析研究确定其填筑标准就显得十分必要。根据近30年我国高混凝土面板堆石坝的建设经验，为改善堆石料的变形性能，高面板堆石坝的堆石料应尽可能选择中等强度以上的岩石料，并应严格控制软岩、泥质胶结类岩石和含强风化块岩石的使用，同时应尽可能减小堆石料的设计孔隙率，并确保垫层料具有良好的级配。

（2）坝体材料分区。按照传统工程经验，通常认为坝体下游堆石区的变形对面板工作状态基本不产生影响，因而以前在很多工程中曾经尝试通过扩大软岩料的利用范围来实现枢纽建筑物的土石方挖填平衡进而降低工程造价。但事实上，主堆石区与下游堆石区的压缩模量若相差太大，则两者之间会产生“咬合”现象，并产生不均匀变形，这种不均匀变形往往成为引起面板脱空的重要因素之一。近年来修建的一些坝高在150.00m以上的高面板坝，均特别关注堆石坝体各区之间的不均匀变形问题，并通过采取一系列针对坝体材料分区的优化设计措施，改善了坝体的变形性态。这些优化设计措施主要包括：将主堆石区的范围尽量向坝轴线下游扩展；将主堆石区与下游堆石区之间的分界线设置成倾向下游，且坡比不陡于1：0.5；在坝下游最高水位以下的坝体部分设置级配良好、抗冲蚀性好且渗透性较大的水下堆石区；尽可能使主堆石区与下游堆石区的变形模量基本一致或逐步过渡；将下游堆石区的底部位置适当抬高，在其下部布置一定厚度的低压缩性堆石体等。

（3）堆石坝体分期填筑。在我国高面板坝工程实践中，高坝建设常需经历多个汛期，难以做到利用围堰全年挡水、坝体均匀上升。为了实现节省导流工程投资及提前蓄水发电等目标，不少工程往往采用过水围堰和隧洞进行施工导流，分期进行坝体堆石填筑、面板浇筑及水库蓄水，这使得大坝实际加载过程变得十分复杂。而坝体堆石分期分块填筑的结合部位往往是碾压的薄弱部位，其密实度往往难以保证；分期填筑的堆石也会因填筑部位和变形顺序的不同，产生不均匀且不同步的变形。为此，不少工程采取了以下分期填筑施工措施：利用分期填筑形成的上游侧临时断面挡水度汛后，随即将临时断面的下游部分坝体填平，之后优先采取全断面均衡上升或上下游方向交错上升的大台阶过渡方式，限制上下游填方的超填高度在 20～30m 以内，并保证超高部分坝体顶部宽度大于 30m，下游临时断面坡比与坝坡相近；为防止由于面板下游垫层区及附近堆石体产生不均匀沉降而造成面板脱空，对面板下游一定范围内的堆石体尽可能做到平起填筑上升，减少施工分缝；上游填筑料按照先主堆石、再过渡料、最后垫层料的顺序施工，以利于清除垫层料和过渡料表面的超径石，保证过渡料对垫层料的反滤作用；对垫层料坡面的保护优先采用混凝土挤压边墙，以便取消传统的垫层超填、削坡和斜坡碾压等工序，在坝面上对全部垫层料垂直碾压，利于提高垫层压实质量和加快施工进度，且混凝土挡墙抗冲刷能力强、便于过水度汛和混凝土面板的浇筑施工。

(4) 堆石坝体后期变形。不少工程经验表明，堆石坝体后期变形对面板变形存在明显影响；在各分期堆石坝体填筑完成后，一般应使其有足够的沉降期（最好包括一个汛期或雨季），使各分期堆石坝体的大部分变形（包括流变变形和湿化变形）能够在浇筑面板或继续填筑堆石前完成，以减小由于堆石坝体后期变形而造成面板脱空的概率。

(5) 面板施工分期方案。对于特别是高坝 200.00m 级以上的特高坝，由于坝坡长度很大，面板混凝土一次性浇筑施工难度大，且不利于面板的温控与湿控防裂，因此普遍采用分期施工浇筑的方式，即当坝体堆石填筑到一定高度后，开始浇筑已填筑堆石体上游侧的面板，同时堆石坝体继续填筑上升。此时，面板采用不同的施工分期方案（如分两期或三期等），面板将有不同数量的水平接缝，堆石坝体也将有不同的分期填筑方式，相应的坝体应力变形性态也必然存在差异。因此，面板施工分期方案无疑是影响面板脱空的一个重要因素。

(6) 堆石体与分期施工面板之间的高差。若堆石体顶部与分期施工面板顶部之间高差过小，则由于堆石体碾压时很难确保面板顶部附近堆石体的压实密度，从而使得后期堆石体继续填筑施工时，必然导致前期面板顶部附近的堆石体产生较大的变形，进而为前期面板的脱空提供了客观条件。因此，分期填筑的堆石体顶部与分期施工面板顶部之间的高差，是可能导致面板脱空的另一重要影响因素。

6.3　面板脱空分析的有限元法

6.3.1　坝体材料的计算模型

在进行面板脱空问题的有限元分析时，坝体堆石料的本构模型采用邓肯-张 $E-B$ 模型，面板和趾板混凝土材料采用线弹性模型，面板与垫层之间接触面的模拟采用无厚度 Goodman 单元，面板接缝的模拟采用薄层单元模型。上述各计算模型的基本原理及材料非线性问题的求解方法参见第 2 章。

为使面板脱空分析的结果更接近实际情况，在进行大坝应力变形有限元计算时考虑堆石体的流变特性是十分必要的。经综合分析，堆石体的流变特性拟按三参数流变模型予以

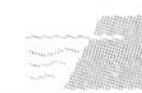

考虑。三参数流变模型的基本原理参见第 3 章。

6.3.2 施工加载和水库蓄水过程的模拟

在进行高面板堆石坝应力变形分析中，按照大坝实际分期施工方案模拟坝体材料自重荷载的加载过程，是确保应力变形计算精度的必要措施。对于采用分期施工方案的大坝而言，不仅堆石坝体和面板是分期施工的，而且每期的堆石体还是分层填筑的。因此，按照实际的大坝分期、分层施工方案，模拟坝体的实际施工过程，是合理施加坝体材料自重荷载的必要条件[17-18]。大坝运行期作用在面板上的水压力荷载是随着水库蓄水水位的升降而变化的，因此，作用在面板上的水压力荷载也应基于实际的水库蓄水过程来进行模拟[19]。坝体施工过程和水库蓄水过程的模拟方法参见第 2 章。

6.3.3 面板脱空的模拟[20-24]

面板坝施工过程中，堆石体在自重及机械碾压等因素的作用下将产生沉陷，坝体坡面表现为上凹下凸的变形规律，为此在面板浇筑之前首先应进行已填筑堆石体坡面即垫层料上游面的修整，以保证面板与垫层料在初始状态下紧密接触。在利用有限元法模拟面板脱空变形时，尤其应当考虑到这一点。方法是在面板施工计算步之前将已填筑堆石体的位移清零，但保持其相应的应力状态不变，即使其成为具有应力而无变形的状态。若不能模拟这一状态，便意味着面板与垫层料之间存在初始脱空，这样计算得到的面板脱空变形结果将是不符合实际情况的。

坝体位移清零可通过对单元应力的输出与输入来实现，基本步骤为：①按照坝体施工程序利用单元生死功能进行堆石坝体早期断面填筑过程的模拟计算，当一期面板浇筑之前的堆石坝体填筑完成后，将其单元应力进行输出；②对有限元模型加以修改，去除已填筑堆石坝体的自重以及与单元生死相关的语句，使程序在模拟一期面板施工的计算步之前，预先读入前一步输出的坝体单元应力作为其初始应力进行加载；③激活一期面板单元重新提交计算，经过这样处理以后得到的新模型的计算结果就能使面板与垫层料在初始状态下处于紧密接触状态；④继续模拟大坝后续的施工过程以及可能的蓄水过程，至二期面板浇筑前即可计算得到一期面板的脱空变形计算结果。

另外，除非面板设置有水平结构缝，一般情况下，分期施工面板均是通过水平施工缝紧密相接的，因此，需要采用一种特殊的接触关系即表面绑定约束，以使分期施工的面板之间不产生相对滑动。在分析过程中，分期施工面板之间将通过其接触面而被绑定在一起，接触面从面上的每一个结点与距它最近的主面结点共同运动，以便消除刚体位移，并大大减少判断接触状态所需要进行的迭代计算工作量。在有限元分析程序中，一般可用未变形的模型即初始网格来确定将被束缚到主面上的从属结点，默认情况下束缚存在于主面上典型单元的尺度之内。绑定约束的基本原理是在计算中给接触体施加很大的分离力，将接触约束自动施加到整体方程组中[23]。通过这种方式来模拟分期施工面板之间的接触特性，不仅可以保证各期面板之间不会发生分离现象，而且可避免对面板与垫层之间脱空变形计算结果的影响。

为提高计算精度，本章拟采用三维子模型法进行面板与垫层之间脱空变形的分析计

算。三维子模型法分析计算的基本步骤为[24]：①按常规方法完成对全局模型的分析，计算面板和垫层料的应力和变形，并获得面板脱空变形的初步计算结果；②创建面板与垫层之间接触面附近区域的子模型，对子模型范围内的网格进行加密细分；③在子模型的面板与垫层料边界上，施加由全局模型计算得到的位移结果，作为子模型各相应分析步的驱动变量；④设置子模型的荷载、接触以及约束条件；⑤提交并进行子模型计算，分析面板脱空产生及其发展过程。

6.4 工程实例分析

本节拟以曾出现面板脱空问题的天生桥一级面板堆石坝工程为例，运用上述分析提出的关于面板脱空有限元分析的基本原理和方法，主要针对堆石体与分期施工面板之间的高差和面板分期施工方案这两个重要的面板脱空影响因素，运用通用有限元软件 ABAQUS，分析上述因素对于面板脱空变形的影响规律。

6.4.1 工程概况[5-6,28]

天生桥一级水电站位于红水河上游南盘江干流上，是红水河梯级电站中的第一级电站。坝址以上流域面积 50139km^2，多年年径流量 193 亿 m^3，水库总库容为 102.6 亿 m^3，电站总装机容量为 1200MW，工程规模为Ⅰ等大（1）型。电站枢纽建筑物由混凝土面板堆石坝、溢洪道、放空隧洞、引水发电隧洞和电站厂房等组成。大坝为 1 级建筑物，按 1000 年一遇洪水设计，可能最大洪水（PMF）校核。坝址位于区域构造相对稳定的地区，地震基本烈度为 6 度。

天生桥一级水电站枢纽平面布置见图 6.5。

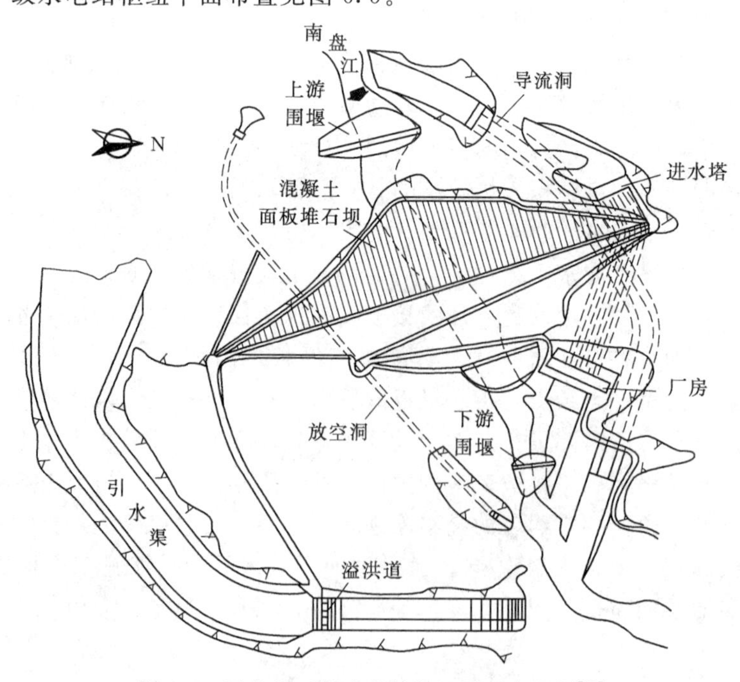

图 6.5　天生桥一级水电站枢纽平面布置图[28]

天生桥一级混凝土面板堆石坝的基本布置情况参见 6.1 节，大坝标准横剖面见图 6.1，坝体分期施工程序见图 6.2 及表 6.1。

6.4.2 有限元模型及计算参数

6.4.2.1 有限元模型

选取计算坐标系为：顺水流方向为 X 轴正向，沿坝轴线指向左岸为 Y 轴正向，竖直向上为 Z 轴正向。

选取计算范围为整个大坝坝体（考虑到河床坝段及左右岸坝段坝体均建基在基岩上）。根据大坝实际布置情况，以满足研究需要为原则，建模时对计算范围内的坝体结构体型进行了适当简化：假设坝体各个横剖面的建基面均为水平面（沿坝轴线则按实际情况考虑），不考虑在面板上游底部布置的铺盖层及其盖重层，忽略在坝下游坡上布置的上坝公路及在坝顶上游侧布置的防浪墙。

边界条件为：坝基底部取为固定铰约束，左右坝肩侧面取为法向约束。

主要采用 8 节点等参元及 6 结点三棱柱单元进行坝体单元剖分。坝体共剖分单元 6194 个，节点 8128 个。坝体三维有限元网格见图 6.6，坝体标准横剖面网格见图 6.7。

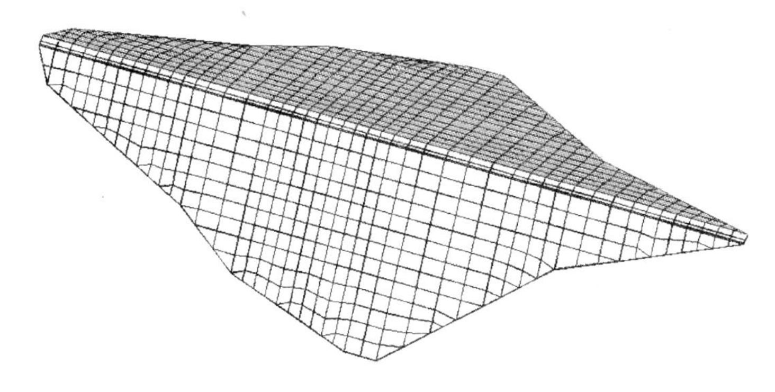

图 6.6 坝体三维有限元网格图

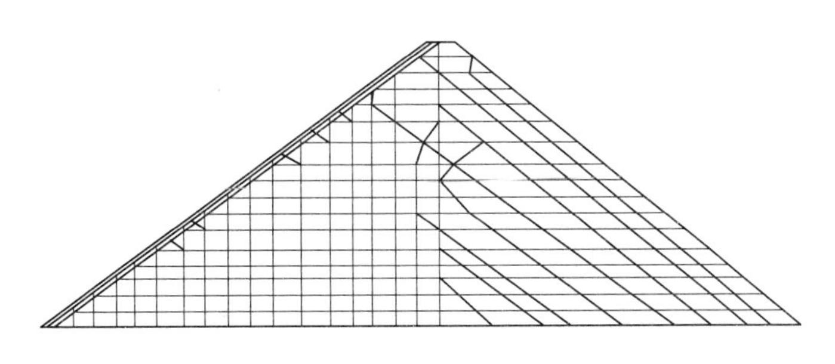

图 6.7 坝体标准横剖面网格图

6.4.2.2 计算参数

根据有关资料，选取面板和趾板混凝土的线弹性计算参数见表 6.3，坝体堆石料的邓肯-张 $E-B$ 模型计算参数见表 6.4，堆石料三参数流变模型计算参数见表 6.5，混凝土面板与垫层料之间无厚度 Goodman 接触面单元计算参数见表 6.6，面板接缝薄层单元模型计算参数采用表 6.7 所示的关于接缝止水材料的试验结果。

表 6.3 混凝土线弹性计算参数表[21]

结构	密度/(t/m³)	弹性模量 E/GPa	泊松比 μ
面板、趾板	2.4	24	0.167

表 6.4 坝体堆石料邓肯-张 $E-B$ 模型计算参数表[5]

材料	密度/(t/m³)	Φ/(°)	$\Delta\varphi$/(°)	K	n	R_f	K_b	m	K_{ur}	n_{ur}
垫层料	2.20	50.6	7.0	1050	0.35	0.71	476	0.24	2210	0.20
过渡料	2.10	52.5	8.0	970	0.36	0.76	440	0.19	2000	0.21
主堆石	2.10	54.0	13.0	940	0.35	0.85	340	0.18	1980	0.20
次堆石	2.05	54.0	13.5	720	0.30	0.80	800	−0.18	1550	0.16
软岩料	2.15	48.0	10.0	500	0.25	0.73	250	0	1050	0.12

表 6.5 堆石料三参数流变模型计算参数[21]

流变参数	垫层料	过渡料	主堆石	次堆石	软岩料
a	0.0035	0.0035	0.0035	0.0036	0.0038
b	0.0090	0.0090	0.0095	0.0100	0.0120
d	0.0021	0.0021	0.0021	0.0029	0.0025

表 6.6 无厚度 Goodman 接触面单元计算参数[25]

接触面	δ/(°)	K_τ	n	R_f
面板与垫层	36.6	4800	0.56	0.74

表 6.7 面板接缝止水材料试验结果[25]

受力情况	铜片止水		塑料止水	
	$F-\delta$ 关系	参数	$F-\delta$ 关系	参数
竖剪	$F=\frac{a\delta}{1-b\delta}$	$a=225$	$F=a\delta$	$a=0$
		$b=40$		
横剪	$F=a\delta$	$a=608$；$\delta\leqslant 0.0125$	$F=a\delta$	$a=1400$
		$a=560$；$\delta>0.0125$		

注 1. 单元各个方向的劲度系数 K 由 $F-\delta$ 试验关系式对 δ 求导得到；横剪及竖剪情况均同时考虑铜片止水和塑料止水的劲度。
2. δ 的单位为 m，F 的单位为 kN/m；竖剪为垂直坝坡的剪切方向；横剪为顺坡方向。

6.4.3 堆石体与分期施工面板之间的高差对于面板脱空变形的影响分析

6.4.3.1 计算方案

如前所述，面板脱空产生与发展的一个重要原因是面板顶部以上后期填筑的堆石体的自重作用，即如图 6.8 所示的后期填筑的 A 区堆石体的自重作用，而面板与前期填筑的 B 区堆石体顶部之间的高差显然与面板脱空程度直接相关。

为研究堆石体与分期施工面板之间的高差对于面板脱空变形的影响，选取一、二期面板与其前期填筑堆石体之间的顶部高差分别2m、5m和10m三个高差计算方案。其中，2m高差方案即为实际施工选用的一、二期面板与前期填筑堆石体之间的顶部高差（图6.2）；5m和10m高差方案只是将图6.2所示的一期和二期面板顶部高程统一降低5m和10m，而相应的前期填筑堆石体顶部高程以及其他计算条件均保持不变。

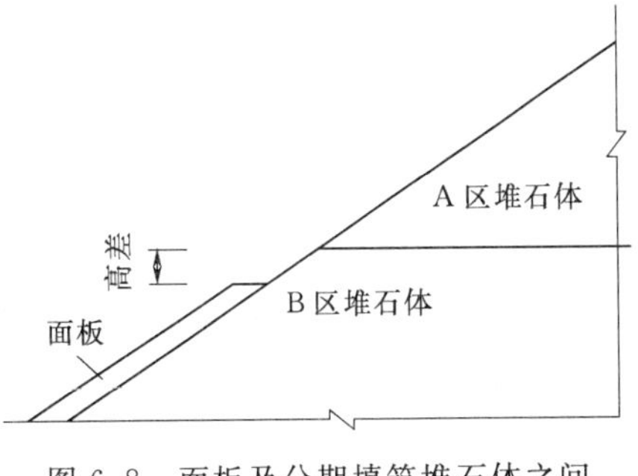

图6.8　面板及分期填筑堆石体之间相对高差示意图

6.4.3.2　荷载分级

结合实际的坝体分期施工程序（图6.2）及水库蓄水过程，将计算荷载共分为51级。具体荷载分级如下：第1～3级堆石坝体全断面填筑至642.00m；第4～7级坝体经济断面填筑至682.00m；第8级为一期面板施工，一期面板顶部高程为680.00m；第9～12级经济断面下游侧填筑至682.00m；第13级水库初次蓄水至642.00m；第14～17级坝体经济断面填筑至725.00m；第18级库水位上升至648.00m；第19～26级经济断面下游侧填筑至725.00m；第27～28级坝体经济断面填筑至748.00m；第29级为二期面板施工，二期面板顶部高程为746.00m；第30级库水位上升至669.00m；第31～34级坝体经济断面填筑至768.00m；第35级库水位上升至730.00m，第36～49级坝体全断面填筑到坝顶高程787.30m；第50级为三期面板施工，三期面板顶部高程为787.30m；第51级库水位上升至768.00m。荷载分级如图6.9所示。

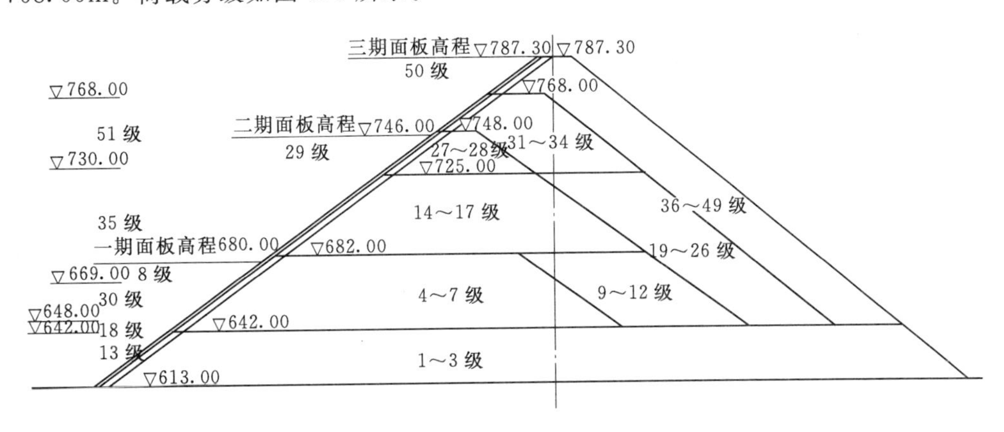

图6.9　荷载分级图（单位：m）

6.4.3.3　全局模型面板脱空变形计算结果分析

针对6.4.2节所述的有限元全局模型，按照逐级加载方法，对上述各高差方案分别进行了大坝应力变形三维非线性有限元仿真计算。为探讨堆石体与分期施工面板之间的高差对于面板脱空变形的影响规律，以下重点进行与各高差方案相应的一、二期面板脱空变形的计算结果分析。其中，每期面板的脱空变形计算结果均指后期面板施工前该期面板的最大脱空计算结果。

计算得到的与各高差方案相应的一、二期面板脱空变形计算结果见表 6.8。

表 6.8　与各高差方案相应的一、二期面板脱空变形计算结果

计算方案	分期面板	计算结果		
		脱空宽度/cm	脱空深度/m	沿坝轴向脱空长度/m
2m 高差方案	一期	10.3	14	261.46
	二期	6.2	14	564.70
5m 高差方案	一期	5.8	12	166.02
	二期	3.3	12	406.91
10m 高差方案	一期	2.3	12	86.23
	二期	0	0	0

与各高差方案相应的一、二期面板脱空宽度计算结果见图 6.10～图 6.15。

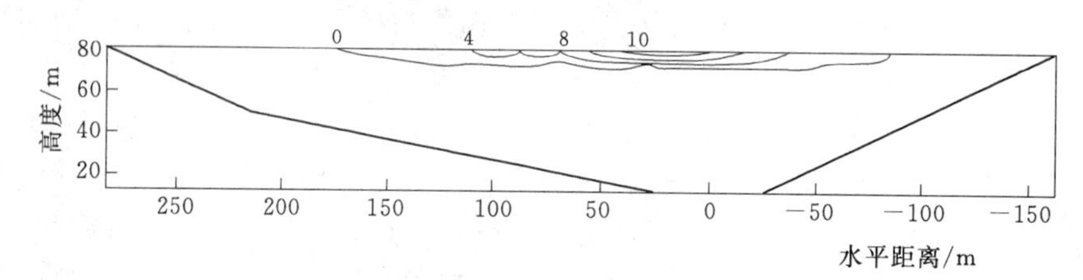

图 6.10　2m 高差方案一期面板脱空宽度等值线图（单位：cm）

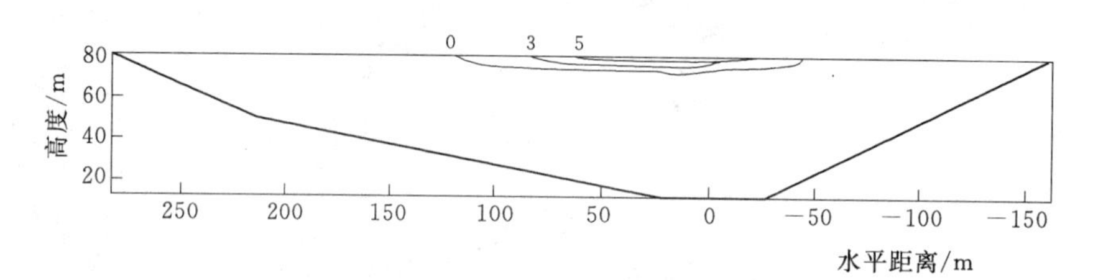

图 6.11　5m 高差方案一期面板脱空宽度等值线图（单位：cm）

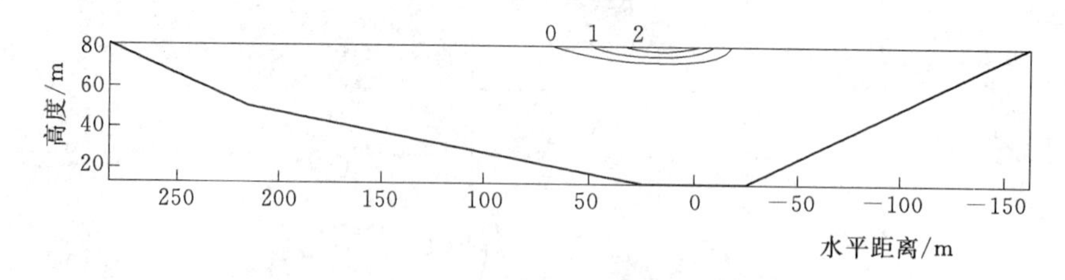

图 6.12　10m 高差方案一期面板脱空宽度等值线图（单位：cm）

从图 6.10～图 6.15 可以看出，与各高差方案相应的一、二期面板的脱空区域均位于各期面板顶部，脱空宽度在主河床坝段最大，向两岸则逐渐减小，总体呈现狭长型分布的特点；在上述区域的坝体各横剖面上，脱空宽度最大值发生在各期面板顶部，顶部以下则逐渐减小。

计算结果表明：①已填筑堆石体中上部在上游坡面产生凹陷变形（亏坡），随着高程

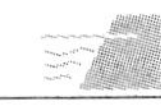

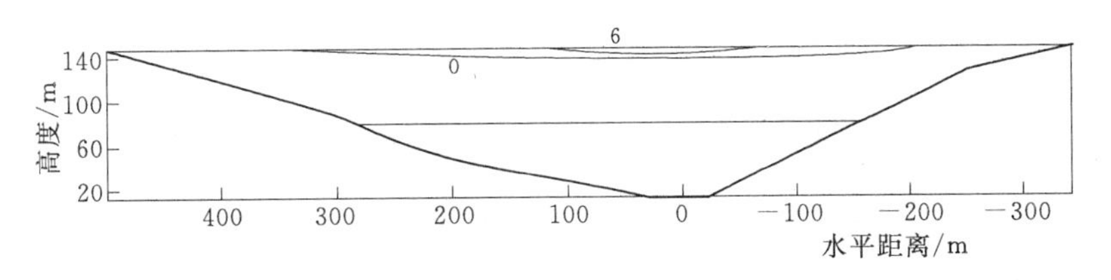

图 6.13 2m 高差方案二期面板脱空宽度等值线（单位：cm）

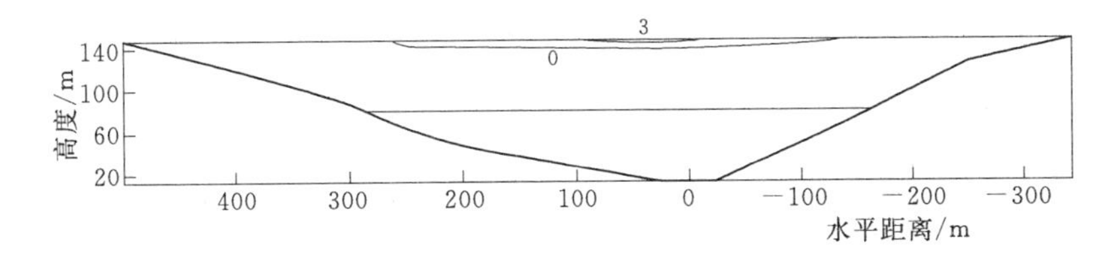

图 6.14 5m 高差方案二期面板脱空宽度等值线图（单位：cm）

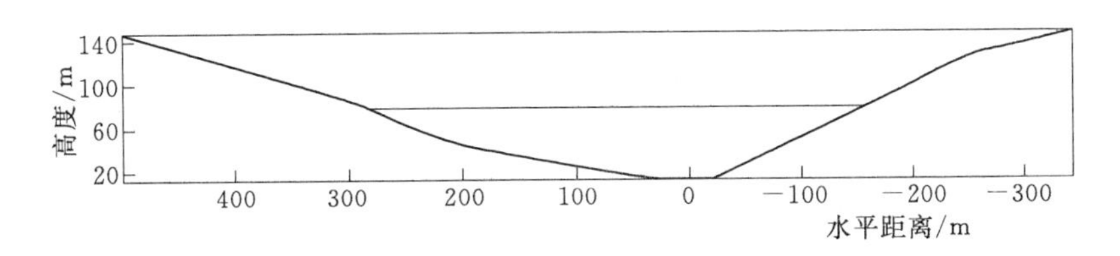

图 6.15 10m 高差方案二期面板脱空宽度等值线图（单位：cm）

降低，亏坡程度先增大后减小，到某一高程转为向上游外凸变形，二期面板施工前已填筑堆石体的亏坡状况如图 6.16 所示；②堆石坝体沉降及顺河向位移越大，坝体上游亏坡越严重；③脱空宽度分布表现为主河床坝段最大、向两岸则逐渐减小直至为零的特点；④在同一高差方案下，一期面板脱空宽度大于二期面板，而沿坝轴向脱空长度则相反；⑤就各高差方案相比较而言，高差越大，一期和二期面板的脱空宽度及沿坝轴向的脱空长度则越小。

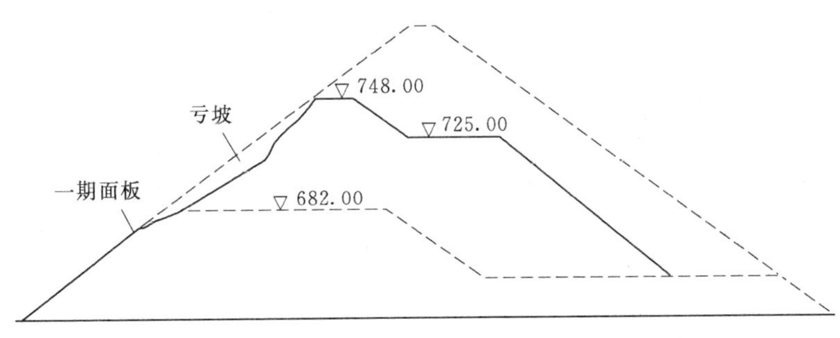

图 6.16 二期面板施工前已填筑堆石体的亏坡状况示意图（单位：m）

6.4.3.4 子模型法面板脱空变形计算结果分析

由于全局模型中垫层区网格尺寸相对较大，难免使得面板脱空计算结果存在一定误差。为此，本次进一步按照子模型法进行了面板脱空变形计算。为了与面板脱空实际观测结果进行比较，选择包含最大观测断面 0+630 在内的 15m 宽的主河床坝段建立三维子模型，对子模型范围内的网格进行加密细分，在子模型的面板与垫层料边界上，施加由全局模型计算得到的位移结果，作为子模型各相应分析步的驱动变量，并设置子模型的荷载、接触以及约束条件等，然后进行了子模型的三维有限元计算，以期深入分析面板脱空产生及其发展的过程。

一期面板浇筑后至二期面板浇筑之前的施工程序如图 6.17 所示。

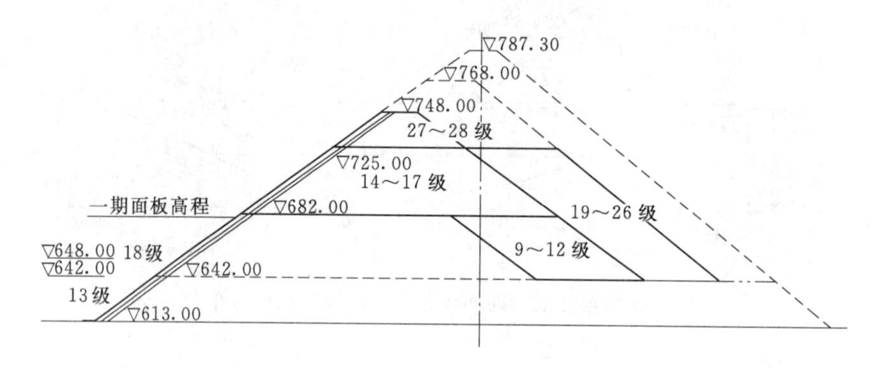

图 6.17　一期面板浇筑后至二期面板浇筑之前的施工程序图（单位：m）

在各高差方案下，按子模型法计算得到的一期面板脱空宽度发展过程结果见表 6.9，表中依次列出了图 6.17 所示各级堆石体填筑完毕及蓄水后共 6 个阶段的面板脱空宽度变化过程。另外，计算得到 2m、5m 和 10m 高差方案的一期面板最大脱空深度依次为 12m、8m 和 2m。

表 6.9　　一期面板脱空宽度发展过程计算结果　　单位：cm

荷载级	填筑及蓄水时段	2m 高差方案	5m 高差方案	10m 高差方案
12	经济断面下游填至高程 682.00m	0	0	0
13	蓄水至高程 642.00m	0	0	0
17	填筑至高程 725.00m	9.4	5.3	1.5
18	蓄水至高程 648.00m	9.7	5.3	1.5
26	经济断面下游填至高程 725.00m	10.5	5.7	1.6
28	填筑至高程 748.00m	12.2	6.8	2.3

计算结果表明，高差对一期面板脱空宽度及脱空深度的影响很大，随着高差的增大，脱空宽度和脱空深度均显著减小；高差越大，脱空宽度随载荷步的增加幅度越小，即坝体填筑和水库蓄水对面板顶部堆石体坡面的变形影响越小。

二期面板浇筑后至三期面板浇筑之前的施工程序如图 6.18 所示。

在各高差方案下，按子模型法计算得到的二期面板脱空宽度发展过程结果见表 6.10，表中依次列出了图 6.18 所示各级堆石体填筑完毕及蓄水后共 6 个阶段的面板脱空宽度变化过程。另外，计算得到 2m、5m 和 10m 高差方案的一期面板最大脱空深度依次为 10m、6m 和 0m。

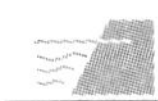

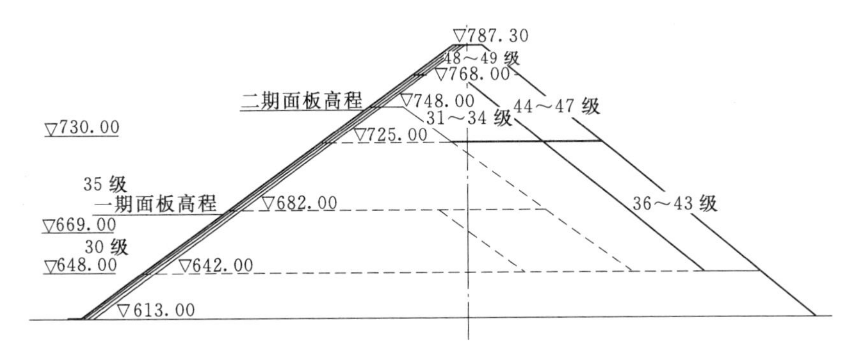

图 6.18　二期面板浇筑后至三期面板浇筑前施工程序图（单位：m）

表 6.10　　二期面板脱空宽度发展过程计算结果　　单位：cm

加载级	填筑及蓄水时段	2m 高差方案	5m 高差方案	10m 高差方案
30	蓄水至高程 669.00m	0	0	0
34	填筑至高程 768.00m	5.8	3.1	0
35	蓄水至高程 730.00m	4.8	2.6	0
43	全断面填至高程 725.00m	5.5	2.9	0
47	全断面填至高程 768.00m	6.7	3.6	0
49	全断面填至高程 787.30m	7.6	4.1	0

计算结果表明，高差对二期面板脱空宽度及脱空深度的影响很大，随着高差的增大，脱空宽度和脱空深度均显著减小；高差越大，脱空宽度随载荷步的增加幅度越小，即坝体填筑和水库蓄水对面板顶部堆石体坡面的变形影响越小。

将子模型法得到的 2m 高差方案（实际施工方案）下一、二期面板脱空变形的计算结果与在坝体最大观测断面 0+630 上获得的实际观测结果进行对比，结果见表 6.11。

表 6.11　　子模型法面板脱空计算结果与实测结果比较表

项　目		一期面板	二期面板
脱空宽度/cm	实测值	15.0	10.0
	计算值	12.2	7.6
脱空深度/m	实测值	7.2	5.0
	计算值	12.0	10.0

从表 6.11 可以看出，计算得到的一、二期面板的脱空宽度小于实测值，而脱空深度大于实测值。究其原因，一是可能存在计算误差，二是计算参数可能不尽合理，三是计算时未考虑湿化变形。但总体而言，计算结果与实测结果相差不大，说明按子模型法获得的上述计算结果能够反映面板脱空变形的基本状况。

6.4.3.5　面板应力计算结果分析

按子模型法获得的各高差方案下一期面板顶部最大脱空宽度处单元的顺坡向应力随加载过程的变化情况如图 6.19 所示。图 6.19 中，方案一、方案二、方案三依次对应 2m、

5m 和 10m 高差方案。面板顺坡向应力以压为正。

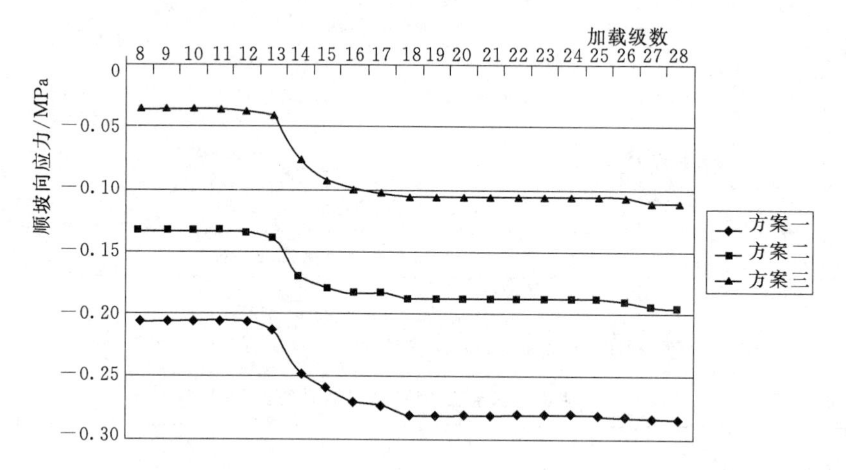

图 6.19　一期面板顶部最大脱空宽度处单元的顺坡向应力随加载过程的变化情况图

从图 6.19 可以看出，在一期面板顶部最大脱空宽度处，各高差方案的顺坡向应力均为拉应力，但各高差方案的拉应力值均不大；高差越大，面板顺坡向应力越小；第 14～18 级荷载阶段是一期面板脱空变形发展最快的阶段，脱空深度在该阶段也达到最大，后期尽管脱空宽度有所增加，但脱空深度却不再变化，因此顺坡向应力变化过程线趋于平缓。因此，面板顶部由于脱空产生的顺坡向拉应力受脱空深度的影响相对较大，而脱空宽度则对其影响相对较小。

6.4.3.6　结论

根据上述计算分析结果不难发现，对于高面板堆石坝而言，堆石体与分期施工面板之间的高差对于面板脱空变形影响显著，高差越大，面板脱空变形（脱空宽度、深度及长度）越小。为控制面板产生有害的脱空现象，一般应将堆石体与分期施工面板之间的顶部高差控制在 5m 以上。对于具体工程，则应通过计算分析等手段研究选择适宜的高差方案。

6.4.4　面板分期施工方案对于面板脱空变形的影响分析

6.4.4.1　计算方案

为分析面板分期施工方案对于面板脱空变形的影响规律，参照高面板堆石坝工程关于面板分期的一般经验，在假定其他计算条件均相同的前提下，拟定如下 2 个面板分期计算方案：

（1）三期方案：面板按三期进行分期浇筑施工，此即实际采用分期方案。

（2）两期方案：面板按两期进行分期浇筑施工。

6.4.4.2　计算工况及坝体分期施工程序

参照实际的坝体分期施工程序（见图 6.2），并根据研究需要，假设堆石体与分期施工面板之间的高差均为 5m，拟定计算工况如下：

工况 1：大坝施工期。坝体断面填筑至高程 725.00m，坝体上、下游无水。

工况 2：大坝施工期。坝体断面填筑至高程 748.00m，坝体上、下游无水。

工况 3：大坝施工期。坝体断面填筑至高程 768.00m，坝体上、下游无水。

工况 4：大坝竣工期。坝体断面填筑至高程 787.30m，坝体上、下游无水。

三期和两期方案的坝体分期施工程序分别如图 6.20 和图 6.21 所示。

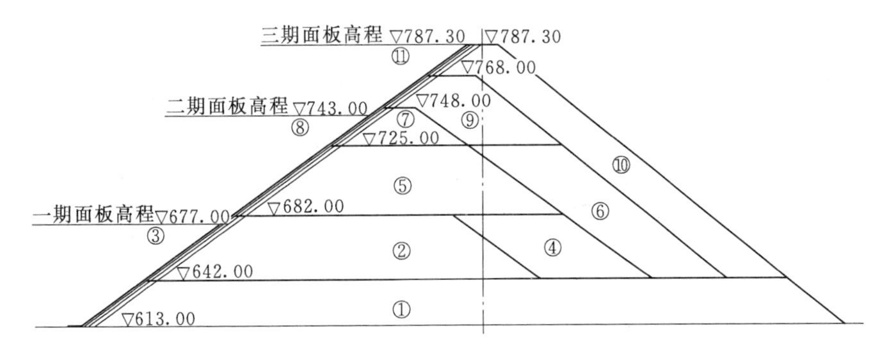

图 6.20 三期方案坝体分期施工程序图（单位：m）

①～⑪：施工序号

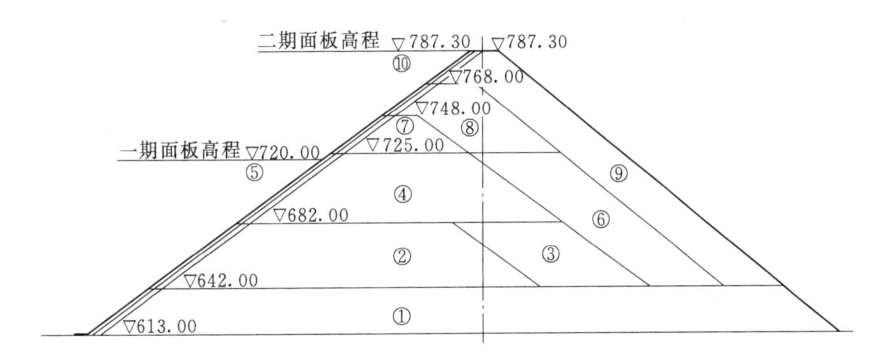

图 6.21 两期方案坝体分期施工程序图（单位：m）

①～⑩：施工序号

6.4.4.3 坝体及面板变形计算结果分析

针对 6.4.2 节所述的有限元全局模型，按照逐级加载方法，对上述两个面板分期计算方案分别进行了大坝应力变形三维非线性有限元仿真计算。根据各计算方案的施工特点，以下重点对三期方案工况 1～工况 4 的计算结果和两期方案工况 2 和工况 4 的计算结果进行分析。

1. 三期方案的计算结果分析

三期方案工况 1 坝体及面板变形的计算结果见图 6.22～图 6.24。

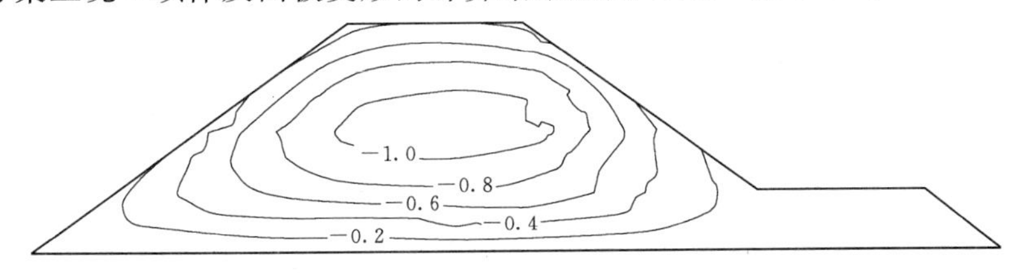

图 6.22 三期方案工况 1 坝体沉降等值线图（单位：m）

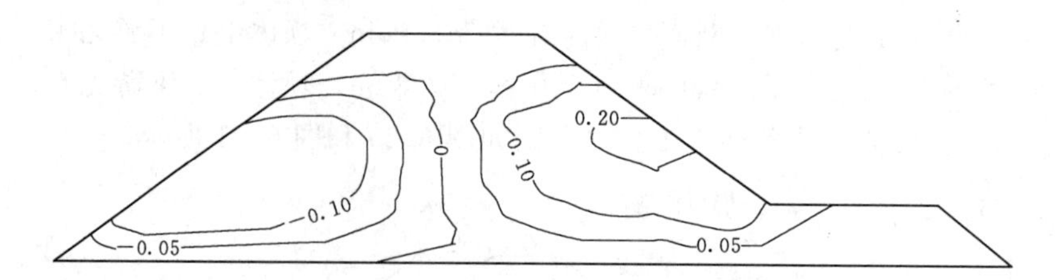

图 6.23　三期方案工况 1 坝体水平位移等值线图（单位：m）

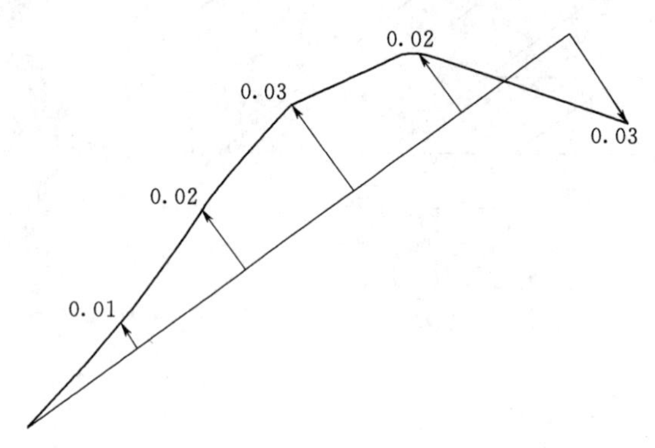

图 6.24　三期方案工况 1 一期面板位移矢量图（单位：m）

计算结果表明，对于三期方案的计算工况 1，坝体最大沉降值为 1.11m，发生在坝体临时断面中部；坝体向上游水平位移最大值为 0.19m，发生在坝体临时断面中下部靠近上游坝坡处，向下游水平位移最大值为 0.23m，发生在坝体临时断面中部下游坡附近；一期面板位移方向与上游坝坡面基本正交，一期面板中下部的位移均指向坝面以外，向坝面以外的位移最大值为 0.03m，一期面板顶部位移指向坝体内部，向坝体内部的位移最大值为 0.03m。

三期方案工况 2 坝体及面板变形的计算结果见图 6.25～图 6.27。

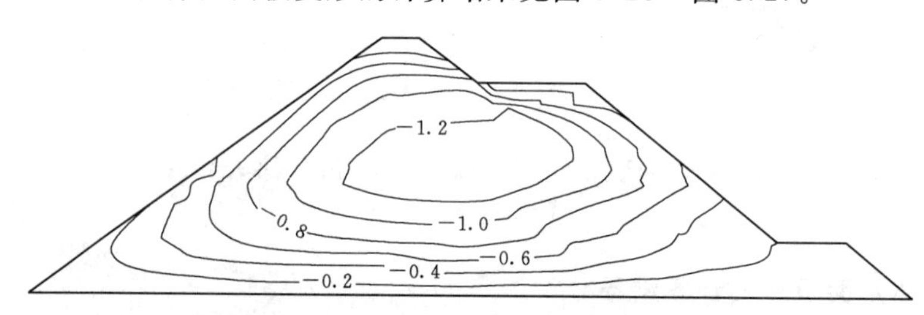

图 6.25　三期方案工况 2 坝体沉降等值线图（单位：m）

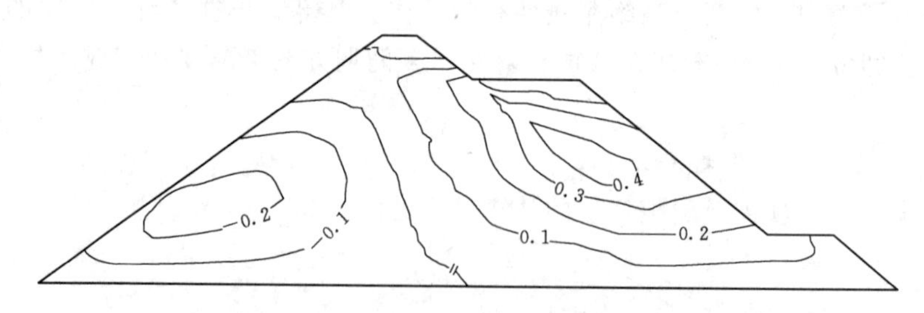

图 6.26　三期方案工况 2 坝体水平位移等值线图（单位：m）

计算结果表明，对于三期方案的计算工况 2，坝体最大沉降值为 1.37m，发生在坝体临时断面中部；坝体向上游水平位移最大值为 0.23m，发生在坝体临时断面中下部靠近上游坝坡处，向下游水平位移最大值为 0.44m，发生在坝体临时断面中部下游坡附近；一期面板位移方向与上游坝坡面基本正交，一期面板中下部的位移均指向坝面以外，向坝面以外的位移最大值为0.04m，一期面板顶部位移指向坝体内部，向坝体内部的位移最大值为0.02m。由此说明，随着坝体堆石填筑高度的增大，堆石坝体外凸变形趋势逐步增强，而一期面板指向坝面以外的位移则逐步增大。

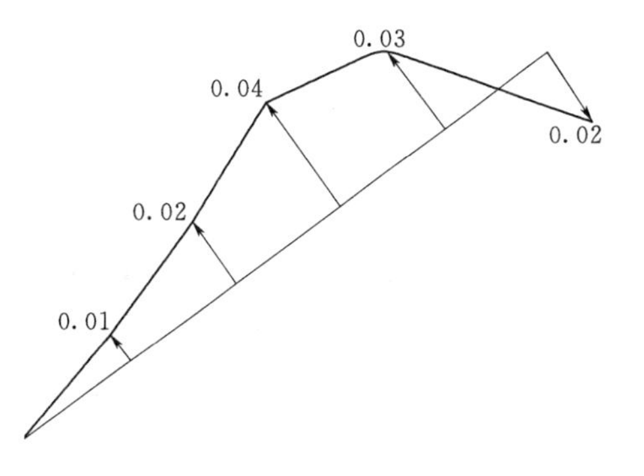

图6.27 三期方案工况2一期面板位移矢量图（单位：m）

三期方案工况3坝体及面板变形的计算结果见图6.28～图6.30。

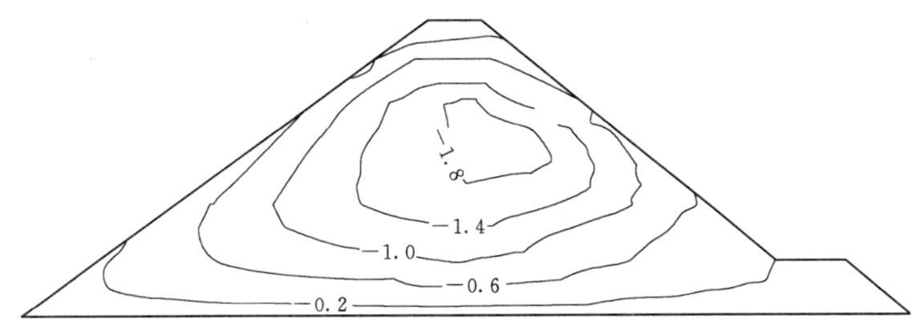

图6.28 三期方案工况3坝体沉降等值线图（单位：m）

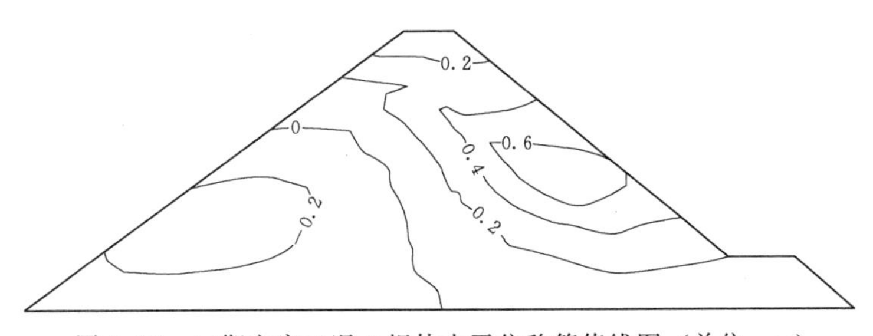

图6.29 三期方案工况3坝体水平位移等值线图（单位：m）

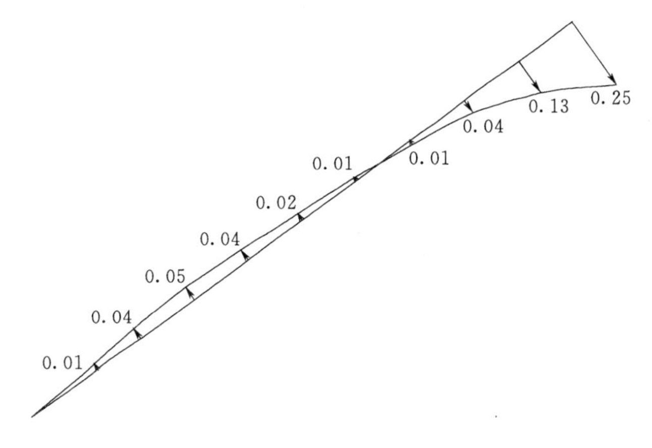

图6.30 三期方案工况3一、二期面板位移矢量图（单位：m）

计算结果表明，对于三期方案的计算工况 3，坝体最大沉降值为 2.07m，发生在坝体临时断面中上部；坝体向上游水平位移最大值为 0.29m，发生在坝体临时断面中下部靠近上游坝坡处，向下游水平位移最大值为 0.68m，发生在坝体临时断面中部下游坡附近；一、二期面板位移方向均与上游坝坡面基本正交，一期面板向坝面以外的位移最大值为 0.05m，二期面板顶部向坝体内部的位移最大值为 0.25m。

三期方案工况 4 坝体及面板变形的计算结果见图 6.31～图 6.33。

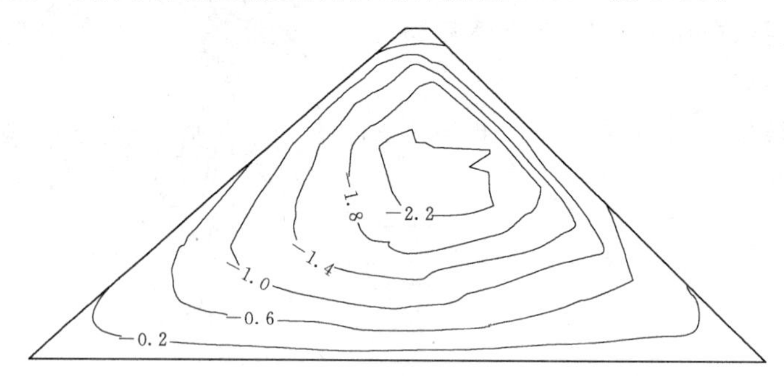

图 6.31　三期方案工况 4 坝体沉降等值线图（单位：m）

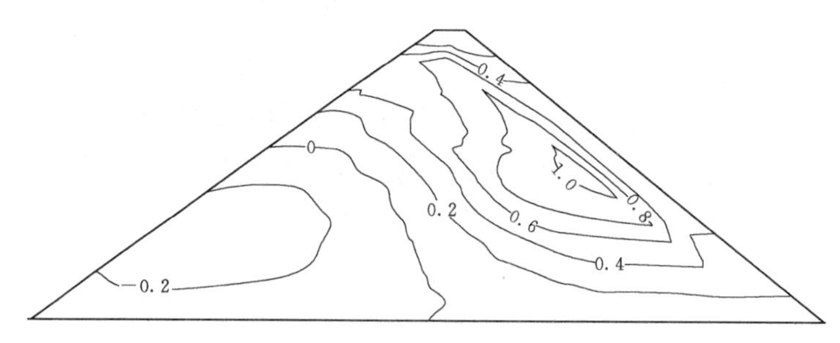

图 6.32　三期方案工况 4 坝体水平位移等值线图（单位：m）

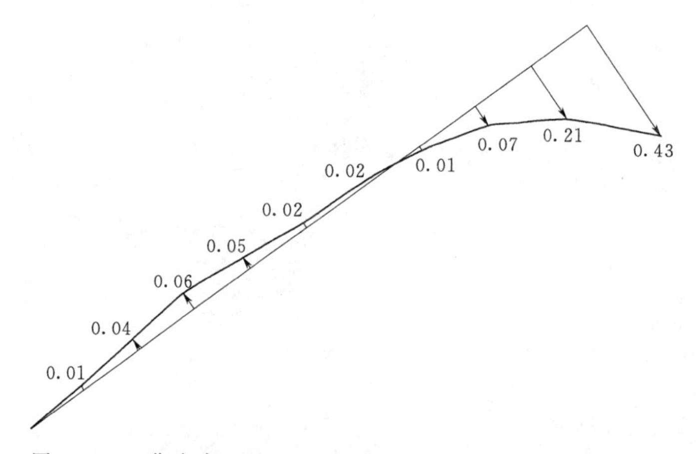

图 6.33　三期方案工况 4 一、二期面板位移矢量图（单位：m）

计算结果表明，对于三期方案的计算工况 4，坝体最大沉降值为 2.53m，发生在坝体断面中上部；坝体向上游水平位移最大值为 0.32m，发生在坝体断面中下部靠近上游坝坡处，向下游水平位移最大值为 1.07m，发生在坝体断面中部下游坝坡附近；一、二期面板位移方向均与上游坝坡面基本正交，一期面板向坝面以外的位移最大值为 0.06m，二期面

板顶部向坝体内部的位移最大值为0.43m。

2. 两期方案的计算结果分析

与各面板分期计算方案相应的面板脱空变形计算结果见表6.12。

两期方案工况2和工况4的坝体变形计算结果与三期方案的相应结果相同。两期方案工况2和工况4的一期面板变形计算结果分别见图6.34和图6.35。

从图6.34和图6.35可以看出，与三期方案相应工况的一期面板位移计算结果相比较，一期面板的位移分布规律基本相同，但在两期方案下，由于一期面板长度增大，因此一期面板的位移值均显著减小。

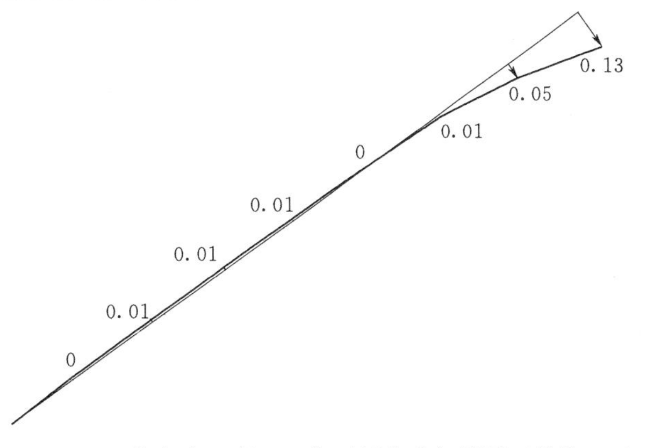

图6.34 两期方案工况2一期面板位移矢量图（单位：m）

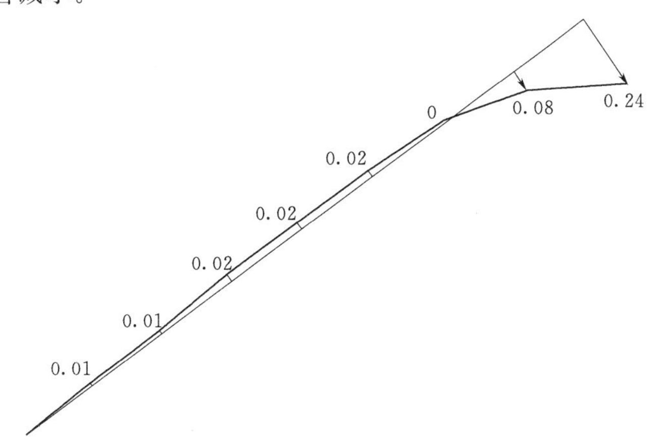

图6.35 两期方案工况4一期面板位移矢量图（单位：m）

6.4.4.4 全局模型面板脱空变形计算结果分析

根据针对6.4.2节所述的有限元全局模型所获得的大坝应力变形三维非线性有限元计算结果，以下再进行与各面板分期计算方案相应的一、二期面板脱空变形的计算结果分析。其中，每期面板的脱空变形计算结果均指后期面板施工前该期面板的最大脱空计算结果。

计算得到的与各面板分期计算方案相应的面板脱空变形计算结果见表6.12。

表6.12 与各面板分期计算方案相应的面板脱空变形计算结果

计算方案	分期面板	计算结果		
		脱空宽度/cm	脱空深度/m	沿坝轴向脱空长度/m
三期	一期	4.0	12	137.20
	二期	4.5	12	486.79
两期	一期	5.3	12	355.87

与各面板分期计算方案相应的一、二期面板脱空宽度计算结果见图6.36～图6.38。

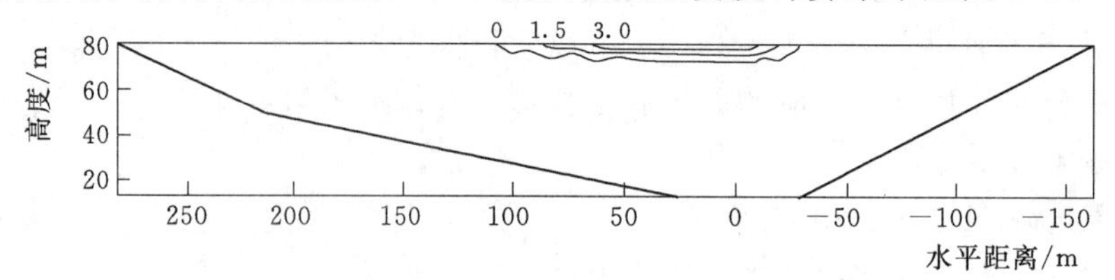

图6.36 三期方案一期面板脱空宽度等值线图（单位：cm）

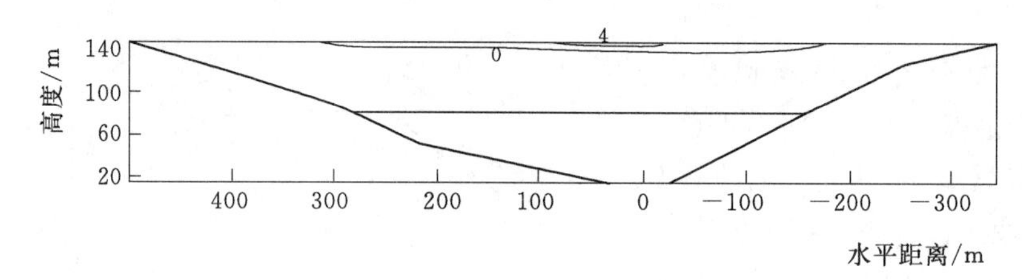

图6.37 三期方案二期面板脱空宽度等值线图（单位：cm）

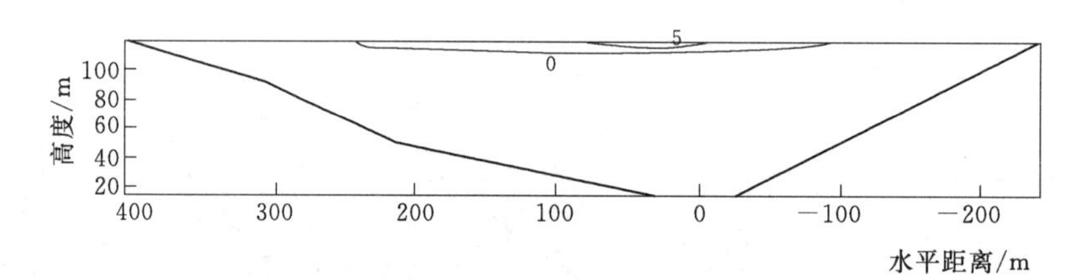

图6.38 两期方案一期面板脱空宽度等值线图（单位：cm）

计算结果表明，两期方案与三期方案相比较，一期面板脱空宽度约增大1.3cm；脱空深度基本相同；沿坝轴向的脱空长度明显增大，最大脱空长度约增大219m。由此说明，分期越少，面板脱空宽度越大，虽然脱空深度基本相同，但沿坝轴向的脱空长度越大，即脱空区域越大。

6.4.4.5 子模型法面板脱空变形计算结果分析

为更准确地了解面板分期施工方案对面板脱空变形的影响规律，针对不同的面板分期施工方案，进一步按照子模型法进行了面板脱空变形的计算。

在三期方案下，按子模型法计算得到一期面板的最大脱空深度为8m，二期面板的最大脱空深度为6m，一、二期面板脱空宽度发展过程分别见表6.13和表6.14。在两期方案下，按子模型法计算得到一期面板的最大脱空深度为6m，一期面板脱空宽度发展过程计算结果见表6.15。

表6.13　三期方案一期面板脱空宽度发展过程计算结果

加载级	填筑时段	最大脱空宽度/cm
12	经济断面下游填至高程682.00m	0
17	填筑至高程725.00m	3.7
26	经济断面下游填至高程725.00m	3.8
28	填筑至高程748.00m	4.1

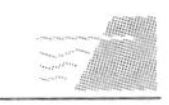

表 6.14　　　　三期方案二期面板脱空宽度发展过程计算结果

加载级	填筑时段	最大脱空宽度/cm
29	二期面板施工完毕	0
34	填筑至高程 768.00m	2.4
43	全断面填至高程 725.00m	2.9
47	全断面填至高程 768.00m	4.2
49	全断面填至高程 787.30m	5.1

表 6.15　　　　两期方案一期面板脱空宽度发展过程计算结果

加载级	填筑时段	最大脱空宽度/cm
	一期面板施工完毕	0
26	经济断面下游填至高程 725.00m	0.6
28	填筑至高程 748.00m	2.6
34	填筑至高程 768.00m	3.9
43	全断面填至高程 725.00m	4.3
47	全断面填至高程 768.00m	5.2
49	全断面填至高程 787.30m	5.7

计算结果表明：①三期方案的一、二期面板脱空均由其顶部堆石体自重荷载产生，而两期方案的一期面板脱空由软岩料区的“拖拽”作用产生；②不同分期方案下，由于面板长度不同，相应的面板顶部高程不同，同一区域的堆石体对面板脱空变形的影响必然不同，且距离面板顶部越近的堆石体对面板脱空变形的影响越大，其中面板顶部高程以上的堆石体对面板脱空变形的影响最大；③三期方案的二期面板脱空深度较一期面板脱空深度小，与两期方案的一期面板脱空深度基本相同；④不论是三期方案还是两期方案，由于面板脱空深度差异不大，因此面板分期施工方案对于面板顺坡向最大拉应力的影响不大，两个方案面板顺坡向最大拉应力均在 0.15MPa 左右。

6.4.4.6　结论

根据上述计算分析结果不难发现，对于高面板堆石坝而言，面板分期施工方案对于面板脱空变形存在一定影响，分期越少，面板脱空宽度及沿坝轴向的脱空长度越大，虽然脱空深度变化不大或基本相同，但面板总体的脱空区域越大。因此，尽量减少面板分期施工数量对于减小面板脱空变形是有利的。

6.5　面板脱空的处理措施

对于采用分期施工方案的高面板堆石坝工程而言，通过对面板及坝体分期施工方案的优化设计，在一定程度上可以减小面板脱空变形，但由于影响面板脱空变形的因素错综复杂，因此从已有工程经验来看要完全避免面板脱空问题仍是很难做到的。为此，有必要在施工及工程运行过程中加强对于面板脱空变形的监测，一旦发现面板产生脱空情况，就应及时采取必要的修补处理措施。

根据一些工程的实践经验，针对面板脱空问题的常用处理措施如下[7,26]：

（1）当观测到面板脱空情况后，首先应该人工将面板顶部的松散垫层料及用于度汛保护的封闭砂浆清除，使脱空部位出露，然后使用麻袋封闭保护，以免被坡面垫层料堵塞，并为修补脱空部位创造条件。

（2）对脱空部位进行修补。修补可采用以下两种方法：①填细砂法，即利用水流带动细砂充填脱空部位，比较经济，但不易填充密实；②灌注水泥、粉煤灰浆液法，即首先利用垫层料及施工时在防浪墙中预先埋设的灌浆管灌浆，通过软管将浆液引至灌浆点，从脱空部位顶部进行自流灌浆，该方法要求灌浆材料应具有可灌性、适宜的强度以及与垫层料基本接近的弹性模量，以适应面板在水压力作用下所产生的变形。

本章所研究的天生桥一级面板堆石坝工程，针对 6.1.1 节所述通过监测所发现的面板脱空问题，在进行多种处理方案分析比较的基础上，最终选定的面板脱空处理方案为[27]：采用灌注水泥、粉煤灰浆液法进行面板脱空处理，灌浆所用材料为 525 号普通硅酸盐水泥和田东粉煤灰，一、二期面板注浆水胶比均为 0.5，水泥与粉煤灰之比分别为 1∶9.00 和 1∶4.24；三期面板注浆水胶比为 0.5～0.8，灌浆压力为 0.5MPa，水泥与粉煤灰之比为 1∶4.0～1∶4.2。修补灌浆结束后，检查发现灌浆效果较好，脱空部位已基本充填密实。

参　考　文　献

[1] 徐泽平，邓刚．国际高混凝土面板堆石坝的发展概况及评述［C］．成都：中国水力发电工程学会混凝土面板堆石坝专业委员会 2008 高土石坝学术交流会论文集，2008.

[2] 肖化文，杨清．对高面板堆石坝一些问题的探讨［J］．水利水电技术，2003（2）．

[3] 贾金生，袁玉兰，郑璀莹，等．中国 2008 年水库大坝统计、技术进展与关注的问题简论［C］．现代堆石坝技术进展：2009——第一届堆石坝国际研讨会论文集．北京：中国水利水电出版社，2009.

[4] 曹克明，汪易森，徐建军，等．混凝土面板堆石坝［M］．北京：中国水利水电出版社，2008.

[5] 张宗亮，徐永，刘兴宁，等．天生桥一级水电站枢纽工程设计与实践［M］．北京：中国电力出版社，2007.

[6] 梁传国．天生桥一级水电站混凝土面板堆石坝施工程序［J］．水力发电，1999，（3）．

[7] 张耀威．天生桥一级水电站混凝土面板堆石坝施工中的几个问题［J］．水利水电技术，2000，（6）．

[8] 余宗翔．天生桥一级水电站大坝面板主要缺陷处理［J］．大坝与安全，2005，（3）．

[9] 胡松，罗井伦．天生桥一级水电站面板堆石坝面板运行期出现的问题及处理［J］．贵州水力发电，2011，（2）．

[10] 许仲生．天生桥一级水电站面板坝坝体变形特征［J］．水力发电，2000，（3）．

[11] 段伟，文亚豪，王刚，等．洪家渡混凝土面板堆石坝施工设计［J］．水力发电，2001，（9）．

[12] 米占宽．高面板坝坝体流变性状研究［D］．南京：南京水利科学研究院，2001.

[13] 卢廷浩，袁俊平．面板堆石坝中面板“脱空”的预测和防治［J］．红水河，2004，23（1）．

[14] 郑仲寿．面板脱空问题数值计算研究［D］．大连：大连理工大学，2005.

[15] 张丙印，师瑞锋．流变变形对高面板堆石坝面板脱空的影响分析［J］．岩土力学，2004，25（8）．

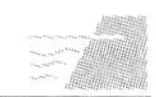

[16] 李艳丽．面板堆石坝脱空状况分析及其防止措施研究［D］．南京：河海大学，2005.

[17] 殷宗泽，朱俊高．有防渗墙高土石坝应力变形全弹塑性模型计算研究［J］．河海大学学报，1994.

[18] 李炎隆．混凝土面板极端破坏情况下堆石坝渗流与应力变形特性研究［D］．西安：西安理工大学，2008.

[19] 薛一峰．高面板堆石坝分期施工对于面板脱空的影响研究［D］．西安：西安理工大学硕士学位论文，2013.

[20] 张丙印，师瑞锋．流变变形对高面板堆石坝面板脱空的影响分析［J］．岩土力学，2004，25（8）．

[21] 顾永明．面板堆石坝脱空问题分析方法研究［D］．南京：河海大学，2006.

[22] 张丙印，师瑞锋，王刚．高面板堆石坝面板脱空问题的接触力学分析［J］．岩土工程学报，2003，25（3）．

[23] 庄茁，张帆，岑松．ABAQUS 非线性有限元分析与实例［M］．北京：科学出版社，2005.

[24] 石亦平，周玉蓉．ABAQUS 有限元分析实例详解［M］．北京：机械工业出版社，2006.

[25] 卢廷浩，邵松桂．天生桥一级水电站面板堆石坝三维非线性有限元分析［J］．红水河，1996，（4）．

[26] 黄景中，商崇菊，郝志斌．天门河水库混凝土面板坝的裂缝和变形及面板垫料脱空处理［J］．中国农村水利水电，2008，（11）．

[27] 王真民．天生桥一级面板堆石坝缺陷处理［J］．水利水电快报，2005，（23）．

[28] 关志诚．水工设计手册（第 6 卷 土石坝）［M］．北京：中国水利水电出版社，2014.

第7章 狭窄河谷高面板堆石坝的应力变形特性

随着我国水利水电建设事业的进一步发展，越来越多的高面板堆石坝工程将不得不面对狭窄河谷这样的特殊坝址地形条件。研究表明[1-8]，不同于宽浅型河谷坝址，狭窄型河谷坝址的这种特殊地形条件对于高面板堆石坝存在显著的变形约束，从而导致其产生截然不同且更为复杂的应力变形性态。本章拟首先结合部分工程实例，进行狭窄河谷对于高面板堆石坝应力变形一般影响规律的分析，然后分析提出狭窄河谷影响高面板堆石坝应力变形的主要途径，最后结合某实际高面板堆石坝工程，主要针对河谷宽高比及坝体堆石料填筑标准这两个关键影响因素，通过三维非线性有限元计算，探讨狭窄河谷高面板堆石坝的应力变形特性。

7.1 狭窄河谷高面板堆石坝工程实例

一般而言，面板堆石坝对地形条件的适应性较强，各类河谷形态中均可修建。在关于坝址处河谷形态的描述中，常用河谷宽高比（坝顶处河谷宽度与最大坝高之比）来表征坝址处河谷的宽窄程度，并常将河谷宽高比小于2.5的河谷视为狭窄河谷。目前已建的面板堆石坝大多位于较为宽阔的河谷中，建于狭窄河谷中的高面板堆石坝还相对较少。国内外部分已建和在建的位于狭窄河谷中的高面板堆石坝工程实例见表7.1。

表7.1 国内外部分已建和在建的位于狭窄河谷中的高面板堆石坝工程实例[1,2,9]

坝 名	所在地	建成年份	坝高/m	河谷宽高比	筑坝材料
Cethana	澳大利亚	1971	110.00	1.94	石英岩
Alto Anchicaya	哥伦比亚	1974	140.00	1.86	角页岩和闪长岩
Golillas	哥伦比亚	1978	125.00	0.87	砂砾石
Yacambu	委内瑞拉	1996	162.00	0.90	砂砾石
Salvajina	哥伦比亚	1985	148.00	2.45	砂砾石和硬砂岩
西北口	中国湖北	1989	95.00	2.34	灰岩
花山	中国广东	1994	80.80	2.00	花岗岩
万安溪	中国福建	1995	93.50	2.27	花岗岩
古洞口	中国湖北	1999	118.00	1.63	灰岩
白云	中国湖南	2001	120.00	1.67	灰岩和砂岩
芹山	中国福建	2001	120.00	2.17	凝灰熔岩
高塘	中国广东	2002	110.80	2.06	花岗岩
鱼跳	中国重庆	2002	106.00	2.11	砂岩

续表

坝　　名	所在地	建成年份	坝高/m	河谷宽高比	筑 坝 材 料
引子渡	中国贵州	2003	129.50	2.13	灰岩
龙首二级	中国甘肃	2004	146.50	1.30	辉绿岩
洪家渡	中国贵州	2004	179.50	2.38	砾岩
三板溪	中国贵州	2006	186.00	2.28	凝灰质砂板岩等
瓦屋山	中国四川	2007	138.76	2.00	白云岩和砂岩
芭蕉河一级	中国湖北	2008	115.00	2.47	灰岩和砂岩
潘口	中国湖北	2012	114.00	2.56	硅质岩和正片岩
江坪河	中国湖北	在建	219.00	1.80	冰碛砾岩
猴子岩	中国四川	在建	223.50	1.27	灰岩和云母片岩

据不完全统计，我国已建和在建的高面板堆石坝中，坝址处河谷宽高比小于 2.5 的比例约为 38.4%[9]。其中，在我国已建的混凝土面板堆石坝中，坝址处河谷宽高比最大的约为 16.3，最小的只有 1.3（龙首二级坝）[2]；我国在建的位于狭窄河谷的最高面板堆石坝为猴子岩面板堆石坝，该坝最大坝高为 223.50m，河谷宽高比仅为 1.27[1]。

以下以已建的龙首二级面板堆石坝和三板溪面板堆石坝为例，对建于狭窄河谷的高面板堆石坝的设计与施工特点及其应力变形特征作一简要分析。

7.1.1 龙首二级面板堆石坝

7.1.1.1 工程概况[4,10-11]

龙首二级水电站混凝土面板堆石坝坝顶高程为 1924.50m，最大坝高为 146.50m，坝顶宽 12m，坝顶长度为 190.64m，上游坝坡坡比为 1∶1.5，下游坝坡在高程 1890.00m 以上坡比为 1∶1.5、高程 1890.0m 以下坡比为 1∶1.4。该电站坝址处河谷宽高比为 1.3，在目前国内已建高面板堆石坝中属坝址处河谷宽高比最小的一座面板堆石坝。坝址处河谷地形呈不对称的“V”字形，左岸坡岩石出露，边坡坡度为 70°～75°；河床宽度为 12～18m，河床块石砂卵砾石覆盖层厚度为 3～5m，其下部基岩为辉绿斑岩和石英二长岩，岩性均质坚硬；右岸有一凸向左岸的山梁，下部陡坡段坡度为 75°～80°，上部缓坡段坡度为 35°～45°，缓坡段存在松散堆积层。大坝标准横剖面见图 7.1。

7.1.1.2 大坝设计与施工特点[11]

由于坝址处河谷狭窄、岸坡陡峻，为解决两岸陡岸坡趾板基础开挖难度大、开挖工程量大的问题，该工程岸坡段趾板基础设计采用 3m 等宽方案进行开挖，解决了陡岸坡趾板基础开挖的难题，既减小了开挖量，又减少了高边坡，在国内高面板坝中尚属首例。在趾板设计中，岸坡段趾板采用“3＋x”的“L”形趾板结构；采用回填混凝土进行置换的厚趾板形式处理局部岩体风化较深的趾板基础。

为有效缓解狭窄河谷地形条件对坝体的拱效应影响，该工程结合坝料特点采用了混凝土挤压边墙施工技术，使垫层料达到了更高的填筑密实度；施工过程中控制主堆石料和次堆石料的最大填筑层厚度为 60cm，并且采用同样的填筑密实度；在碾压填筑过程中进行

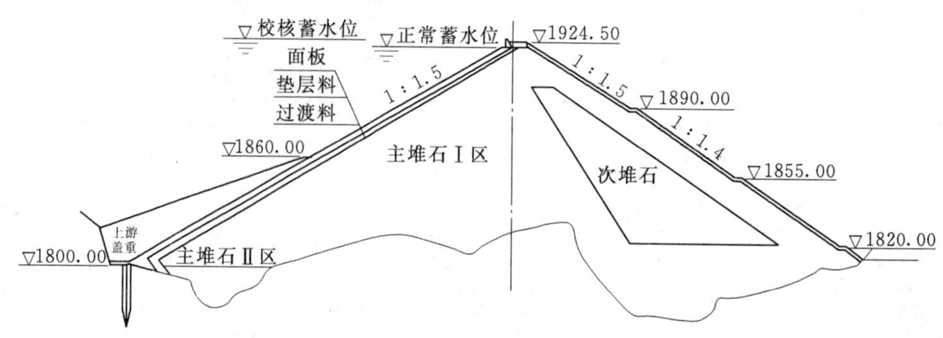

图 7.1　龙首二级混凝土面板堆石坝标准横剖面图[4]（单位：m）

适当洒水，以增加施工阶段的坝体沉降，缩减坝体的后期变形；在坝体与陡岸坡的连接部位设置特殊主堆石区，以解决堆石料在坝体分层填筑过程中的沉降不充分问题，并避免由于坝体后期较大变形而使坝体与两岸山体产生脱离的问题。

7.1.1.3　大坝应力变形特征[12]

结合龙首二级面板堆石坝的设计特点及施工过程，部分学者进行了该坝应力变形三维非线性有限元计算分析。其中，关于坝体在水库蓄水期的主要变形计算结果如图 7.2～图 7.5 所示。

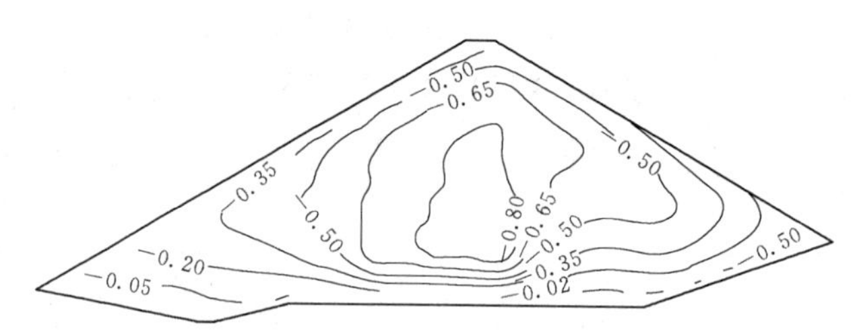

图 7.2　蓄水期坝体沉降等值线图[12]（单位：m）

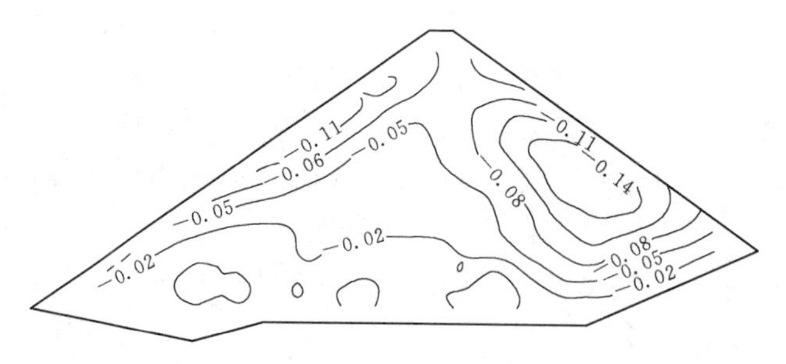

图 7.3　蓄水期坝体水平位移等值线图[12]（单位：m）

计算分析结果表明：①坝体沉降的最大值位于坝轴向所在位置的中下部，横断面中坝体近似呈整体向下游位移的趋势；②坝体应力基本上按照坝高分布，坝体底部的应力最大，由坝底至坝顶坝体应力逐渐递减；③面板挠度的最大值发生在河床段面板的中上部，从此处向外逐渐减小；④在沿坝轴线方向，面板位移呈现从两岸向河谷中心位移的趋势，向左、右岸位移的平衡位置基本上位于河床中线处；⑤面板顺坡向应力呈现中部受压、顶部和底部局部受拉的分布特征，但顶部和底部拉应力值不大；⑥面板沿坝轴向应力呈现中部受压、左右岸受拉的分布特征。

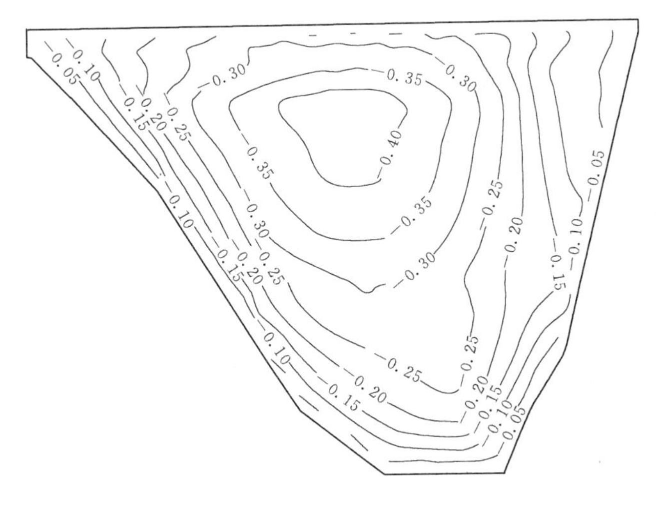

图 7.4　蓄水期面板挠度等值线图[12]（单位：m）

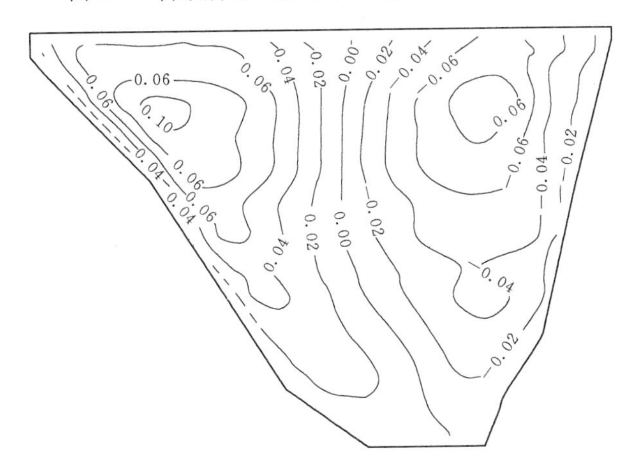

图 7.5　蓄水期面板沿坝轴向位移等值线图[12]（单位：m）

7.1.2　三板溪面板堆石坝

7.1.2.1　工程概况[13]

三板溪水电站混凝土面板堆石坝最大坝高为 185.50m，坝顶长度为 423.50m，上下游坝坡坡比均为 1∶1.4。该电站坝址处河谷宽高比为 2.28。坝址处河谷地形呈不对称的“V”字形，左岸的岸坡坡面较为平顺，坡度为 40°～45°；河床宽度为 12～18m，河床覆盖层最大厚度为 14.5m；右岸岸坡较为陡峻，坡度为 45°～60°。大坝标准横剖面见图 7.6。

7.1.2.2　大坝设计与施工特点[14-15]

针对坝址处河谷狭窄等条件，三板溪大坝采取的主要设计和施工措施为：①结合筑坝料源、堆石料填筑碾压试验及关于坝体应力变形的研究成果等资料，该坝在堆石体与两岸山体的接触部位设置了宽度为 2m 的接坡过渡料，以使堆石体和两岸山体能有较好的变形适应性；②为使坝体变形均匀，并防止面板开裂，要求趾板在接下坡开挖时坡比不陡于 1∶0.5，接上坡开挖时先对 0.3～0.4 倍这一位置所在坝高的区域内进行挖平处理后再接

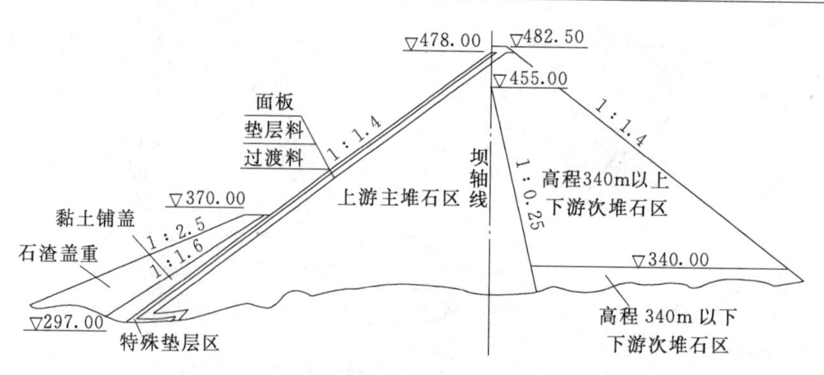

图 7.6　三板溪混凝土面板堆石坝标准横剖面图[13]

上坡，并使开挖坡度不陡于坝坡；③对坝址处局部陡坎、倒悬体、大孤石、坑洼沟槽等特殊地形采用削坡、回填等方法进行处理，对这些特殊部位利用较小的堆石料进行填筑，并以小型振动碾进行碾压填筑，以改善坝体和面板的应力变形性态。对于无法采用振动碾进行碾压填筑的局部位置，则以 C10 混凝土或者 M10 浆砌石进行回填和补平。

7.1.2.3　大坝应力变形特征[16]

结合三板溪面板堆石坝的设计特点及施工过程，部分学者进行了该坝应力变形三维非线性有限元计算分析。其中，关于坝体在水库蓄水期的主要变形计算结果如图 7.7～图 7.10 所示。

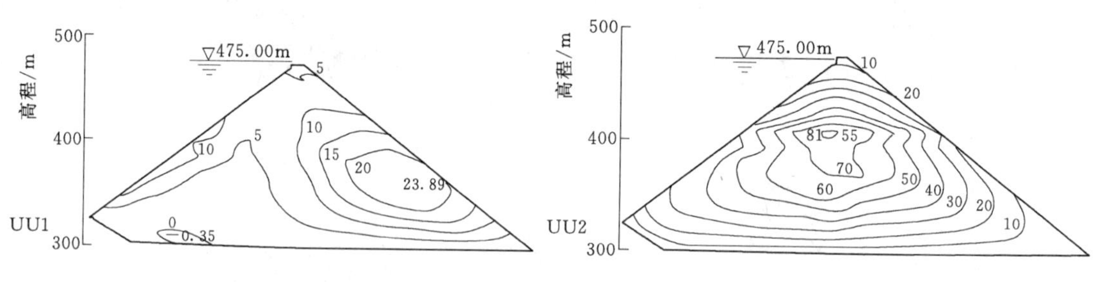

图 7.7　蓄水期坝体水平位移等值线图[16]
（单位：cm）

图 7.8　蓄水期坝体沉降等值线图[16]
（单位：cm）

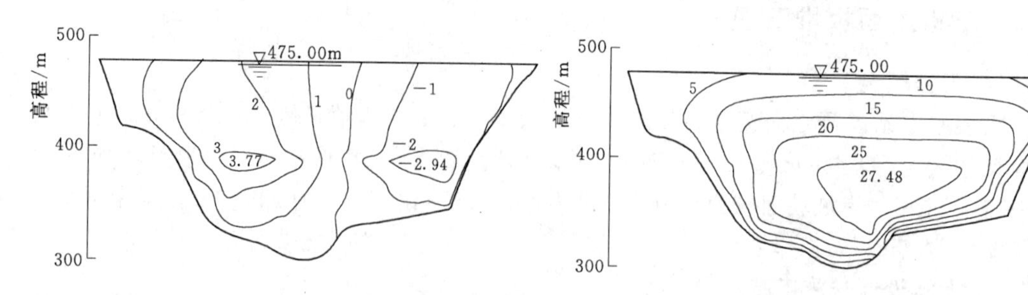

图 7.9　蓄水期面板沿坝轴向位移等值线图[16]
（单位：cm）

图 7.10　蓄水期面板面板挠度等值线图[16]
（单位：cm）

计算分析结果表明：①坝体沉降的最大值位于坝体中上部，基本对称于坝轴向分布；②坝体向上游的水平位移较小，向下游的水平位移相对较大，向下游的水平位移最大值发生在约 1/3 坝高处的下游坝坡附近；③在沿坝轴线方向，面板位移呈现从两岸向河谷中心

位移的趋势，由于坝址处河谷不对称，向左、右岸位移的平衡位置靠近岸坡较缓的左岸侧；④由于该坝一期面板经历了两次挡水度汛，因此一期面板变形相对较小，面板挠度的最大值发生在河床坝段的面板中下部。

7.1.3 狭窄河谷高面板堆石坝应力变形的一般特征

为探讨狭窄河谷高面板堆石坝应力变形的一般特征，在此不妨将上述的龙首二级和三板溪两座面板堆石坝的应力变形分析结果，与同样建于狭窄河谷的江坪河[9]和洪家渡[17]两座面板堆石坝的应力变形分析结果放在一起进行对比分析。关于上述四座大坝蓄水期的应力变形分析结果比较见表 7.2。

表 7.2　四座大坝蓄水期的应力变形分析结果比较

项　目			龙首二级	三板溪	江坪河	洪家渡
最大坝高/m			146.5	186.0	219.0	179.5
河谷宽高比			1.30	2.28	1.80	2.38
坝体	垂直位移/cm		−132.5	−104.5	−155.5	−81.4
	水平位移/cm	向上游	−14.5	−11.0	−8.0	−7.4
		向下游	28.5	37.4	48.0	24.0
	主应力/MPa	σ_1	−3.20	−5.71	−2.87	−4.72
		σ_3	−0.70	−1.13	−0.77	−1.62
面板	挠度/cm		27.6	27.0	40.9	45.5
	顺坡向应力/MPa	压应力	−2.80	−3.69	−8.27	−8.17
		拉应力	3.60	0.57	1.82	0.93
	坝轴向应力/MPa	压应力	−3.29	−10.00	−7.89	−8.98
		拉应力	3.58	3.50	1.55	2.19

注　坝体沉降值以竖直向上为正，坝体水平位移以向下游为正，面板挠度以向坝内方向为正，坝体和面板应力以拉为正。

从表 7.1 可以看出，4 座大坝蓄水期的应力变形计算结果的规律性基本相似，不同坝的各项应力变形值的量级相同，数值差异性不大。通过综合分析，可初步得出狭窄河谷高面板堆石坝应力变形的一般特征如下：

(1) 狭窄河谷所产生的坝体拱效应特征。狭窄河谷两岸山体对坝体变形存在不容忽视的坝轴向约束，在这种较为强烈的坝轴向约束作用下，坝体会产生明显的拱效应。拱效应使得坝体在施工期及竣工初期的变形较小，而后期变形趋于稳定所需要的时间则相对较长；河谷越狭窄、坝高越大，坝体的拱效应越强烈，而随着拱效应消散所引起的坝体后期变形则越大；另外，拱效应还会导致两坝肩部位的坝体产生局部应力集中，导致两坝肩附近的面板及其接缝的变形和应力也相应增大。

(2) 狭窄河谷地形对面板应力变形的约束特征。狭窄河谷由于两岸坡较陡且河谷宽度较小，从而使得两坝肩以下靠近上游坝坡处的堆石体的应力及模量降低，促使这些部位的面板在蓄水后由于水荷载作用而产生的变形增大。同时，狭窄河谷将面板卡在河谷中间，阻碍了面板顺坝坡方向的变形，导致面板中部易于发生挤压破坏，而与两岸山体连接部位的面板接缝又易产生张拉或错动变形，影响面板及其接缝的防渗可靠性。

（3）狭窄河谷两岸高陡岸坡对坝体和面板的接触影响特征。由于两岸高陡岸坡岩体的刚度及变形模量与坝体堆石存在较大差异，同时岸坡与坝体堆石接触部位又是碾压的薄弱区域，从而导致坝体与岸坡接触部位的堆石难于压实，并使两岸岸坡部位的面板易于产生斜裂缝。

7.2 狭窄河谷影响高面板堆石坝应力变形的主要途径

根据上述关于狭窄河谷高面板堆石坝工程实例的分析结果，并结合部分学者的相关研究成果，不难发现，狭窄河谷影响高面板堆石坝应力变形的主要途径有以下 4 种。

7.2.1 拱效应的影响

建造于狭窄河谷中的高面板堆石坝，狭窄河谷两岸山体对坝体变形存在不容忽视的坝轴向约束，在这种较为强烈的坝轴向约束作用下，坝体会产生明显的拱效应。堆石坝体受到拱效应的影响，将导致其初期变形速率减小，在竣工初期坝体沉降不够充分，变形趋于稳定所经历的时间将明显延长；虽然拱效应能够在一定程度上提高堆石体的压缩模量，但这种对压缩模量的提高作用将会随时间而逐渐减弱，水库蓄水后受到水压力的作用以及堆石体流变变形等因素的影响，堆石体的拱效应将逐渐减弱，进而使得堆石坝体的后期变形相应增大。当拱效应开始逐渐减弱时，堆石体的变形量增加较快，此时若面板已浇筑，将导致面板变形增大甚至产生较大的拉应力。

7.2.2 坝址处河谷宽窄程度的影响

在面板堆石坝工程实际中，为了对不同坝址的河谷形状进行比较，通常用沿坝轴线的大坝纵断面来进行比较，通过将这些坝的建基面统一到同一高程，并将待比较坝的纵断面按同一比例缩放后放在一起，这样就可以对不同河谷形状的坝址进行定性比较。关于国内几座混凝土面板堆石坝坝址河谷形状的定性比较如图 7.11 所示。从图 7.11 中可以看出，龙首二级坝址处的河谷最为狭窄，而盘石头坝址处的河谷最为宽阔。

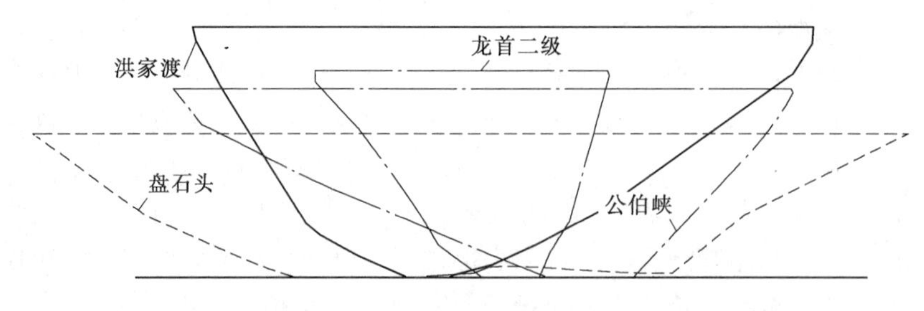

图 7.11 国内几座混凝土面板堆石坝坝址河谷形状的定性比较示意图[4]

在关于坝址处河谷形态的描述中，常用河谷宽高比（坝顶处河谷宽度与最大坝高之比）来表征坝址处河谷的宽窄程度。根据对部分已建工程实例的初步分析结果，河谷宽高

比对高面板堆石坝应力变形的影响主要表现在：①随着河谷宽高比的减小，坝体初期沉降及沿坝轴向位移均有逐渐减小的趋势；②随着河谷宽高比的减小，面板挠度逐渐减小；③随着河谷宽高比的减小，面板顺坡向应力值逐渐增大，但面板底部和两岸坝肩处面板顺坡向拉应力区范围逐渐缩小；④随着河谷宽高比的逐渐减小，面板沿坝轴向应力逐渐增大，坝轴向压应力区的范围向两岸扩展，拉应力区的范围则向坝肩上部扩展。

7.2.3 堆石料填筑标准的影响

堆石料的填筑标准主要包括堆石孔隙率和碾压参数这两类指标，堆石料的填筑标准是控制坝体变形的一个关键因素[18]。堆石料填筑标准的选择涉及堆石料母岩岩性、坝体规模、施工条件及坝址地形条件等诸多因素，其中，坝址处河谷形状是影响堆石料填筑标准选择的一个重要因素。

研究表明[19]，堆石料的压缩模量与其填筑干密度密切相关，随着干密度增大，堆石料的压缩模量将明显减小，堆石料的邓肯-张 $E-B$ 模型主要参数 K（初始切线弹性模量系数）和 K_b（切线体积模量系数）也会相应增大。而堆石料填筑干密度对于狭窄河谷中高面板堆石坝应力变形的影响则主要体现在：①堆石坝体的变形和应力将随着填筑干密度的增大而减小；②随着堆石料填筑干密度的增大，面板挠度、沿坝轴向位移及面板应力的变化趋势与堆石坝体变形和应力的变化趋势基本一致，也随着堆石料填筑干密度的提高而减小。

7.2.4 堆石体流变变形的影响

堆石体是散粒状岩土材料构成的，在持续的荷载作用下，散粒状岩土材料将产生随时间而不断增长的流变变形。建于狭窄河谷的高面板堆石坝，流变变形对于其固有的拱效应具有一定的削弱作用，使得大坝的应力变形分布和变化规律变得更为复杂。堆石体流变变形的影响主要体现在[3,20]：①在流变作用下，堆石坝体沿坝轴向的位移会有所增加，从而使得面板也会产生明显的向河谷中心位移的趋势，但如果再受到狭窄河谷对于面板变形的约束作用，那么面板中上部就可能发生挤压变形，在其与岸坡的接触区域产生拉伸变形；②堆石体的流变变形对面板应力的影响也十分明显，随着堆石体流变变形的逐步发生，面板顺坡向的压应力将有所增大而拉应力将有所减小；在两岸坝段面板沿坝轴向产生均指向主河床方向的位移作用下，两岸坝段面板的拉应力和主河床部位面板的压应力均将有所增大；③当堆石体的流变变形基本完成以后，虽然狭窄河谷仍可能存在一定程度的拱效应，但与大坝竣工期相比，堆石体流变变形的影响将大为减小。

7.3 狭窄河谷高面板堆石坝的应力变形特征分析

本节以建于狭窄河谷的洪家渡水电站面板堆石坝工程为例，通过对该坝应力变形的三维非线性有限元计算分析，揭示狭窄河谷高面板堆石坝应力变形的基本特征。

7.3.1 工程概况

洪家渡水电站面板堆石坝的基本情况参见第5章。

洪家渡面板堆石坝最大坝高为 179.50m，坝顶长度为 427.79m，坝址河谷地形呈不对称的“V”字形，河谷宽高比为 2.38，属于狭窄河谷中修建的高面板堆石坝。坝体上、下游坝坡坡比均为 1∶1.4，坝下游坡上设有纵坡为 12%的“之”字形上坝公路，下游局部边坡 1∶1.25，考虑上坝路后的平均坡比为 1∶1.4。大坝标准横剖面如图 7.12 所示。

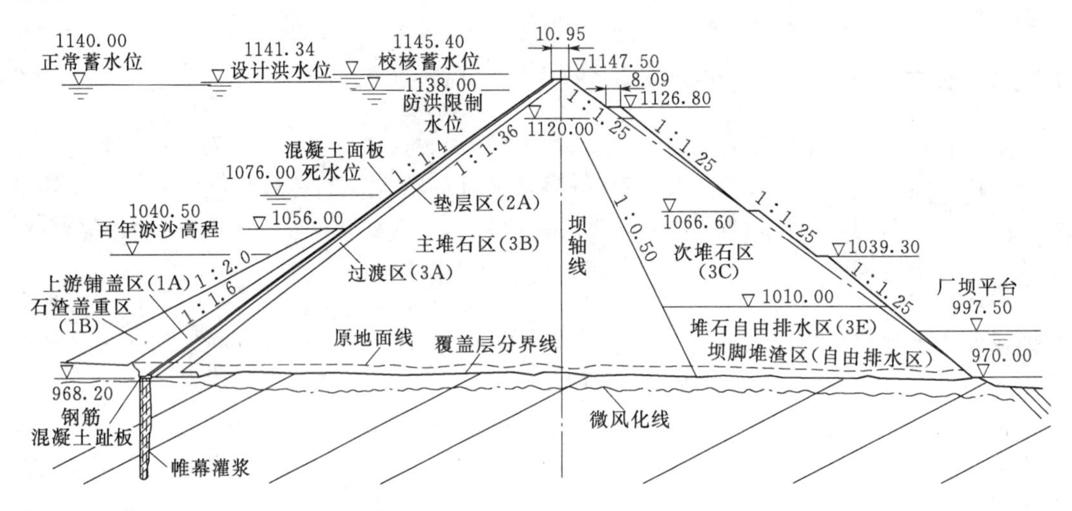

图 7.12　大坝标准横剖面图[13]（单位：m）

7.3.2　计算模型及计算方法

在结合洪家渡水电站面板堆石坝工程实例进行狭窄河谷高面板堆石坝应力变形有限元分析时，坝体堆石料的本构模型采用邓肯-张 $E-B$ 模型，面板和趾板混凝土材料采用线弹性模型，面板与垫层之间接触面的模拟采用无厚度 Goodman 单元，面板接缝的模拟采用薄层单元模型，大坝应力变形计算采用三维非线性有限元法。上述各计算模型的基本原理、施工加载和水库蓄水过程的模拟方法以及材料非线性问题的求解方法等参见第 2 章。

7.3.3　有限元模型

选取计算坐标系为：沿坝轴线指向右岸为 X 轴正向，顺水流方向为 Y 轴正向，竖直向上为 Z 轴正向。

选取计算范围为整个大坝坝体（考虑到河床坝段及左右岸坝段坝体均建基在基岩上）。根据大坝实际布置情况，以不影响计算精度为原则，建模时对计算范围内的坝体结构体型进行了如下适当简化：不考虑在面板上游底部布置的铺盖层及其盖重层，忽略在坝下游坡上布置的上坝公路及在坝顶上游侧布置的防浪墙，将坝体下游侧底部的堆石自由排水区和次堆石区近似视作为同一种材料。

边界条件为：坝基底部取为固定铰约束，左右坝肩侧面取为法向约束。

主要采用 8 节点等参元进行坝体单元剖分。坝体共剖分单元 7038 个，节点 7974 个。坝体三维有限元网格见图 7.13，坝体标准横剖面网格见图 7.14。

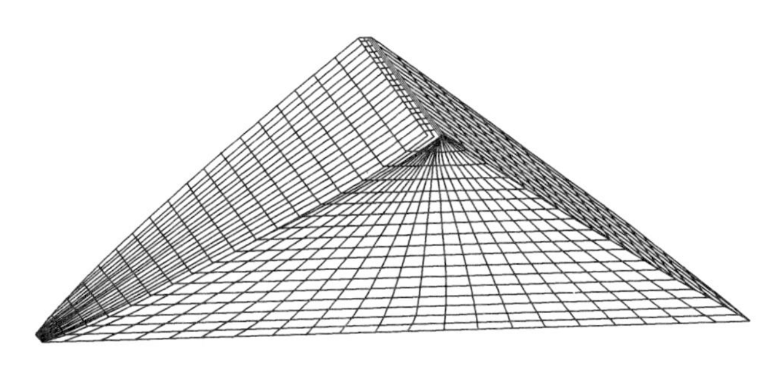

图 7.13 坝体三维有限元网格图

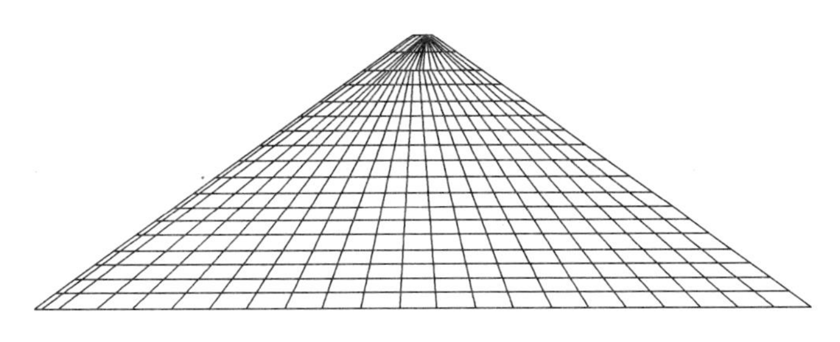

图 7.14 坝体标准横剖面网格图

7.3.4 计算参数及计算工况

7.3.4.1 计算参数

根据有关资料，选取面板和趾板混凝土的线弹性模型计算参数见表 7.3，坝体堆石料的邓肯-张 $E-B$ 模型计算参数见表 7.4。

表 7.3 混凝土的线弹性模型计算参数表

材料	$\gamma_d/(kg/m^3)$	E/GPa	μ
面板、趾板混凝土	2450	30	0.167

表 7.4 坝体堆石料邓肯-张 $E-B$ 模型计算参数表[13]

材料	$\gamma_d/(kg/m^3)$	$\phi_0/(°)$	K	n	R_f	K_b	m	K_{ur}	n_{ur}
垫层料	2205	52	1100	0.40	0.865	680	0.21	2250	0.40
过渡料	2190	53	1050	0.43	0.867	620	0.24	2150	0.43
主堆石料	2181	53	1000	0.47	0.870	600	0.40	2050	0.47
次堆石料	2120	52	850	0.36	0.290	580	0.30	1750	0.36

7.3.4.2 计算工况

结合洪家渡面板堆石坝的设计、施工及蓄水运行实际状况，拟定大坝应力变形有限元分析的计算工况如下：

(1) 大坝竣工期（以下简称“竣工期”）。模拟大坝从坝基面高程 968.20m 填筑至坝顶高程 1147.5m 的施工过程，坝体上、下游按无水考虑。大坝堆石体填筑共按 15 级荷载模拟，混凝土面板浇筑按 3 级荷载模拟。

（2）水库蓄水期（以下简称“蓄水期”）。模拟大坝竣工后库水从库底蓄水至正常蓄水位1140.00m的蓄水过程，大坝下游按无水考虑。水库蓄水过程中作用于面板的水压力按3级荷载模拟。

7.3.5　计算结果分析

针对上述有限元模型，按照逐级加载方法，进行了上述各工况的大坝应力变形三维非线性有限元仿真计算，获得了各工况的大坝应力变形计算结果。

应力变形的正负号约定如下：应力以拉为正，以压为负；坝体横剖面垂直位移以铅直向上为正，向下为负；坝体横剖面水平位移以向下游为正，向上游为负；沿坝轴线方向水平位移以向右岸为正，向左岸为负；面板挠度以沿面板法向并指向坝内为正。

竣工期和蓄水期两种工况下坝体和面板的应力变形主要计算结果见表7.5。

表7.5　　竣工期和蓄水期两种工况下坝体和面板的应力变形主要计算结果

计算内容			计算工况	
			竣工期	蓄水期
坝体	垂直位移最大值/m		−0.58	−0.62
	水平位移最大值/m	向上游	−0.13	−0.06
		向下游	0.15	0.19
	主应力最大值/MPa	大主应力	−2.73	−2.94
		小主应力	−0.73	−0.90
面板	最大挠度/m		—	42.15
	沿坝轴线方向水平位移最大值/m	向左岸	—	−0.074
		向右岸	—	0.070
	顺坝坡方向应力最大值/MPa	压应力	—	−7.27
		拉应力	—	2.72
	沿坝轴线方向应力最大值/MPa	压应力	—	−7.64
		拉应力	—	2.32

注　表中“—”表示此项结果数据未提取。

7.3.5.1　坝体应力变形计算结果分析

根据计算结果，竣工期与蓄水期两种工况下的坝体应力变形分布规律基本一致，只是量值有所不同，因此，此处仅给出蓄水期的坝体应力变形计算结果，见图7.15～图7.19。

根据表7.5，结合图7.15可以看出，蓄水期坝体标准横剖面上的垂直位移最大值为0.62m，发生在约1/2～2/3坝高处的坝体中上部略偏上游侧；结合图7.16可以看出，蓄水期坝体标准横剖面上向上游的水平位移最大值为0.06m，发生在靠近坝上游坡脚处，向下游的水平位移最大值为0.19m，发生在1/3坝高处的下游坝坡内侧；结合图7.17可以看出，在坝体纵剖面上，蓄水期从左岸指向右岸的水平位移最大值为0.082m，发生在约1/2坝高处的左岸坡附近，从右岸指向左岸的水平位移最大值为0.093m，发生在约1/2

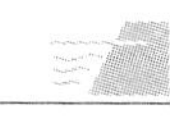

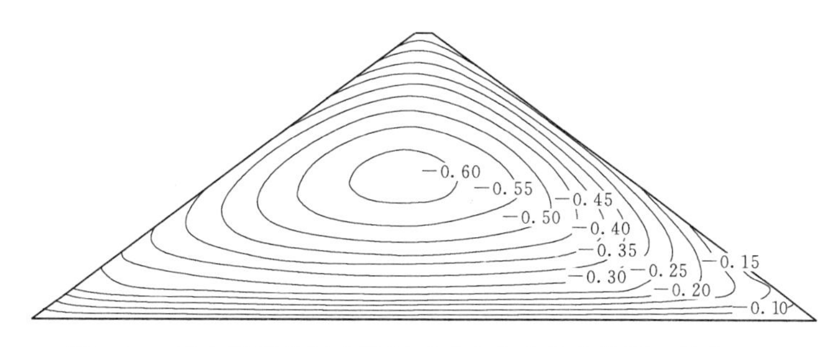

图 7.15 蓄水期坝体标准横剖面垂直位移等值线图（单位：m）

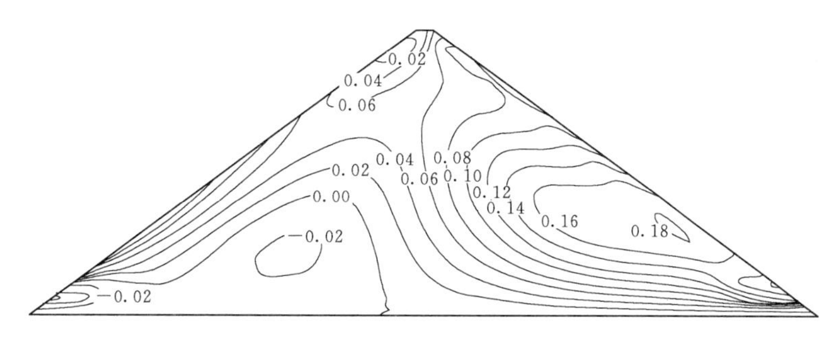

图 7.16 蓄水期坝体标准横剖面水平位移等值线图（单位：m）

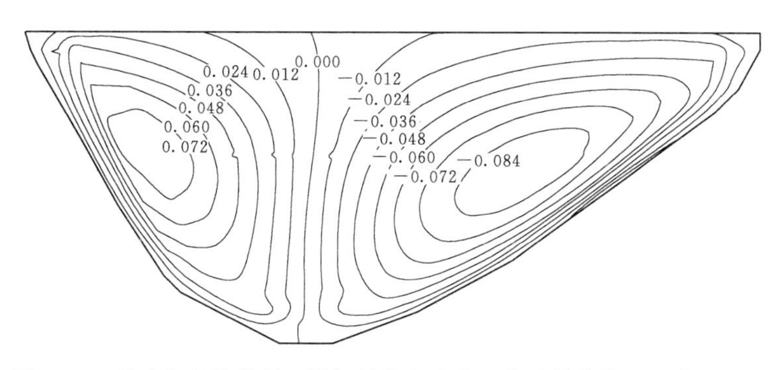

图 7.17 蓄水期坝体纵剖面沿坝轴线方向水平位移等值线图（单位：m）

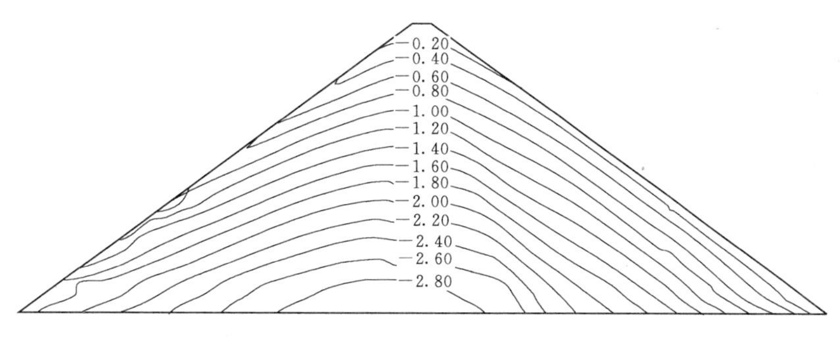

图 7.18 蓄水期坝体标准横剖面大主应力等值线图（单位：MPa）

坝高处的右岸坡附近结合图 7.18 可以看出，蓄水期坝体标准横剖面上的大主应力最大值为 2.94MPa（压应力），发生在坝轴线上游侧的坝底处；结合图 7.19 可以看出，蓄水期

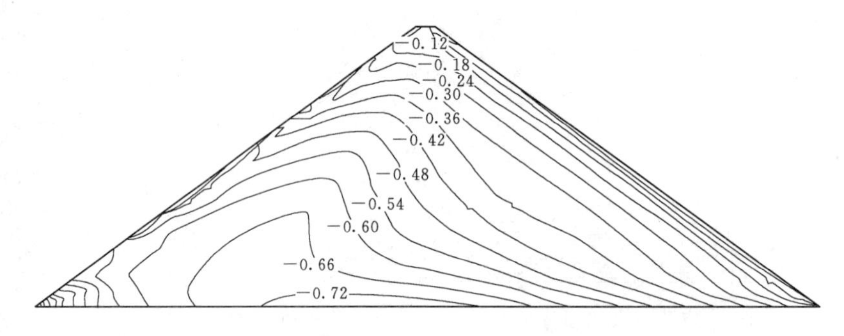

图 7.19 蓄水期坝体标准横剖面小主应力等值线图（单位：MPa）

坝体标准横剖面上的小主应力最大值为 0.90MPa（压应力），发生在约 1/3 坝高处的上游坝坡附近。

7.3.5.2 面板应力变形计算结果分析

蓄水期的面板应力变形计算结果见图 7.20～图 7.23。

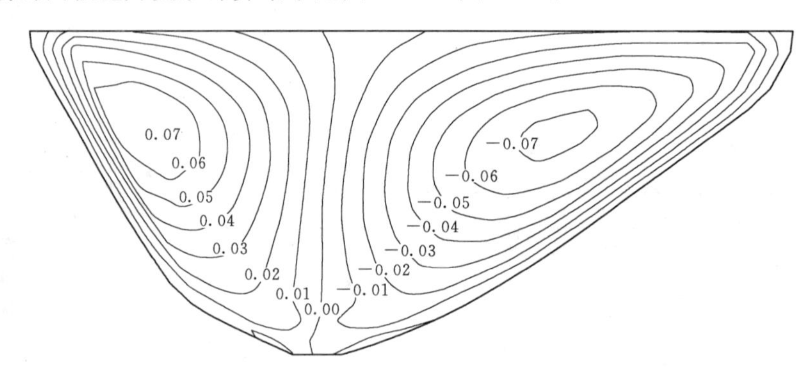

图 7.20 蓄水期面板沿坝轴线方向水平位移等值线图（单位：m）

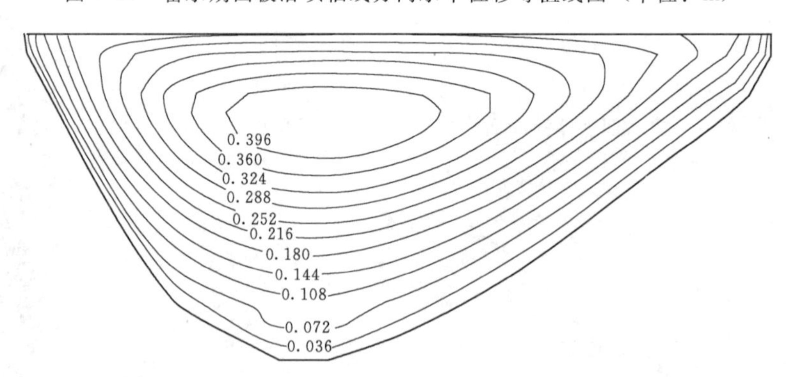

图 7.21 蓄水期面板挠度等值线图（单位：m）

根据表 7.5，结合图 7.20 可以看出，蓄水期面板沿坝轴线方向指向右岸的水平位移最大值为 0.070m，发生在约 2/3 坝高处的左岸坡附近，指向左岸的水平位移最大值为 0.074m，发生在约 2/3 坝高处的右岸坡附近；结合图 7.21 可以看出，蓄水期面板的最大挠度（挠曲变形）为 0.42m，发生在河床坝段面板的约 2/3 坝高处；结合图 7.22 可以看出，蓄水期面板大部分区域的顺坝坡方向应力为压应力，最大压应力为 7.27MPa，发生

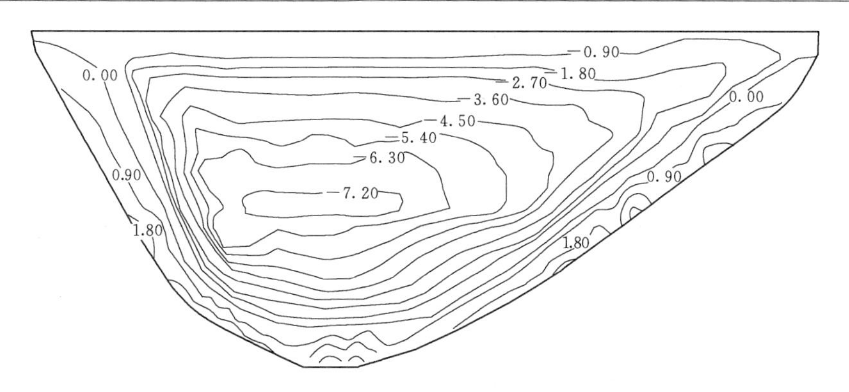

图 7.22 蓄水期面板顺坝坡方向应力等值线图（单位：MPa）

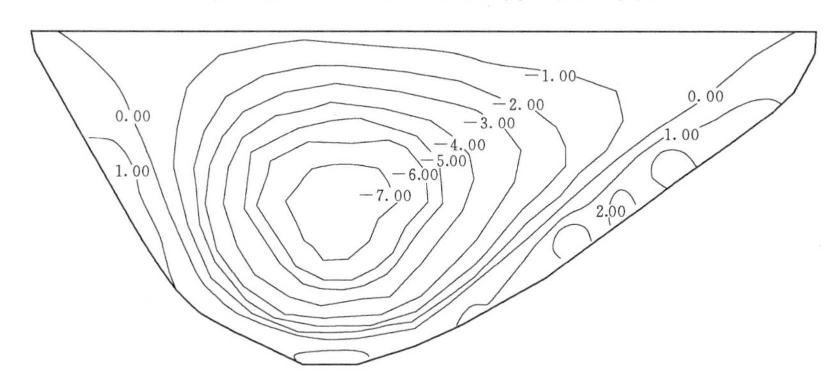

图 7.23 蓄水期面板沿坝轴线方向应力等值线图（单位：MPa）

在河床坝段的面板中下部，左右岸坡附近小范围的面板在顺坝坡方向产生了拉应力，最大拉应力为 2.72MPa，发生在左右岸坡坝段的面板中下部；结合图 7.23 可以看出，蓄水期面板沿坝轴线方向应力以压应力为主，最大压应力为 7.64MPa，发生在河床坝段的面板中下部，左右岸坡附近小范围的面板沿坝轴线方向产生了拉应力，最大拉应力为 2.32MPa，发生在右岸坡坝段的面板中下部。

7.4 河谷宽高比对大坝应力变形的影响分析

本节基于洪家渡水电站面板堆石坝工程，通过对假设的不同河谷宽高比方案的大坝应力变形三维非线性有限元计算，对比分析河谷宽高比对大坝应力变形的影响规律。在进行各种河谷宽高比方案的大坝应力变形有限元计算时，坝体材料的计算模型、计算参数、施工加载和水库蓄水过程的模拟方法以及材料非线性问题的求解方法等与 7.3 节相同。

7.4.1 计算方案

根据研究需要，本次计算在保持河床宽度及坝高均不变并相应调整坝顶长度的前提下，拟定如下四种河谷宽高比计算方案：

方案 1：河谷宽高比为 3.0，河谷左右岸对称，左右岸岸坡坡比为 1∶1.39。

方案 2：河谷宽高比为 2.0，河谷左右岸对称，左右岸岸坡坡比为 1∶0.89。

方案3：河谷宽高比为1.0，河谷左右岸对称，左右岸岸坡坡比为1∶0.39。

方案4：河谷宽高比为2.0，河谷左右岸不对称，左岸坡坡比为1∶0.5，右岸坡坡比为1∶1.28。

各方案沿坝轴线纵剖面如图7.24所示。

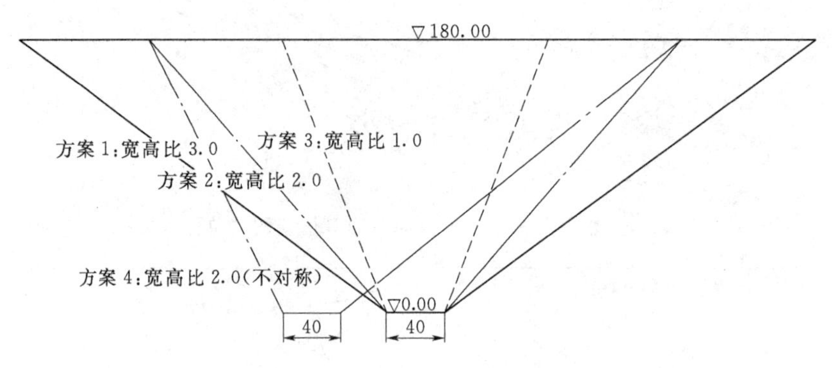

图7.24　河谷宽高比计算方案沿坝轴线纵剖面示意图（单位：m）

7.4.2　有限元模型

为便于比较，假设各方案均采用同一坝体标准横剖面。参照洪家渡面板堆石坝原设计大坝标准横剖面（图7.12），拟定各方案的坝体标准横剖面如图7.25所示。

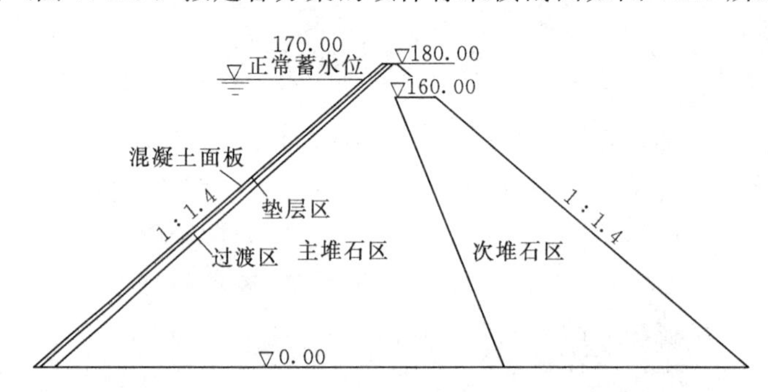

图7.25　各方案的坝体标准横剖面图（单位：m）

各方案有限元模型的计算坐标系、计算范围及边界条件的选取方法和网格剖分办法同7.3节。各方案的有限元模型基本相似，其中方案2的坝体三维有限元网格如图7.26所示。

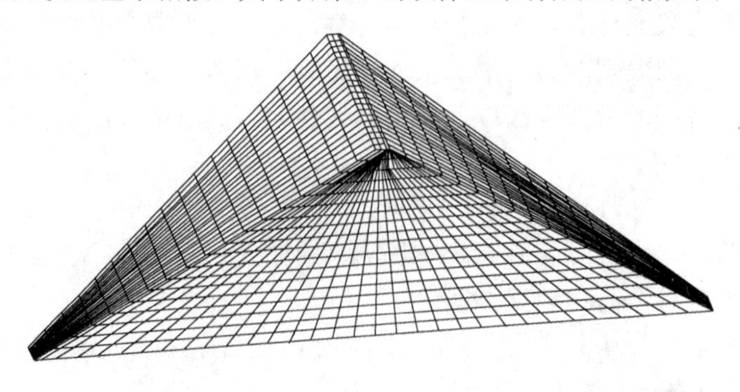

图7.26　方案2的坝体三维有限元网格图

7.4.3 计算工况

本节计算只针对水库蓄水期工况（以下简称“蓄水期”）。模拟水库从库底蓄水至正常蓄水位，相应的蓄水高度为170.00m，如图7.25所示，大坝下游按无水考虑。水库蓄水过程中作用于面板的水压力按3级荷载模拟。

7.4.4 计算结果分析

针对上述各方案的有限元模型，按照逐级加载方法，进行了各方案蓄水期的大坝应力变形三维非线性有限元仿真计算，获得了各方案蓄水期的大坝应力变形计算结果。应力变形正负号的约定同7.3节。

各方案蓄水期的坝体和面板的应力变形主要计算结果见表7.6。

表7.6　各方案蓄水期的坝体和面板的应力变形主要计算结果

计算方案				方案1	方案2	方案3	方案4
河谷宽高比				3.0	2.0	1.0	2.0（不对称）
坝体	横断面	垂直位移/cm		−58.73	−54.96	−44.53	−52.69
		水平位移/cm	向上游	−4.344	−4.303	−3.991	−3.973
			向下游	10.160	9.698	8.515	9.415
		主应力/MPa	大主应力	−2.813	−2.563	−2.081	−2.462
			小主应力	−0.734	−0.686	−0.668	−0.794
	纵断面	垂直位移/cm		−58.60	−54.83	−44.43	−54.18
		坝轴向位移/cm	左岸向河谷中心	9.122	8.358	4.785	6.622
			右岸向河谷中心	−9.121	−8.358	−4.785	−8.838
面板	挠度/cm			37.99	34.98	29.49	34.68
	坝轴向位移/cm		左岸向河谷中心	6.547	6.210	4.264	5.487
			右岸向河谷中心	−6.519	−6.196	−4.255	−6.258
	顺坡向应力/MPa		压应力	−4.114	−5.032	−7.786	−5.323
			拉应力	1.345	1.362	1.389	3.754
	坝轴向应力/MPa		压应力	−5.629	−5.941	−8.247	−6.543
			拉应力	1.245	1.283	1.472	1.521

7.4.4.1 河谷左右岸对称方案的应力变形计算结果分析

方案1～方案3均属河谷左右岸对称方案。计算结果表明，这三个方案坝体和面板的应力变形分布规律基本相似。以方案2为例，蓄水期坝体和面板的应力变形计算结果见图7.27～图7.34。

方案2蓄水期坝体和面板的应力变形分布规律分别如下：

（1）坝体。从图7.27可以看出，坝体标准横剖面上的垂直位移对称于坝轴线分布，最大值位于坝体中上部；从图7.28可以看出，坝体纵剖面上沿坝轴线方向水平位移对称

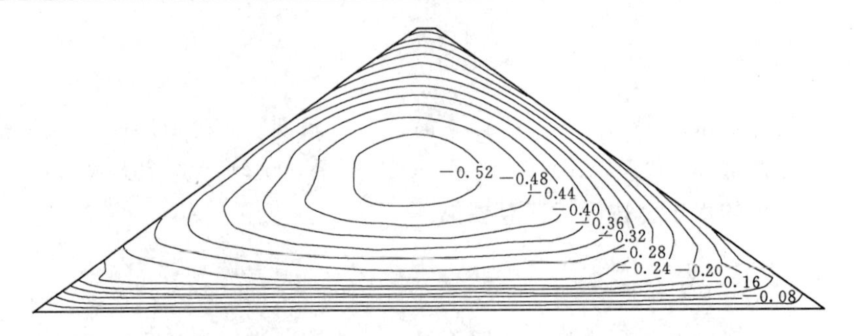

图 7.27　方案 2 蓄水期坝体标准横剖面垂直位移等值线图（单位：m）

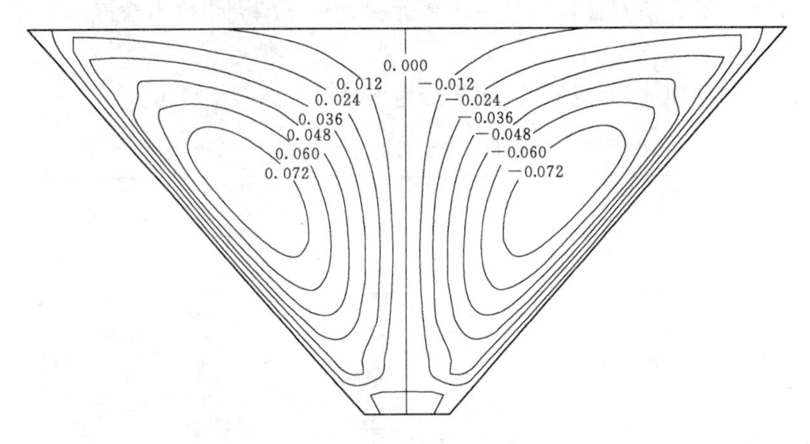

图 7.28　方案 2 蓄水期坝体纵剖面沿坝轴线方向水平位移等值线图（单位：m）

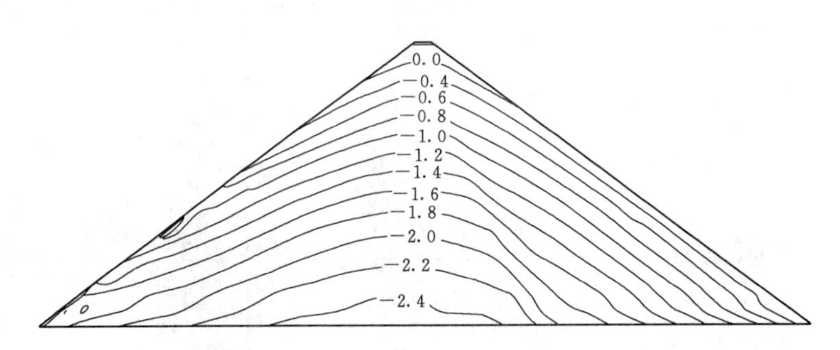

图 7.29　方案 2 蓄水期坝体标准横剖面大主应力等值线图（单位：MPa）

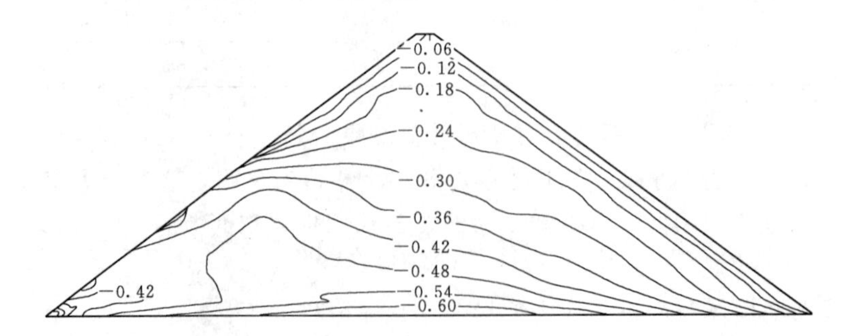

图 7.30　方案 2 蓄水期坝体标准横剖面小主应力等值线图（单位：MPa）

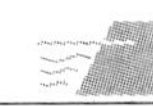

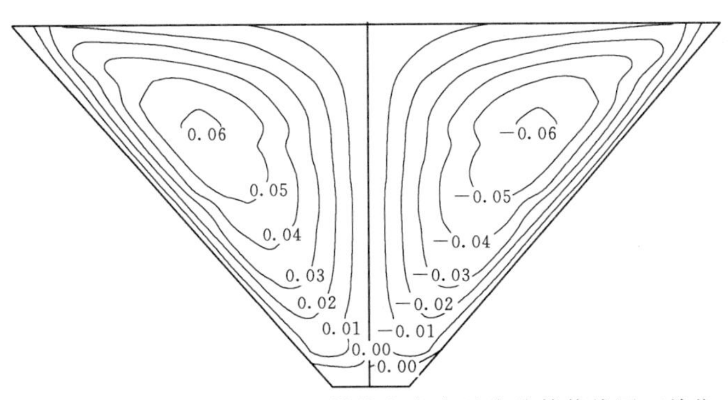

图 7.31 方案 2 蓄水期面板沿坝轴线方向水平位移等值线图（单位：m）

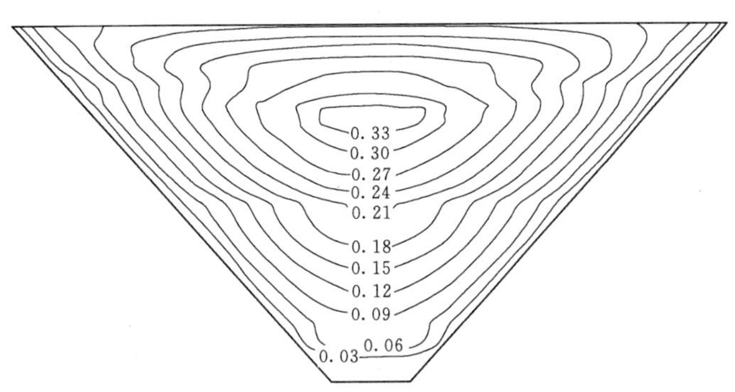

图 7.32 方案 2 蓄水期面板挠度等值线图（单位：m）

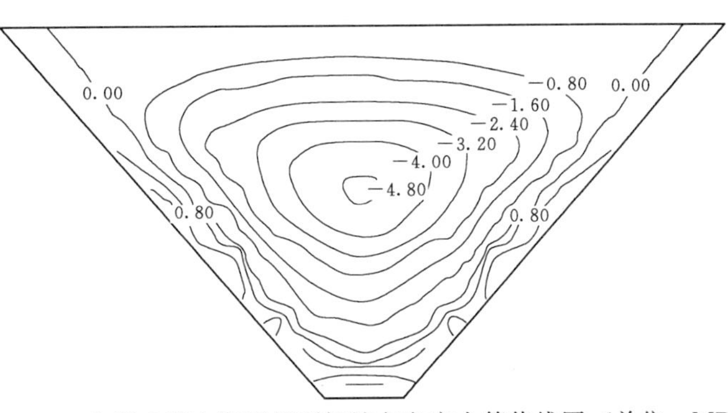

图 7.33 方案 2 蓄水期面板顺坝坡方向应力等值线图（单位：MPa）

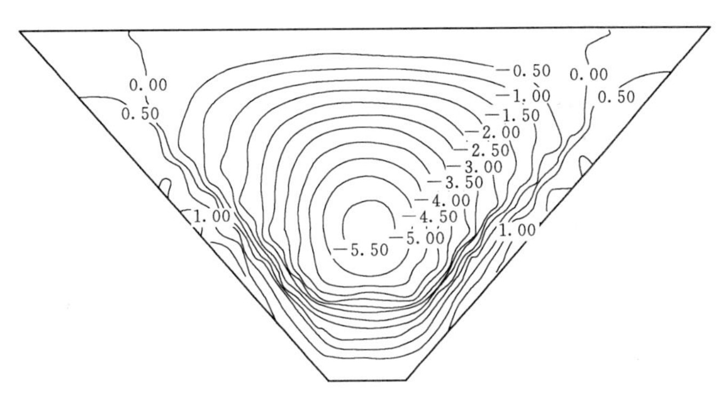

图 7.34 方案 2 蓄水期面板沿坝轴线方向应力等值线图（单位：MPa）

于河谷中心线分布，两岸坝体均向河谷中心方向位移，两岸坝体的水平位移最大值分别发生在约 2/3 坝高处的两岸坡附近；从图 7.29 和图 7.30 可以看出，坝体坝体标准横剖面上的大、小主应力自坝顶至坝底逐渐增大，大、小主应力最大值均发生在坝轴线附近的坝底处。

（2）面板。从图 7.31 可以看出，面板沿坝轴线方向水平位移对称于河谷中心线分布，两岸面板均向河谷中心方向位移，两岸面板的水平位移最大值分别发生在约 2/3 坝高处的两岸坡附近；从 7.32 可以看出，面板挠度对称于河谷中心线分布，最大值发生在河床坝段面板的约 2/3 坝高处；从图 7.33 可以看出，面板顺坝坡方向应力对称于河谷中心线分布，大部分区域呈现为压应力，最大压应力发生在河床坝段面板的约 1/2 坝高处，但在各条面板的底部均呈现为拉应力，最大拉应力发生在河床坝段的面板底部；从图 7.34 可以看出，面板沿坝轴线方向应力对称于河谷中心线分布，大部分区域呈现为压应力，最大压应力发生在河床坝段面板的约 1/3～1/2 坝高处，但在两坝肩部位的面板均呈现为拉应力，最大拉应力发生在两坝肩坝段面板的约 1/3～1/2 坝高处。

7.4.4.2 河谷左右岸不对称与对称方案的应力变形计算结果对比分析

方案 4 为河谷左右岸不对称方案。方案 4 蓄水期坝体和面板的应力变形计算结果见图 7.35～图 7.43。

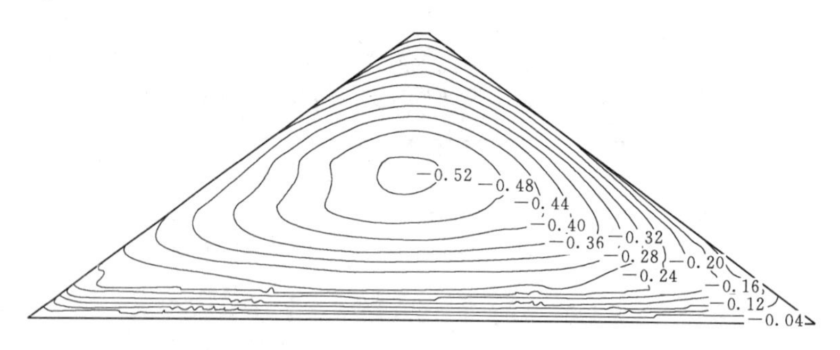

图 7.35 方案 4 蓄水期坝体标准横剖面垂直位移等值线图（单位：m）

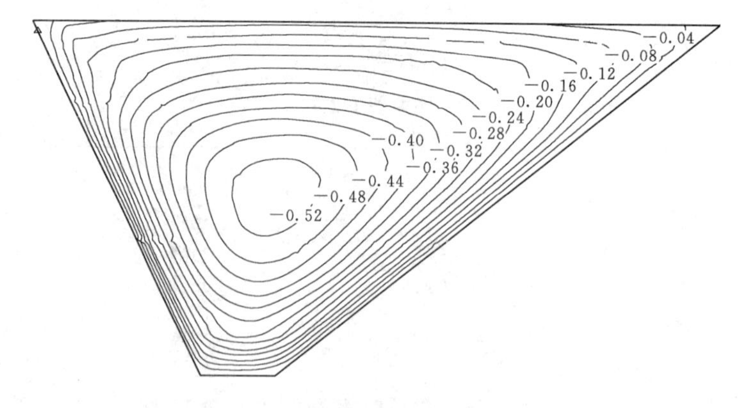

图 7.36 方案 4 蓄水期坝体纵剖面垂直位移等值线图（单位：m）

将方案 4 蓄水期坝体和面板的应力变形计算结果与上述方案 2 的相应结果进行对比，不难发现以下几点：

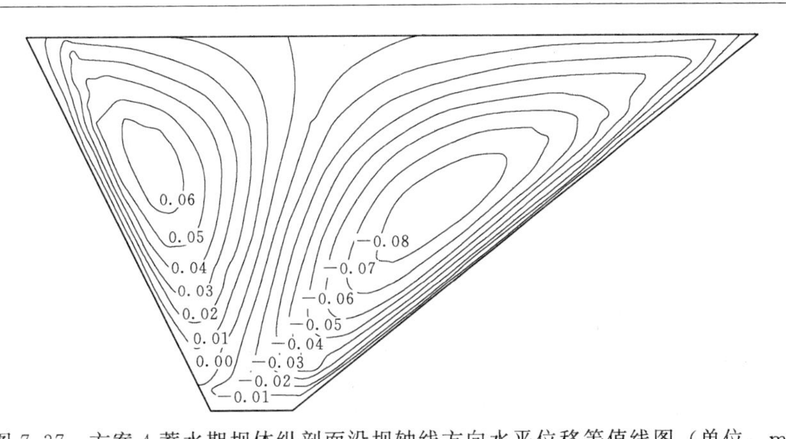

图 7.37 方案 4 蓄水期坝体纵剖面沿坝轴线方向水平位移等值线图（单位：m）

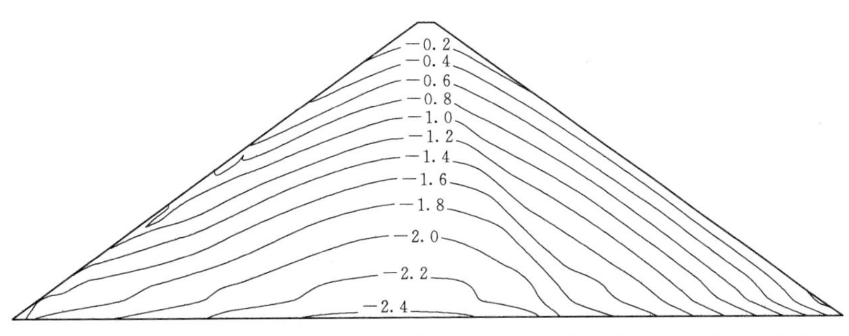

图 7.38 方案 4 蓄水期坝体标准横剖面大主应力等值线图（单位：MPa）

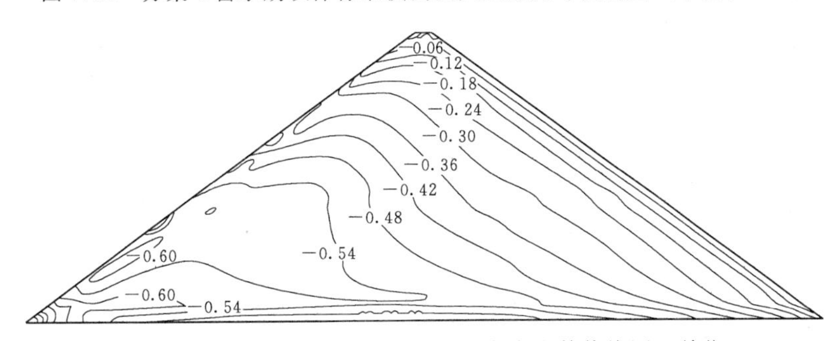

图 7.39 方案 4 蓄水期坝体标准横剖面小主应力等值线图（单位：MPa）

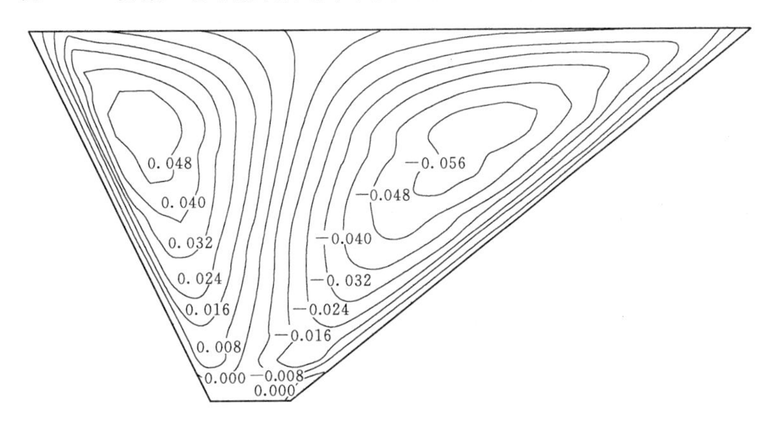

图 7.40 方案 4 蓄水期面板沿坝轴线方向水平位移等值线图（单位：m）

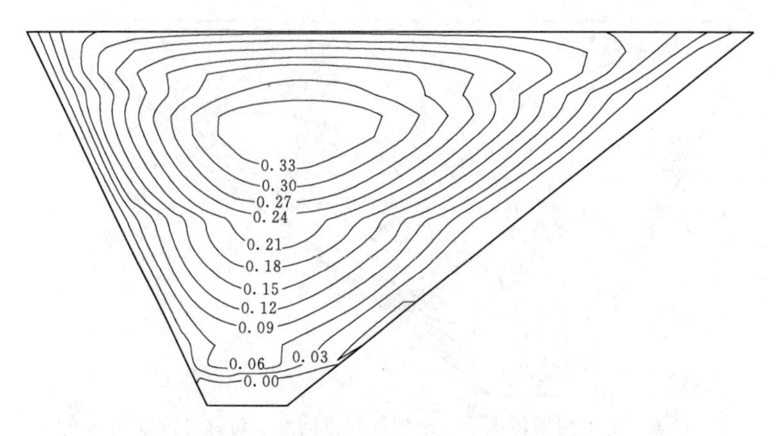

图 7.41　方案 4 蓄水期面板挠度等值线图（单位：m）

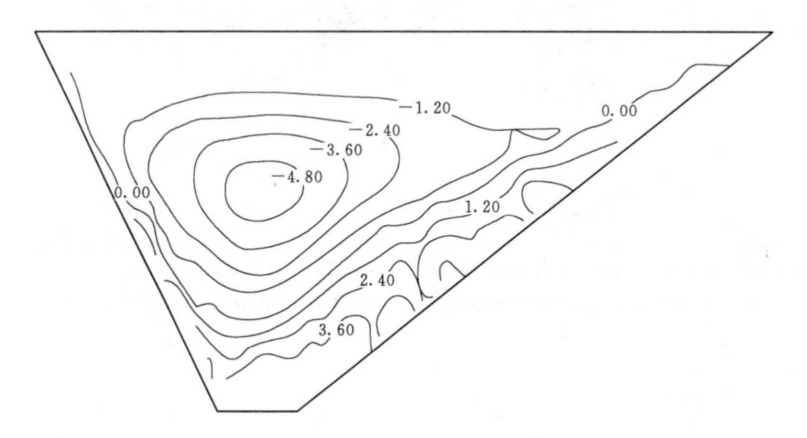

图 7.42　方案 4 蓄水期面板顺坝坡方向应力等值线图（单位：MPa）

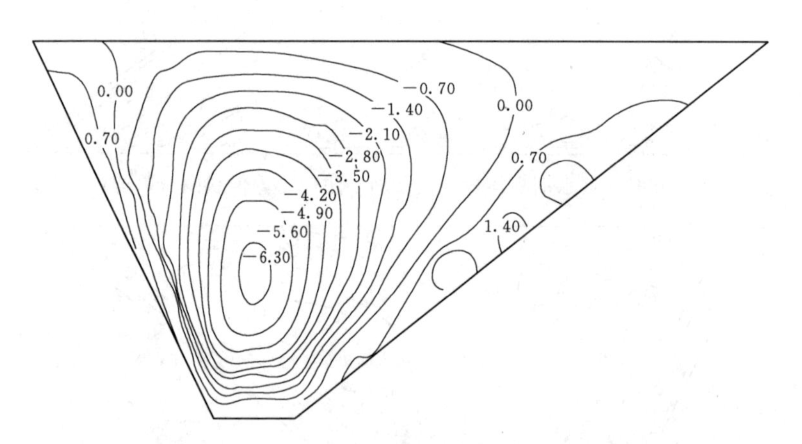

图 7.43　方案 4 蓄水期面板沿坝轴线方向应力等值线图（单位：MPa）

（1）河谷左右岸的不对称性，对坝体的垂直位移影响较小。在河谷左右岸不对称情况下，坝体的最大垂直位移将向岸坡较缓一侧偏移，而岸坡较陡一侧的垂直位移的变化梯度将相对较大。

(2) 相较于对称河谷，不对称河谷中岸坡较陡一侧的沿坝轴线方向水平位移相对较小，而岸坡较缓一侧的沿坝轴线方向水平位移则相对较大，坝体纵剖面上沿坝轴线方向水平位移的平衡位置发生了倾斜，呈现出陡坡侧坝体向缓坡侧坝体“侵入”的趋势。

(3) 河谷左右岸的不对称性，对坝体大、小主应力的影响较小。

(4) 相较于对称河谷，不对称河谷对面板位移的影响主要表现在对位移分布形态的影响，而对位移值的影响相对较小。

(5) 较之对称河谷，不对称河谷对面板应力的影响主要表现在岸坡较缓一侧的拉应力区会扩大，而岸坡较陡一侧的应力变化梯度将相应增大。

7.4.4.3 河谷宽高比对坝体和面板应力变形的影响分析

基于表 7.6 中方案 1～方案 3 坝体和面板的主要应力变形计算结果，可进一步计算各项应力变形值在河谷宽高比从 3.0 减小到 2.0 及从 2.0 减小到 1.0 两种情况下的相对变化率（随河谷宽高比的变化值与变化前数值的百分比），进而得到如图 7.44 所示的坝体和面板应力变形随河谷宽高比变化率的柱状图。

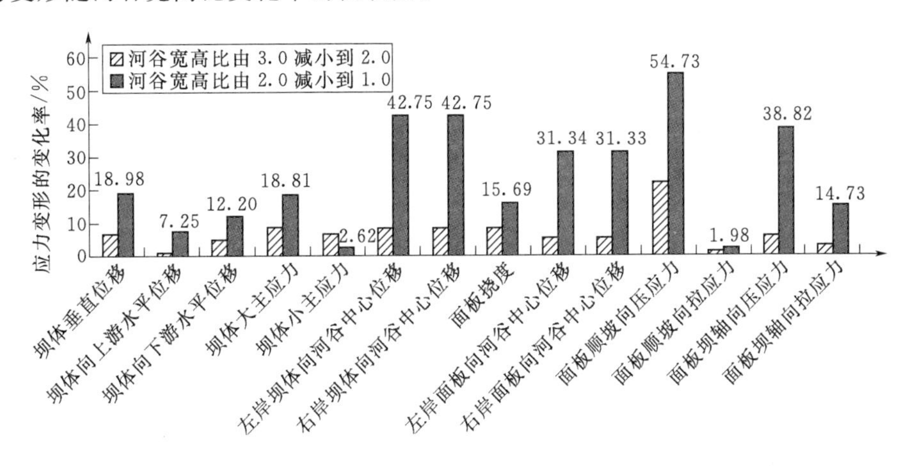

图 7.44 坝体和面板应力变形随河谷宽高比变化率柱状图

从表 7.6 可以看出，就方案 1～方案 3 而言，随着河谷宽高比的减小，坝体的各项位移和应力值以及面板的各项位移值均呈现逐渐减小的趋势；而面板的各项应力值却随河谷宽高比的减小而增大。从图 7.44 可以看出，当河谷宽高比由 3.0 减小到 2.0 时，坝体和面板各项位移和应力值的变化率均相对较小；但当河谷宽高比由 2.0 减小到 1.0 时，坝体和面板各项位移和应力值的变化率却相对较大，特别是坝体垂直位移、坝体大主应力、左右岸坝体向河谷中心位移、面板挠度、左右岸面板向河谷中心位移、面板顺坡向拉压应力和面板坝轴向拉压应力的变化率均显著增大。由此可见，河谷宽高比对于高面板堆石坝的应力变形存在不容忽视的影响，河谷宽高比越小，其影响越显著。

7.5 堆石料填筑标准对大坝应力变形的影响分析

本节基于洪家渡水电站面板堆石坝工程，通过对堆石料不同填筑标准方案的大坝应力变形三维非线性有限元计算，以期在河谷宽高比及坝高等条件均相同的前提下，分析并揭示堆石料填筑标准对于狭窄河谷高面板堆石坝应力变形的影响规律。在进行各种堆石料填筑标准方案的大坝应力变形有限元计算时，坝体材料的计算模型、施工加载和水库蓄水过程的模拟方法以及材料非线性问题的求解方法等与 7.3 节相同。

7.5.1　计算方案

研究表明[19]，堆石料的填筑标准（堆石孔隙率和碾压参数等）对大坝应力变形的影响主要是通过影响堆石料的本构模型（如邓肯-张 $E-B$ 模型）参数而反映出来的。鉴于面板、垫层区及过渡区在坝体断面上所占范围相对较小，对大坝应力变形的影响相对较小[19]，因此为适当简化计算，本次计算拟在保持面板和趾板混凝土线弹性模型计算参数、垫层区和过渡区堆石料邓肯-张 $E-B$ 模型计算参数均不变的前提下，通过拟定若干种相应于不同填筑标准的主堆石料及次堆石料的邓肯-张 $E-B$ 模型计算参数方案，来进行填筑标准对于狭窄河谷高面板堆石坝应力变形的影响规律分析。结合工程实际，并参考类似工程经验[8,19]，拟定相应于不同填筑标准的主堆石料及次堆石料的邓肯-张 $E-B$ 模型计算参数方案见表 7.7。其中，从方案 1 至方案 5，表示主堆石料及次堆石料的填筑标准逐渐提高。

表 7.7　　主、次堆石料的邓肯-张 $E-B$ 模型计算参数方案

计算方案		γ_d /(g/cm³)	ϕ_0 /(°)	K	n	R_f	K_b	m	K_{ur}	n_{ur}
方案 1	主堆石	2.05	54.0	720	0.303	0.798	800	0.18	1440	0.303
	次堆石	1.64	43.2	576	0.242	0.638	640	0.14	1152	0.242
方案 2	主堆石	2.10	54.0	940	0.350	0.849	340	0.18	1880	0.350
	次堆石	1.68	43.2	752	0.280	0.679	272	0.14	1504	0.280
方案 3	主堆石	2.16	52.8	1250	0.630	0.918	530	0.30	2500	0.630
	次堆石	1.73	42.2	1000	0.500	0.734	424	0.24	2000	0.500
方案 4	主堆石	2.22	57.0	1700	0.550	0.929	560	0.47	3400	0.550
	次堆石	1.78	45.6	1360	0.440	0.743	448	0.38	2720	0.440
方案 5	主堆石	2.28	58.1	1750	0.430	0.768	1200	0.41	3500	0.430
	次堆石	1.82	46.5	1400	0.340	0.614	960	0.33	2800	0.340

7.5.2　有限元模型

为便于比较，针对上述 5 种邓肯-张 $E-B$ 模型计算参数方案进行大坝应力变形有限元计算时，有限元模型均采用 7.3 节所述的同一模型。

7.5.3　计算参数及计算工况

7.5.3.1　计算参数

有限元计算时，各计算方案主堆石料和次堆石料的邓肯-张 $E-B$ 模型计算参数按表 7.7 分别采用，其他坝体材料的计算参数均采用 7.3 节所述参数。

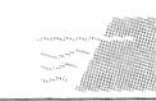

7.5.3.2　计算工况

本节计算只针对水库蓄水期工况（以下简称“蓄水期”）。模拟水库从库底蓄水至正常蓄水位，相应的蓄水高度为170.00m，如图7.25所示，大坝下游按无水考虑。水库蓄水过程中作用于面板的水压力按3级荷载模拟。

7.5.4　计算结果分析

针对上述各方案，采用同一有限元模型，按照逐级加载方法进行了各方案蓄水期的大坝应力变形三维非线性有限元仿真计算，获得了各方案蓄水期的大坝应力变形计算结果。应力变形的正负号约定同7.3节。各方案蓄水期的大坝应力变形主要计算结果见表7.8。计算结果表明，各方案的大坝应力变形分布规律基本相同。

表7.8　各方案蓄水期的大坝应力变形主要计算结果

方案	坝体最大沉降/cm	坝体坝轴向位移最大值/cm	面板挠度最大值/cm	面板顺坡向应力最大值/MPa	面板坝轴向应力最大值/MPa
1	80.62	5.61	46.38	5.16	5.61
2	73.93	5.24	47.38	4.83	5.24
3	37.56	4.07	22.86	3.75	4.07
4	29.68	3.93	20.13	3.62	3.93
5	30.94	4.03	21.35	3.71	4.03

从表7.8可以看出，从方案1至方案4，随着主堆石料及次堆石料填筑标准的逐渐提高，坝体最大沉降、坝体坝轴向位移最大值、面板挠度最大值、面板顺坡向应力最大值、面板坝轴向应力最大值均呈现逐渐减小的变化趋势；但从方案4～方案5，上述各项应力变形又呈现出略有增大的趋势。以坝体最大沉降和面板顺坡向应力为例，坝体最大沉降与主堆石料干密度的关系如图7.45所示，面板顺坡向应力最大值与主堆石料干密度的关系如图7.46所示。

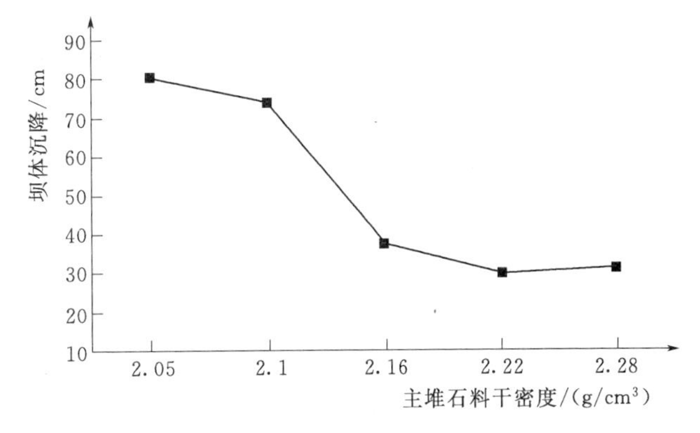

图7.45　坝体最大沉降与主堆石料干密度的关系图

从图7.45和图7.46可以看出，当主堆石料干密度从2.05g/cm³（方案1）增大至2.22g/cm³（方案4）时，坝体最大沉降及面板顺坡向应力最大值均逐渐减小，其中从2.10g/cm³（方案2）增大至2.16g/cm³（方案3）时二者的减小幅度最大；但当主堆石料干密度超过2.22g/cm³（方案4）时，二者又会略有增大。

由此可见，堆石料的填筑标准对建于狭窄河谷的高面板堆石坝的应力变形存在显著的影响。一般而言，填筑标准越高（如主、次堆石料干密度越大），坝体和面板的应力变形将越小；但这种影响可能也存在一个“拐点”，即当填筑标准提高到一定程度以后，如洪

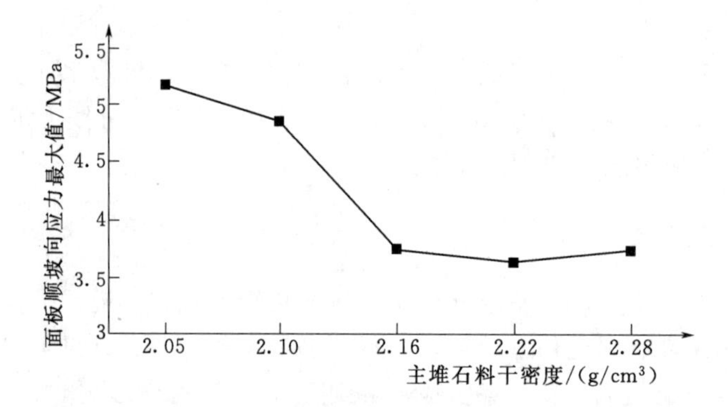

图 7.46　面板顺坡向应力最大值与主堆石料干密度关系图

家渡坝主堆石料干密度超过 2.22g/cm^3（相应的次堆石料干密度超过 1.78g/cm^3）时，坝体和面板的应力变形又会略有增大。因此，对于实际工程，在选择坝体堆石料的填筑标准时，通过分析计算了解上述影响规律的基本特征是十分必要的。

参　考　文　献

[1]　郦能惠，杨泽艳．中国混凝土面板堆石坝的技术进步 [J]．岩土工程学报，2012，34 (8)．

[2]　杨泽艳，周建平，蒋国澄，等．中国混凝土面板堆石坝的发展 [J]．水力发电，2011，37 (2)．

[3]　邓刚，徐泽平，吕生玺，等．狭窄河谷中的高面板堆石坝长期应力变形计算分析 [J]．水利学报，2008，39 (6)．

[4]　刘伟．狭窄河谷高面板堆石坝应力变形特性研究 [D]．西安：西安理工大学硕士学位论文，2012.

[5]　朱亚林，孔宪京，邹德高，等．河谷地形对高土石坝动力反应特性影响的分析 [J]．岩土工程学报，2012，34 (9)．

[6]　王平，赵一新．狭窄河谷深覆盖层地基高面板堆石坝应力变形特性研究 [J]．水资源与水工程学报，2010，21 (4)．

[7]　沈婷，李国英．超高面板堆石坝混凝土面板应力状态影响因素分析 [J]．岩土工程学报，2010，32 (9)．

[8]　曹克明，汪易森，徐建军，等．混凝土面板堆石坝 [M]．北京：中国水利水电出版社，2008.

[9]　李庆生．峡谷地区高面板堆石坝变形特点 [J]．中南水力发电，2009，(1)．

[10]　吕生玺．黑河龙首二级（西流水）混凝土面板堆石坝非线性有限元分析 [J]．甘肃水利水 电技术，2003，39 (4)．

[11]　武维新．龙首二级（西流水）水电站工程混凝土面板堆石坝设计特点 [J]．甘肃水利水电技术，2005，41 (4)．

[12]　董红健，余春海，徐泽平，等．甘肃西流水面板堆石坝应力变形分析研究 [J]．中国水利水电科学研究院院报，2006，4 (3)．

[13]　王柏乐．中国当代土石坝工程 [M]．北京：中国水利水电出版社，2004.

[14]　潘江洋，宁永升．三板溪面板堆石坝坝体变形控制 [J]．水力发电，2004，30 (6)．

[15]　关志成．混凝土面板堆石坝筑坝技术与研究 [M]．北京：中国水利水电出版社，2005.

[16]　宋文晶，伍星，高莲士，等．三板溪混凝土面板堆石坝变形及应力分析 [J]．水力发电学报，2006，25 (6)．

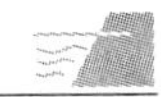

[17] 徐泽平，邵宇，胡本雄，等．狭窄河谷中高面板堆石坝应力变形特性研究 [J]．水利水电技术，2005，36（5）．

[18] 中华人民共和国水利部．SL 228—2013 混凝土面板堆石坝设计规范 [S]．北京：中国水利水电出版社，2013.

[19] 徐泽平．混凝土面板堆石坝应力变形特性研究 [M]．郑州：黄河水利出版社，2005.

[20] 周伟，常晓琳，胡颖，等．考虑拱效应的高面板堆石坝流变收敛机制研究 [J]．岩土力学，2007，28（3）．

第8章 高面板堆石坝坝坡稳定的静动力有限元分析

随着水利水电工程建设的进一步发展，许多高面板堆石坝工程将不得不面对坝址位于强震区这样的建设条件。我国现行的 SL 228—2013《混凝土面板堆石坝设计规范》规定[1]：地震设计烈度为Ⅷ度、Ⅸ度的坝，应进行坝体稳定分析。由此可见，对建于强震区的高面板堆石坝工程而言，其抗震稳定性是确保工程安全的一个关键因素。本章拟在对堆石料的动力特性及高面板堆石坝应力变形静动力有限元分析方法进行系统分析的基础上，研究提出基于有限元应力结果的坝坡稳定分析方法，然后结合建于强震区并曾经受强震考验的紫坪铺面板堆石坝工程实例，对该坝进行坝坡稳定的静动力有限元分析，研究高面板堆石坝的静动力坝坡稳定性，并通过将动力计算结果与大坝地震反应观测结果的对比分析，验证所提出的坝坡稳定分析方法的合理性。

8.1 堆石料的动力特性

面板堆石坝的坝体堆石料一般均为粗粒土，其土体颗粒之间基本无黏结，因此其土体颗粒骨架具有明显的不稳定性。研究表明[2-4]，土体在周期循环动力荷载作用下的变形通常包括弹性变形和塑性变形两部分；在动力荷载较小（如机器基础振动）时，土体动应变较小，土体主要产生弹性变形，此时一般主要研究剪切模量和阻尼比的变化规律，以便为坝体和坝基的动力分析提供必要的参数；在动力荷载较大（如地震、爆炸及振动碾压施工等）时，土体动应变较大，动力荷载将会引起土体结构的改变，从而导致土体产生残余变形和强度的丧失，此时除需研究土体剪切模量和阻尼比的变化规律外，还需考虑土体的强度和变形问题；影响土体动应力与动应变之间关系的因素除剪应变幅值、平均有效应力、孔隙比和周期加载次数等主要因素外，还包括饱和度、固结比、周期加载频率、土体性质及土体结构等次要因素。

土体在诸如地震等周期性循环振动荷载作用下的动应力应变关系具有非线性和滞后性等特点[3]。以图 8.1（a）所示的一个受到动剪应力 τ 作用的土体单元为例，其产生的动剪应变 γ 与动剪应力 τ 之间的关系曲线如图 8.1（b）所示。从图 8.1（b）可以看出[3]，当 γ 达到一定量级，土体开始屈服，其后的 $\tau-\gamma$ 便呈曲线关系；在 τ、γ 达到 A 点以后，施加相反的剪应力，剪应力-剪应变的关系呈 $ABCD$ 曲线；达到 D 点以后，剪应力再向相反方向作用（即恢复到开始的作用方向），便可得到 $DEFA$ 曲线；滞回环 $ABCDEFA$ 相当于土体从剪应变 γ 到 $-\gamma$ 再回到 γ 的一个周期；与此类似，如果原始状态作用的剪应力和产生的剪应变增大到 A' 点，则可得到另一个剪应力和剪应变变化的滞回环 $A'B'C'D'E'F'A'$；依次类推，可进一步得到另一个剪应力和剪应变变化的滞回环 $A''B''C''D''E''$

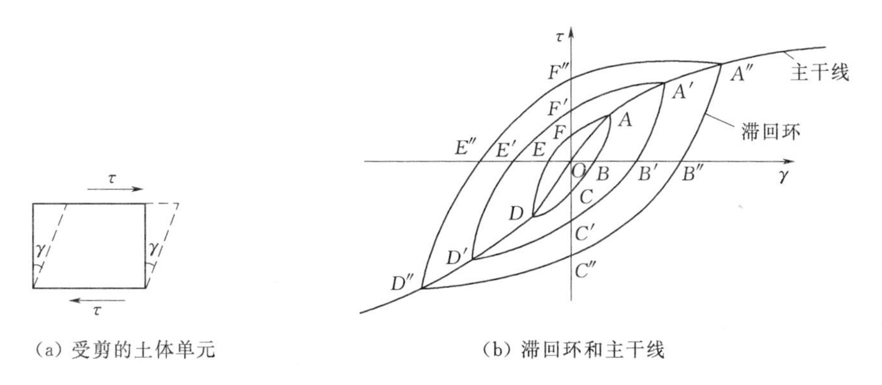

(a) 受剪的土体单元

(b) 滞回环和主干线

图 8.1　土体的非线性动应力应变关系[3]

$F''A''$……图 8.1 中曲线 $OAA'A''$和 $ODD'D''$称为主干线，是连接不同大小的循环动剪应变的动应力动应变滞回环峰点的曲线，与第一个 1/4 周期的加荷曲线重合，表示了最大动剪应力与动剪应变之间的相互关系，反映了土体的动力非线性特性，其斜率为土体的动剪切模量，它随循环动剪应变的增加而减小；滞回环表明了一个循环周期内动剪应力与动剪应变之间的相互关系，反映了土体动应力应变关系的滞后性；滞回环的外凸程度随循环动剪应变的增加而增加；滞回环包围面积的大小反映了土体的阻尼特性，阻尼特性既包含滞变阻尼，又包含黏性阻尼和摩擦阻尼[3]。

另外，土体在受载过程中会产生不可恢复的塑性变形，塑性变形在诸如地震等周期性循环振动荷载作用下会逐渐累积[3]。也就是说，即使荷载大小不变，随着荷载作用周数的增加，变形也会越来越大，滞回环的中心不断朝一个方向移动；滞回环中心的移动反映了土体对荷载的累积效应，这种效应产生于土体的塑性变形，此即土体在荷载作用下不可恢复的结构破坏。

8.2　应力变形静动力有限元分析方法

8.2.1　静力计算模型及有限元分析方法

经过与第 2 章类似的分析，本章在进行面板堆石坝应力变形静力有限元计算时，采用邓肯-张 $E-B$ 模型来模拟坝体堆石料及覆盖层土体的应力应变本构关系，采用线弹性模型来模拟混凝土面板、趾板及防渗墙的应力应变本构关系，采用无厚度 Goodman 单元来模拟混凝土结构与土体之间（面板与垫层料之间和坝基混凝土防渗墙与覆盖层土体之间）的非线性接触行为，采用薄层单元模型来模拟混凝土结构接缝（周边缝、面板垂直缝、面板与防浪墙之间接缝、趾板伸缩缝等）的应力变形特性。采用中点增量法来进行材料非线性问题的求解。上述各计算模型的基本原理、中点增量法的基本原理及坝体施工过程和水库蓄水过程的模拟方法等参见第 2 章。

8.2.2　堆石料的动力本构模型

如 8.1 节所述，包括面板堆石坝坝体堆石料在内的土体，在诸如地震等周期性循环振动荷载作用下，其动应力应变关系具有非线性、滞后性并会产生逐渐累积且不可恢复塑性变形等动力特性。长期以来，不少学者进行了大量关于地震作用下土体动应力应变关系问题的研究，并提出了不少有价值的土体动力本构模型。其中，等价黏弹性模型是把土体视作黏弹性体，采用等效剪切模量 G 和阻尼比 λ 这两个参数来反映土体动应力应变关系的非线性和滞后性特征，模型概念相对明确，而且在模型参数确定和应用方面积累了较为丰富的试验资料和工程经验，能为工程界所接受，实用性也较强。本章拟选用等价黏弹性模型来模拟坝体堆石料在地震荷载作用下的动应力应变关系。

等价黏弹性模型的基本原理如下[4]：

将如图 8.1 所示的土体非线性动应力应变关系的实际滞回环按倾角和面积相等的原则等价为椭圆，如图 8.2 所示。

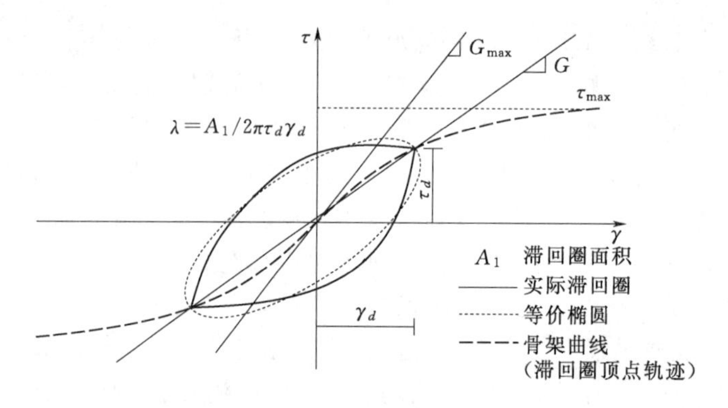

图 8.2　等价黏弹性模型[4]

由此确定黏弹性体的等效剪切模量 G 和阻尼比 λ 分别如下：

$$G=\frac{k_2}{1+k_1\gamma_d}p_a\left(\frac{p}{p_a}\right)^{n'} \tag{8.1}$$

$$\lambda=\frac{k_1\bar{\gamma}_d}{1+k_1\bar{\gamma}_d}\lambda_{max} \tag{8.2}$$

式中：p 为平均应力，$p=(\sigma_1+\sigma_2+\sigma_3)/3$；$\gamma_d$ 为动剪应变幅值；k_1、k_2 分别为动剪切模量常数；λ_{max} 为最大阻尼比；$\bar{\gamma}_d$ 为归一化的动剪应变，按式（8.3）确定：

$$\bar{\gamma}_d=\gamma_d/\left(\frac{\sigma_3}{p_a}\right)^{1-n'} \tag{8.3}$$

式中：σ_3 为小主应力；p_a 为大气压力；n' 为材料参数。

8.2.3　动力有限元分析方法

8.2.3.1　动力平衡方程求解的 Wilson－θ 法

结构离散化后，可根据各结点上作用力与结点荷载之间的平衡条件，依据达朗贝尔原理，建立单元动力平衡方程以及在地震荷载作用下的结构体系整体动力平衡方程。单元动力平衡方程及结构体系整体动力平衡方程的基本原理参见 4.3 节。其中，结构体系在地震

荷载作用下的整体动力平衡方程如下：

$$[M]\{\ddot{u}\}+[C]\{\dot{u}\}+[K]\{u\}=-[M]\{\ddot{u}_g\} \tag{8.4}$$

式中：$[M]$ 为整体质量矩阵；$[C]$ 为整体阻尼矩阵；$[K]$ 为整体刚度矩阵；$\{\dot{u}\}$、$\{\ddot{u}\}$、$\{u\}$ 分别为整个体系的节点加速度列阵、节点速度列阵和节点位移列阵；$\{\ddot{u}_g\}$ 为输入基岩的加速度列阵。

关于结构体系整体动力平衡方程的求解方法，目前主要分为两类：一是振型叠加法，二是时程分析法；时程分析法可用于一般阻尼情况，并且可按增量法逐段线性化求解，因此其应用相对较广[5-7]。时程分析法又称之为逐步积分法，其实质是隐式差分法。根据所采用差分格式的不同，常用的逐步积分法有：线性加速度法、Wilson-θ 值法和 Newmark 常值加速度法等[8-9]。这些求解方法都是从零时刻开始，并假定前一时刻 t 的位移$\{u(t)\}$、速度 $\{\dot{u}(t)\}$ 和加速度 $\{\ddot{u}(t)\}$ 已知，然后将 $t+\Delta t$ 时刻的速度 $\{\dot{u}(t+\Delta t)\}$ 和加速度 $\{\ddot{u}(t+\Delta t)\}$ 用前一个时刻的位移、速度、加速度及该时刻的位移 $\{u(t+\Delta t)\}$ 来表示，将它们代入整体动力平衡方程即可得到以位移 $\{u(t+\Delta t)\}$ 为未知量的线性代数方程组，求解该线性代数方程组即可得到位移 $\{u(t+\Delta t)\}$，进而根据如上所述的关系式确定速度 $\{\dot{u}(t+\Delta t)\}$ 和加速度 $\{\ddot{u}(t+\Delta t)\}$。依次类推，可实现全时域的求解。对面板堆石坝而言，动力平衡方程求解的初始条件即零时刻的位移可取静力计算的位移结果。经综合分析，本章拟采用 Wilson-θ 法实施动力平衡方程的求解。

Wilson-θ 法求解动力平衡方程的基本原理如下[8-9]：

假设在时间间隔 $\theta\Delta t$ 内加速度呈线性变化，θ 为系数，其值大于 1。$t+\theta\Delta t$ 时刻的加速度、速度及位移分别表示为

$$\{\ddot{u}(t+\theta\Delta t)\}=\frac{6\theta}{\Delta t^2}\{u(t+\Delta t)\}-\frac{6\theta}{\Delta t^2}\{u(t)\}-\frac{6\theta}{\Delta t}\{\dot{u}(t)\}+(1-3\theta)\{\ddot{u}(t)\} \tag{8.5}$$

$$\{\dot{u}(t+\theta\Delta t)\}=\frac{3\theta^2}{\Delta t}\{u(t+\Delta t)\}-\frac{3\theta^2}{\Delta t}\{u(t)\}+(1-3\theta^2)\{\dot{u}(t)\}+\left(1-\frac{3\theta}{2}\right)\theta\Delta t\{\ddot{u}(t)\} \tag{8.6}$$

$$\{u(t+\theta\Delta t)\}=\theta^3\{u(t+\Delta t)\}+(1-\theta^3)\{u(t)\}+(1-\theta^2)\theta\Delta t\{\dot{u}(t)\}+\frac{\theta^2\Delta t^2(1-\theta)}{2}\{\ddot{u}(t)\} \tag{8.7}$$

式中：t 为计算时刻；Δt 为时间步长。

结构的整体阻尼矩阵 $[\boldsymbol{C}]$ 一般常采用如下的近似线性关系计算得到，并将其称之为瑞利（Rayleigh）阻尼：

$$[\boldsymbol{C}]=\alpha[\boldsymbol{M}]+\beta[\boldsymbol{K}] \tag{8.8}$$

式中：α 和 β 称为阻尼系数。

α 和 β 与结构体系的圆频率和阻尼比的关系如下：

$$\left.\begin{aligned}\alpha&=\frac{2\omega_i\omega_j(\delta_j\omega_i-\delta_i\omega_j)}{\omega_i^2-\omega_j^2}\\ \beta&=\frac{2(\delta_i\omega_i-\delta_j\omega_j)}{\omega_i^2-\omega_j^2}\end{aligned}\right\} \tag{8.9}$$

式中：ω_i 和 ω_j 分别为第 i 阶和第 j 阶的自振圆频率；δ_i 和 δ_j 分别为第 i 阶和第 j 阶振型的阻尼比。实际工程应用中，一般可取阻尼比为 0.05。

将式（8.5）～式（8.8）代入式（8.4），并经简化后可得：

$$[\underline{\boldsymbol{K}}]\{\underline{u}(t+\Delta t)\}=\{\underline{P}(t+\Delta t)\} \tag{8.10}$$

式中：

$$[\underline{\boldsymbol{K}}]=a_0[\boldsymbol{M}]+[\boldsymbol{K}] \tag{8.11}$$

$$\{\underline{u}(t+\Delta t)\}=a_0\{u(t+\Delta t)\}+a_3\{u(t)\}+a_4\{\dot{u}(t)\}+a_5\{\ddot{u}(t)\} \tag{8.12}$$

$$\{\underline{P}(t+\Delta t)\}=-[M]\{\ddot{u}_g(t+\theta\Delta t)\}+[M](a_2\{r(t)\}+a_6\{\dot{r}(t)\}+a_7\{\ddot{r}(t)\}) \tag{8.13}$$

$$\left.\begin{aligned}
&a_0=\theta^3+\beta\frac{3\theta^2}{\Delta t}\\
&a_1=\frac{6\theta}{\Delta t^2}+\alpha\frac{3\theta^2}{\Delta t}\\
&a_2=a_1/a_0\\
&a_3=1-a_0\\
&a_4=\theta\Delta t(1-\theta^2)+\beta(1-3\theta^2)\\
&a_5=\theta\Delta t\left\{\frac{\theta}{2}[\Delta t(1-\theta)-3\beta]+\beta\right\}\\
&a_6=\frac{6\theta}{\Delta t^3}-\alpha(1-3\theta^2)+\frac{a_1a_4}{a_0}\\
&a_7=-\left\{\left[(1-3\theta)+\alpha\left(1-\frac{3\theta}{2}\right)\theta\Delta t\right]\right\}+\frac{a_1a_5}{a_0}
\end{aligned}\right\} \tag{8.14}$$

研究表明，当 $\theta \geqslant 1.37$ 时能获得较为稳定的求解结果，一般采用 $\theta=1.40$。

在计算过程中，为了既充分反映坝体堆石料的非线性动力特性，又不致过多增加计算量，一般采用分时段循环迭代的计算方法，即将地震历时分成若干时段，在每一时段中一般迭代 4～5 次即可满足收敛要求。满足收敛要求的基本条件是前后两次迭代计算的剪切模量满足式（8.15）：

$$\left|\frac{G_t-G_{t-1}}{G_t}\right|\leqslant 10\% \tag{8.15}$$

式中：G_{t-1} 和 G_t 分别为前后两次迭代的剪切模量。

在积分时间步长 Δt 的选取上，根据一般经验，只要 Δt 小于体系自振周期的 1/10 并小于地震卓越周期的 1/5 就能达到较为满意的精度要求，如果 Δt 过大则很有可能漏掉峰值时刻的地震反应。

8.2.3.2　等效线性方法及其实现

针对上述等价黏弹性模型的动力分析常采用等效线性方法。等效线性方法的关键是确定最大剪切模量 $G_{\max}$ 与平均有效主应力 σ_0 的关系，以及动剪切模量 G 和动阻尼比 λ 随动剪应力变幅的变化关系[10]。通过试验测得动剪切模量比 $G/G_{\max}$ 和动阻尼比 λ 与动剪应变 γ

的关系曲线，引入参考剪应变 γ_r（$\gamma_r = l_{max}/G_{max}$，$l_{max}$ 为极限剪应力）进行归一化处理，进而可得到较为单一的 $G/G_{max}-\gamma/\gamma_r$ 关系曲线和 $\lambda-\gamma/\gamma_r$ 关系曲线。某工程根据灰岩堆石料的试验结果绘制的 $G/G_{max}-\gamma/\gamma_r$ 和 $\lambda-\gamma/\gamma_r$ 关系曲线如图 8.3 所示。

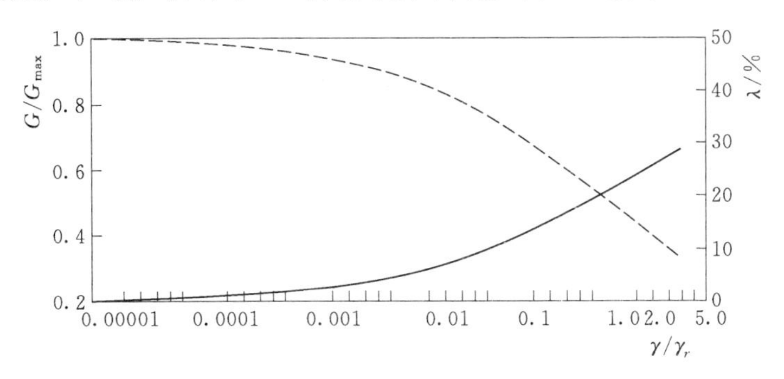

图 8.3 某工程灰岩堆石料的 $G/G_{max}-\gamma/\gamma_r$ 关系曲线和 $\lambda-\gamma/\gamma_r$ 关系曲线[10]

基于如图 8.3 所示由试验获得的相应关系曲线，即可按照等效线性方法实施针对等价黏弹性模型的动力计算。

等效线性方法的基本计算步骤如下[10]：

(1) 先根据静力有限元计算得到各单元的震前平均有效应力 σ_0'。

(2) 由式 (8.16) 求出各单元的初始动剪切模量 G_{max}，各单元的初始阻尼比取为 0.05。

$$G_{max} = K_m P_a \left(\frac{\sigma_0'}{P_a}\right)^m \tag{8.16}$$

式中：K_m、m 分别为由试验测定的系数和指数；P_a 为大气压力；σ_0' 为平均有效主应力，由 $\sigma_0' = (\sigma_1 + \sigma_2 + \sigma_3)/3$ 计算而得。

(3) 将地震历程划分为若干个时段。

(4) 对每个时段的动剪切模量进行迭代求解。

(5) 用 Wilson－θ 法建议的放大的时间间隔 $h = \theta \Delta t$ 代替实际时间间隔 Δt，对每个时段进行时程分析。

(6) 计算各单元的质量矩阵和刚度矩阵，集成后形成结构体系质量矩阵 $[M]$ 和刚度矩阵 $[K]$，采用求得的坝体基频 ω 计算阻尼矩阵 $[C]$。

(7) 输入地震加速度，由式 (8.13) 形成 $\{\underline{P}(i+\Delta t)\}$；由矩阵 $[\boldsymbol{M}]$ 和 $[\boldsymbol{K}]$ 按式 (8.11) 组成 $[\underline{\boldsymbol{K}}]$，按式 (8.8) 组成 $[\boldsymbol{C}]$，由式 (8.10) 求得 $\{\underline{u}(t+\Delta t)\}$，进而由式 (8.5) 即可求得 $\{\ddot{u}(t+\Delta t)\}$。

(8) 将 $\{\ddot{u}(t+\Delta t\}$ 作为 $\{\ddot{u}_h(t+\Delta t)\}$，按式 (8.17) 求得新的 $\{\ddot{u}(t+\Delta t)\}$，进而求得 $\{u(t+\Delta t)\}$ 和 $\{\dot{u}(t+\Delta t)\}$。

$$\{\ddot{u}(t+\Delta t)\} = \{\ddot{u}(t)\} + \frac{1}{\theta}(\{\ddot{u}_h(t+\Delta t)\} - \{\ddot{u}(t)\}) \tag{8.17}$$

(9) 根据求出的结点位移 $\{u(t+\Delta t)\}$，计算各单元的动剪应变 $\gamma(t+\Delta t)$ 和动剪应力 $\tau(t+\Delta t)$。

(10) 重复步骤 (5) ～ (9)，即可得到各单元在每个时段内的动剪应变 γ 时程。

(11) 分析确定各单元动剪应变 γ 时程中的最大值 γ_{max}，取等效动剪应变 $\gamma_e = 0.65\gamma_{max}$，查如图 8.3 所示由试验获得的 $G/G_{max}-\gamma/\gamma_r$ 和 $\lambda-\gamma/\gamma_r$ 关系曲线，即可得到新的 G 和 λ。

(12) 重复步骤 (4) ～ (11)，直到前后两次迭代计算的剪切模量满足式 (8.15)。

(13) 重复步骤 (3) ～ (12)，直到地震历程的全部时段计算结束。

8.3 基于有限元应力结果的坝坡稳定分析方法

8.3.1 堆石料的抗剪强度特性

面板堆石坝的坝体堆石料一般均为粗粒土，其土体颗粒之间基本无黏结，呈散粒体结构特征。这种土体在荷载作用下几乎不能承受拉应力，其失稳形态一般是一部分土体相对于另一部分土体沿某一界面产生滑移，即发生剪切破坏。因此，堆石料的抗剪强度是影响坝体稳定的关键因素。

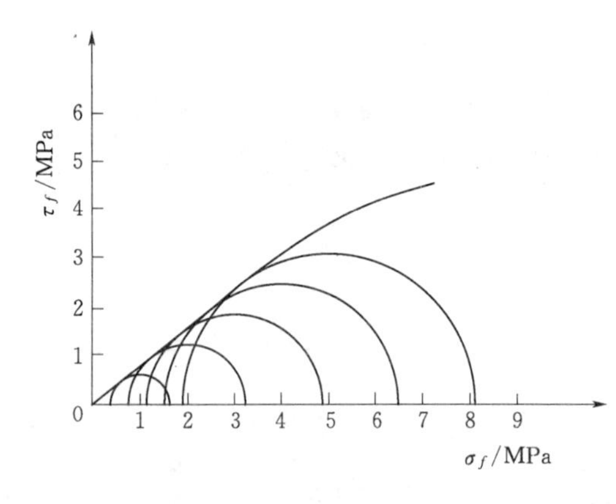

图 8.4　堆石料剪应力 τ_f 与正应力 σ_f 之间的关系[11]

研究表明[11]，粗粒土的抗剪强度受到土体颗粒间的摩擦、剪胀、重新排列、颗粒破碎等多种因素的影响，其剪应力 τ_f 与正应力 σ_f 之间的关系呈现如图 8.4 所示明显的非线性特征。

粗粒土的三轴压缩试验结果还表明[12-15]，粗粒土的抗剪强度与侧压力 σ_3 关系密切，侧压力 σ_3 越大内摩擦角 φ 越小，且二者之间呈非线性关系；这种非线性关系可表示为

$$\varphi=\varphi_0-\Delta\varphi\lg(\sigma_3/p_a) \tag{8.18}$$

式中：φ 为土体内摩擦角；φ_0 为一个大气压力下的内摩擦角；$\Delta\varphi$ 为 σ_3 增加一个对数周期下 φ 的减小值；σ_3 为侧压力；p_a 为大气压力。

就粗粒土内部滑动问题而言，式 (8.18) 也可表示为如下形式[16]：

$$\varphi=\varphi_0-\Delta\varphi\lg(\sigma_n/p_a) \tag{8.19}$$

式中：φ 为土体滑动面的摩擦角；φ_0 为一个大气压力下的摩擦角；$\Delta\varphi$ 为 σ_n 增加一个对数周期下 φ 的减小值；σ_n 为土体滑动面的小主应力；p_a 为大气压力。

8.3.2 基于有限元应力结果的坝坡稳定分析方法

8.3.2.1 坝坡稳定分析方法概述

我国现行的 SL 228—2013《混凝土面板堆石坝设计规范》规定[1]：坝坡稳定计算方法及最小安全系数应按 SL 274—2001《碾压式土石坝设计规范》执行。SL 274—2001

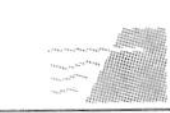

《碾压式土石坝设计规范》规定[16]：坝坡稳定计算应采用刚体极限平衡法，对于诸如薄心墙坝及面板堆石坝这样坝体断面黏性土用量较少或基本不用的土石坝，可采用满足力和力矩平衡的摩根斯顿-普赖斯（Morgenstern - Price，简称“M - P”）等方法。目前最新的 NB 35047—2015《水电工程水工建筑物抗震设计规范》规定[17]：对土石坝的抗震稳定计算，一般采用拟静力法计算地震作用效应；对于设计烈度Ⅶ度且坝高 150.00m 以上，或设计烈度Ⅷ度、Ⅸ度且坝高 70m 以上，或覆盖层厚度超过 40m 或地基中存在可液化土层时，应同时采用有限元法对坝体和坝基的地震作用效应进行动力分析后，综合判断其抗震稳定性。

刚体极限平衡法源于库仑和朗肯的土压力分析理论[18]，该方法只考虑静力平衡条件和土的摩尔-库仑破坏准则，通过分析土体在破坏时的静力平衡条件求得问题的解。对于土石坝这样的超静定结构，刚体极限平衡法通过引入一些简化和假定，使问题变得静定可解。这样做虽然使得计算简化，但也存在明显的不足，如未考虑在荷载作用下土石料不可避免的变形问题、超静定约束问题等。

传统的拟静力法是基于条分法思想，将地震动力作用所引起的惯性力当作一种等效的静力荷载作用在土条上，然后运用刚体极限平衡法计算得到抗震稳定安全系数。分析表明[1,16,17]，土石坝边坡在地震动力作用下的失稳破坏不仅与地震动强度有关，而且与地震动力作用的过程有关；拟静力法由于不能考虑地震动力作用的具体过程，也不能考虑在此过程中坝体内部实际的应力分布及变化情况，因此，该方法虽然简单实用，但却显得过于粗略。

在基于有限元应力结果进行坝坡稳定分析方面，不少学者开展了大量的研究工作。但在对堆石料的非线性抗剪强度特性的考虑、最危险滑动面的搜索方法等方面，仍有待深入研究。

8.3.2.2 基于有限元应力结果进行坝坡稳定分析的基本思路[19]

在对有限元软件 ADINA 关于结构静动力应力变形分析的基本特点及 GEO - SLOPE 软件关于边坡稳定分析的基本特点进行综合分析的基础上，可提出如下将静力、动力有限元应力计算结果应用于坝坡稳定分析的基本思路：

（1）根据应力变形三维有限元计算结果，选择潜在滑动失稳断面及其潜在滑动面的搜索范围。基本步骤包括：①首先利用 ADINA 软件进行各工况的面板堆石坝应力变形三维有限元计算，根据应力变形计算结果对大坝安全状况做出初步定性评价。②利用 ADINA 软件强大的后处理功能，获得各工况的坝体应力水平场。然后基于应力水平分布状况，选择应力水平较高即抗剪安全系数较小的坝体断面作为潜在滑动失稳断面，并在潜在滑动失稳断面上进一步选择应力水平较高的区域作为潜在滑动面的搜索范围。

（2）在 GEO - SLOPE 软件的 SIGMA/W 和 QUAKE/W 模块中重新进行各工况的面板堆石坝应力变形三维有限元计算，获得各工况的坝体应力场计算结果。

（3）进行坝坡稳定计算分析。将 SIGMA/W 和 QUAKE/W 模块计算得到的各工况坝体应力场结果，调入 GEO - SLOPE 软件的 SLOPE/W 模块，用 SLOPE/W 模块进行各工况的坝坡稳定计算分析。

8.3.2.3 堆石料非线性抗剪强度特性的考虑[19]

根据上述思路，提出考虑堆石料非线性抗剪强度特性的基本步骤如下：

(1) 将 SIGMA/W 和 QUAKE/W 模块计算得到的各工况坝体应力场结果，调入 SLOPE/W 模块。

(2) 由式 (8.19) 和式 $\tau_f = c + \sigma_n \tan\varphi$ (对堆石料 $c=0$)，经推导可得堆石料非线性抗剪强度表达式如下：

$$\tau_f = \sigma_n \tan[\varphi_0 - \Delta\varphi \lg(\sigma_n / p_a)] \tag{8.20}$$

(3) 非线性抗剪强度曲线的拟合。应用 SLOPE/W 模块中切向/法向函数准则（一种土体强度模型）来定义坝体堆石料的非线性抗剪强度，其步骤如下：

1) 在强度函数 (Strength Functions) 对话框中，首先定义 Shear - Normal 曲线函数 F_n。在式 (8.20) 中，φ_0、$\Delta\varphi$ 值是可由试验测得的已知量，因此式 (8.20) 是一个二元方程，给定一个 σ_{ni}，就能获得一个对应的 τ_{fi}，于是可获得一系列 σ_{ni}、τ_{fi} 值；然后，由程序利用最小二乘法自动拟合并绘制 Shear - Normal 曲线函数 F_n。

2) 非线性抗剪强度模型材料的定义。在切向/法向函数准则对话框中，调用步骤 1) 拟合形成的 Shear - Normal 曲线函数 F_n，即可实现对堆石料非线性抗剪强度特性的考虑。

8.3.2.4 潜在滑动失稳断面及潜在滑动面搜索范围的选择[19]

潜在滑动失稳断面及潜在滑动面搜索范围选择的基本步骤如下：

(1) 利用 ADINA 软件进行各工况的面板堆石坝应力变形三维有限元计算，获得各工况的计算结果文件（后缀名：.por)，在 ADINA - PLOT 中打开计算结果文件进行后处理分析。ADINA 软件后处理中提供了一种用户自定义变量功能，可以基于软件提供的基本变量由用户自定义其他变量，并进行自定义变量的结果输出（如输出结果云图或等值线图等）。

应用 ADINA 的这一功能，依据式 (8.21) 所示的应力水平计算公式，自定义应力水平作为一个变量，进而获得整个坝体在各工况下的应力水平场。

$$\left.\begin{aligned} S &= \frac{\sigma_1 - \sigma_3}{(\sigma_1 - \sigma_3)_f} \\ (\sigma_1 - \sigma_3)_f &= \frac{2c\cos\varphi + 2\sigma_3 \sin\varphi}{1 - \sin\varphi} \end{aligned}\right\} \Rightarrow S = \frac{(\sigma_1 - \sigma_3)(1 - \sin\varphi)}{2c\cos\varphi + 2\sigma_3 \sin\varphi} \tag{8.21}$$

式中：σ_1、σ_3 分别为三维应力变形有限元计算得出的单元第一主应力、第三主应力；c、φ 分别为由试验确定的堆石料凝聚力和摩擦角，一般 $c=0$，φ 按式 (8.18) 确定。

(2) 选择潜在滑动失稳断面。利用 ADINA 后处理中的切片显示功能 (cut surface) 显示一系列坝体横剖面的应力水平场，比较各个坝体横剖面的应力水平最大值，选取应力水平最大值大于 0.5（从安全系数与应力水平的关系可估算安全系数值约小于 2.0）且应力水平最大值发生在靠近上下游坝坡附近的坝体横剖面作为潜在滑动失稳断面。

(3) 在潜在滑动失稳断面上选择潜在滑动面的搜索范围。在步骤 (2) 选择的各个潜在滑动失稳断面上，以应力水平最大值所在位置为中心，拟定若干潜在滑动面的搜索范围。

8.3.2.5 潜在滑动面抗滑稳定安全系数的计算

1. 基于静力有限元应力计算结果的抗滑稳定安全系数计算[19-21]

仍采用条分法进行计算，所不同的是滑动面处的内力系由该处的应力转化而来。假定在滑动面上长度为 L_i 段处的单元应力分量为 σ_x、σ_y 及 τ_{xy}，该段滑动面与水平面的夹角为 α。

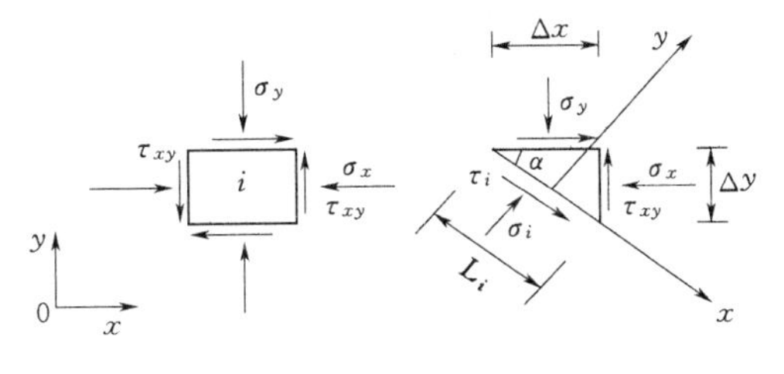

图 8.5 滑动面上的内力计算图[20]

由静力平衡条件，可得潜在滑动面 L_i 段的法向应力 σ_i 及切向剪应力 τ_i 如下：

$$\sigma_i=\frac{1}{2}(\sigma_x+\sigma_y)-\frac{1}{2}(\sigma_x-\sigma_y)\cos2\alpha-\tau_{xy}\sin2\alpha \tag{8.22}$$

$$\tau_i=\frac{1}{2}(\sigma_x-\sigma_y)\sin2\alpha-\tau_{xy}\cos2\alpha \tag{8.23}$$

式中：各符号的意义如图 8.5 所示；σ_x、σ_y 以压应力为正；τ_{xy} 以顺时针方向为正。

滑动面 L_i 段上的滑动力为 $\tau_i L_i$，抗滑力为 $\sigma_i\tan\varphi_i L_i+c_i L_i$。则各段滑动力与抗滑力叠加以后，可得沿该滑动面的抗滑稳定安全系数为

$$F_s=\frac{\sum\sigma_i\tan\varphi_i L_i+c_i L_i}{\sum\tau_i l_i} \tag{8.24}$$

式中：φ_i、c_i 分别为滑动面第 i 段的摩擦角及凝聚力；其他符号意义同前。

2. 基于动力有限元应力计算结果的抗滑稳定安全系数计算[19,22-23]

关于基于动力有限元应力计算结果进行边（坝）坡抗滑稳定安全系数的计算方法问题，不少学者从不同角度曾进行过系统研究。目前，较为常用的有如下两种方法[22-23]：

(1) 在整个地震过程中，由于土体各单元的动应力是随时间而变化的，因此其动力抗滑稳定安全系数 F_s 也是时间的函数。如果考虑地震过程中动应力的时程变化，按式 (8.24) 计算出每一瞬时的坝坡抗滑稳定安全系数，并由此确定坝坡抗滑稳定最小安全系数，这种方法称之为动力时程线法。

(2) 如果不考虑地震过程中动应力的时程变化，在式（8.24）中将滑动面上的法向应力取为震前的法向应力，切向剪应力取为震前剪应力与等效动剪应力（即 0.65 倍的最大动剪应力）之和，然后按式（8.24）可直接计算得到将地震作用等效平均的坝坡抗滑稳定最小安全系数，这种方法称之为动力等效值法。

动力时程线法算得的抗滑稳定安全系数是地震过程中每一时刻（瞬时）的安全系数，反映了地震过程中坝坡抗滑稳定安全系数随时间的动态变化过程。而动力等效值法算得的抗滑稳定安全系数是关于坝坡稳定的一个概化安全系数，是通过将地震作用等效平均而得到的，不能反映地震过程中坝坡抗滑稳定安全系数随时间的动态变化过程。

本章采用动力时程线法计算动力抗滑稳定安全系数，并据此进行坝坡抗震稳定性分析。按动力时程线法计算动力抗滑稳定安全系数时，式（8.24）中的 σ_i、τ_i 应取为动力有限元计算得到的每一时刻的动应力 $\sigma_{i,d}$、$\tau_{i,d}$。

8.3.2.6 最危险滑动面的搜索方法[18-19,24-28]

关于最危险滑动面的搜索方法，是一个被工程界广泛研究的课题，不少学者曾进行过

较为深入的探讨，提出了一些有价值的搜索方法，但仍存在一定的局限性或不足，目前仍缺乏较为成熟的搜索方法。

最危险滑动面的搜索与滑动面的形状有关，而滑动面的形状又主要取决于坝体材料特性。面板堆石坝的坝体材料为粗粒土，坝坡滑坡型式常为折线滑动。因此，本章在工程实例计算中，假定面板堆石坝的滑动面形状为连续三折面滑动面，并采用枚举法进行最危险滑动面的搜索。

最危险滑动面搜索的基本步骤如下：

(1) 通过应力变形有限元计算获得各工况的坝体应力场。

(2) 应用前述方法选择最危险滑动面的搜索范围，假定潜在滑动面形状为连续三折面，按式 (8.24) 计算所有可能滑动面的抗滑稳定安全系数 F_S。

(3) 比较各个可能滑动面的抗滑稳定安全系数 F_S，从中找出最小安全系数及其对应的最危险滑动面。

在本章中，应用 GEO－SLOPE 软件进行最危险滑裂（动）面的搜索，假定最危险滑裂面的形状为两拐点三折面，即滑裂面的形状是一个连续的三折面，通过选定不同的转点以及转点方向角确定最危险滑裂面的搜索范围，如图 8.6 所示。

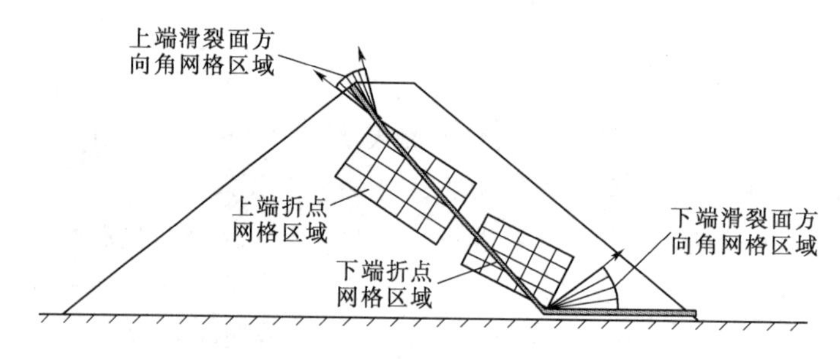

图 8.6　最危险滑裂面搜索简图[19]

在计算初始，需要确定两个拐点的区域范围和转点方向角的范围。其确定方法如下：

(1) 确定上下端折点网格区域。上下端网格区域用于控制潜在滑动面的范围，网格点的数目多少（或者网格点间的间距大小）用于控制计算精度。网格点数目越多，搜索计算的精度越高。

(2) 确定上下端滑裂（动）面方向角网格区域。上下端滑裂面方向角网格区域用于控制上下端两个滑裂面的走向。另外，方向角网格区域亦是控制计算精度的一个重要因素，可通过给定一个角度增量来实现。

综上所述，在计算初始拟定潜在滑动面涉及 3 个要素：计算分析对象的几何外轮廓；上、下网格转点；上、下网格点的方向角。例如，上、下网格分别按 5×4、4×6 划分，上、下方向角范围按 4、5 等分，那么计算时就需在 9600 个潜在滑动面中搜索最危险滑动面。

8.4 工程实例分析

本节以建于强震区并曾经受强震考验的紫坪铺面板堆石坝工程为例，运用上述分析所提出的关于坝坡稳定分析的基本原理和方法，对该坝进行坝坡稳定的静动力有限元分析，

研究高面板堆石坝的静动力坝坡稳定性，并通过将动力计算结果与大坝地震反应观测结果的对比分析，验证所提出的坝坡稳定分析方法的合理性。

8.4.1 工程概况[29-32]

紫坪铺水利枢纽工程位于长江流域岷江干流上游都江堰市，是以灌溉、供水为主，结合发电、防洪、旅游等的大型水利枢纽工程。水库正常蓄水位为877.00m，死水位为817.00m，设计洪水位为871.10m，核定洪水位为883.10m，水库总库容为11.12亿m^3，电站总装机容量为760MW，工程规模为Ⅰ等大（1）型。枢纽建筑物由混凝土面板堆石坝、溢洪道、引水发电系统、冲砂放空洞、1号、2号泄洪排砂洞等组成。大坝为1级建筑物，按1000年一遇洪水设计，可能最大洪水（PMF）校核。坝址位于龙门山断裂带的北川-映秀、江油-灌县断裂带之间，大坝抗震设计烈度为Ⅷ度，设计采用的基岩水平峰值加速度为0.26g。工程于2005年蓄水并开始发电。2008年5月12日，在距紫坪铺坝址以西约17km的汶川县境内发生了里氏8.0级的大地震（以下简称“5.12”汶川地震），震中最大烈度达Ⅺ度。根据安装在紫坪铺大坝坝顶地震加速度仪测得的峰值加速度推算，估计坝址基岩水平峰值加速度可能在0.5g以上，地震烈度达Ⅸ度，超过大坝设防烈度。

紫坪铺枢纽平面布置见图8.7。

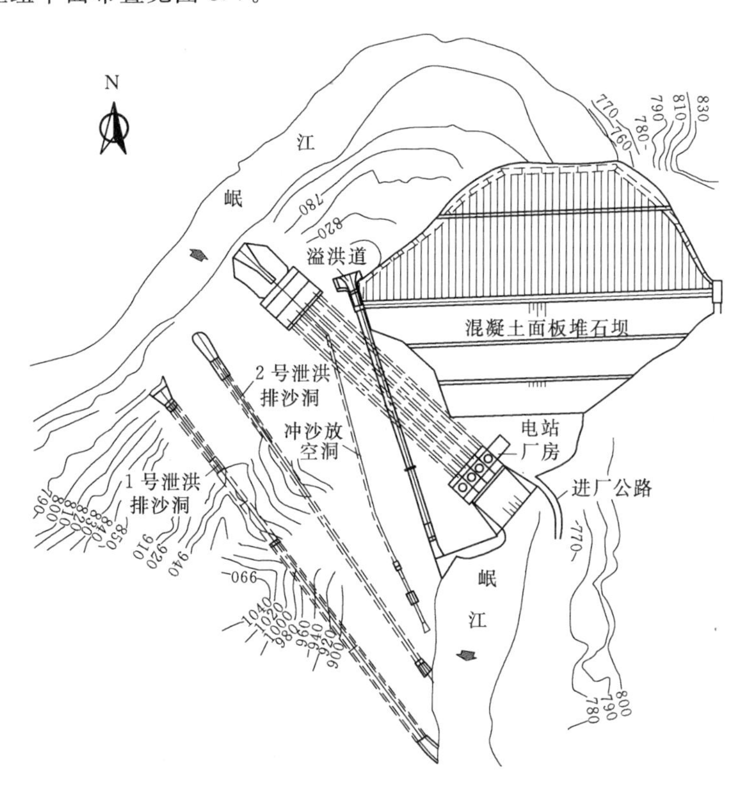

图8.7 紫坪铺枢纽平面布置图[32]（单位：m）

混凝土面板堆石坝坝顶高程为884.00m，最大坝高为156.00m，坝顶长度为663.80m，上游坝坡坡比为1∶1.4，下游坝坡坡比一级马道以上为1∶1.5，马道以下为

1∶1.4。坝基河床覆盖层厚度为 10～15m，由漂卵砾石组成，整体结构较松散。趾板地基由含煤含砾中细砂岩、粉砂岩、煤质页岩等组成。筑坝材料主要为尖山石灰岩料，经爆破后上坝填筑；坝体各分区从上游至下游依次为坝上游盖重区（Ⅳ）、坝上游铺盖区（$Ⅳ_A$）、特殊垫层区（$Ⅱ_A$）、垫层区（Ⅱ）、过渡区（$Ⅲ_A$）、主堆石区（$Ⅲ_B$）、次堆石区（$Ⅲ_C$）、反滤料（$Ⅱ_B$）、下游堆石区（$Ⅲ_D$）和下游坝面干砌石护坡区。大坝标准横剖面（0+278）见图 8.8。

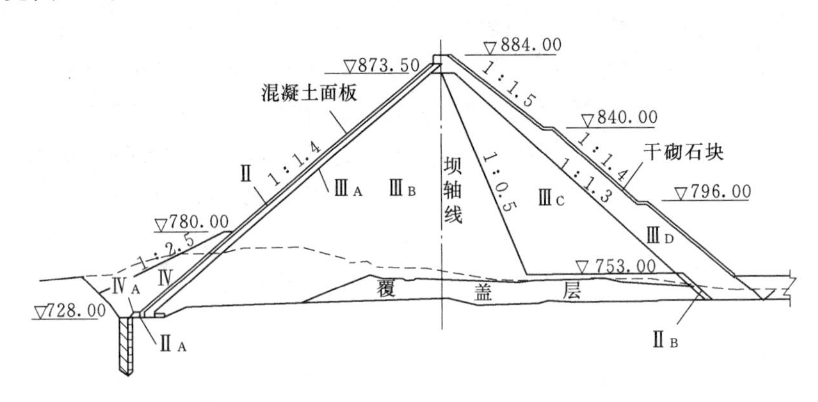

图 8.8　紫坪铺大坝标准横剖面（0+278）图[30]（单位：m）

8.4.2　计算模型及计算方法

在结合紫坪铺面板堆石坝工程实例进行大坝应力变形静力三维有限元计算时，坝体堆石料及覆盖层土体的静力本构模型采用邓肯-张 $E-B$ 模型，面板与垫层料之间接触面的模拟采用无厚度 Goodman 单元，混凝土结构接缝（周边缝、面板垂直缝、趾板伸缩缝等）的模拟采用薄层单元模型，采用中点增量法来进行材料非线性问题的求解。上述各计算模型的基本原理、中点增量法的基本原理及坝体施工过程和水库蓄水过程的模拟方法等参见第 2 章。

在进行大坝应力变形动力三维有限元计算时，坝体堆石料及覆盖层土体的动力本构模型采用等价黏弹性模型，采用等效线性方法实施针对等价黏弹性模型的动力计算。上述动力本构模型的基本原理及动力计算方法等见本章前述。

运用通用有限元软件 ADINA 实施大坝应力变形的静动力三维有限元计算。

8.4.3　有限元模型

选取计算坐标系为：坐标系原点取在大坝标准横剖面（坝 0+278 断面）的趾板上游端点处；顺水流方向为 X 轴正向，沿坝轴线指向右岸为 Y 轴正向，竖直向上为 Z 轴正向。

选取计算范围为：根据大坝实际布置情况，建模时模型底部取至基岩面，坝上、下游坝基长度取 1 倍覆盖层厚度（坝上游包括趾板宽度取 20m 长，坝下游取至坝下游坡脚以下 20m 长），左右坝端取至左右坝肩基岩面。以不影响计算精度为原则，建模时不考虑在面板上游底部布置的铺盖层及其盖重层。

边界条件为：坝基底部取为固定铰约束，左右坝肩侧面取为法向约束。

主要采用 8 节点等参元进行坝体单元剖分，在边界不规则处采用 6 节点等参单元和四面体单元。坝体共剖分单元 4432 个，节点 5057 个。大坝三维有限元网格见图 8.9，大坝标准横剖面（0+278）网格见图 8.10。

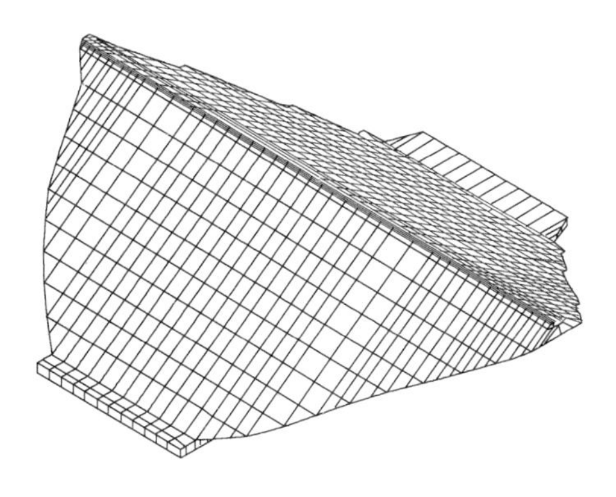

图 8.9　大坝三维有限元网格图

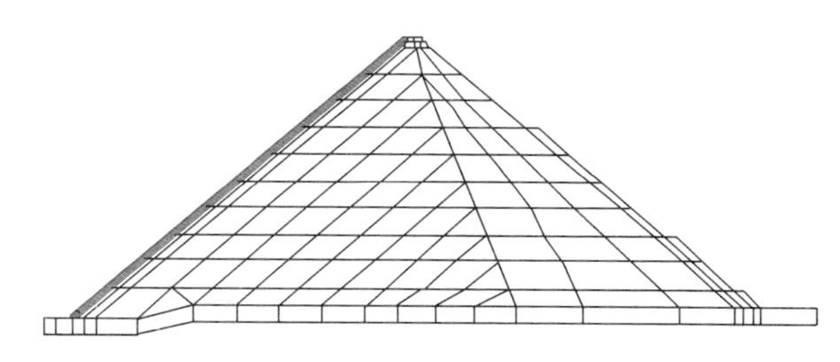

图 8.10　大坝标准横剖面（0+278）网格图

8.4.4　计算参数及计算工况

8.4.4.1　计算参数

根据有关资料，并结合工程类比，选取面板和趾板混凝土的线弹性模型计算参数见表 8.1，坝体堆石料及覆盖层的邓肯-张 $E-B$ 模型计算参数见表 8.2，Goodman 接触面单元计算参数见表 8.3，坝体堆石料最大动剪切模量系数 K_m 和指数 m_1 见表 8.4，主、次堆石料与过渡料、垫层料的 $G/G_{\max}-\gamma/\gamma_r$ 关系曲线和 $\lambda-\gamma/\gamma_r$ 关系曲线的数值化结果分别见表 8.5、表 8.6。

表 8.1　混凝土线弹性模型计算参数表[31]

材料	γ_d/(kg/m^3)	E/GPa	μ
面板、趾板混凝土	2400	20	0.167

表 8.2　坝体堆石料及覆盖层的邓肯-张 $E-B$ 模型计算参数表[10]

材料	ρ/(t/m^3)	ϕ_0/(°)	R_f	K	n	K_b	m	K_{ur}	n_{ur}
垫层料	2.30	57.51	0.84	1274	0.44	1260	−0.026	2548	0.44
过渡料	2.25	57.63	0.75	1153	0.38	1085	−0.089	2306	0.38
主、次堆石料	2.16	55.39	0.79	1090	0.33	965	−0.211	2180	0.33
覆盖层	2.16	49.00	0.80	820	0.40	430	0.250	1640	0.40

表 8.3　Goodman 接触面单元计算参数表[19]

接触面	δ_s/(°)	C_s/MPa	R_{fs}	K_s	n_s
面板与垫层之间接触面	36.0	0	0.75	4800	0.56

表 8.4　　坝体堆石料最大动剪切模量系数 K_m 和指数 m_1[10,19]

堆石料	K_m	m_1
垫层料	3662.6	0.464
过渡料	3950.4	0.457
主堆石料	3815.6	0.424
次堆石料	2348.4	0.416

表 8.5　主、次堆石料 $G/G_{max}-\gamma/\gamma_r$ 关系曲线和 $\lambda-\gamma/\gamma_r$ 关系曲线的数值化结果[10]

γ/γ_r	$Kc=1.5$		$Kc=2.5$	
	G/G_{max}	λ/%	G/G_{max}	λ/%
3×10^{-3}	1.000	0.1	1.000	0.1
6×10^{-3}	0.987	0.2	0.995	0.2
1×10^{-2}	0.945	0.8	0.990	0.3
2×10^{-2}	0.844	1.2	0.995	0.2
4×10^{-2}	0.747	2.2	0.845	1.4
7×10^{-2}	0.645	3.8	0.718	2.3
1×10^{-1}	0.562	4.4	0.653	3.1
2×10^{-1}	0.463	7.0	0.541	5.0
4×10^{-1}	0.385	8.9	0.452	7.2
7×10^{-1}	0.312	11.0	0.380	8.4
1	0.274	12.0	0.340	9.2
2	0.191	13.4	0.245	11.2

表 8.6　过渡料、垫层料 $G/G_{max}-\gamma/\gamma_r$ 关系曲线和 $\lambda-\gamma/\gamma_r$ 关系曲线的数值化结果[10]

γ/γ_r	过渡料		垫层料	
	$Kc=2.0$		$Kc=2.0$	
	G/G_{max}	λ/%	G/G_{max}	λ/%
3×10^{-3}	1.000	0.1	1.000	0.1
6×10^{-3}	0.998	0.1	0.997	0.1
1×10^{-2}	0.993	0.4	0.992	0.4
2×10^{-2}	0.970	1.4	0.976	1.1
4×10^{-2}	0.910	2.5	0.903	2.3
7×10^{-2}	0.837	3.3	0.818	3.4
1×10^{-1}	0.785	4.2	0.740	4.6
2×10^{-1}	0.616	6.5	0.585	5.6
4×10^{-1}	0.510	8.5	0.480	7.4
7×10^{-1}	0.427	9.4	0.377	9.0
1	0.385	10.3	0.340	10.2
2	0.320	12.1	0.268	12.2

紫坪铺大坝坝址场地地震基本烈度为Ⅷ度，抗震设计时采用的基岩水平峰值加速度为0.26g[30]。“5.12”汶川地震时，未能测得大坝坝址基岩峰值加速度的实时值，但根据安装在大坝坝顶地震加速度仪测得的峰值加速度推算，估计坝址基岩水平峰值加速度可能在0.5g以上，地震烈度达Ⅸ度，超过大坝设防烈度[29,33]。

结合上述情况，并根据时程分析方法中地震波选取的基本原则[17,34]，本次计算拟采用坝址基岩水平峰值加速度为0.4g。计算时同时输入水平顺河向和竖向地震，竖向地震输入加速度值取为水平向的2/3。本次选用的输入基岩地震加速度时程曲线见图8.11，计算时间步长取0.02s。

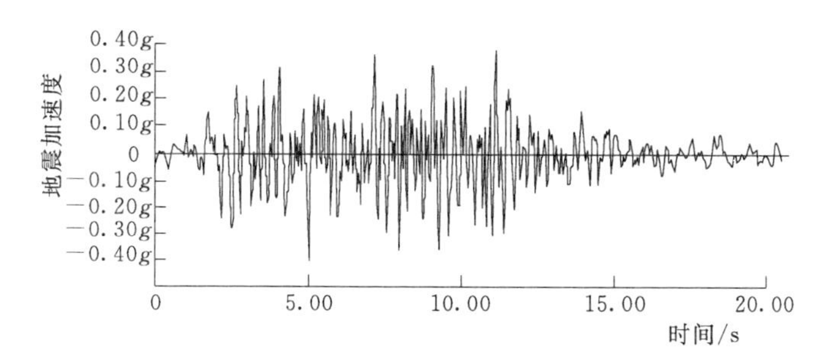

图8.11 输入基岩地震加速度时程曲线图[19]

8.4.4.2 计算工况

结合紫坪铺面板堆石坝的设计、施工及蓄水运行实际状况，拟定大坝应力变形有限元分析的计算工况如下：

(1) 大坝竣工期（以下简称“竣工期”）。模拟大坝从坝基面填筑至坝顶高程884.00m的施工过程，坝体上、下游按无水考虑。大坝堆石体填筑共按13级荷载模拟，混凝土面板浇筑按2级荷载模拟。

(2) 水库蓄水期（以下简称“蓄水期”）。模拟大坝竣工后库水从库底蓄水至正常蓄水位877.00m的蓄水过程，坝下游按无水考虑。水库蓄水过程中作用于面板的水压力按9级荷载模拟。

(3) 地震工况。模拟大坝遭遇如上所述地震的动力反应过程。为与大坝地震反应观测结果进行对比，坝上游水位取为“5.12”汶川地震时的坝上游实际水位826m，坝下游按无水考虑。

8.4.5 大坝应力变形静力三维有限元分析

8.4.5.1 大坝应力变形静力有限元分析的目的

按照本章前述关于坝坡稳定分析的基本原理和方法，进行大坝应力变形静力三维有限元分析的目的主要有：①根据应力变形计算结果对大坝安全状况做出初步定性评价；②基于应力水平分布状况，分析选择潜在滑动失稳断面，并在潜在滑动失稳断面上进一步选择潜在滑动面的搜索范围。

8.4.5.2 大坝应力变形静力计算结果分析

针对上述有限元模型，按照逐级加载方法，进行了上述竣工期和蓄水期两种工况的大坝应力变形静力三维非线性有限元仿真计算，获得了两种工况的大坝应力变形计算结果。

根据大坝体型特征，选取大坝桩号依次为 0＋101、0＋278（大坝标准横剖面）及 0＋490 的三个典型横剖面以及沿坝轴线大坝纵剖面作为计算结果分析的典型剖面，三个典型横剖面在沿坝轴线坝体纵剖面上的相应位置如图 8.12 所示。

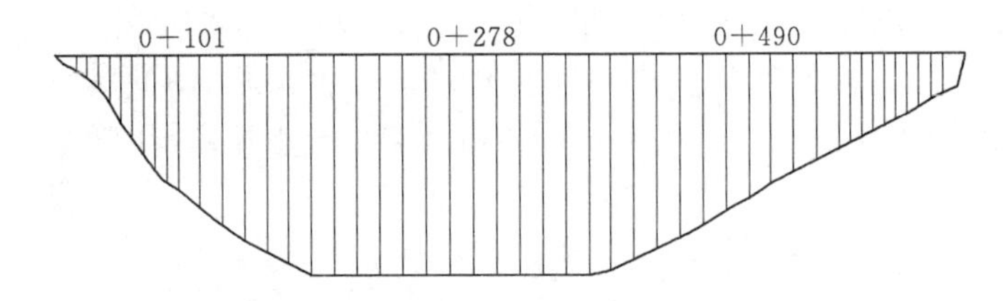

图 8.12　典型横剖面在沿坝轴线坝体纵剖面上的位置示意图

应力变形的正负号约定为：应力以拉为正，以压为负；坝体横剖面垂直位移以铅直向上为正，向下为负；坝体横剖面水平位移以向下游为正，向上游为负；坝体纵剖面沿坝轴线方向水平位移以向左岸为正，向右岸为负；面板沿坝轴线方向水平位移以向右岸为正，向左岸为负；面板挠度以沿面板法向并指向坝内为正。

坝体和面板在竣工期和蓄水期的应力变形主要计算结果见表 8.7。

表 8.7　坝体和面板在竣工期和蓄水期的应力变形主要计算结果

典型横剖面		0＋278 剖面		0＋101 剖面		0＋490 剖面	
计算工况		竣工期	蓄水期	竣工期	蓄水期	竣工期	蓄水期
堆石体位移最大值/cm	垂直位移	62.8	64.3	55.1	57.3	52.2	55.4
	向上游水平位移	15.1	3.0	10.2	2.2	9.7	3.1
	向下游水平位移	13.2	18.4	14.4	18.1	13.4	16.2
堆石体主应力最大值/MPa	大主应力 σ_1	2.81	3.01	1.99	2.11	1.09	1.22
	小主应力 σ_3	1.20	1.24	0.44	0.44	0.20	0.24
蓄水期面板位移最大值/cm	挠度	42.80					
	沿坝轴线水平位移	8.30（向左岸），7.86（向右岸）					
蓄水期面板应力最大值/MPa	沿坝轴线方向应力	8.52（压应力），0.52（拉应力）					
	顺坝坡方向应力	7.20（压应力），0（拉应力）					

1. 坝体应力变形计算结果分析

计算结果表明，竣工期和蓄水期坝体在上述三个典型横剖面上的应力变形分布规律基本相同，只是量值有所不同。以 0＋278 横剖面及坝体纵剖面为例，竣工期和蓄水期坝体的应力变形计算结果见图 8.13～图 8.22。

根据表 8.7，并结合图 8.13～图 8.17 可以看出，竣工期坝体的最大垂直位移为 62.8cm，约占坝高的 0.40%，发生在约 1/2 处的次堆石区内；向上游的水平位移最大值为 15.1cm，发生在约 1/3 坝高处的上游坝坡附近；向下游的水平位移最大值为 13.2cm，发生在约 1/2～2/3 坝高处的次堆石区内；在坝体纵剖面上，坝体沿坝轴线方向水平位移

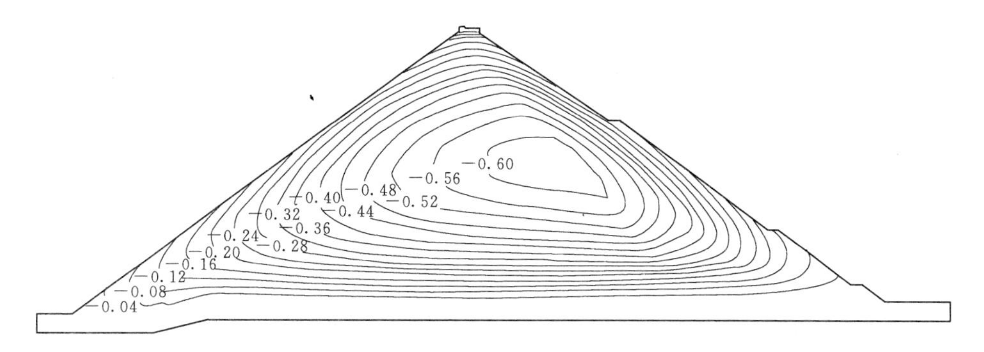

图 8.13　竣工期坝体 0+278 横剖面垂直位移等值线图（单位：m）

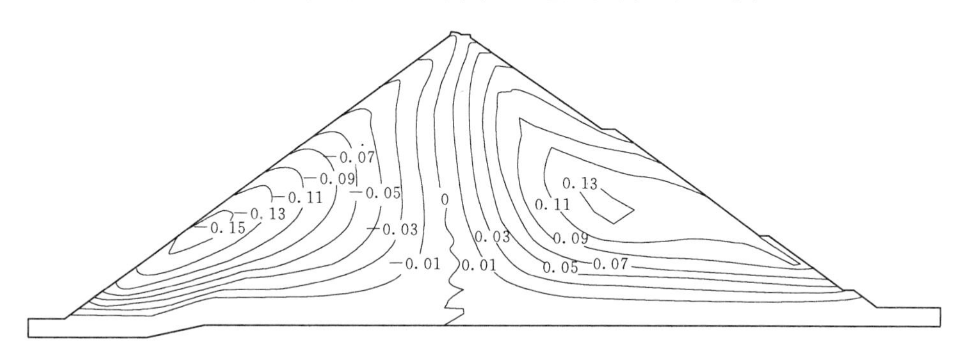

图 8.14　竣工期坝体 0+278 横剖面水平位移等值线图（单位：m）

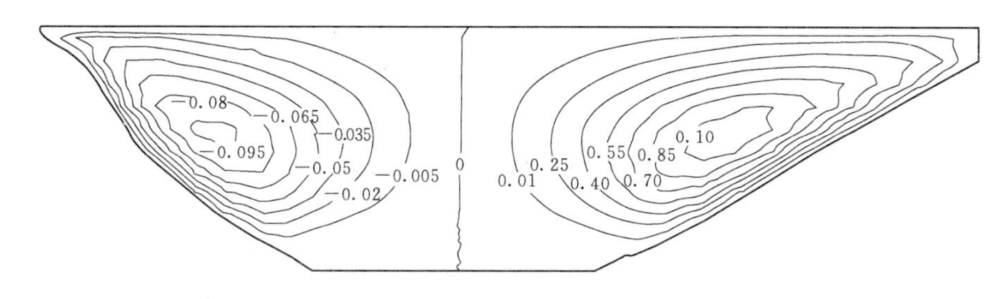

图 8.15　竣工期坝体纵剖面沿坝轴线方向水平位移等值线图（单位：m）

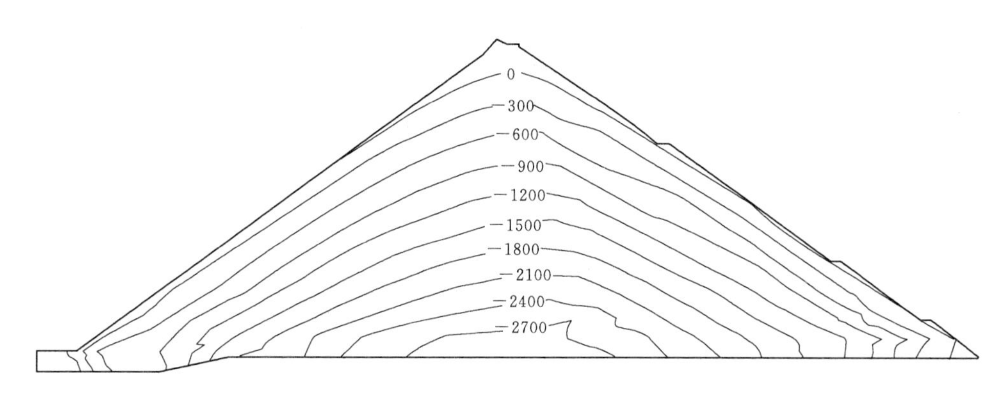

图 8.16　竣工期坝体 0+278 横剖面大主应力等值线图（单位：kPa）

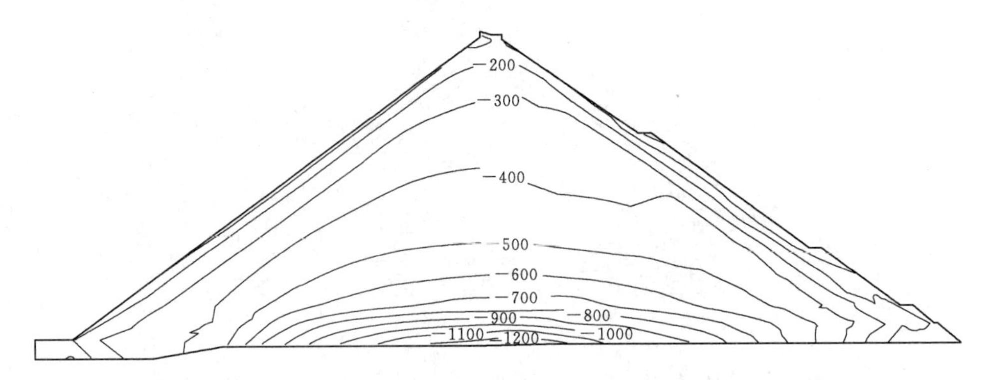

图 8.17　竣工期坝体 0+278 横剖面小主应力等值线图（单位：kPa）

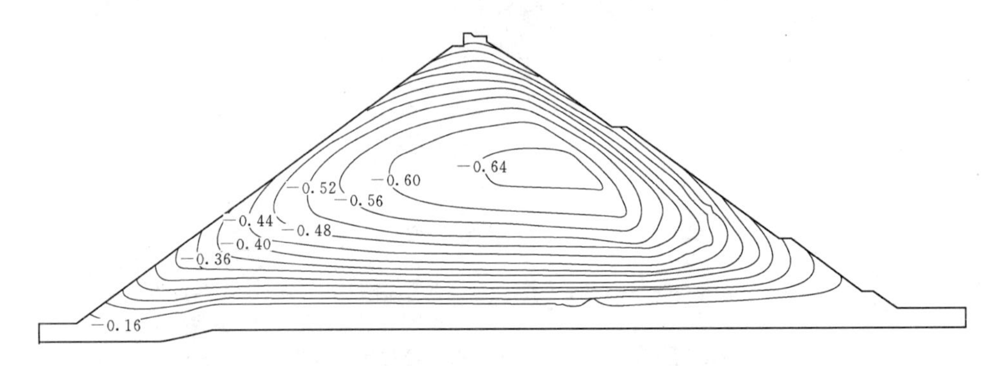

图 8.18　蓄水期坝体 0+278 横剖面垂直位移等值线图（单位：m）

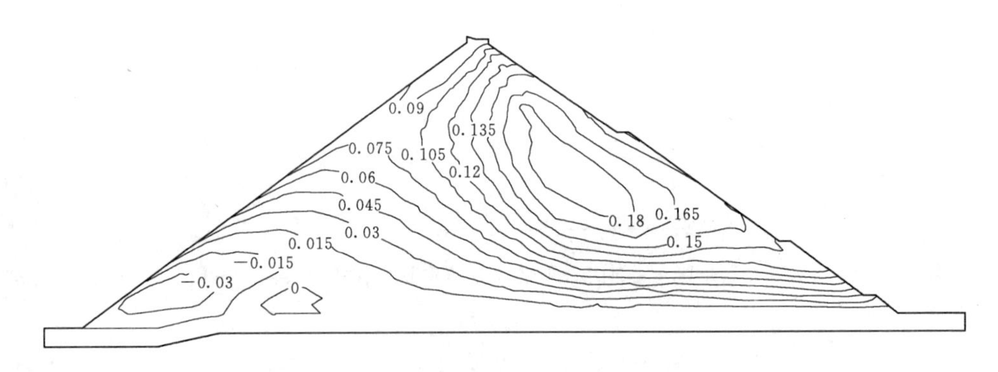

图 8.19　蓄水期坝体 0+278 横剖面水平位移等值线图（单位：m）

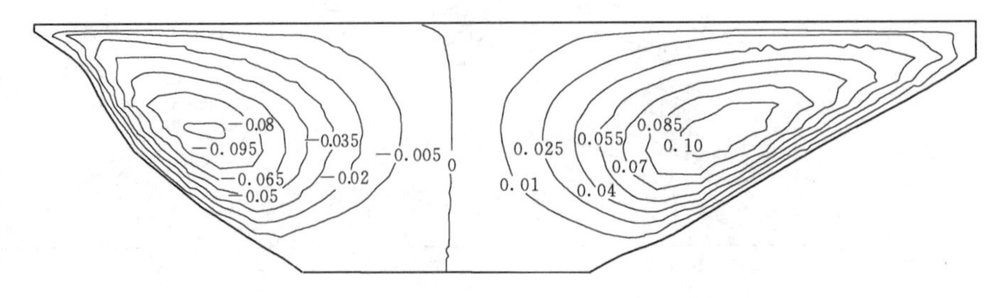

图 8.20　蓄水期坝体纵剖面沿坝轴线方向水平位移等值线图（单位：m）

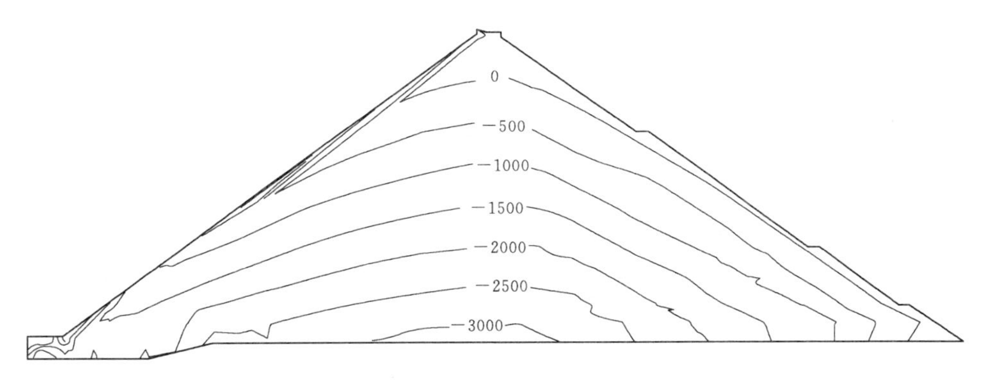

图 8.21 蓄水期坝体 0+278 横剖面大主应力等值线图（单位：kPa）

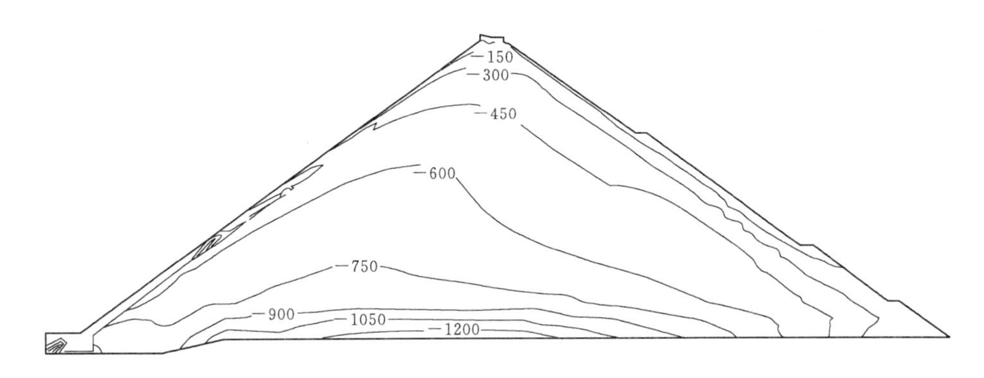

图 8.22 蓄水期坝体 0+278 横剖面小主应力等值线图（单位：kPa）

基本上呈对称分布，从左岸指向右岸的水平位移最大值为 10.2cm，发生在约 1/2 坝高处的左岸坡附近，从右岸指向左岸的水平位移最大值为 9.7cm，发生在约 1/2 坝高处的右岸坡附近；坝体大主应力、小主应力最大值均位于坝轴线附近的坝体底部，且均为压应力，大主应力最大值为 2.81MPa，小主应力最大值为 1.20MPa。

根据表 8.7，并结合图 8.18～图 8.22 可以看出，与竣工期相比较，蓄水期坝体位移分布变化明显，坝体应力分布变化较小；蓄水期坝体最大垂直位移为 64.3cm，发生在约 1/2～2/3 坝高处的次堆石区内；向上游的水平位移最大值为 3.0cm，发生在上游坝坡坡底附近；向下游的水平位移最大值为 18.4cm，发生在约 1/2 坝高处的次堆石区内；在坝体纵剖面上，坝体沿坝轴线方向水平位移基本上呈对称分布，从左岸指向右岸的水平位移最大值为 10.3cm，发生在约 1/2 坝高处的左岸坡附近，从右岸指向左岸的水平位移最大值为 9.6cm，发生在约 1/2 坝高处的右岸坡附近；坝体大主应力、小主应力最大值均位于坝轴线附近的坝体底部，且均为压应力，大主应力最大值为 3.01MPa，小主应力最大值为 1.24MPa。

2. 面板应力变形计算结果分析

计算结果表明，竣工期和蓄水期面板的应力变形分布规律基本相同，但由于于水压力的作用，致使蓄水期面板的应力变形值一般均比竣工期有所增大而已。以蓄水期为例，面板的应力变形计算结果见图 8.23～图 8.26（图中，左侧为坝右端，右侧为坝左端）。

根据表 8.7，结合图 8.23 可以看出，蓄水期面板的最大挠度（挠曲变形）为

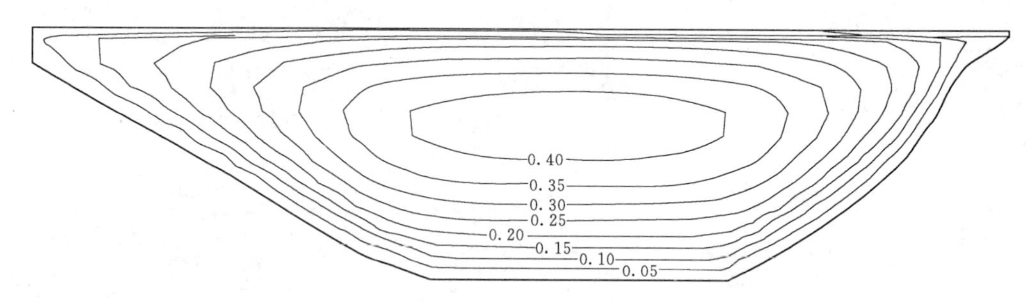

图 8.23　蓄水期面板挠度等值线图（单位：m）

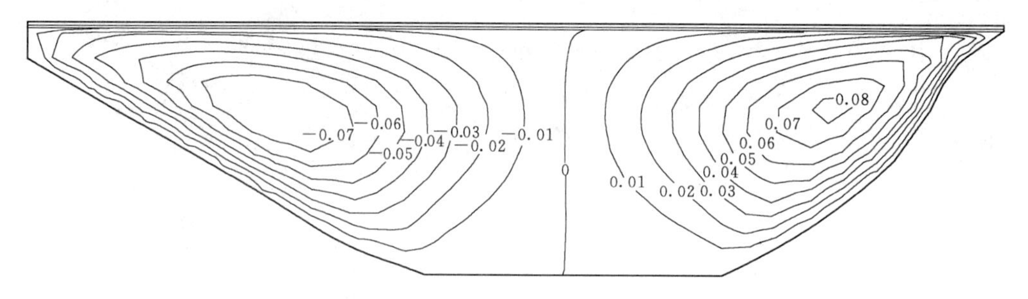

图 8.24　蓄水期面板沿坝轴线方向水平位移等值线图（单位：m）

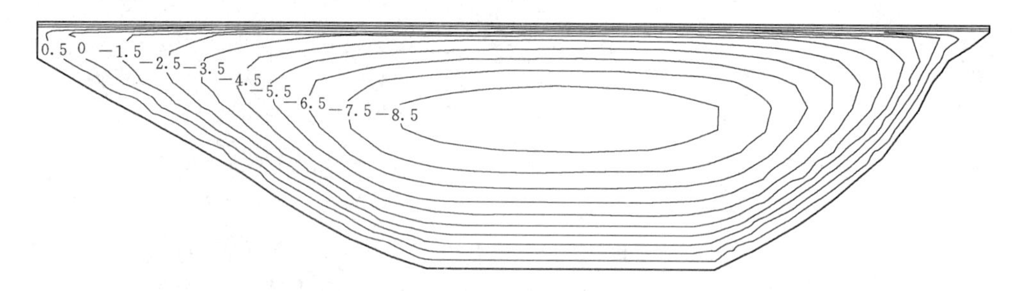

图 8.25　蓄水期面板沿坝轴线方向应力等值线图（单位：MPa）

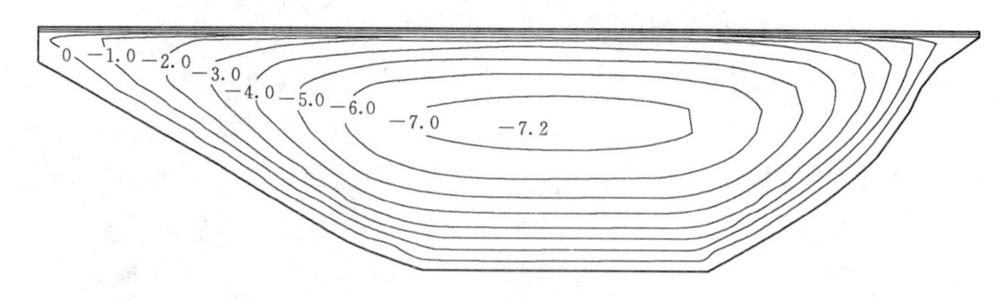

图 8.26　蓄水期面板顺坝坡方向应力等值线图（单位：MPa）

42.8cm，发生在河床坝段面板的约 2/3 坝高处；结合图 8.24 可以看出，蓄水期面板沿坝轴线方向指向右岸的水平位移最大值为 7.86cm，发生在约 2/3 坝高处的左岸坡附近，指向左岸的水平位移最大值为 8.3cm，发生在约 2/3 坝高处的右岸坡附近；结合图 8.25 可以看出，蓄水期面板沿坝轴线方向应力以压应力为主，最大压应力为 8.52MPa，发生在河床坝段面板的约 2/3 坝高处，面板周边小范围区域沿坝轴线方向产生了拉应力，最大拉

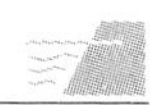

应力为0.52MPa，发生在左岸坡约1/2～2/3坝高处；结合图8.26可以看出，蓄水期面板顺坝坡方向应力均为压应力，最大压应力为7.20MPa，发生在河床坝段面板的约1/2～2/3坝高处。

8.4.5.3 大坝安全状况的初步定性评价

根据上述关于坝体和面板的应力变形分析结果，竣工期和蓄水期坝体和面板的变形及应力均相对较小，初步判断在静力荷载作用下大坝是安全的。

8.4.5.4 潜在滑动失稳断面的选择

根据上述竣工期和蓄水期的坝体应力计算结果，通过自定义应力水平变量，可计算得到坝体各单元的应力水平，进而得到坝体的应力水平场计算结果。坝体应力水平场计算结果表明，在竣工期和蓄水期两种工况下，坝体大部分区域的应力水平均小于0.5。与竣工期相比较，蓄水期河床坝段大部分区域的应力水平略有降低，而靠近两岸坝肩的部分坝体区域的应力水平则略有增大。其中，在竣工期和蓄水期两种工况下，0+150、0+250、0+278（大坝标准横剖面）、0+350、0+450及0+550共6个典型横剖面的应力水平最大值见表8.8。

表8.8　各典型横剖面的应力水平最大值

典型横剖面	0+150剖面		0+250剖面		0+278剖面	
工况	竣工期	蓄水期	竣工期	蓄水期	竣工期	蓄水期
应力水平最大值	0.55	0.57	0.52	0.48	0.64	0.62
最大值发生位置（高程/m）	下游坡脚附近（864.00）	下游坡脚附近（866.00）	上游坡脚附近（835.00）	下游坡面附近（835.00）	下游坡面附近（839.00）	下游坡面附近（837.00）
典型横剖面	0+350剖面		0+450剖面		0+550剖面	
工况	竣工期	蓄水期	竣工期	蓄水期	竣工期	蓄水期
应力水平最大值	0.50	0.48	0.57	0.61	0.45	0.48
最大值发生位置（高程/m）	下游坡面附近（840）	下游坡脚附近（790）	下游坡面附近（845）	下游坡面附近（848）	上游坡脚附近（855）	下游坡面附近（866）

按照本章前述关于潜在滑动失稳断面选择的原则，应选取应力水平最大值大于0.5且应力水平最大值发生在靠近上游或下游坝坡附近的坝体横剖面作为潜在滑动失稳断面。为此，经综合比较坝体各横剖面的应力水平分布状况，基于上述原则，选择0+150、0+278和0+450三个横剖面作为大坝潜在滑动失稳断面。

8.4.5.5 潜在滑动失稳断面上潜在滑动面搜索范围的选择

蓄水期坝体0+150、0+278和0+450三个横剖面的应力水平分布状况见图8.27～图8.29。

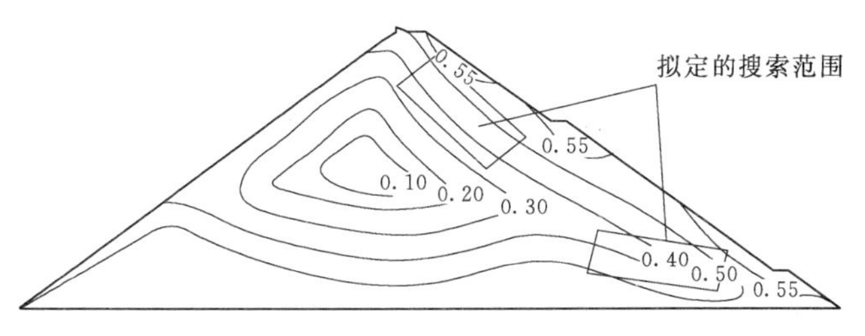

图8.27　蓄水期坝体0+150横剖面应力水平等值线图

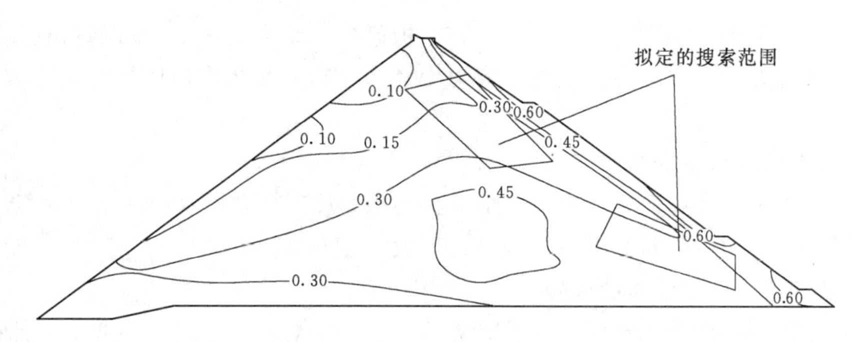

图 8.28　蓄水期坝体 0+278 横剖面应力水平等值线图

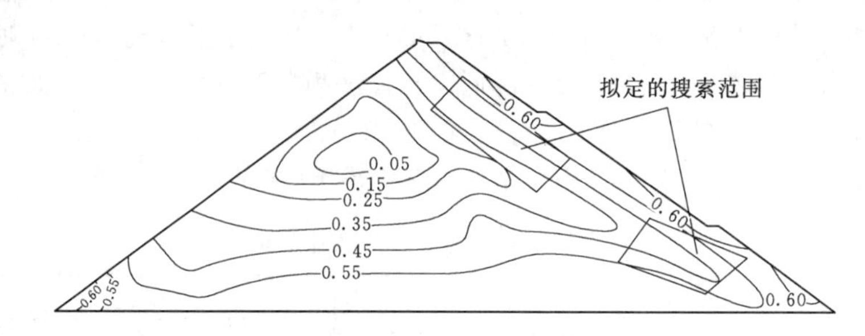

图 8.29　蓄水期坝体 0+450 横剖面应力水平等值线图

从图 8.27～图 8.29 可以看出，蓄水期坝体 0+150、0+278 和 0+450 三个横剖面均在下游坝坡附近出现了应力水平大于 0.5 的区域。按照本章前述关于在潜在滑动失稳断面上选择潜在滑动面搜索范围的思路和方法，在坝体 0+150、0+278 和 0+450 三个横剖面上分别拟定潜在滑动面的搜索范围，拟定结果分别见图 8.27～图 8.29。

8.4.6　大坝应力变形动力三维有限元分析

8.4.6.1　大坝应力变形动力有限元分析的目的

按照本章前述关于坝坡稳定分析的基本原理和方法，进行大坝应力变形动力三维有限元分析的主要目的是：基于地震工况的大坝应力变形计算结果，在上述根据静力计算结果所选择的潜在滑动失稳断面上，进一步分析选择地震工况潜在滑动面的搜索范围。

8.4.6.2　大坝应力变形动力计算结果分析

针对上述有限元模型，进行了地震工况的大坝应力变形动力三维有限元计算，获得了地震工况大坝应力变形的动力有限元计算结果。

除面板沿坝轴线方向及顺坝坡方向的应力改为以压为正、以拉为负外，坝体及面板各向位移的正负号约定同 8.4.5 节。

大坝动力三维有限元计算的主要结果见表 8.9。

在大坝标准横剖面（0+278）上选取用于进行坝体计算结果分析的典型结点和单元如图 8.30 所示。

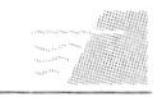

表 8.9　　大坝动力三维有限元计算的主要结果

<table>
<tr><td colspan="5">坝体动力反应</td></tr>
<tr><td colspan="2">坝体典型横剖面</td><td>0+101 剖面</td><td>0+278 剖面</td><td>0+490 剖面</td></tr>
<tr><td rowspan="2">坝体动力反应最大加速度/(m/s²)(放大倍数)</td><td>顺河向</td><td>6.15 (1.57)</td><td>9.92 (2.53)</td><td>4.63 (1.18)</td></tr>
<tr><td>竖向</td><td>5.68 (1.45)</td><td>6.36 (1.62)</td><td>4.58 (1.17)</td></tr>
<tr><td colspan="2">坝体最大动剪应力/MPa</td><td>0.62</td><td>0.80</td><td>0.53</td></tr>
<tr><td colspan="5">面板动力反应</td></tr>
<tr><td rowspan="3">面板动应力最大值/MPa</td><td></td><td colspan="2">压应力</td><td>拉应力</td></tr>
<tr><td>沿坝轴线方向应力</td><td colspan="2">6.0</td><td>2.0</td></tr>
<tr><td>顺坝坡方向应力</td><td colspan="2">6.5</td><td>1.0</td></tr>
<tr><td rowspan="2">面板动位移最大值/cm</td><td>挠度</td><td colspan="3">47.0</td></tr>
<tr><td>沿坝轴线水平位移</td><td colspan="3">8.26(向左岸),9.14(向右岸)</td></tr>
</table>

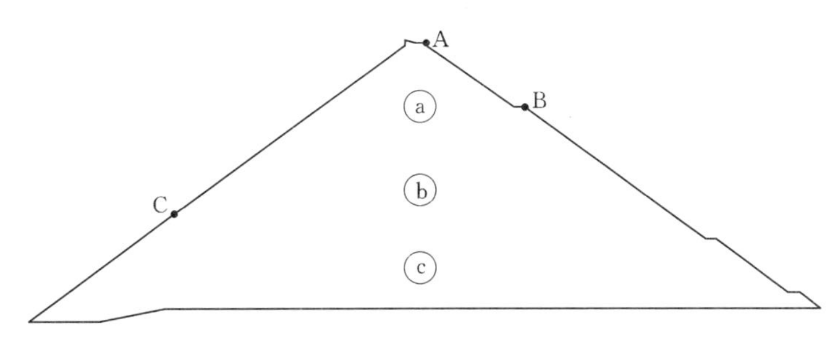

图 8.30　典型结点和单元位置示意图

A、B、C—典型结点；ⓐ、ⓑ、ⓒ—典型单元

1. 坝体加速度反应计算结果分析

大坝标准横剖面（0+278）上典型结点 A、B、C 处的顺河向和竖向的加速度反应时程曲线分别见图 8.31～图 8.33，坝体 0+101、0+278 和 0+490 横剖面的顺河向和竖向的最大加速度反应分布情况分别见图 8.34～图 8.39。

根据表 8.9，并结合图 8.31～图 8.39 可以看出，坝体加速度反应在顺河向较为强烈，而竖向则相对较弱；顺河向加速度反应在河床坝段相对较大；竖向加速度反应在下游坝坡相对较大。坝体顺河向最大加速度为 9.92m/s^2，最大加速度放大倍数为 2.53；竖向最大加速度为 6.36m/s^2，最大加速度放大倍数为 1.62；顺河向和竖向最大加速度均发生在坝体 0+278 横剖面的下游坝坡靠近坝顶处。计算结果表明，坝顶及下游坝坡靠近坝顶区域的加速度反应较大，存在在地震作用下上述区域局部堆石松动、滑落的可能性，所以有必要进行坝坡尤其是下游坝坡的地震稳定分析。

2. 坝体动应力计算结果分析

大坝标准横剖面（0+278）上典型单元ⓐ、ⓑ、ⓒ的动剪应力时程曲线分别见图 8.40～图 8.42，坝体 0+101、0+278 和 0+490 横剖面的最大动剪应力分布情况分别见图 8.43～图 8.45。

根据表 8.9，结合图 8.40～图 8.45 可以看出，坝体最大动剪应力为 800.3kPa，发生在坝体 0+278 横剖面上位于坝轴线下游侧的约 1/6 坝高处，即典型单元ⓒ处。

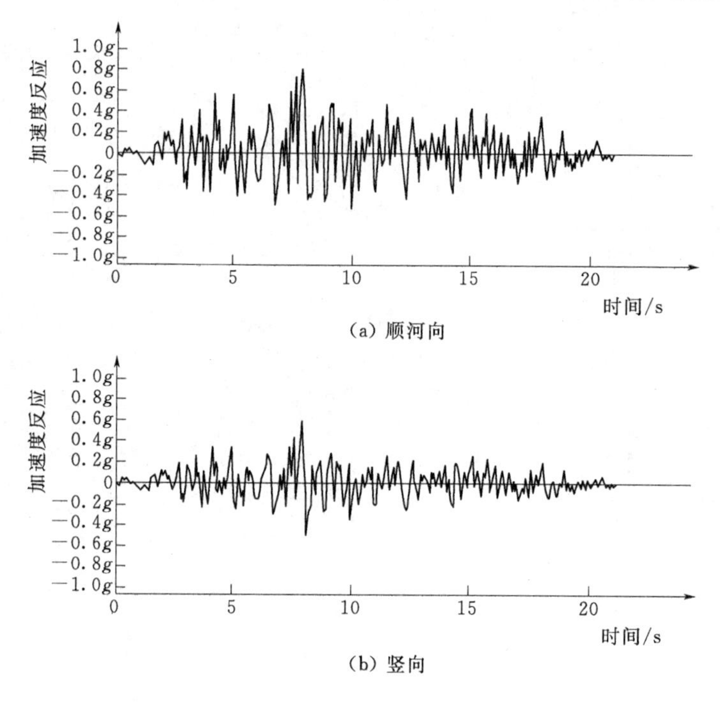

(a) 顺河向

(b) 竖向

图 8.31　典型结点 A 的加速度反应时程曲线

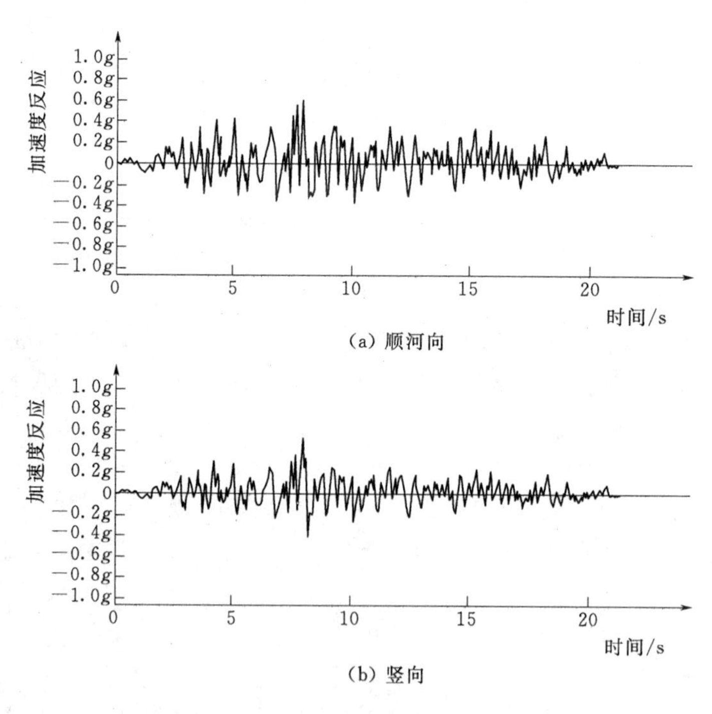

(a) 顺河向

(b) 竖向

图 8.32　典型结点 B 的加速度反应时程曲线

3. 面板动应力变形计算结果分析

面板地震应力变形计算结果见图 8.46～图 8.49（图中，左侧为坝右端，右侧为坝左端）。

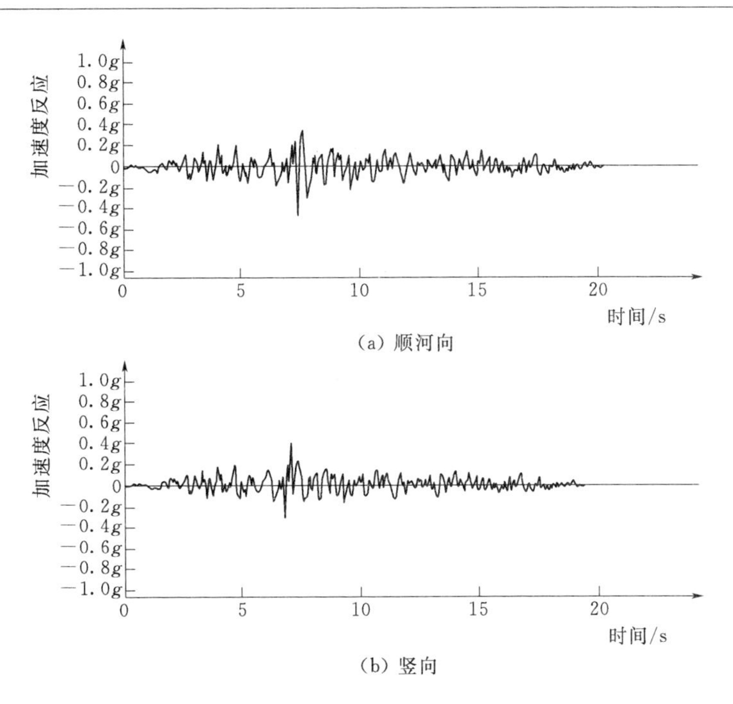

图 8.33 典型结点 C 的加速度反应时程曲线

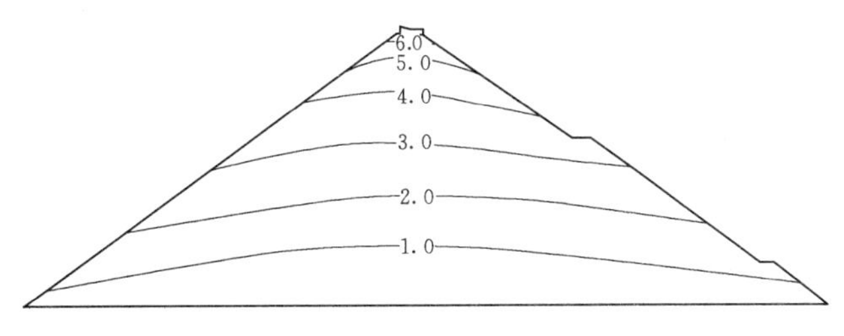

图 8.34 坝体 0+101 横剖面顺河向最大加速度反应等值线图（单位：m/s²）

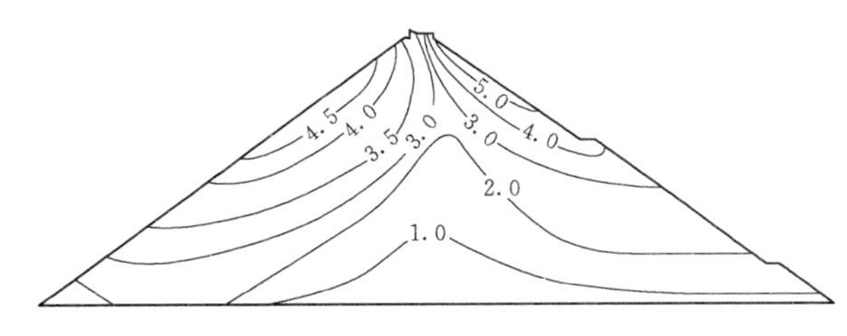

图 8.35 坝体 0+101 横剖面竖向最大加速度反应等值线图（单位：m/s²）

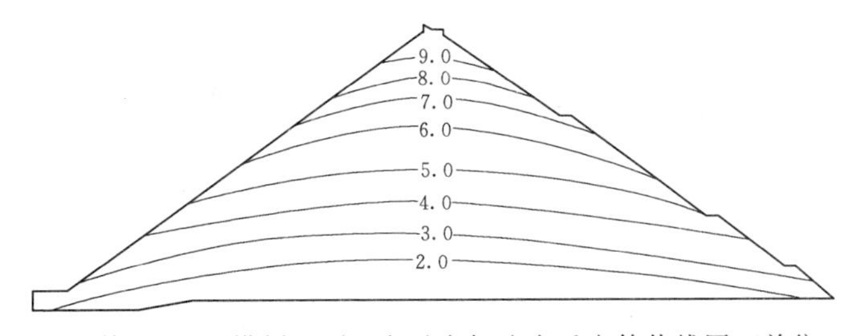

图 8.36 坝体 0+278 横剖面顺河向最大加速度反应等值线图（单位：m/s²）

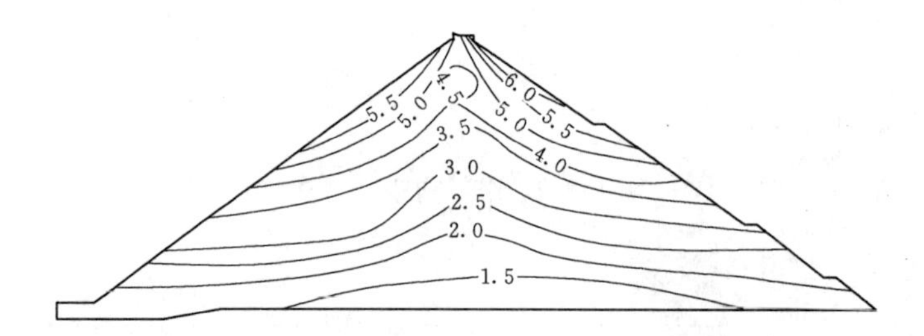

图 8.37　坝体 0+278 横剖面竖向最大加速度反应等值线图（单位：m/s^2）

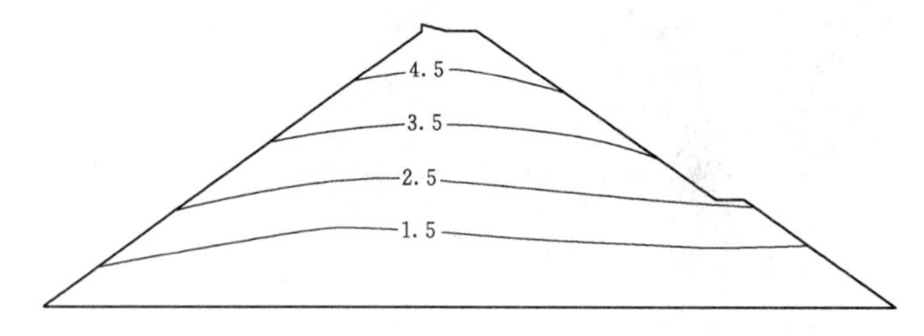

图 8.38　坝体 0+490 横剖面顺河向最大加速度反应等值线图（单位：m/s^2）

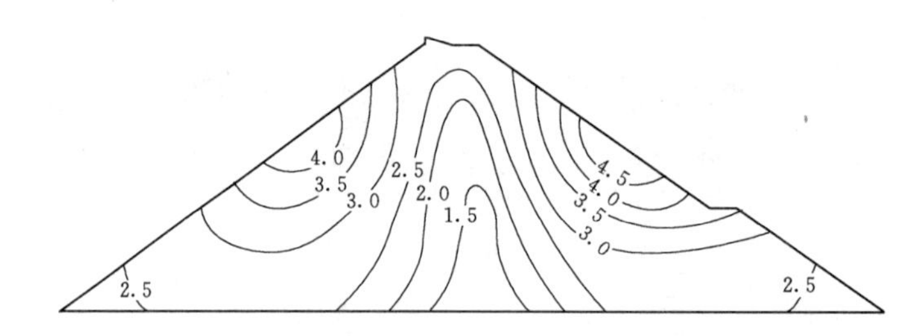

图 8.39　坝体 0+490 横剖面竖向最大加速度反应等值线图（单位：m/s^2）

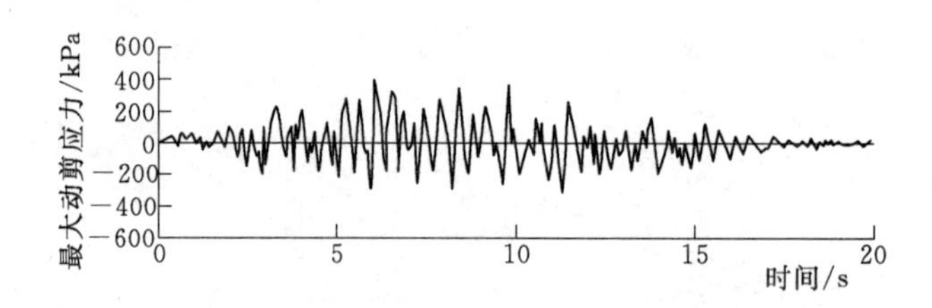

图 8.40　典型单元ⓐ动剪应力时程曲线图

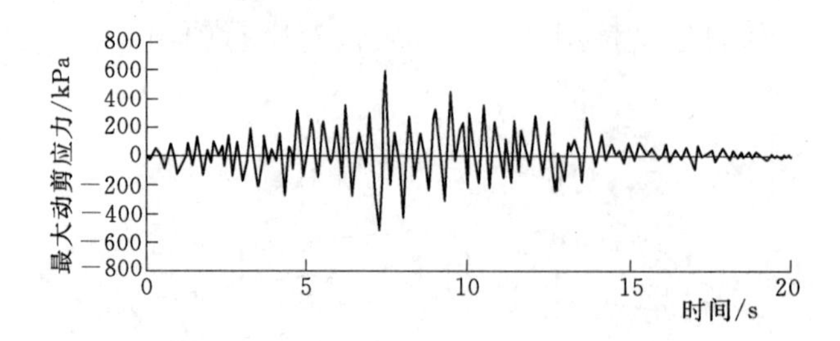

图 8.41　典型单元ⓑ动剪应力时程曲线图

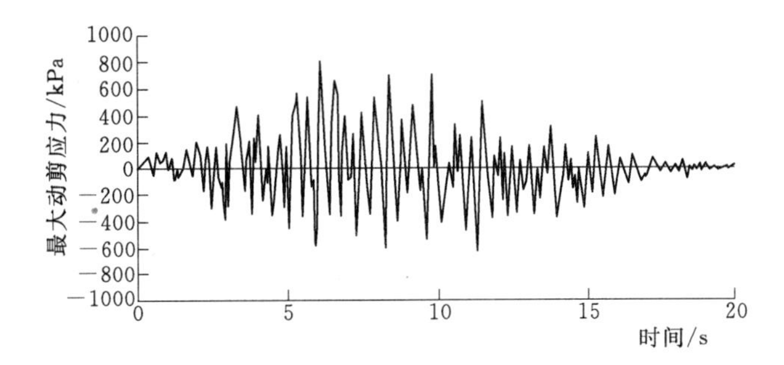

图 8.42 典型单元ⓒ动剪应力时程曲线图

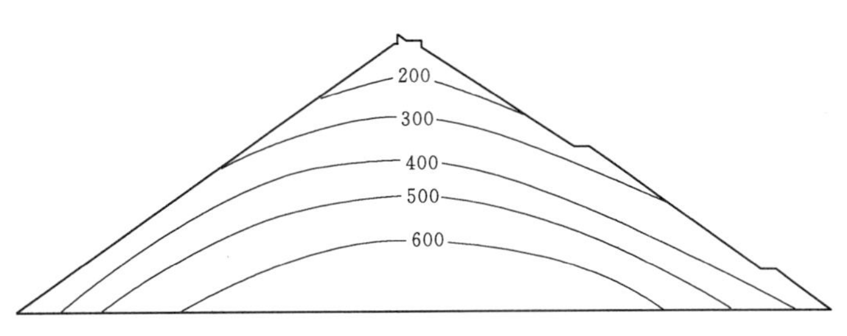

图 8.43 坝体 0+101 横剖面最大动剪应力等值线图（单位：kPa）

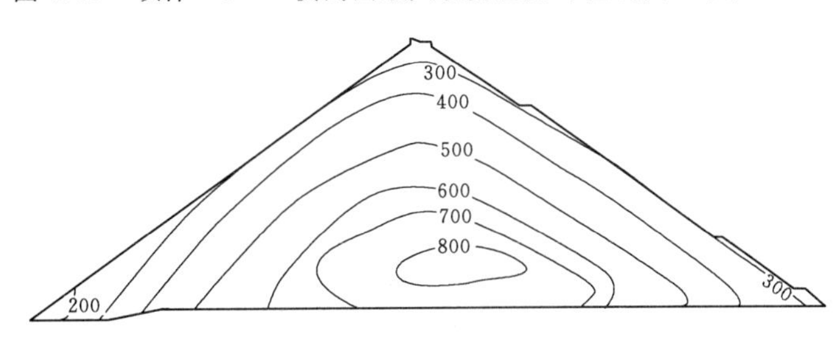

图 8.44 坝体 0+278 横剖面最大动剪应力等值线图（单位：kPa）

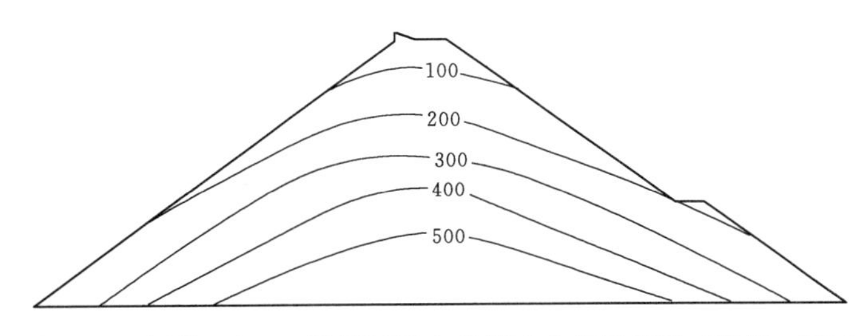

图 8.45 坝体 0+490 横剖面最大动剪应力等值线图（单位：kPa）

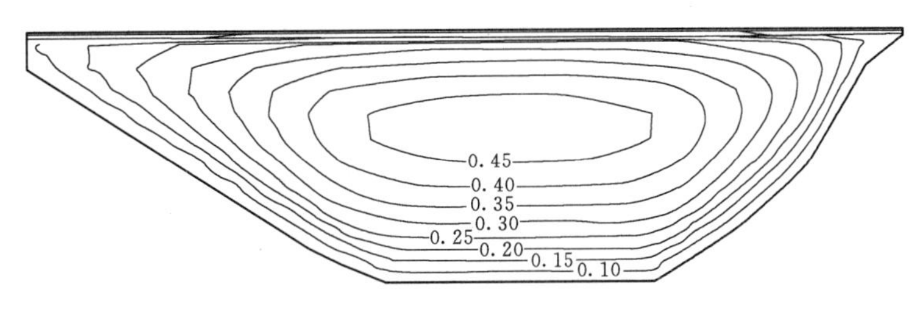

图 8.46 地震引起的面板挠度等值线图（单位：m）

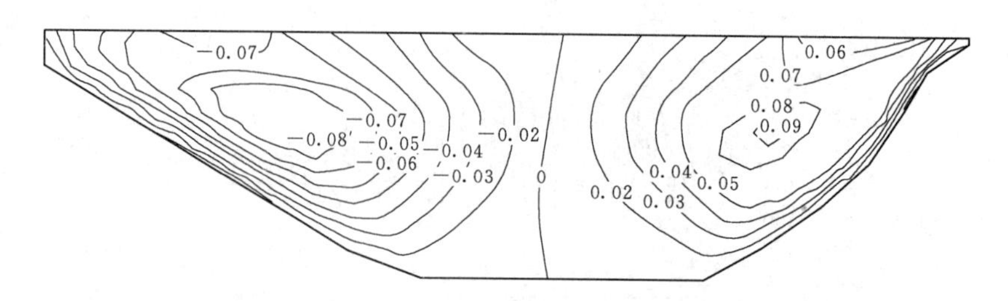

图 8.47　地震引起的面板沿坝轴线方向水平位移等值线图（单位：m）

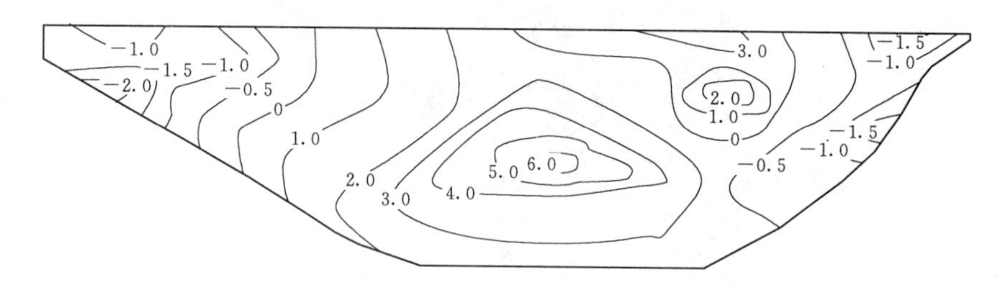

图 8.48　地震引起的面板沿坝轴线方向应力等值线图（单位：MPa）

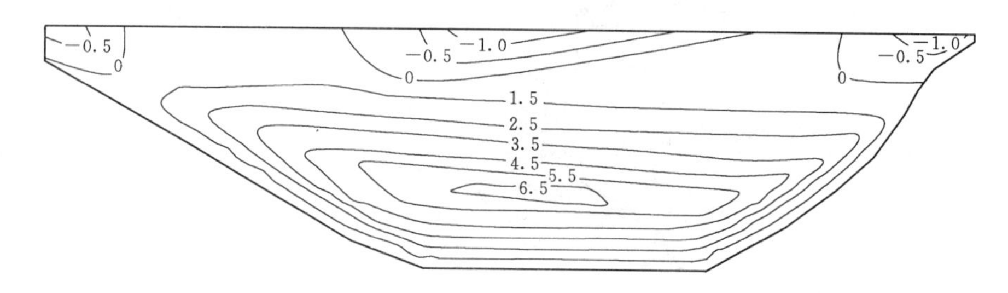

图 8.49　地震引起的面板顺坝坡方向应力等值线图（单位：MPa）

根据表 8.9，结合图 8.46 可以看出，地震引起的面板最大挠度为 47cm，发生在河床坝段面板的约 2/3 坝高处；结合图 8.47 可以看出，地震引起的面板沿坝轴线方向指向右岸的水平位移最大值约为 9.14cm，发生在约 2/3 坝高处的左岸坡附近，指向左岸的水平位移最大值约为 8.26cm，发生在约 2/3 坝高处的右岸坡附近。

根据表 8.9，结合图 8.48 可以看出，地震引起的面板沿坝轴线方向应力除左右坝端局部区域出现拉应力外，其余大部分区域仍为压应力，最大压应力为 6.0MPa，发生在河床坝段面板的约 1/2 坝高处，最大拉应力为 2.0MPa，发生在右坝肩上部；结合图 8.49 可以看出，地震引起的面板顺坝坡方向应力在面板中下部区域均为压应力，在河床坝段及左右坝端附近的面板顶部出现局部拉应力区，最大压应力为 6.5MPa，发生在河床坝段面板的约 1/3 坝高处，最大拉应力 1.0MPa，发生在河床坝段及左坝端附近的面板顶部。

8.4.6.3　地震工况下潜在滑动失稳断面上潜在滑动面搜索范围的选择

基于地震工况的上述大坝应力变形计算结果，在根据静力计算结果所选择的潜在滑动失稳断面（0+150、0+278 和 0+450）上，进一步分析选择地震工况潜在滑动面的搜索范围。地震工况下坝体 0+150、0+278 和 0+450 三个横剖面的应力水平最大值分布状况见图 8.50～图 8.52。

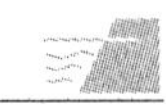

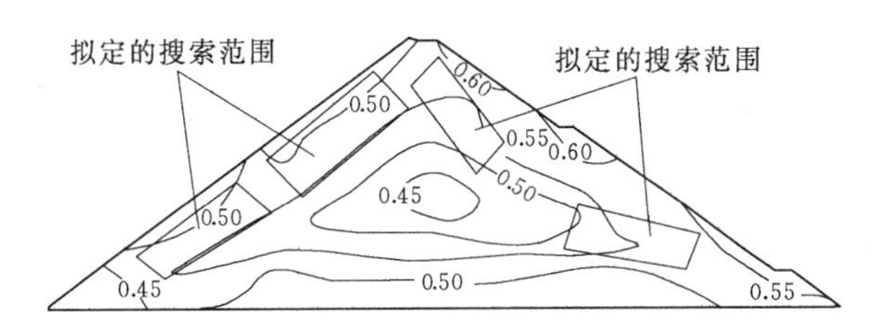

图 8.50 地震工况下坝体 0+150 横剖面应力水平最大值等值线图

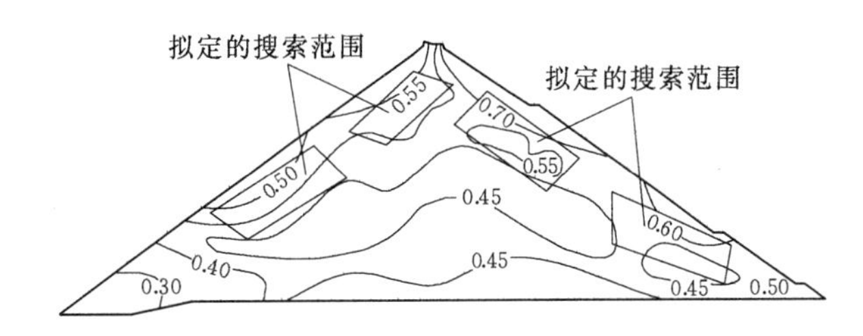

图 8.51 地震工况下坝体 0+278 横剖面应力水平最大值等值线图

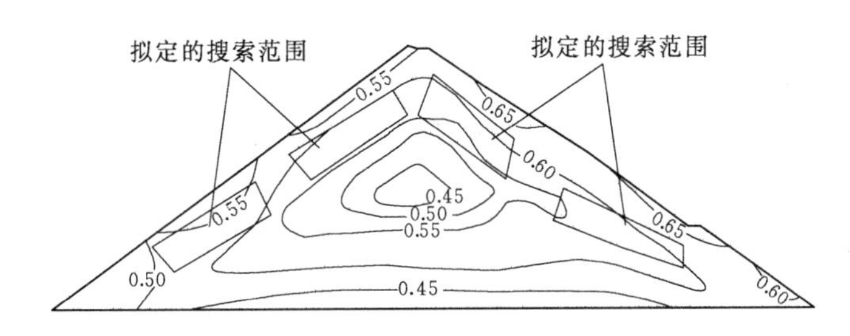

图 8.52 地震工况下坝体 0+450 横剖面应力水平最大值等值线图

从图 8.50～图 8.52 可以看出，在地震工况下，坝体 0+150、0+278 和 0+450 三个横剖面的上、下游坝坡附近均出现了应力水平大于 0.5 的区域，其中，就应力水平大于 0.5 的区域范围及应力水平最大值而言，各横剖面的下游坝坡均大于上游坝坡。按照本章前述关于在潜在滑动失稳断面上选择潜在滑动面搜索范围的思路和方法，在坝体 0+150、0+278 和 0+450 三个横剖面上的上、下游坝坡附近，分别拟定潜在滑动面的搜索范围，拟定结果分别见图 8.50～图 8.52。

8.4.7 坝坡稳定有限元分析

8.4.7.1 计算工况

结合紫坪铺面板堆石坝的实际施工及运行状况，拟定坝坡稳定有限元分析的计算工况如下：

(1) 大坝竣工期（以下简称“竣工期”）。坝体上、下游按无水考虑，进行上、下游坝坡稳定分析。

(2) 大坝稳定渗流期（以下简称“稳定渗流期”）。坝上游水位为正常蓄水位 877.00m，坝下游按无水考虑，进行下游坝坡稳定分析。

(3) 正常运用遇地震（以下简称“地震工况”）。为与大坝地震反应观测结果进行对比，坝上游水位取为“5.12”汶川地震时的坝上游实际水位 826.00m，坝下游按无水考虑，进行上、下游坝坡稳定分析。

8.4.7.2　计算参数

根据有关资料，选取坝体各区材料的非线性抗剪强度指标见表 8.10。

表 8.10　坝体各区材料的非线性抗剪强度指标[10,30]

坝体材料	c/kPa	φ_0/(°)	$\Delta\varphi$/(°)
垫层料	0	57.51	10.65
过渡料	0	57.63	11.44
主堆石料	0	55.39	10.60
次堆石料	0	49.00	10.00

8.4.7.3　有限元模型

计算剖面：采用根据静力计算结果所选择的潜在滑动失稳断面，即坝体 0＋150、0＋278 和 0＋450 3 个横剖面。

选取二维计算坐标系为：在上述 3 个计算剖面上，坐标系原点均取在各个剖面的趾板上游端点处，顺水流方向均为 X 轴正向，竖直向上均为 Y 轴正向。

选取计算范围如下：上述 3 个计算剖面的计算范围均按照各断面的几何尺寸进行选取。

边界条件为：坝基底部取为固定铰约束。

坝体及坝基主要采用 8 结点四边形等参元进行各计算断面的单元剖分，在边界不规则处采用 6 结点三角形等参元进行填充。

以坝体标准横剖面（0＋278）为例，共剖分单元 436 个，结点 473 个，剖分网格见图 8.53。

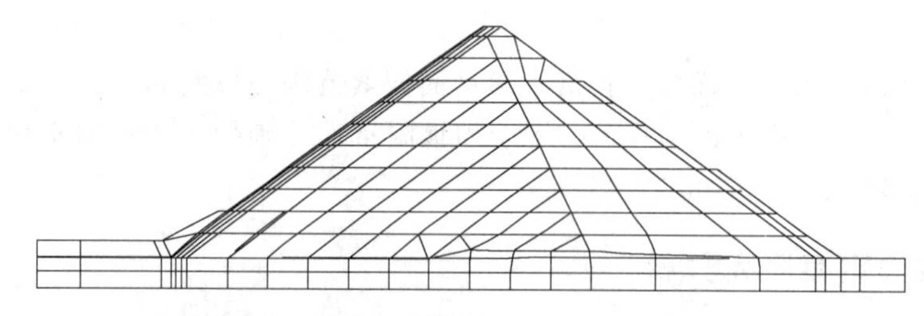

图 8.53　坝体标准横剖面（0＋278）网格图

8.4.7.4　坝坡稳定静力计算结果分析

针对上述有限元模型，按照逐级加载方法，进行了上述竣工期和稳定渗流期两种工况的坝坡稳定静力有限元计算，获得了两种工况的坝坡稳定计算结果。有限元计算时，大坝堆石体填筑按 13 级荷载模拟，混凝土面板浇筑按 2 级荷载模拟，水库蓄水过程中作用于面板的水压力按 6 级荷载模拟。同时，为进行比较，还采用刚体极限平衡法中的摩根斯顿-普赖斯（Morgenstern－Price，简称“M－P”）法进行了坝坡稳定计算。运用有限元法和刚体极限平衡法进行坝坡抗滑稳定计算时，均按本章前述的方法，考虑了坝体堆石料的非

线性抗剪强度特性。

在竣工期和稳定渗流期两种工况下，按照有限元法和刚体极限平衡法两种方法计算得到的坝坡抗滑稳定最小安全系数结果见表 8.11，坝体 0+150、0+278 和 0+450 三个计算剖面的最危险滑裂面分别见图 8.54～图 8.59（图中，“数值-有”表示采用有限元法计算得到的坝坡抗滑稳定安全系数，“数值-刚”表示采用刚体极限平衡法计算得到的坝坡抗滑稳定安全系数）。

表 8.11　两种方法计算得到的坝坡抗滑稳定最小安全系数

工况	坝坡	计算剖面	计算方法	最小安全系数计算结果	规范规定的最小安全系数[16]
竣工期	上游坝坡	0+150	FEM	5.000	1.30
			M-P	4.862	
		0+278	FEM	1.875	
			M-P	1.861	
		0+450	FEM	1.865	
			M-P	1.829	
	下游坝坡	0+278	FEM	1.899	
			M-P	1.832	
		0+150	FEM	2.084	
			M-P	1.931	
		0+450	FEM	1.930	
			M-P	1.862	
稳定渗流期	下游坝坡	0+278	FEM	1.924	1.50
			M-P	1.823	
		0+150	FEM	1.990	
			M-P	1.827	
		0+450	FEM	1.789	
			M-P	1.760	

注　表中 FEM 表示有限元法，M-P 表示刚体极限平衡法中的摩根斯顿-普赖斯法。

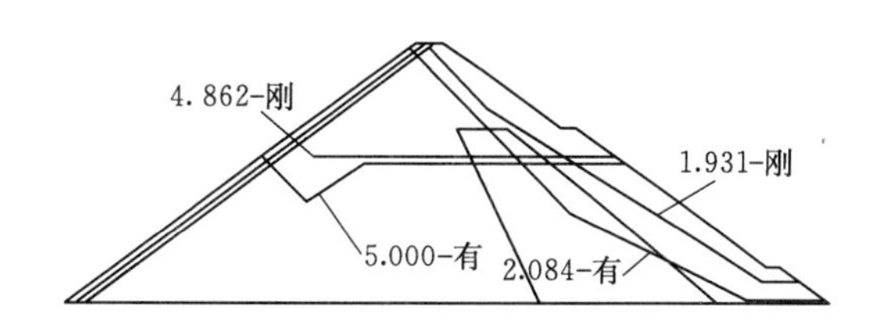

图 8.54　竣工期坝体 0+150 横剖面上、下游坝坡最危险滑裂面

从表 8.11 可以看出：①就竣工期上、下坝坡和稳定渗流期下游坝坡的抗滑稳定最小安全系数计算结果而言，3 个计算剖面按有限元法的计算结果均稍大于按 M-P 法的计算

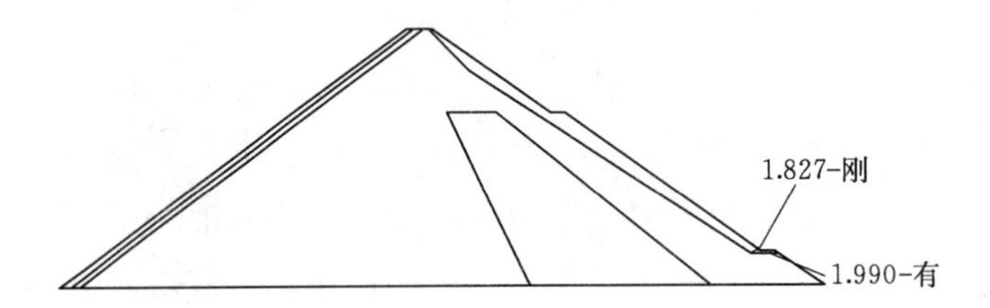

图 8.55　稳定渗流期坝体 0+150 横剖面下游坝坡最危险滑裂面

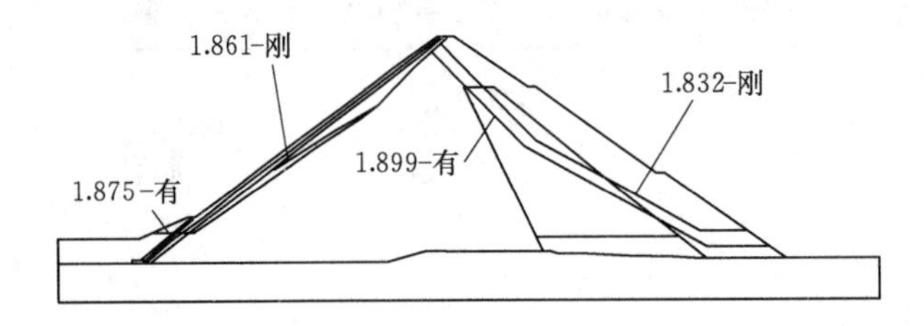

图 8.56　竣工期坝体 0+278 横剖面上、下游坝坡最危险滑裂面

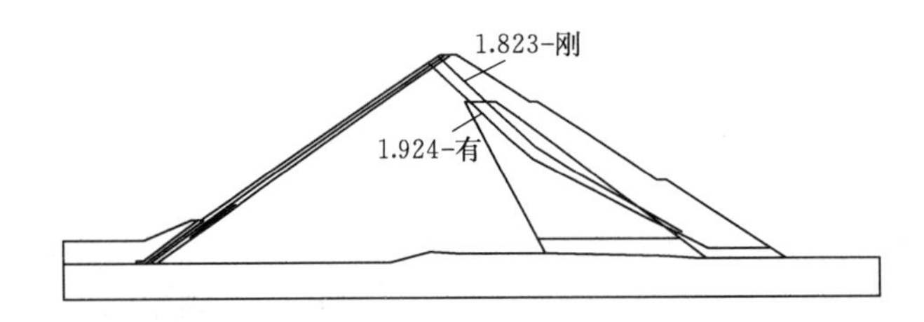

图 8.57　稳定渗流期坝体 0+278 横剖面下游坝坡最危险滑裂面

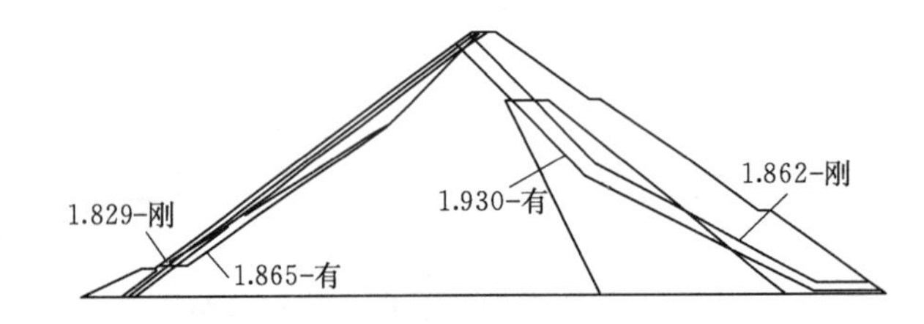

图 8.58　竣工期坝体 0+450 横剖面上、下游坝坡最危险滑裂面

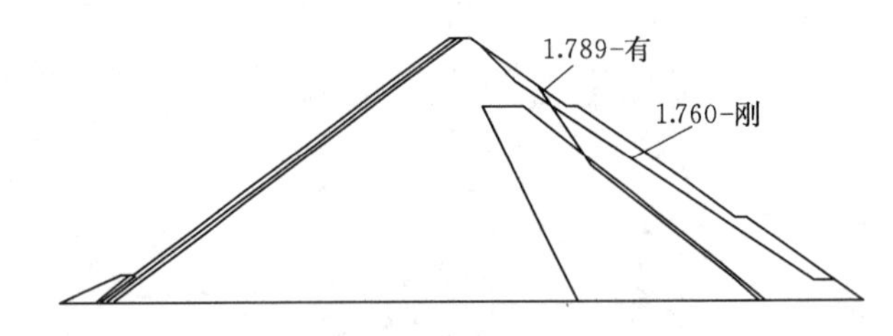

图 8.59　稳定渗流期坝体 0+450 横剖面下游坝坡最危险滑裂面

结果，有限元法计算结果比 M-P 法计算结果的相对差值均在 5%以内；②不论采用有限元法还是 M-P 法，3 个计算剖面在各工况下的坝坡抗滑稳定均满足规范要求。

从图 8.54～图 8.59 可以看出，就各工况最危险滑裂面在坝坡以内的埋藏深度而言，按有限元法计算得到的深度较大，而按 M-P 法计算得到的深度则相对较浅。

8.4.7.5 坝坡稳定动力计算结果分析

按照本章前述的分析结果，在此采用动力时程线法计算动力抗滑稳定安全系数，并据此进行坝坡抗震稳定性分析。坝体 0＋150、0＋278 和 0＋450 三个计算剖面上、下游坝坡的抗震稳定安全系数时程曲线分别见图 8.60～图 8.65，相应于抗震稳定最小安全系数的上、下游坝坡最危险滑裂面分别见图 8.66～图 8.68。

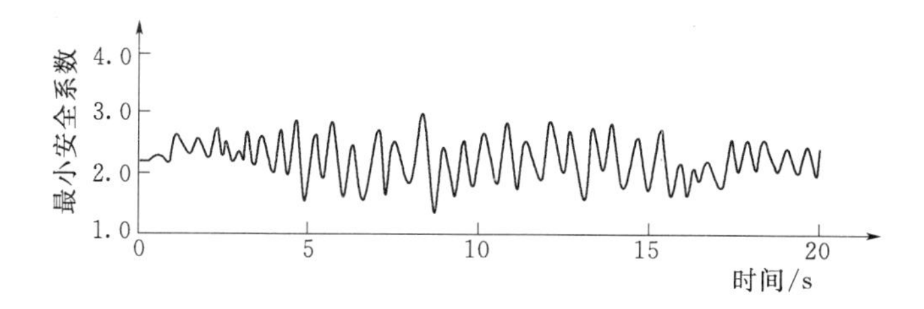

图 8.60　坝体 0＋150 横剖面上游坝坡抗震稳定安全系数时程曲线

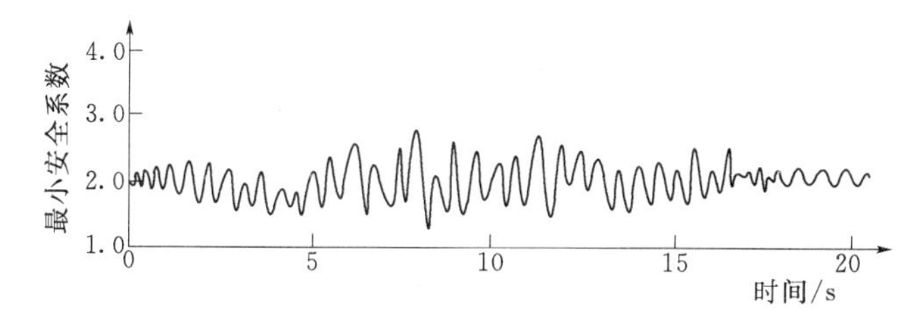

图 8.61　坝体 0＋150 横剖面下游坝坡抗震稳定安全系数时程曲线

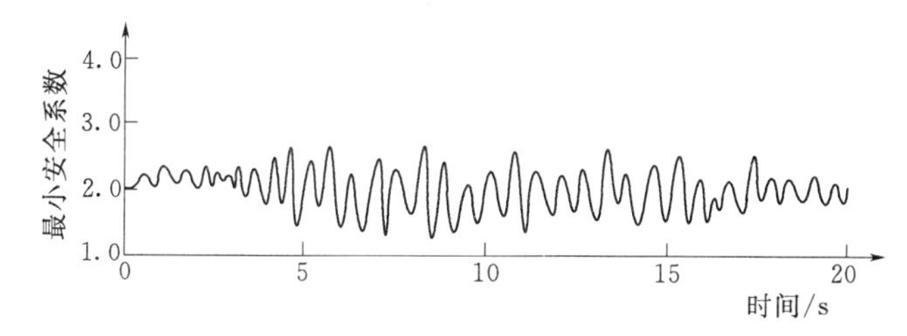

图 8.62　坝体 0＋278 横剖面上游坝坡抗震稳定安全系数时程曲线

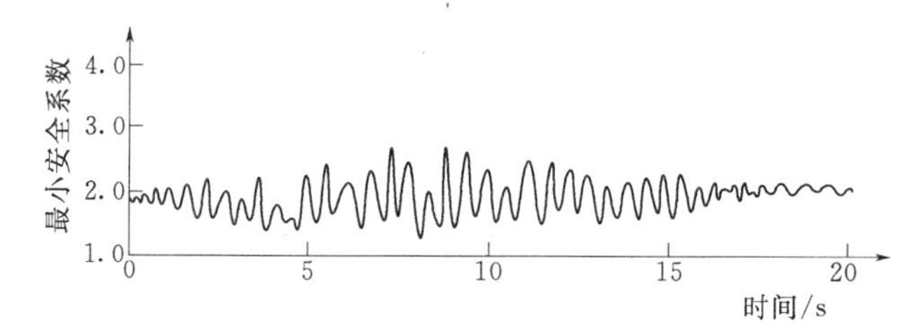

图 8.63　坝体 0＋278 横剖面下游坝坡抗震稳定安全系数时程曲线

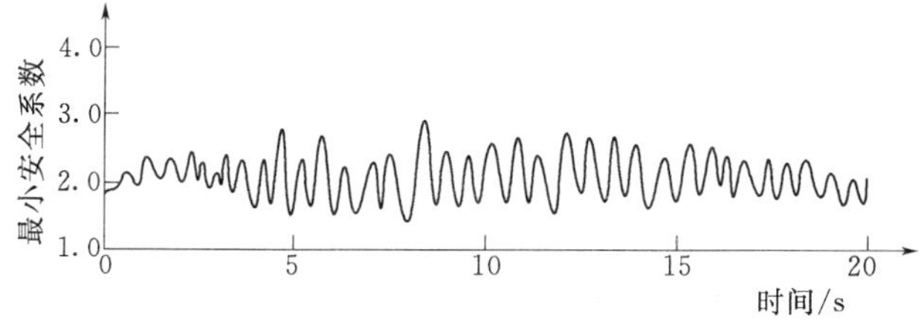

图 8.64　坝体 0＋450 横剖面上游坝坡抗震稳定安全系数时程曲线

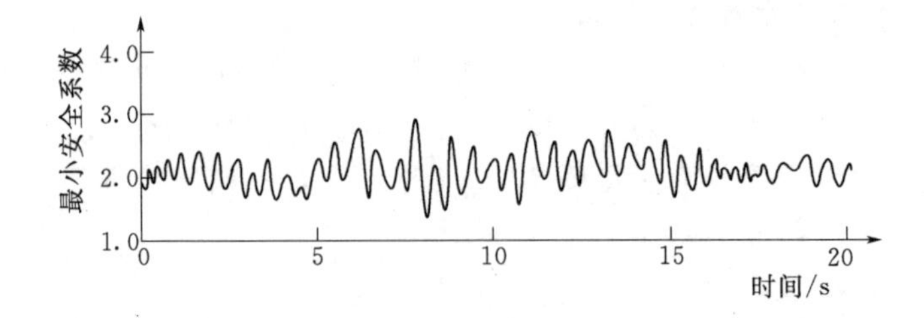

图 8.65　坝体 0+450 横剖面下游坝坡抗震稳定安全系数时程曲线

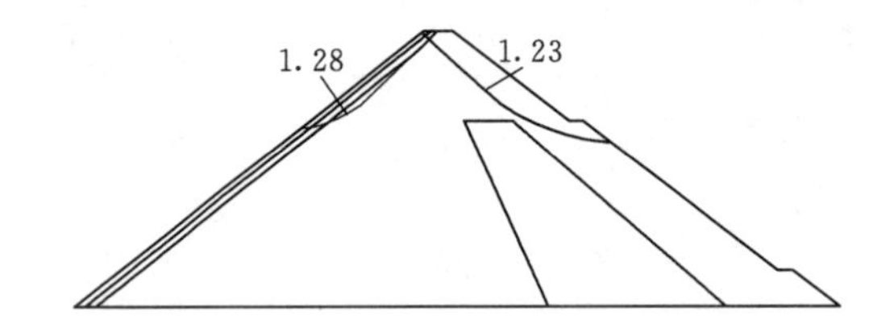

图 8.66　地震工况坝体 0+150 横剖面上、下游坝坡最危险滑裂面

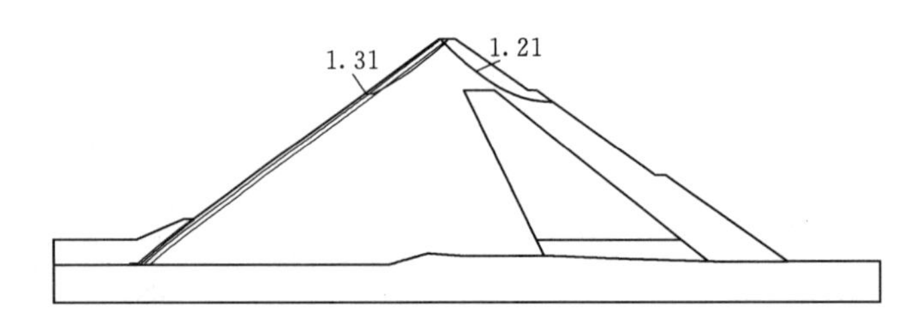

图 8.67　地震工况坝体 0+278 横剖面上、下游坝坡最危险滑裂面

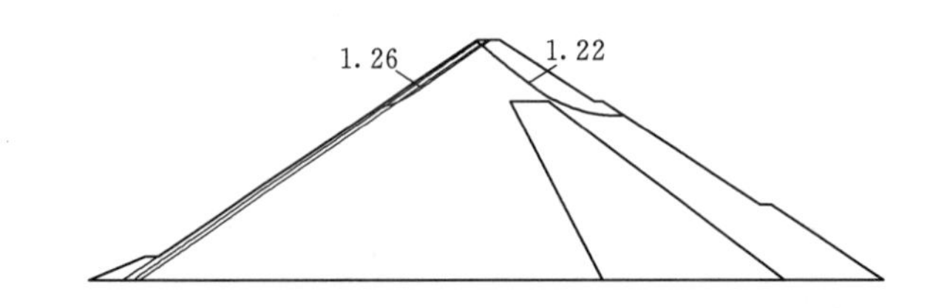

图 8.68　地震工况坝体 0+450 横剖面上、下游坝坡最危险滑裂面

从图 8.60～图 8.65 可以看出，坝体 0+150、0+278 和 0+450 三个计算剖面上、下游坝坡抗震稳定最小安全系数出现的时刻均介于 8～9s 之间；坝体 0+150 横剖面上、下游坝坡抗震稳定最小安全系数分别为 1.28 和 1.23，0+278 横剖面上、下游坝坡抗震稳定最小安全系数分别为 1.31 和 1.21，0+450 横剖面上、下游坝坡抗震稳定最小安全系数分别为 1.26 和 1.22；各计算剖面上下游坝坡的抗震稳定最小安全系数均大于规范规定的最小安全系数 1.20[16]，因此大坝满足抗震稳定要求。

8.4.8　动力计算结果与大坝地震反应观测结果的对比分析

8.4.8.1　大坝地震反应观测结果[29,33]

在“5.12”汶川地震中，根据安装在紫坪铺面板坝坝顶上游侧防浪墙上的变形标点的

观测结果，地震导致大坝坝顶的瞬间最大沉降值为683.9mm，发生在河床坝段坝体最大断面的坝顶处；在余震和大坝震后应力变形重分布的影响下，5月17日，坝顶沉降量又进一步增大到744.3mm；震后坝顶沉降速率迅速衰减，至5月22日已基本趋于稳定。2008年5月17日关于地震后坝顶沉降分布的观测结果见图8.69。安装在大坝最大断面[即本章前述大坝标准横剖面（0+278），下同]内部水管式沉降仪观测到的坝体内部沉降量沿高程分布情况见图8.70。

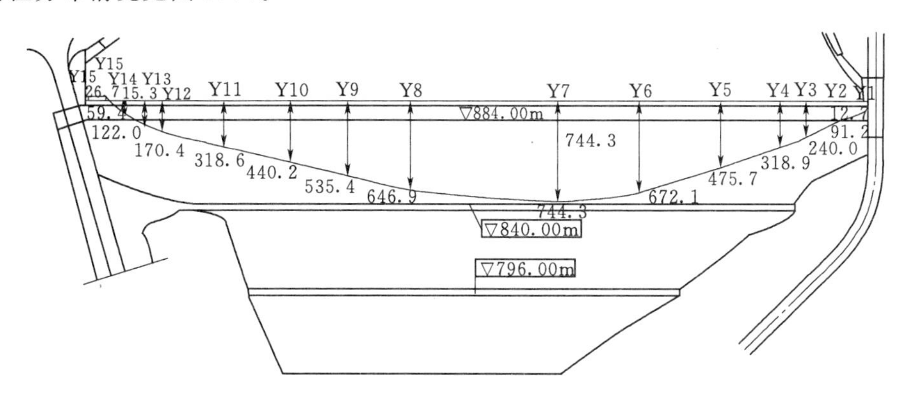

图8.69 地震后坝顶沉降分布图[29]

•表示永久位移标点；↑表示位移方向；箭头旁的数字表示位移大小，单位为mm

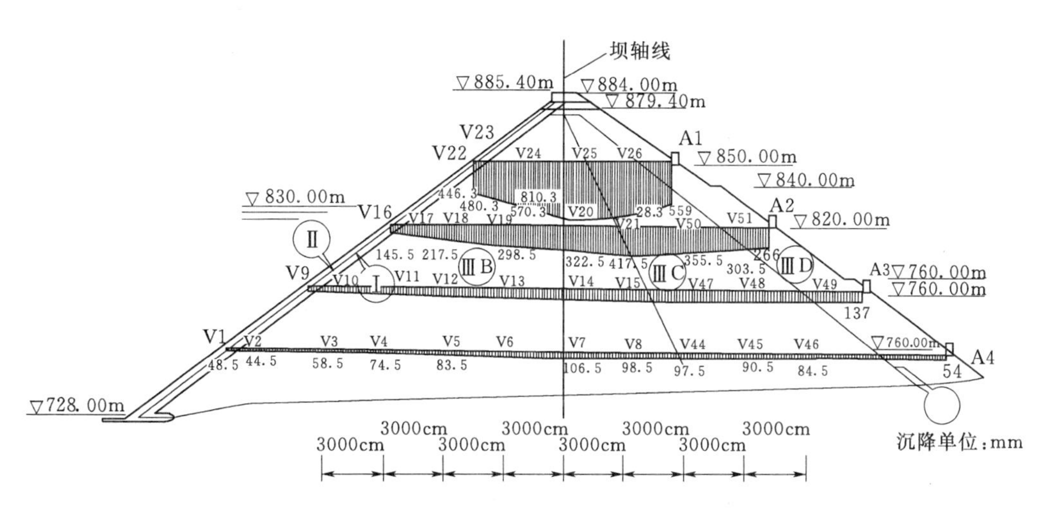

图8.70 地震后大坝最大断面坝体内部沉降量沿高程分布图[29]

从图8.70可以看出，随着高程的增加，坝体震陷量逐渐增大，安装在850.00m高程处的V25沉降仪测得的最大沉降量达810.3 mm。

在大坝最大断面观测到的坝体内部水平位移分布情况见图8.71。

从图8.71可以看出，地震引起的下游坝坡的水平位移较上游防浪墙顶大，随着高程的增加，坝体水平位移逐渐增大，下游坝坡854.00m高程处的水平位移为270.8mm，可以推断，下游坝坡和坝顶相交处的水平位移将更大。

根据对坝上游面板和下游坝坡的现场实地调查资料，左坝端5号和6号面板挤压隆

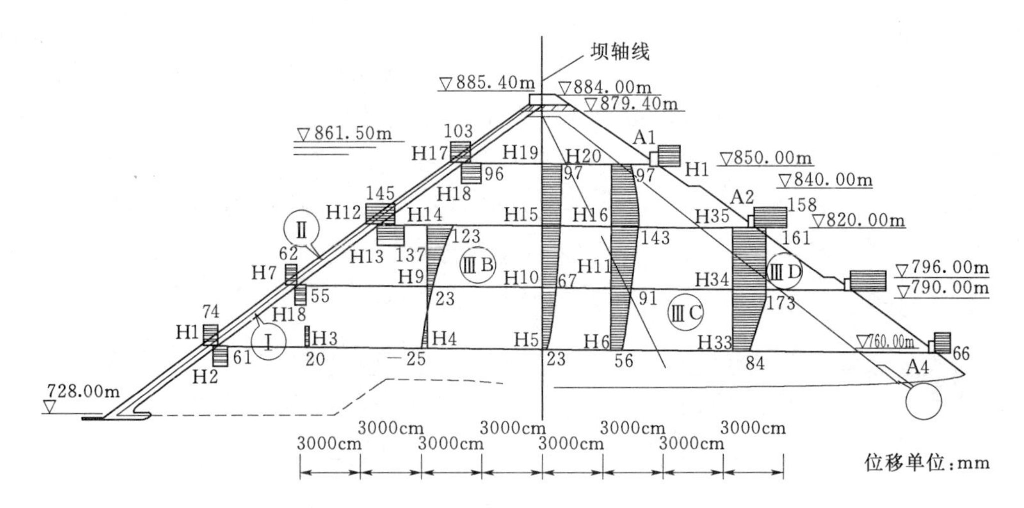

图 8.71　地震后大坝最大断面坝体内部水平位移沿高程分布图[29]

起破坏较为严重，板间最大错位 350mm；坝中部在 23 号与 24 号面板之间发生挤压破坏，挤压破坏范围自坝顶延伸至 791.00m 高程；下游坝坡局部坡面的护坡块石被震松翻起、滑落。紫坪铺地震观测台共有 6 个观测点，由于故障原因主震仅记录了坝顶的地震加速度反应，观测结果表明，坝顶中部沿坝轴线方向和竖向的加速度峰值均超过 2.0g，顺河向为 1.65g。

8.4.8.2　动力计算结果与大坝地震反应观测结果的对比分析

本章关于大坝标准横剖面（0+278）应力变形的动力计算结果与大坝地震反应观测结果的比较见表 8.12。

表 8.12　　动力计算结果与观测结果比较表

		动力计算结果	观测结果
坝体最大沉降/cm		98↓	81.03↓
坝体最大水平位移/cm		17←，25→	0←，27.08→
坝顶最大加速度反应/(m/s^2)	顺河向	9.92	18.15
	垂直向	6.63	20.21

注　“↓”表示沉降方向；“←”“→”分别表示向上游和下游的水平位移方向。

从表 8.12 可以看出，坝体动力变形的计算结果与相应的观测结果基本吻合，说明本章关于大坝应力变形的动力计算结果是基本合理的，进而说明上述关于大坝抗震稳定的计算分析结果是基本合理的；但关于坝顶最大加速度反应的计算结果与相应的观测结果存在较大差异，顺河向最大加速度反应的计算值与观测值相差 8.23m/s^2，垂直向最大加速度反应的计算值与观测值相差相差 13.58m/s^2，经分析，产生这种差异的主要原因可能是由于本次计算所采用的基岩水平峰值加速度小于其实际发生值。本次动力计算是结合“5.12”汶川地震在紫坪铺坝址处的反应情况，并根据时程分析方法中地震波选取的基本原则[17,34]，选用的坝址基岩水平峰值加速度，计算采用值为 0.4g；但根据安装在大坝坝顶地震加速度仪测得的峰值加速度推算，估计坝址基岩水平峰值加速度可能在 0.5g

以上[29,33]。

8.4.8.3 地震工况坝坡稳定计算结果与观测结果的对比分析

根据本章关于地震工况大坝上、下游坝坡稳定的计算分析结果（图 8.66～图 8.68），坝体 0＋150、0＋278 和 0＋450 3 个计算剖面的上、下游坝坡均满足抗震稳定要求。震后实地调查发现，除下游坝坡局部坡面的护坡块石被震松翻起、滑落外，上、下游坝坡总体处于稳定状态。因此，本章关于地震工况大坝上、下游坝坡稳定的计算分析结果与实际观测结果基本一致。

参 考 文 献

[1] 中华人民共和国水利部．SL 228—2013 混凝土面板堆石坝设计规范［S］．北京：中国水利水电出版社，2013.

[2] 赵剑明，汪闻韶．混凝土面板堆石坝面板地震反应分析［J］．岩石力学与工程学报，2001，20（s2）．

[3] 顾淦臣，沈长松，岑威钧．土石坝地震工程学［M］．北京：中国水利水电出版社，2009.

[4] 王复来，陈洪天．土石坝变形与稳定分析［M］．北京：中国水利水电出版社，2008.

[5] 史良．黄土隧道抗震设计研究［D］．西安：长安大学，2005，30.

[6] 朱伯芳．有限单元法原理与应用［M］．北京：中国水利水电出版社，1998.

[7] Clough R W，Penzien J. Dynamics of structures［M］．New York：McGraw Inc. 1975.

[8] 李桂青．抗震结构计算理论和方法［M］．北京：地震出版社，1985.

[9] 徐植信，胡再龙．结构地震反应分析［M］．北京：高等教育出版社，1993.

[10] 刘小生，王钟宁，汪小刚，等．面板坝大型振动台模型试验与动力分析［M］．北京：中国水利水电出版社，2005.

[11] Leps T M. Review of shearing strength of rockfill. Journal of the Soil Mechanics and Foundations Division，ASCE，1970，96（SM4）．

[12] Marachi N D C，Han C K，Seed H B，et al. Strength and deformation characteristics of rockfill materials. Report No. TE－69－5，Uni. of California. 1969.

[13] 张启岳．用大型三轴仪测定砂砾料和堆石料的抗剪强度［J］．水利水运科学研究，1980，（1）．

[14] 柏树田，崔亦昊．堆石的力学性质［J］．水力发电学报，1997，3（3）．

[15] Duncan J M，Byrne P，Wong K S，et al. Strength stress－strain and bulk modulus parameters for finite element analysis of stress and movement in soil masses［R］，Report No. UCB/GT/78－02，University of California，Berkeley，1978.

[16] 中华人民共和国水利部．SJ 274—2001 碾压式土石坝设计规范［S］．北京：中国水利水电出版社，2002.

[17] 中华人民共和国能源行业标准．NB 35047—2015 水电工程水工建筑物抗震设计规范［S］．北京：中国电力出版社，2015.

[18] 陈祖煜．土质边坡稳定分析：原理・方法・程序［M］．北京：中国水利水电出版社，2003.

[19] 张葛．强震区高面板堆石坝边坡稳定动力有限元分析方法研究［D］．西安：西安理工大学，2010.

[20] 王宏硕，翁情达．水工建筑物专题部分［M］．北京：水利电力出版社，1990.

[21] 王桂萱，王中正，徐文焕，等．第一届全国计算岩土力学研讨会论文集（二）［C］．四川：西南交通大学出版社，1987.

[22] 刘汉龙，费康，高玉峰．边坡地震稳定性时程分析方法 [J]. 岩土力学，2003，24 (4)．
[23] 赵剑明，常亚屏，陈宁．强震区高混凝土面板堆石坝的地震残余变形与动力稳定分析 [J]. 岩石力学与工程学报，2004，23 (增 1)．
[24] 陈祖煜．最优化方法在确定边坡最小安全系数方面的应用 [J]. 岩土工程学报，1988，10 (4)．
[25] 钱家欢，殷宗泽．土工原理与计算 [M]. 2 版．北京：中国水利水电出版社，1996.
[26] 邹广电．边坡稳定分析条分法的一个全局优化算法 [J]. 岩土工程学报，2005，(5)．
[27] 邹广电．复杂边坡稳定分析条分法的优化方法 [J]. 水利学报，1989，(2)．
[28] 林继镛．水工建筑物 [M]. 4 版．北京：中国水利水电出版社，2006.
[29] 陈生水，霍家平，章为民．"5.12" 汶川地震对紫坪铺混凝土面板坝的影响及原因分析 [J]. 岩土工程学报，2008，30 (6)．
[30] 高希章，杨志宏．紫坪铺水利枢纽工程混凝土面板堆石坝设计 [J]. 水利水电技术，2002，33 (11)．
[31] 罗刚，张建民，沈珠江．紫坪铺混凝土面板堆石坝三维应力位移分析 [J]. 水力发电学报，2002，(S1)．
[32] 关志诚．水工设计手册 (第 6 卷 土石坝) [M]. 北京：中国水利水电出版社，2014.
[33] 陈厚群，徐泽平，李敏．汶川大地震和大坝抗震安全 [J]. 水利学报，2008，39 (10)．
[34] 胡文源，邹晋华．时程分析法中有关地震波选取的几个注意问题 [J]. 南方冶金学院学报，2003，(4)．